高等学校土木工程专业"十四五"系列教材

混凝土结构设计原理

朱平华　陈春红　主　编

刘荣桂　主　审

中国建筑工业出版社

图书在版编目（CIP）数据

混凝土结构设计原理/朱平华，陈春红主编. —北
京：中国建筑工业出版社，2023.3
高等学校土木工程专业"十四五"系列教材
ISBN 978-7-112-28459-7

Ⅰ.①混…　Ⅱ.①朱…②陈…　Ⅲ.①混凝土结构-
结构设计-高等学校-教材　Ⅳ.①TU370.4

中国国家版本馆 CIP 数据核字（2023）第 038814 号

本书根据《混凝土结构通用规范》GB 55008—2021、《混凝土结构设计规范》GB 50010—2010（2015 年版）、《建筑结构可靠性设计统一标准》GB 50068—2018 及《混凝土结构耐久性设计标准》GB/T 50476—2019 进行编写，具有教学实用性。

本书共 10 章，主要内容包括：绪论，混凝土结构材料的性能，混凝土结构设计方法，钢筋混凝土受弯构件正截面承载力和斜截面承载力计算，钢筋混凝土受压构件、受拉构件和受扭构件承载力计算，钢筋混凝土构件的变形、裂缝及预应力混凝土构件设计等。同时，每章章节后面列举了 3~4 个实际工程案例，并从专业知识、工程规范和思政教育等多维度分析工程案例，实现专业教学和价值引领相融合，充分满足了教育发展要求。为了便于教学，方便学生自学、自检和自测，各章设有学习目标、小结和自测题，并有与之配套的电子教案，方便教师选用。同时，本书配套大量数字资源供读者免费使用。

本书可作为本科院校土木工程专业教材，也可供广大土木建筑工程设计人员和施工人员学习时参考使用。

为了更好地支持教学，我社向采用本书作为教材的教师提供课件，有需要者可与出版社联系，索取方式如下：建工书院 https://edu.cabplink.com，邮箱 jckj@cabp.com.cn，电话（010）58337285。

* * *

责任编辑：仕　帅　吉万旺
责任校对：董　楠

高等学校土木工程专业"十四五"系列教材
混凝土结构设计原理
朱平华　陈春红　主　编
刘荣桂　主　审

*

中国建筑工业出版社出版、发行（北京海淀三里河路 9 号）
各地新华书店、建筑书店经销
霸州市顺浩图文科技发展有限公司制版
北京同文印刷有限责任公司印刷

*

开本：787 毫米×1092 毫米　1/16　印张：19¾　字数：488 千字
2023 年 4 月第一版　　2023 年 4 月第一次印刷
定价：**58.00** 元（赠教师课件及配套数字资源）
ISBN 978-7-112-28459-7
（40221）

前　　言

　　《混凝土结构设计原理》教材依照高等学校土木工程学科专业指导委员会制定的大纲，结合工程教育专业认证的要求，并参考 2011 年颁布的《高等学校土木工程本科指导性专业规范》中知识点要求的掌握、熟悉、了解的程度来编写；同时，根据 2020 年教育部关于印发《高等学校课程思政建设指导纲要》的通知，领悟课程思政内涵，落实课程思政教材编写理念。教材中教学目标明确、符合新规范要求、知识传授与价值引领相结合，适用于土木工程专业本科教学。本书的主要特点如下：

　　1. 响应国家高校课程思政教育教学改革要求，改变传统的教材建设理念，每章最后附上 3～4 个实际工程案例，并从专业知识、工程规范和思政教育等多维度分析工程案例，将三者有机结合，实现专业教学和价值引领相融合，充分满足了教育发展要求。

　　2. 本教材基于 OBE 理念重新梳理教学内容，以学生能够解决实际复杂土木工程问题为目标，增加工程实例分析，着力培养学生的综合能力。

　　3. 本教材根据最新规范编写，教材内容与时俱进。

　　4. 本教材写法上力求文字通俗易懂、简明扼要，突出重点，体现"理论够用、重在应用"的特色，每章节都安排了自测题，以培养学生的自学能力、分析和解决复杂土木工程问题的能力。本教材同时配套多媒体课件及数字资源，可满足教学需求。

　　参加本书编写的人员为：常州大学朱平华教授（第 2、3 章），陈春红副教授（第 4、5 章）、蒋宏伟讲师（第 1、8、9 章）、谢静静副教授（第 6、7 章）和徐博讲师（第 10 章）。全书由朱平华和陈春红统稿。常州大学硕士研究生王华宇、刘铭、陈红运及伍金龙对计算题进行了复核并提供了部分插图，在此一并致谢。

　　限于编者水平，不妥之处在所难免，欢迎批评指正。

2022 年 9 月

目　　录

第 1 章 绪 论

> **知识目标**：掌握混凝土结构的基本概念；熟悉混凝土结构以及混凝土结构设计规范的发展与应用概况；掌握混凝土结构课程的特点和学习方法。
>
> **能力目标**：具备分析混凝土结构构件的形式和受力特点的能力。
>
> **学习重点**：钢筋和混凝土这两种性质不同的材料能够组合在一起共同工作的条件。
>
> **学习难点**：混凝土结构构件的计算理论和设计方法的发展历程。

1.1 混凝土结构的基本概念

混凝土结构是以混凝土为主要建筑材料制成的结构，是保证工程正常与安全使用的骨架，包括素混凝土结构、钢筋混凝土结构、预应力混凝土结构及配置各种纤维筋的混凝土结构等。这种结构广泛应用于建筑、桥梁、隧道、矿井以及水利、港口等工程。2021 年，我国商品混凝土产量已超 $30 \times 10^8 \mathrm{m}^3$，建筑用钢筋产量超 $1.5 \times 10^8 \mathrm{t}$，预拌混凝土行业产值已超 10000 亿元。

二维码 1-1 混凝土结构的基本概念

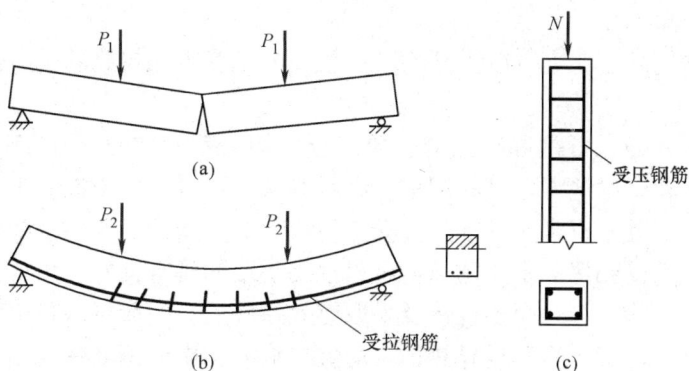

混凝土材料的抗压强度较高，而抗拉强度却很低。因此，素混凝土结构的应用受到很大限制。例如，图 1-1 （a）所示素混凝土梁，随着荷载的逐渐增大，梁中拉应力及压应力也不断增大。当荷载达到一定值时，弯矩最大截面受拉边缘的混凝土首先被拉裂，而后由于该截面高度减小致使开裂截面受拉区的拉应力进一步增大，于是裂缝迅速向上伸展并立即引起梁的破坏。这种梁的破坏很突然，其受压区混

图 1-1 素混凝土梁及钢筋混凝土梁、柱

凝土的抗压强度未充分利用，且由于混凝土抗拉强度很低，故其极限承载力也很低。所以，对于在外荷载作用下或其他原因会在截面中产生拉应力的结构，不应采用素混凝土结构。

与混凝土材料相比，钢筋的抗拉强度很强。如将混凝土和钢筋这两种材料结合在一起，混凝土主要承受压力，而钢筋则主要承受拉力，这就成为钢筋混凝土结构。例如，图 1-1 (b) 所示作用集中荷载的钢筋混凝土梁，在截面受拉区配有适量的钢筋。当荷载达到一定值时，梁受拉区仍然开裂，但开裂截面的变形性能与素混凝土梁大不相同。因为钢筋与混凝土牢固地粘结在一起，故在裂缝截面原由混凝土承受的拉力现转由钢筋承受；由于钢筋强度和弹性模量均很高，所以此时裂缝截面的钢筋拉应力和受拉变形均很小，有效地约束了裂缝的开展，使其不致无限制地向上延伸而使梁发生断裂破坏。如此，钢筋混凝土梁上荷载可继续加大，直至其受拉钢筋应力达到屈服强度，随后截面受压区混凝土被压坏，这时梁才达到破坏状态。由此可见，在钢筋混凝土梁中，钢筋与混凝土两种材料的强度都得到了较为充分的利用，破坏过程较为缓和，且这种梁的极限承载力大大超过同样条件的素混凝土梁。

钢筋的抗压强度也很高，所以在轴心受压柱（图 1-1c）中也配置纵向受压钢筋与混凝土共同承受压力，以提高柱的承载能力和变形能力，减小柱截面的尺寸，还可负担由于某种原因而引起的弯矩和拉应力。

为了提高混凝土结构的抗裂性和耐久性，可在加载前用张拉钢筋的方法使混凝土截面内产生预压应力，以全部或部分抵消荷载作用下产生的拉应力，这即为预应力混凝土结构；也可在混凝土中加入各种纤维筋（如钢纤维、碳纤维筋等），形成纤维加强混凝土结构。

钢筋与混凝土两种力学性能完全不同的材料，能够有效地结合在一起而共同工作，主要基于下述两个条件：

（1）钢筋与混凝土之间存在着粘结力，使两者能结合在一起。在外荷载作用下，结构中的钢筋与混凝土协调变形，共同工作。因此，粘结力是这两种不同性质的材料能够共同工作的基础。

（2）钢筋与混凝土两种材料的温度线膨胀系数很接近，钢材为 1.2×10^{-5}，混凝土为 $(1.0 \sim 1.5) \times 10^{-5}$，所以钢筋与混凝土之间不致因温度变化产生较大的相对变形而使粘结力遭到破坏。

钢筋混凝土结构除了比素混凝土结构具有较高的承载力和较好的受力性能以外，还具有下列优点：

（1）就地取材：砂、石是混凝土的主要成分，均可就地取材。在工业废料（例如矿渣、粉煤灰等）比较多的地方，可利用工业废料制成人造骨料用于混凝土结构。

（2）耐久性好：处于正常条件下的混凝土耐久性好，高性能混凝土的耐久性更好。在混凝土结构中，钢筋受到保护不易锈蚀，所以混凝土结构具有良好的耐久性。对处于侵蚀性环境下的混凝土结构，经过合理设计及采取有效措施后，一般可满足工程需要。

（3）耐火性好：混凝土为不良导热体，埋置在混凝土中的钢筋受高温影响远较暴露的钢结构小。只要钢筋表面的混凝土保护层具有一定厚度，在发生火灾时钢筋不会很快软化，可避免结构倒塌。

（4）刚度大、整体性好：混凝土结构刚度较大，现浇混凝土结构具有良好的整体性，这有利于抗震、抵抗振动和爆炸冲击波。

（5）可模性强：新拌合的混凝土为可塑的，因此可根据需要制成任意形状和尺寸的结构，这有利于建筑造型。

（6）节约钢材：钢筋混凝土结构合理地利用了材料的性能，发挥了钢筋与混凝土各自的优势，与钢结构相比能节约钢材并降低造价。

传统混凝土结构也具有下列缺点：

（1）自重大：混凝土结构自身重力较大，这样它所能负担的有效荷载相对较小。这对大跨度结构、高层建筑结构都是不利的。另外，自重大会使结构地震作用加大，故对结构抗震不利。

（2）抗裂性差：钢筋混凝土结构在正常使用情况下构件截面受拉区通常存在裂缝，如果裂缝过宽，则会影响结构的耐久性和应用范围。

（3）性质较脆：混凝土结构发生破坏前的预兆较小，特别是在抗剪切、抗冲切和小偏心受压构件破坏时，破坏往往是突然发生的。

（4）模板耗用量大：混凝土结构的制作需要模板予以成型。如采用木模板，则可重复使用的次数少，会增加工程造价。

此外，混凝土结构施工工序复杂，周期较长，且受季节气候影响；对于现役混凝土结构，如遇损失则修复困难；隔热、隔声性能也比较差。

随着科学技术的不断发展，传统混凝土结构的缺点正在被逐渐克服或有所改进。如采用轻质、高强混凝土及预应力混凝土，可减小结构自身重力并提高其抗裂性；采用可重复使用的钢模板降低工程造价；采用预制装配式结构，可以改善混凝土结构的制作条件，少受或不受气候条件的影响，并能提高工程质量及加快施工进度等。

结构在其使用年限内，要承受各种永久荷载和可变荷载，有些结构可能还要承受偶然荷载。除此之外，结构在其使用年限内，还将受到温度、收缩、徐变、地基不均匀沉降等影响。在地震区，结构还可能承受地震的作用。在上述各种因素的作用下，结构应具有足够的承载能力，不发生整体或局部的破坏或失稳。结构还应具有足够的刚度，不产生过大的挠度或侧移。对于混凝土结构而言，还应具有足够的抗裂性，满足裂缝控制要求。此外，混凝土结构要有足够的耐久性，在规定的使用年限内，钢材不出现严重腐蚀，混凝土等材料不发生严重劈裂、腐蚀、风化与剥落等现象。

1.2　混凝土结构的发展与应用概况

1.2.1　发展概况

相对于木结构、钢结构、砌体结构而言，混凝土结构起步较晚，其应用仅有约 170 多年的历史，可大致划分为四个阶段。从 1850 年到 1920 年为第一阶段，这时由于钢筋和混凝土的强度都很低，仅能建造一些小型的梁、板、柱、基础等构件，钢筋混凝土本身的计算理论尚未建立，只能按弹性理论进行结构设计。自 1920 年至 1950 年为第二阶段，

二维码 1-2　混凝土结构的发展与应用概况

这时已建成各种空间结构，发明了预应力混凝土并应用于实际工程，开始按破损阶段设计理论进行构件截面设计。1950 年到 1980 年为第三阶段，由于材料强度的提高，混凝土单层房屋和桥梁结构的跨度不断增大，混凝土高层建筑的高度已达 262m，混凝土的应用范围进一步扩大；各种现代化施工方法普遍采用，同时广泛采用预制构件，结构构件设计已过渡到按极限状态方法进行设计。

大致从 1980 年起，混凝土结构的发展进入第四阶段。尤其是近 10 年来，大模板现浇和大板等工业化体系进一步发展，高层建筑新结构体系（如框桁架体系和外伸结构等）有较多的应用。振动台试验、拟动力试验和风洞试验较普遍地开展。计算机辅助设计和绘图的程序化改进了设计方法，并提高了设计质量，减轻了设计工作量。非线性有限元分析方法的广泛应用，推动了混凝土强度理论和本构关系的深入研究，并形成了"近代混凝土力学"这一分支学科。结构构件的设计已采用以概论理论为基础的极限状态设计方法。

随着技术的发展，混凝土结构在其所用材料和配筋方式上有了很多新进展，形成了一些新的混凝土结构形式，如高性能混凝土结构、纤维增强混凝土结构、钢-混凝土组合结构等。

1. 高性能混凝土结构

高性能混凝土具有高强度、高耐久性、高流动性及高抗渗透性等优点，是今后混凝土材料发展的重要方向。我国《混凝土结构设计规范》GB 50010—2010（2015 年版）将混凝土强度等级大于 C50 的混凝土划分为高强混凝土。高强混凝土的强度高、变形小、耐久性好，适应现代工程结构向大跨、重载、高耸发展和承受恶劣环境条件的需要。配置高强混凝土必须采用很低的水灰比并应掺入粉煤灰、矿渣、沸石灰、硅粉等混合料。在混凝土中加入高效减水剂可有效地降低水灰比；掺入粉煤灰、矿渣、沸石灰则能有效地改善混凝土拌合料的工作性，提高硬化后混凝土的力学性能和耐久性；硅粉对提高混凝土的强度最为有效，并使混凝土具有耐磨和耐冲刷的特性。

高强混凝土在受压时表现出较少的塑性和更大的脆性，因而在结构构件计算方法和构造措施上与普通强度混凝土有一定差别，在某些结构上的应用受到限制，如有抗震设防要求的混凝土结构，混凝土强度等级不宜超过 C60（设防烈度为 9 度时）和 C70（设防烈度为 8 度时）。

2. 纤维增强混凝土结构

在普通混凝土中掺入适当的纤维材料而形成纤维增强混凝土，其抗拉、抗剪、抗折强度和抗裂、抗冲击、抗疲劳、抗震及抗爆等性能均有较大提高，因而获得较大发展和应用。

目前应用较多的纤维材料有钢纤维、合成纤维、玻璃纤维和碳纤维等。钢纤维混凝土是将短的、不连续的钢纤维均匀乱向地掺入普通混凝土而制成，又分为无钢筋纤维混凝土结构和钢纤维钢筋混凝土结构。钢纤维混凝土结构的应用很广，如机场的飞机跑道、地下人防工程、地下泵房、水工结构、桥梁与隧道工程等。

合成纤维（尼龙基纤维、聚丙烯纤维等）可以作为主要加筋材料，能提高混凝土的抗拉、韧性等结构性能，用于各种水泥基板材；也可以作为一种次要加筋材料，主要用于提高混凝土材料的抗裂性。碳纤维具有轻质、高强、耐腐蚀、施工便捷等优点，已广泛用于建筑、桥梁结构的加固补强以及机场飞机跑道工程等。

3. 钢-混凝土组合结构

用型钢或钢板焊（或冷压）成钢截面，再将其埋置于混凝土中，使混凝土与型钢形成整体共同受力，这种结构称为钢-混凝土组合结构。国内外常用的组合结构有压型钢板与混凝土组合楼板、钢与混凝土组合梁、型钢混凝土结构、钢管混凝土结构和外包钢混凝土结构五大类。

钢-混凝土组合结构除具有钢筋混凝土结构的优点外，还有抗震性能好、施工方便，能充分发挥材料的性能等优点，因而得到了广泛应用。各种结构体系，如框架、剪力墙、框架-剪力墙、框架-核心筒等结构体系中的梁、柱、墙均可采用组合结构。例如，美国的太平洋第一中心大厦（44层）和双联广场大厦（58层）的核心筒大直径柱，以及北京环线地铁车站柱，都采用了钢管混凝土结构；上海金茂大厦外围柱、上海浦东世界环球金融中心大厦的外框筒柱，采用了型钢混凝土柱；我国在电厂建筑中推广使用了外包钢混凝土结构。

1.2.2 应用概况

混凝土结构广泛应用于土木工程的各个领域，下面简要介绍其主要应用情况。

在混凝土结构材料应用方面，混凝土和钢材的质量不断改进、强度逐步提高。例如，美国 20 世纪 60 年代使用的混凝土平均抗压强度为 28MPa，20 世纪 70 年代提高到 42MPa，近年来一些特殊需要的结构混凝土抗压强度可达 80～105MPa，而实验室制备的混凝土抗压强度可高达 1000MPa。目前 C50～C80 级混凝土甚至更高强度混凝土的应用已较普遍。各种特殊用途的混凝土不断研制成功并获得应用，例如超耐久性混凝土的耐久年限可达 500 年；耐热混凝土可耐达 1800℃的高温；钢纤维混凝土和聚合物混凝土，具有防射线、耐磨、耐腐蚀、防渗透、保温等特殊要求的混凝土也应用于实际工程之中。20 世纪 70 年代，苏联使用的钢材平均屈服强度为 380MPa，20 世纪 80 年代提高到 420MPa，而美国在 20 世纪 70 年所用钢材平均屈服强度已达 420MPa，预应力钢筋强度则更高。材料质量与强度的提高为混凝土结构在更大范围应用创造了条件。

目前，混凝土结构已成为土木工程中的主流结构。如房屋建筑中的住宅和公共建筑广泛采用钢筋混凝土楼盖和屋盖；很多单层厂房采用钢筋混凝土柱、基础，钢筋混凝土或预应力混凝土屋架及薄腹梁等；高层建筑中混凝土结构体系的应用甚为广泛。其中，2010年投入使用的阿拉伯联合酋长国迪拜哈利法塔（Burj Khalifa Tower），是已建成的世界最高混凝土结构建筑物，见图 1-2。哈利法塔原名迪拜塔（Burj Dubai），又称迪拜大厦或比斯迪拜塔，162 层，总高 828m。"中国第一高楼"——上海中心，127 层，楼高 632m，见图 1-3。1998 年建成的马来西亚石油双塔楼，88 层，高 452m，以及 2003 年建成的中国台北国际金融中心，101 层，高 455m，这两幢房屋均采用钢-混凝土组合结构，其高度已超过世界上最高的钢结构房屋［美国芝加哥希尔斯大夏（SearsTower），442m］。我国上海金茂大厦，88 层，建筑高度 420.5m，为钢筋混凝土和钢构架混合结构，其中横穿混凝土核心筒的三道 8m 高的多方位外伸钢桁架，为世界高层建筑所罕见。已知世界上计划建造 800m 以上的塔楼，有日本东京的千禧年塔楼（Millenium Tower），高 840m，以及我国香港超群塔楼（Bionic Tower），高 1128m。

图 1-2 世界第一高楼——哈利法塔

图 1-3 上海中心

混凝土结构在桥梁工程中的应用也相当普遍,无论是中小跨度桥梁还是大跨度桥梁,大多采用混凝土结构建造。如分别于 1991 年与 1997 年建成的挪威斯卡恩圣特(Skarnsundet)桥和重庆长江二桥,均为预应力混凝土斜拉桥;虎门大桥中的辅航道桥为预应力混凝土刚架公路桥,跨度达 270m;攀枝花预应力混凝土铁路刚架桥,跨度为 168m。公路混凝土拱桥应用也较多,其中突出的如 1997 年建成的四川万县(现重庆万州)长江大桥,为上承式拱桥,采用钢管混凝土和型钢骨架组成三室箱形截面,跨长 420m,为目前世界最大跨径拱桥;330m 的贵州江界河桁架式组合拱桥,312m 的广西邕宁江中承式拱桥等均为混凝土桥。当今世界上最长的跨海大桥——港珠澳大桥,全长 55km,包含 22.9km 桥梁工程和 6.7km 海底隧道,整座桥梁包括桥墩 224 座,桥塔 7 座。值得注意的是,港珠澳大桥基础墩使用的混凝土为海工混凝土。除了混合物的强度及和易性外,海洋混凝土还应满足设计和施工要求,在耐腐蚀、防止钢材腐蚀和冰冲击方面有更高的要求,见图 1-4。

而位居世界跨海大桥第四的我国杭州湾跨海大桥(图 1-5),全长 36km,据初步核定,大桥共用钢材 76.7 万 t,混凝土 240 万 m^3。为保证大桥建造、使用效果,采用新型混凝土、温控技术和低应力张拉新工艺,以应对预制箱梁早期开裂和耐久性问题。

图 1-4 世界最长跨海大桥——港珠澳大桥

图 1-5 世界第四长跨海大桥——杭州湾跨海大桥

混凝土结构在道路工程、隧道工程、水利工程、地下工程、特种工程中的应用也极为广泛。截至 2020 年,我国铁路运营里程达 14 余万公里,其中高铁 3.6 余万公里。铁路隧道、桥梁、站台、无砟轨道对于钢筋混凝土结构的使用是空前巨大的，超高性能混凝土、预应力混凝土在铁路建设中的应用也得到了广泛讨论。2022 年，渝湘高铁重庆至黔江铁路重庆长江隧道进入全面施工阶段，该隧道全长 11.9km，为全国最长水下高铁隧道，可以预见的是，预制混凝土衬砌管片等混凝土结构、构件的创新、应用将迎来新机遇。

水利工程中的水电站、拦洪坝、引水渡槽、污水排灌管等均采用钢筋混凝土结构。2021 年中国第四、世界第七大水电站——乌东德水电站正式投产发电，其挡水建筑物为混凝土双曲拱坝，坝顶高程 988m，最大坝高 270m，底厚 51m，厚高比仅为 0.19，是世界上最薄的 300m 级特高拱坝，也是世界首座全坝应用低热水泥混凝土浇筑的特高拱坝。我国的三峡大坝全长 2309m，混凝土总方量为 1610 万 m^3，是世界上规模最大的大坝，设计坝顶海拔高程 185m。另外，举世瞩目的南水北调大型水利工程，沿线将建造很多预应力混凝土渡槽。除以上介绍的工程案例以外，特种结构中的烟囱、水塔、筒仓、储水池、电视塔、核电站反应堆安全壳、近海采油平台等也有很多采用混凝土结构建造。

1.2.3 我国混凝土结构规范编制简介

随着我国土木工程建设经验的积累、科研工作和世界范围内技术的不断进步，体现我国混凝土结构学科水平的混凝土结构规范也在不断改进与完善。1952 年，东北地区首先颁布了《建筑物结构设计暂行标准》；1955 年借鉴苏联规范中的破损阶段设计法，我国制订了《钢筋混凝土结构设计暂行规范》；1966 年颁布了我国第一部《钢筋混凝土结构设计规范》BJG 21—1966，采用了当时较为先进、以三系数（材料均质系数、超载系数、工作条件系数）表达的极限状态设计法；1974 年我国颁布的《钢筋混凝土结构设计规范》TJ 10—1974，采用了多系数分析、单一安全系数表达的极限状态设计法，辅以相关规定和规程。

为解决各类材料的建筑结构可靠度设计方法的合理与统一问题，我国于 1984 年颁布了《建筑结构设计统一标准》GBJ 68—1984，规定各种建筑结构设计规范均统一采用以概率理论为基础的极限状态设计法。其特点是以结构功能的失效概率作为结构可靠度的量度，将极限状态的概念由定值转到非定值，从而将我国结构可靠度方法提升到当时的国际水准。与此相适应，1989 年我国颁布了《混凝土结构设计规范》GBJ 10—1989。2001 年前后，我国先后颁布了《建筑结构可靠度设计统一标准》GB 50068—2001 和《混凝土结构设计规范》GB 50010—2002 等。然而，2008 年 5 月 12 日，震惊中外的汶川大地震造成约 700 万间房屋倒塌，2400 万间房屋受损，给予我国土木建筑工作者惨痛的教训，也客观反映出我国原有规范中存在的不足。在进行汶川地震房屋倒塌与损害的原因分析基础上，2009 年起，我国先后颁布了《工程结构可靠性设计统一标准》GB 50153—2008、《建筑抗震设计规范》GB 50011—2010 和《混凝土结构设计规范》GB 50010—2010，并首次提出了工程建设标准是最低要求的概念。《混凝土结构设计规范》GB 50010—2010 在2015 年和 2020 年又进行了两次局部修订。随着我国在 2018 年颁布《工程结构可靠性设计统一标准》GB 50153—2018，不少规范会跟着相应地修订。以上规范、标准与国际上通用的设计规范相比整体尚有一定的差距，但是差距越来越小。

每一次新规范、标准的颁布，必将极大推动新材料、新工艺与新结构的应用，从而推动我国混凝土结构学科的向前发展。

1.2.4 欧美混凝土结构规范编制简介

1951年，欧洲煤钢共同体通过《巴黎条约》成立，1961年，欧洲规范化委员会（CEN）应运而生。1975年，欧共体委员会通过决议，建立一整套用于房屋建筑、土木工程设计、建造的规范，5年后，第一代欧洲结构规范完成编制；1990～1999年，CEN陆续编制、出版了欧洲结构规范EN 1990～EN 1999共10部，包含58个欧洲标准。该系列规范包含了结构安全性、适用性和耐久性，结构上的作用，详细设计规范和土工及抗震规范等，具体关系脉络见图1-6。混凝土结构设计是EN 1992部分，包括EN 1992-1-1：一般规定及建筑用准则；EN 1992-1-2：一般规定——建筑消防设计；EN 1992-2：混凝土桥梁——设计和细部规定；EN 1992-3：挡液和储液结构。具体内容有设计基础、结构上的作用、混凝土和钢筋材料、混凝土结构的耐久性、结构分析与计算、受压和受弯构件承载力计算、构件受剪和受冲切承载力计算、构件受扭承载力计算、构件的裂缝和变形控制、钢筋锚固、连接和截断、楼板设计、地基与基础、混凝土结构抗震设计和建筑结构的抗连续倒塌设计等。

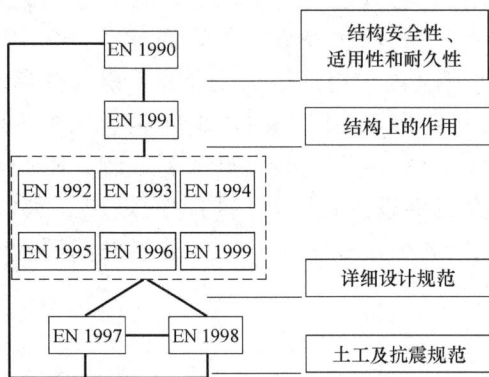

图 1-6 欧洲混凝土设计规范

美国现行的混凝土结构设计规范为《美国房屋建筑混凝土结构规范（ACI 318）》和《美国房屋建筑混凝土结构规范条文说明（ACI 318R）》。规范涵盖的主题有：图纸及说明；检验；材料；耐久性；混凝土的质量、拌合和浇筑；模板工程；预埋管道；施工缝；配筋构造；分析和设计；强度和使用性能；弯曲和轴力；剪切和扭转；配筋的强度发挥和接头；板体系；墙；基础；预制混凝土；叠合受弯构件；预应力混凝土；壳体和折板构件；现役结构的强度评价；抗震设计的专门规定；起结构作用的素混凝土等。《美国房屋建筑混凝土结构规范（ACI 318）》基本做到三年一小修，但不改规范编号；六年一大修，改规范编号，现行规范编号为ACI CODE-318-19。

1.3 混凝土结构设计原理课程内容与学习要点

1.3.1 课程内容

混凝土结构设计原理课程主要是对建筑工程中混凝土结构构件的受力性能、计算方法、构造要求等问题进行讨论，包括：混凝土结构设计方法、混凝土结构材料的性能、混凝土构件（受弯、受压、受拉、受剪、受扭和预应力混凝土构件）的计算方法和配筋构造等（图1-7），是混凝土结构的基本理论，也是学习土木工程结构的基础。

```
                    绪论
                     │
            混凝土结构材料的性能
                     │
            混凝土结构设计方法
                     │
   ┌──────┬──────┬──────┬──────┬──────┐
钢筋混凝土受弯构件  钢筋混凝土受弯构  钢筋混凝土受压  钢筋混凝土受拉  钢筋混凝土受扭
正截面承载力计算   件斜截面承载力计算  构件承载力计算  构件承载力计算  构件承载力计算
   └──────┴──────┴──────┴──────┴──────┘
                     │
            钢筋混凝土构件的
            变形、裂缝和耐久性
                     │
            预应力混凝土构件设计
```

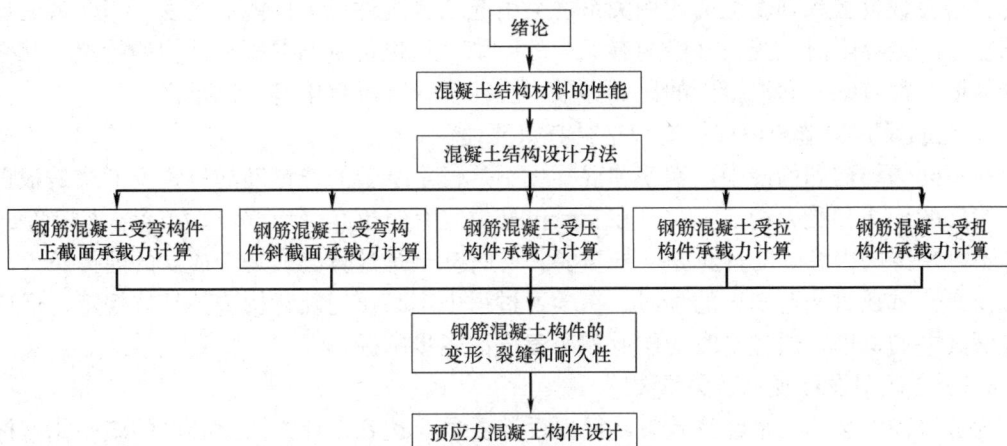

图 1-7　课程内容逻辑框架图

在混凝土结构设计中，首先根据结构使用功能要求及考虑经济、施工等条件，选择合理的结构方案，进行结构布置以及确定构件类型等；然后根据结构上所作用的荷载及其他作用，对结构进行内力分析，求出构件截面内力（包括弯矩、剪力、轴力、扭矩等）。在此基础上，对组成结构的各类构件分别进行构件截面设计，即确定构件截面所需的钢筋数量、配筋方式，并采取必要的构造措施。

1.3.2　学习要点

本课程是土木工程专业重要的专业基础理论课程，学习本课程的主要目的是掌握钢筋混凝土及预应力混凝土结构构件设计计算的基本理论和构造知识，为学习有关专业课程和顺利从事混凝土建筑物的结构设计和研究奠定基础。本课程是土木工程专业学生专业精神培养的摇篮，也是职业成长的引桥。

学习本课程需要注意以下要点：

1. 本课程是研究钢筋混凝土材料的力学理论课程

由于钢筋混凝土是由钢筋和混凝土两种力学性能不同的材料组成的复合材料，钢筋混凝土的力学特性及强度理论较为复杂，难以用力学模型和数学模型来严谨地推导建立，因此，目前钢筋混凝土结构的计算公式常常是经大量试验研究结合理论分析建立起来半理论半经验公式。学习时应注意每一理论的适用范围和条件，而且能在实际工程设计中正确运用这些理论和公式。这就使本课程与研究单一弹性材料的"材料力学"课程有很大的不同，在学习时应注意它们之间的异同点，体会并灵活运用"材料力学"课程中分析问题的基本原理和基本思路，即由材料的物理关系、变形的几何关系和受力的平衡关系建立理论分析方法，对学好本课程十分有益。通过试验研究总结客观规律，是学术、科研工作的重要方法。严谨设计试验方案是获取可信试验结果的必要前提，也是科学精神的重要体现，是工程学科建立理论方法的基础。

2. 掌握钢筋和混凝土材料的力学性能及其相互作用十分重要

混凝土构件的基本受力性能主要取决于钢筋和混凝土两种材料的力学性能及两种材料间的相互作用，因此掌握这两种材料的力学性能和它们之间的相互作用至关重要。同时，两种材料在数量上和强度上的比例关系，会引起结构构件受力性能的改变，当两者的比例关系超过一定界限时，受力性能会有显著的差别，这也是钢筋混凝土结构的特点，几乎所有受力形态都有钢筋和混凝土的比例界限，在课程学习过程中应予以重视。

3. 配筋及其构造知识和构造规定具有重要地位

在不同的结构和构件中，钢筋和混凝土不是任意结合的，钢筋的位置及形式是根据结构、构件的形式和受力特点，主要在其受拉部位（有时也在受压部位）布置。构造是结构设计不可缺少的内容，与计算是同样重要，有时甚至是计算公式是否成立的前提条件。因此，要充分重视对构造知识的学习。在学习过程中不必死记硬背构造的具体规定，但应注意弄懂其中的道理，通过平时的作业和课程设计逐步掌握。

4. 学会运用设计规范至关重要

为了贯彻国家的技术经济政策，保证设计质量，达到设计方法上必要的统一化、标准化，国家各部委制定了适用于各工程领域的混凝土结构设计规范，对混凝土结构构件的设计方法和构造细节都作了具体规定。规范反映了国内外混凝土结构的研究成果和工程经验，是理论与实践的高度总结，体现了该学科在一个时期的技术水平。对于规范特别是其规定的强制性条文，设计人员一定要遵循，并能熟练应用。因此，在本课程的学习中，有关基本理论的应用最终都要落实到规范的具体规定中。由于土木工程建设领域广泛，不同领域的混凝土结构设计有不同的设计规范（或规程），因此，本课程注重于各规范相通的混凝土结构的基本理论，涉及的具体设计方法以国家标准为主线，主要有《建筑结构可靠性设计统一标准》GB 50068—2018（简称《统一标准》）、2019 年进行修订的《建筑结构荷载规范》GB 5009—2012（简称《荷载规范》）和 2020 年局部修订的《混凝土结构设计规范》GB 50010—2010（2015 年版）（简称《结构规范》）。

由于科学技术水平和生产实践经验在不断发展，设计规范也必然要不断进行修订和补充。因此，要用发展的眼光来看待设计规范，在学习和掌握钢筋混凝土结构理论和设计方法的同时，要善于观察和分析，不断进行探索和创新。由于设计工作是一项创造性工作，在遇到超出规范规定范围的工程技术问题时，不应被规范束缚，而需要充分发挥主动性和创造性，经过试验研究和理论分析等可靠性论证后，积极采用先进的理论和技术。

5. 学习本课程的目的是能够进行混凝土结构的设计

结构设计是一个综合性的问题，包含了结构方案、材料选择、截面形式选择、配筋计算和构造等，需要考虑安全、适用、经济和施工的可行性等各方面的因素。同一构件在给定荷载作用下，可以有不同的截面，需经过分析比较，才能作出合理的选择。因此，要做好工程结构设计，除了形式、尺寸、配筋数量等多种选择，往往需要结合具体情况进行适用性、材料用量、造价、施工等多项指标的综合分析，以获得良好的技术和经济效益。设计是工程项目的安全保证，只有饱含强烈的使命感和责任心，才在未来继续为我国的超级工程保驾护航。

本 章 小 结

1. 混凝土结构是以混凝土为主要材料制成的结构。在混凝土中配置适量钢筋，使混凝土主要承受压力，钢筋承担拉力，就可使构件的承载力大大提高，受力性能得到显著改善。混凝土结构有许多优点，但也存在一定缺点。

2. 钢筋和混凝土两种材料能够有效地结合在一起共同工作，主要有两方面原因：钢筋与混凝土之间存在粘结力；两种材料的温度线膨胀系数很接近。

3. 混凝土结构从出现到现在已有 170 多年的历史，它在建筑、道桥、隧道、矿井、水利和港口等各种工程中得到了广泛应用。学习混凝土结构设计原理课程时，应注意理论和实际相结合。

实际工程案例

［工程综合实例分析 1-1］

概况：港珠澳大桥全长 55km，由海中部分主体工程、两个口岸人工岛、三条连接线组成，投资近 1100 亿元。因其超大的建筑规模、空前的施工难度和顶尖的建造技术而闻名世界。港珠澳大桥是我国继三峡工程、青藏铁路、南水北调、西气东输、京沪高铁之后又一重大基础设施项目，是中国实现由桥梁大国到桥梁强国跨越的里程碑。港珠澳大桥的建设规划方案始于 2004 年，2018 年全线贯通。数万名建设者历经 6 年筹备、9 年建设，集中力量办大事、一路披荆斩棘创造了桥梁建设史上诸多世界之最。

【讨论 1】 请你谈谈这一超级工程、世界奇迹的全球影响。

【讨论 2】 港珠澳大桥岛隧工程取得了近 200 项专利技术，请搜集相关资料，从中选择一个专利技术具体谈谈你的感想？

［创新能力培养 1-1］

概况：金沙江溪洛渡水电站位于四川省雷波县和云南省永善县接壤的金沙江峡谷段，左右岸电站各安装 9 台 77 万 kW 的巨型水轮发电机组机组，总装机 1386 万 kW，仅次于三峡、巴西伊泰普和白鹤滩水电站，在世界在建和已建电站中居第四位。溪洛渡水电站是典型的"三高三大"水电站。"三高"即高坝（300m 级）、高地震烈度（基本烈度 Ⅷ度）、高速水流（接近 50m/s）；"三大"即大流量（最大泄量约 50000m³/s）、大地下厂房（顶拱跨度超 30m）、大型机组（单机容量 770MW）。溪洛渡双曲拱坝坝底高程 324.5m，坝顶高程 610m，坝高 285.5m。仅次于锦屏一级的 305m、小湾的 294.5m，是国内第三高拱坝。大坝顶拱中心线弧长 681.51m，混凝土约 680 万 m³。溪洛渡左右岸地下主厂房尺寸为 443.3m×31.9m×75.6m，主变室尺寸为 352.93m×33.0m×19.8m，尾水调压室尺寸为 316.0m×95.5m×26.5m。地下厂房洞室群数量（342 条洞室）和尺寸均为世界之最。

【讨论 1】 简要谈谈，水工混凝土结构设计、施工需要特别注意哪些方面？

【讨论 2】 从结构受力的角度，谈一谈与普通混凝土结构相比，混凝土坝还会受到哪些特殊荷载？

［工程素质培养 1-1］

查阅大量文献资料，从我国 21 世纪建成的著名工程项目中，选取一个典型案例，分析工程从规划到设计再到施工阶段，在混凝土材料、结构方面所面临的挑战，以及具体的应对措施，特别是针对性措施最终的实施成效，需做重点阐述。在此基础上，谈谈你对今后混凝土结构设计所面临挑战的认知。

章节自测题

一、填空题

1. 混凝土结构是_____、_____、_____和_____等的总称。

2. 钢筋和混凝土的物理、力学性能不同，它们能够结合在一起共同工作的主要原因在于_____、_____。

二、简答题

1. 什么是素混凝土？

2. 试分析素混凝土梁与钢筋混凝土梁在承载力和受力性能方面的差异。

3. 钢筋与混凝土共同工作的基础是什么？

4. 混凝土结构有哪些优点和缺点？如何克服存在的缺点？

5. 简述 21 世纪以来混凝土结构的发展趋势。

6. 混凝土结构基本原理主要包括哪些内容？学习时应注意哪些问题？

第 2 章　混凝土结构材料的性能

知识目标：熟悉土木工程用钢筋的品种、级别及其性能，掌握钢筋的选用原则；熟悉混凝土在各种受力状态下的强度与变形性能，掌握混凝土的选用原则。

能力目标：具备正确分析钢筋与混凝土的粘结性能、选择和应用混凝土结构材料、灵活运用钢筋与混凝土之间协同工作构造措施的能力。

学习重点：钢筋和混凝土的材料性能及两种材料的选用原则。

学习难点：混凝土在各种受力状态下的强度与变形性能。

2.1　钢筋

2.1.1　钢筋的品种和级别

混凝土结构中使用的钢材按化学成分可分为碳素钢和普通低合金钢两大类。碳素钢除含有铁元素外，还含有少量的碳、硅、锰、硫、磷等元素。根据含碳量的多少，碳素钢又可分为低碳钢（含碳量小于 0.25%）、中碳钢（含碳量为 0.25%~0.6%）和高碳钢（含碳量大于 0.6%）。含碳量越高，强度越高，但塑性和可焊性降低。普通低合金钢除碳素钢中已有的成分外，还掺加少量的硅、锰、钛、钒、铬等合金元素（多数情况下合金元素含量不超过 3%），这些合金元素能有效地提高钢材的强度和改善钢材的其他力学性能。

二维码 2-1
钢筋的品种和级别

混凝土结构中的钢筋按其表面形状可分为光面钢筋和变形钢筋。为了保证钢筋和混凝土之间的粘结力，对于强度较高的钢筋，表面均做成带肋的变形钢筋，故变形钢筋又称为带肋钢筋。表面带肋型钢筋主要有螺纹、人字纹及月牙纹几种。变形钢筋的直径可按与光面钢筋具有相同质量的当量直径确定。螺纹钢筋和人字纹钢筋的纵肋和横肋都相交，横肋较密的钢筋容易造成应力集中，对受力不利。月牙纹钢筋表面纵肋和横肋不相交，其横肋高度向肋的两端逐渐降至零，呈月牙形，这样可使横肋相交处的应力集中现象有所缓解。我国目前生产的变形钢筋大多为月牙纹钢筋。

《结构规范》规定，用于钢筋混凝土结构的普通钢筋可使用热轧钢筋，用于预应力混凝土结构的钢筋宜采用预应力钢丝、钢绞线和预应力螺纹钢筋。

热轧钢筋是由低碳钢、普通低合金钢或细晶粒钢在高温状态下轧制而成，有明显的屈服点和流幅，断裂时有"颈缩"现象，伸长率比较大。根据其强度的高低，热轧钢筋分为

HPB300 级（符号Φ）、HRB400 级（符号Φ）、HRBF400 级（符号Φ^F）、RRB400 级（符号Φ^R）、HRB500 级（符号Φ）和 HRBF500 级（符号Φ^F）。其中，数值 300、400、500 等是根据钢筋屈服强度确定的强度标准值（单位为"MPa"）。HPB300 级为光面钢筋。HRB400 级和 HRB500 级为普遍低合金热轧带肋变形钢筋。RRB400 级为余热处理带肋变形钢筋。HRBF400 级和 HRBF500 级为细晶粒热轧带肋变形钢筋。细晶粒钢筋是近年来研制开发出的一种新型钢筋，这种钢筋不需要添加或只需添加很少的合金元素，通过控制轧钢的温度形成细晶粒的金相组织，可以达到与添加合金元素相同的效果，其强度和延性完全满足混凝土结构对钢筋性能的要求。

预应力钢绞线是由多根高强度钢丝捻制在一起经过低温回火处理应力（稳定性处理）后而制成，分为 3 股和 7 股。消除应力钢丝是将钢筋拉拔后校直，经中温回火消除应力并经稳定化处理的钢丝。螺旋肋钢丝是以普通低碳钢或低合金钢热轧的圆盘条为母材，经冷轧减径后在其表面冷轧成二面或三面有月牙肋的钢筋。

常用钢筋、钢丝和钢绞线的外形如图 2-1 所示。

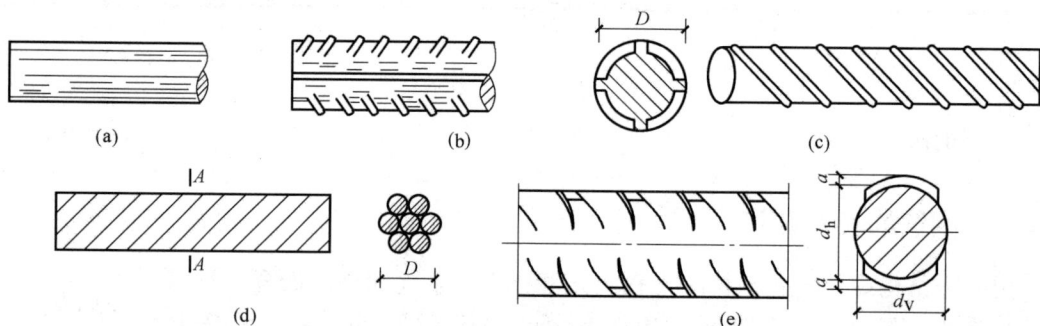

图 2-1　常用钢筋、钢丝和钢绞线的外形
（a）光面钢筋；（b）月牙纹钢筋；（c）螺旋肋钢丝；（d）钢绞线（7 股）；（e）预应力螺纹钢筋

冷加工钢筋在混凝土结构中也有一定应用。冷加工钢筋是将某些热轧光面钢筋（称为母材）经冷拉、冷拔或冷轧、冷扭等工艺进行再加工而得到的直径较细的光面或变形钢筋，有冷拉钢筋、冷拔钢丝、冷轧带肋钢筋和冷轧扭钢筋等。热轧钢筋经冷加工后强度提高，但钢筋的塑性（伸长率）明显降低，因此，冷加工钢筋主要用于对延性要求不高的板类构件，或作为非受力构造钢筋。由于冷加工钢筋的性能受母材和冷加工工艺影响较大，《结构规范》中未列入冷加工钢筋，工程应用时可按相关的冷加工钢筋技术标准执行。

2.1.2　钢筋的强度和变形

二维码 2-2
钢筋的强度和变形

钢筋的强度和变形性能体现在钢筋受拉应力-应变曲线上。根据应力-应变曲线有无屈服台阶，可以把钢筋分为有明显屈服点的钢筋（也称软钢）和无明显屈服点的钢筋（也称硬钢）两类。前者屈服后有很好的变形性能，用在混凝土结构构件中也有较好的变形能力；后者变形能力很小，用在混凝土结构中容易发生脆性断裂。混凝土结构应使用有明显屈服点的钢筋，无明显屈服点的高强度钢筋可以用在预应力混凝土结构中。

有明显屈服点钢筋拉伸时的典型应力-应变曲线（σ-ε 曲线）如图 2-2 所示。图中 a' 点称为比例极限，a 点称为弹性极限，通常 a' 与 a 点很接近。b 点称为屈服上限，当应力超过 b 点后，钢筋即进入塑性阶段，随之应力下降到 c 点（称为屈服下限），c 点以后钢筋开始塑性流动，应力不变而应变增加很快，曲线为一水平段，称为屈服台阶。屈服上限不太稳定，受加载速度、钢筋截面形式和表面粗糙度的影响而波动，屈服下限则比较稳定，通常以屈服下限 c 点作为屈服强度。当钢筋的屈服塑性流动到达 f 点以后，随着应变的增加，应力又继续增大，至 d 点时应力达到最大值，d 点的应力称为钢筋的极限抗拉强度，fd 段称为强化段。d 点以后，在试件的薄弱位置出现颈缩现象，变形迅速增加，钢筋横断面缩小，应力降低，达到 e 点时试件被拉断。

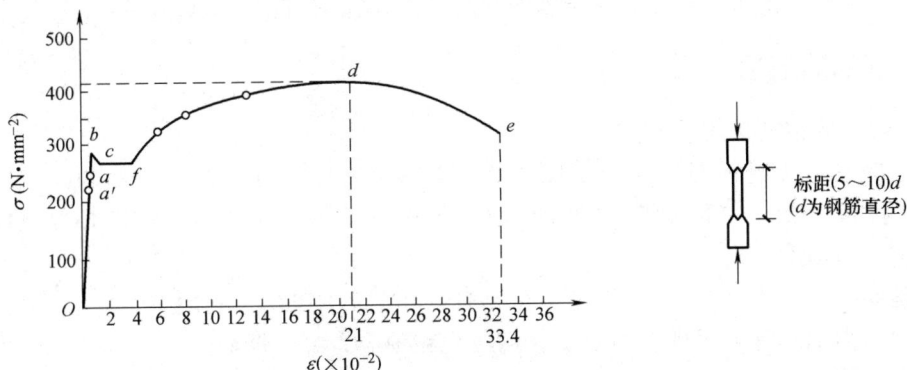

图 2-2 有明显屈服点钢筋的应力-应变曲线

由于钢筋混凝土构件中钢筋的应力达到屈服点后，会产生很大的塑性变形，使钢筋混凝土构件出现很大的变形和过宽的裂缝以致不能使用，所以，对有明显流幅的钢筋，在计算承载力时以屈服点相应的应力作为钢筋的强度极限。因为钢筋在混凝土构件中主要起抗拉作用，为保证混凝土构件具有良好的力学性能：一方面要使构件在正常使用状态下不要有过大的变形；另一方面要保证在偶然作用下有足够的变形能力。

无明显屈服点钢筋拉伸时的典型应力-应变曲线（σ-ε 曲线）如图 2-3 所示。在应力未超过 a 点时，钢筋仍具有理想的弹性性质。a 点的应力称为比例极限，其值约为极限抗拉强度的 0.65 倍。超过 a 点后应力-应变关系为非线性，没有明显的屈服点。达到极限抗拉强度 σ_b 后，钢筋很快被拉断，破坏时呈脆性。《结构规范》规定，对无明显屈服点的钢筋，如预应力钢丝、钢绞线等，取残余应变为 0.2% 时所对应的应力 $\sigma_{0.2}$ 作为钢筋强度限值，称为条件屈服强度。其值约等于极限抗拉强度 σ_b 的 0.85 倍。

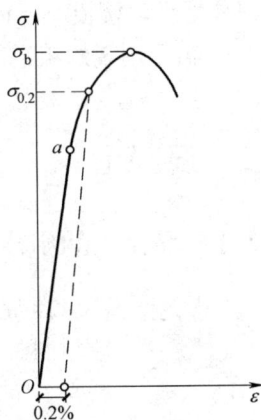

图 2-3 无明显屈服点钢筋的应力-应变曲线

2.1.3 混凝土结构对钢筋性能的要求

1. 强度要求

强度系指钢筋的屈服强度和极限强度。钢筋的屈服强度是混凝土结构构件计算的主要依据之一。采用较高强度的钢筋可以节省钢材，获得较好的经济效益。

2. 变形要求

钢筋混凝土结构要求钢筋在断裂前有足够的变形，能给人以破坏的预兆。因此要求钢筋有良好的变形能力来保证钢筋的伸长率和冷弯性能合格。

3. 可焊性要求

在很多情况下，钢筋的接长和钢筋之间的连接需通过焊接。因此，要求在一定的工艺条件下钢筋焊接后不产生裂纹及过大的变形，保证焊接后的接头性能良好。

4. 粘结性能要求

为了使钢筋的强度能够充分被利用和保证钢筋与混凝土共同工作，两者之间应有足够的粘结力。在寒冷地区，对钢筋的低温性能也有一定的要求。

2.1.4　钢筋的选用原则

各种牌号的钢筋选用原则如下：

1. 纵向受力普通钢筋可采用 HRB400、HRB500、HRBF400、HRBF500、RRB400、HPB300 钢筋；梁、柱和斜撑构件的纵向受力普通钢筋宜采用 HRB400、HRB500、HRBF400、HRBF500。

2. 箍筋宜采用 HRB400、HRBF400、HPB300、HRB500、HRBF500。

3. 预应力钢筋宜采用预应力钢丝、钢绞线和预应力螺纹钢筋。

4. 推广使用 400MPa、500MPa 级高强热轧带肋钢筋作为纵向受力的主导钢筋。

5. 推广使用具有较好的延性、可焊性、机械连接性能及施工适应性的 HRB 系列普通热轧带肋钢筋和 HRBF 系列细晶粒带肋钢筋。

6. 余热处理钢筋一般可用于对变形性能及加工性能要求不高的构件中，如基础、大体积混凝土，楼板、墙体以及次要的中小结构构件等。

7. 箍筋用于约束混凝土的间接配筋时，可以采用 500MPa 级钢筋。

2.2　混凝土

2.2.1　混凝土的组成

二维码 2-3
混凝土的组成和强度

混凝土是用水泥、水、砂（细集料）、石材（粗集料）以及外加剂等原材料经搅拌后入模浇筑，经养护硬化形成的人工石材，是一种多相复合材料。混凝土各组成成分的数量比例、水泥的强度、集料的性质以及水胶比（水与胶凝材料的比例）对混凝土的强度和变形有着重要的影响。另外，在很大程度上，混凝土的性能还取决于搅拌质量、浇筑的密实性和养护条件。

混凝土在凝结硬化过程中，水化反应形成的水泥结晶体和水泥凝胶体组成的水泥胶块浆砂、石集料粘结在一起。水泥结晶体和砂、石集料组成了混凝土中错综复杂的弹性骨架，主要依靠其来承受外力，并使混凝土具有弹性变形的特点。水泥凝胶体是混凝土产生塑性变形的根源，并起着调整和扩散混凝土应力的作用。

2.2.2 混凝土的强度

虽然在平时实际工程应用中，单向受力构件是极少见的，一般混凝土均处于复合应力状态，但是研究复合应力作用下混凝土的强度必须以单向应力作用下的强度为基础，因此，单向受力状态下的混凝土的强度是复合应力状态下强度的基础和重要依据。

混凝土的强度与水泥强度、骨料品种、混凝土配合比、水灰比、养护条件和龄期等有很大关系。此外，混凝土试件的大小和形状、试验方法和加载速率都会影响混凝土强度的试验结果，因此各国对各种单轴向受力下的混凝土强度都规定了统一的标准试验方法。

1. 混凝土的抗压强度

1）立方体抗压强度标准值 $f_{cu,k}$

混凝土主要用于抗压，其抗压性能比较稳定，所以我国把立方体强度值作为混凝土强度的基本指标，并把立方体抗压强度作为评定混凝土强度等级的标准。《结构规范》规定以边长为 150mm 的立方体为标准试件，标准立方体试件在（20±3）℃的温度和相对湿度95％以上的潮湿空气中养护 28d，依照标准试验方法测得的具有 95％保证率的抗压强度（以"N/mm²"计）作为混凝土的强度等级，并用符号"$f_{cu,k}$"表示，下标"cu"表示立方体，"k"表示标准值。

《结构规范》规定的混凝土强度等级有 C20、C25、C30、C35、C40、C45、C50、C55、C60、C65、C70、C75 和 C80，共 13 个等级。C 代表混凝土，C 后的数字即为混凝土立方体抗压强度标准值，其单位为"N/mm²"，例如，C40 表示立方体抗压强度标准值为 40N/mm²，即 $f_{cu,k}=40N/mm^2$。其中，C50～C80 属于高强度混凝土。

试验方法对混凝土 $f_{cu,k}$ 的测试值有较大影响。试件在试验机上受压时，纵向会压缩，横向会膨胀，由于混凝土与压力机垫板弹性模量的差异，压力机垫板的横向变形明显小于混凝土的横向变形。因此，垫板与试件的接触面通过摩擦力限制了试件的横向变形，提高了试件的抗压强度。当试验机施加的压力达到极限压力值时，试件形成两个对角锥形的破坏面，如图 2-4（a）所示。若在试件的上、下两端面涂刷润滑剂，那么在试验中试件与试验机垫板之间的摩擦将明显减小，因此，试件将较自由地产生横向变形。最后，试件将在沿着压力作用的方向产生数条大致平行的裂缝而破坏，如图 2-4（b）所示，所测得的抗压强度值明显较低。标准的试验方法不涂润滑剂。

试件尺寸对混凝土 $f_{cu,k}$ 也有影响。试验结果证明，立方体尺寸越小，则试验测出的抗压强度越高，这个现象称为尺寸效应。这是因为试件的尺寸越小，压力试验机垫板对它的约束作用越大，抗压强度越高。

混凝土抗压试验时，加载速度对混凝土 $f_{cu,k}$ 也有影响，加载速度越快，测得的强度越高。通常规定的加载速度：混凝土的强度等级低于 C30 时，取每秒钟 0.3～0.5N/mm²；混凝土的强度等级高于或等于 C30 时，取每秒钟 0.5～0.8N/mm²。

混凝土的立方体抗压强度随着成型后混凝土的龄期逐渐增长，因此试验方法中规定龄期为 28d。

2）轴心抗压强度标准值 f_{ck}

由于实际结构和构件往往不是立方体，而是棱柱体，为更好地反映构件的实际抗压能力，《结构规范》规定采用棱柱体试件测定轴心抗压强度，试件尺寸为 150mm×150mm×

300mm 或 150mm×150mm×450mm。试验证明，钢筋混凝土轴心抗压短柱中的混凝土抗压强度基本上和棱柱体抗压强度相同。可以用棱柱体测得的抗压强度作为轴心抗压强度，又称棱柱体抗压强度，用"f_{ck}"表示。棱柱体试件在与立方体试件相同的条件下制作，试件承压面不涂润滑剂且高度比立方体试件高，因而受压时试件中部横向变形不受端部摩擦力的约束，代表了混凝土处于单向全截面均匀受压的应力状态。试验量测到的值 f_{ck} 比 $f_{cu,k}$ 值小，并且棱柱体试件高宽比越大，它的强度越小。图 2-5 所示为混凝土棱柱体抗压试验和试件破坏情况。

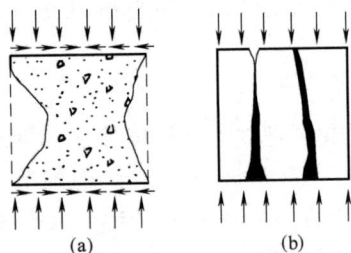

图 2-4　混凝土立方体抗压破坏情形
(a) 不涂润滑剂；(b) 涂润滑剂

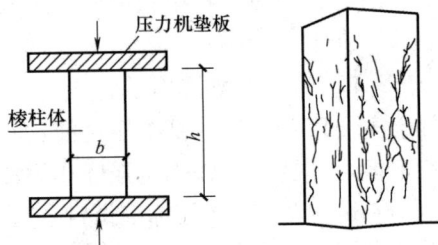

图 2-5　混凝土棱柱体抗压试验和试件破坏情况

混凝土棱柱体轴心抗压强度小于立方体抗压强度，而且两者之间大致呈线性关系，如图 2-6 所示。

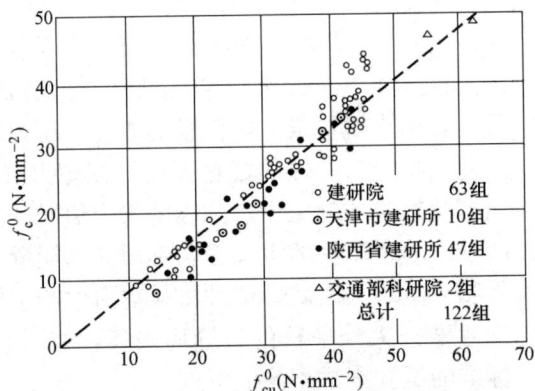

图 2-6　混凝土轴心抗压强度与立方体抗压强度的关系

考虑实际结构构件混凝土与试件在尺寸、制作、养护和受力方面的差异，《结构规范》采用的混凝土轴心抗压强度标准值 f_{ck} 与立方体抗压强度标准值 $f_{cu,k}$ 之间的换算关系为：

$$f_{ck} = 0.88\alpha_{c1}\alpha_{c2}f_{cu,k} \tag{2-1}$$

式中　α_{c1}——棱柱体抗压强度与立方体抗压强度之比，随着混凝土强度等级的提高而增大；对低于 C50 的混凝土，取 $\alpha_{c1}=0.76$；对 C80 的混凝土，取 $\alpha_{c1}=0.82$；当混凝土的强度等级为中间值时，在 $0.76\sim0.82$ 之间按直线规律变化取值；

　　　　α_{c2}——混凝土的脆性系数；当混凝土的强度等级不大于 C40 时，$\alpha_{c2}=1.0$；当混凝土的强度等级为 C80 时，$\alpha_{c2}=0.87$；当混凝土的强度等级为中间值时，在 1.0～0.87 之间按直线规律变化取值；

$f_{cu,k}$——混凝土立方体抗压强度标准值；

0.88——考虑实际结构混凝土强度与试件混凝土强度之间的差异等因素的修正数。

混凝土的抗压强度远低于砂浆和粗骨料任一单体材料的强度。例如，粗骨料的抗压强度为 $90N/mm^2$，砂浆的抗压强度为 $48N/mm^2$，由这两种材料组成的混凝土抗压强度只有 $24N/mm^2$。这是因为，混凝土凝结初期由于水泥收缩、骨料下沉等原因，在水泥和骨料之间的交界面上形成微裂缝，那是混凝土中最薄弱的部位。在外力作用下，这种初始裂缝将会不断扩展、连接和贯通，最终导致试件的破坏。

2. 混凝土的抗拉强度标准值 f_{tk}

混凝土的轴心抗拉强度也是混凝土的一个基本力学性能指标，可用于分析混凝土构件的开裂、裂缝宽度、变形及计算混凝土构件的受冲切、受扭、受剪等承载力。混凝土的抗拉强度标准值 f_{tk} 比抗压强度标准值 $f_{cu,k}$ 低得多，一般只有抗压强度的 5%～10%。$f_{cu,k}$ 值越大，$f_{tk}/f_{cu,k}$ 的比值越小。混凝土的抗拉强度取决于水泥石的强度和混凝土的界面过渡区强度。采用表面粗糙的集料并采用较好的养护条件可提高混凝土的抗拉强度。

轴心抗拉强度是混凝土的基本力学性能，也可间接地衡量混凝土的其他力学性能，如混凝土的抗冲切强度。

轴心抗拉强度可采用如图 2-7 所示的试验方法。轴心拉伸试验所采用的试件为 $100mm×100mm×500mm$ 的棱柱体，在其两端设有埋入长度为 150mm 的直径为 16mm 的变形钢筋，钢筋位于试件轴线上。试验机夹紧试件两端伸出的钢筋，并施加拉力使试件受拉。受拉破坏时，在试件中部产生横向裂缝，破坏截面上的平均拉应力即为轴心抗拉强度 f_{tk}。由于混凝土的抗拉强度很低，影响因素很多，要实现理想的均匀轴心受拉试验非常困难，因此，混凝土的轴心抗拉强度试验值往往具有很大的离散性。

由于轴心拉伸试验时要保证轴向拉力的对中十分困难，常常采用立方体或圆柱体劈裂试验来代替轴心拉伸试验，如图 2-8 所示。我国在劈裂试验时采用的试件为 $150mm×150mm×150mm$ 的标准试件，通过弧形钢垫条（垫条与试件之间垫以木质三合板垫层）施加竖向压力 F。加载速度：当混凝土强度等级小于 C30 时，取 0.02～0.05MPa/s；当混凝土强度等级大于等于 C30 且小于 C60 时，取 0.05～0.08MPa/s；当混凝土强度等级不小于 C60 时，取 0.08～0.10MPa/s。

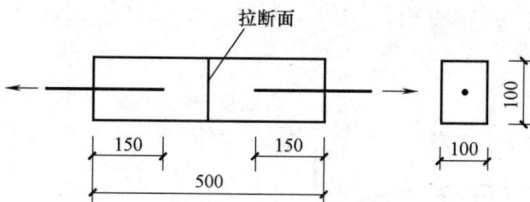

图 2-7　直接拉伸试验

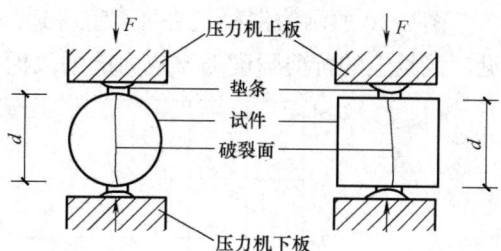

图 2-8　劈裂试验

在试件的中间截面（除加载垫条附近很小的范围外），存在有均匀分布的拉应力。当拉应力达到混凝土的抗拉强度时，试件被劈裂成两半。根据弹性模量理论，劈裂抗拉强度试验值 $f_{t,s}$ 计算公式为：

$$f_{t,s} = \frac{2F}{\pi dl} \tag{2-2}$$

式中 F——劈裂试验破坏荷载；

　　　　d——圆柱体直径或立方体边长；

　　　　l——圆柱体长度或立方体边长。

抗拉强度标准值 f_{tk} 与立方体抗压强度标准值 $f_{cu,k}$ 之间的折算关系为：

$$f_{tk} = 0.88 \times 0.395 f_{cu,k}^{0.55} (1-1.645\delta)^{0.45} \times \alpha_{c2} \tag{2-3}$$

式中，系数 0.88 和 α_{c2} 意义同式（2-1）；$0.395 f_{cu,k}^{0.55}$ 为轴心抗拉强度与立方体抗压强度的折算关系；$(1-1.645\delta)^{0.45}$ 反映了试验离散程度对标准值保证率的影响。

3. 混凝土在复合应力作用下的强度

实际工程中的混凝土结构或构件通常受到轴力、弯矩、剪力及扭矩的不同组合作用，混凝土很少处于理想的单向受力状态，更多的是处于双向或三向受力状态。因此，分析混凝土在复合应力作用下的强度很有必要。

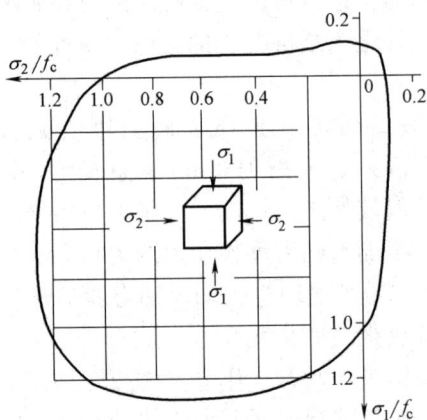

图 2-9   混凝土双向应力强度

1）混凝土的双向受力强度 σ_1。在混凝土单元体两个互相垂直的平面上作用有法向应力 σ_1 和 σ_2，第三个平面上应力为零，混凝土在双向应力状态下强度的变化曲线如图 2-9 所示。

双向受压时（图 2-9 中第三象限），一向的抗压强度随另一向压应力的增大而增大，最大抗压强度发生在两个应力比（σ_1/σ_2 或 σ_2/σ_1）为 0.4～0.7 时，其强度比单向抗压强度增加约 30%，而在两向压应力相等的情况下强度增加 15%～20%。

双向受拉时（图 2-9 中第一象限），一个方向的抗拉强度受另一个方向拉应力的影响不明显，其抗拉强度接近单向抗拉强度。

一向受拉另一向受压时（图 2-9 中第二、四象限），抗压强度随拉应力的增大而降低，同样，抗拉强度也随压应力的增大而降低，其抗压或抗拉强度均不超过相应的单轴强度。

图 2-10 所示为混凝土在正应力和剪应力共同作用下的强度变化曲线。从图 2-10 可见，混凝土的抗剪强度随拉应力的增大而减小；当压应力小于 $(0.5～0.7)f_c$ 时，抗剪强

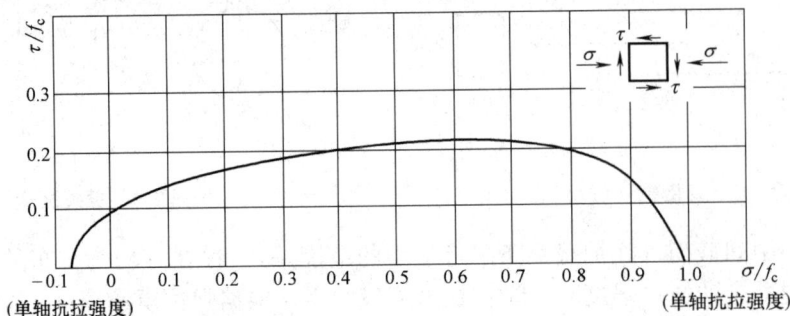

图 2-10   混凝土在正应力和剪应力共同作用下的强度变化曲线

度随压应力的增大而增大；当压应力大于 $(0.5\sim0.7)f_c$ 时，由于混凝土内裂缝的明显发展，抗剪强度反而随压应力的增大而减小。由于剪应力的存在，其抗压强度和抗拉强度均低于相应的单轴强度。

2）混凝土的三向受压强度。混凝土三向受压时，一向抗压强度随另两向压应力的增大而增大，并且混凝土受压的极限变形也大大增加。如图 2-11 所示为圆柱体混凝土试件三向受压时（侧向压应力均为 σ_2）的试验结果。由于周围的压应力限制了混凝土内部微裂缝的发展，这就大大提高了混凝土的纵向抗压强度和承受变形的能力。由试验结果得到的经验公式为：

$$f'_{cc}=f'_c+k\sigma_2 \tag{2-4}$$

式中　f'_{cc}——等侧向压应力作用下混凝土圆柱体的抗压强度；

　　　f'_c——无侧向压应力时混凝土圆柱体的抗压强度；

　　　k——侧向压应力系数，根据试验结果取 $k=4.5\sim7.0$ 的平均值为 5.6，侧向压应力较低，得到的系数较高。

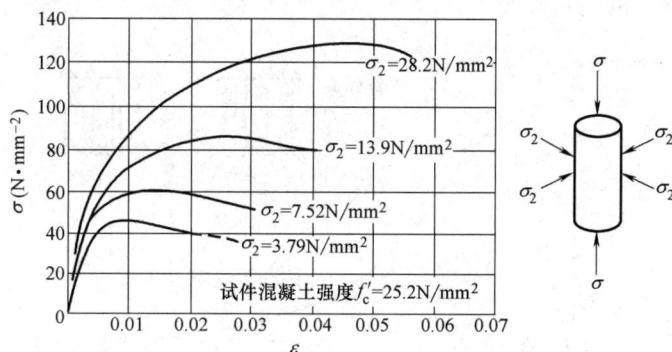

图 2-11　圆柱体混凝土试件三向受压试验

工程上可以通过设置密排螺旋筋或箍筋来约束混凝土，改善钢筋混凝土构件的受力性能。在混凝土轴向压力很小时，螺旋筋或箍筋几乎不受力，此时混凝土基本上不受约束，当混凝土应力达到临界应力时，混凝土内部裂缝引起体积膨胀使螺旋筋或箍筋受拉；反过来，螺旋筋或箍筋约束了混凝土裂缝的发展，形成与液压约束相似的条件，从而使混凝土的应力-应变性能得到改善，钢管混凝土也是同理。

2.2.3　混凝土的变形

混凝土的变形可以分为两类：一类为混凝土的受力变形；另一类为混凝土的非受力变形。

1. 混凝土的受力变形

1）受压混凝土一次短期加荷的应力-应变曲线

对混凝土进行短期单向施加压力所获得的应力-应变关系曲线即为单轴

受压应力-应变曲线，其能反映混凝土受力全过程的重要力学特征和基本力学性能，是研究混凝土结构强度理论的必要依据，也是对混凝土进行非线性分析的重要基础。一次短期加载是指荷载从零开始单调增加至试件破坏，也称单调加载。典型的混凝土单轴受压应力-

二维码 2-4
混凝土的变形

应变曲线如图 2-12 所示。

　　从图中可以看出：①全曲线包括上升段和下降段两部分，以 C 点为分界点，每部分由三小段组成；②图中各关键点分别表示为：A——比例极限点，B——临界点，C——峰点，D——拐点，E——收敛点，F——破坏点；③各小段的含义为：OA 段接近直线，应力较小，应变不大，混凝土的变形主要是骨料和水泥结晶体的弹性变形，应力-应变关系接近直线，而水泥胶体的黏性流动以及初始微裂缝变化的影响一般很小；AB 段为微曲线段，应变的增长稍比应力快，混凝土处于裂缝稳定扩展阶段，其中，B 点的应力是确定混凝土长期荷载作用下抗压强度的依据；BC 段应变增长明显比应力增长快，混凝土处于裂缝快速不稳定发展阶段，其中，C 点的应力最大，即为混凝土极限抗压强度，与之对应的应变 $\varepsilon_0 \approx 0.002$ 为峰值应变；CD 段应力快速下降，应变仍在增长，混凝土中裂缝迅速发展且贯通，出现了主裂缝，内部结构破坏严重；DE 段，应力下降变慢，应变较快增长，混凝土内部结构处于磨合和调整阶段，主裂缝宽度进一步增大，最后，只依赖集料之间的咬合力和摩擦力来承受荷载；EF 段为收敛段，此时，试件中的主裂缝宽度快速增大而完全破坏了混凝土的内部结构。

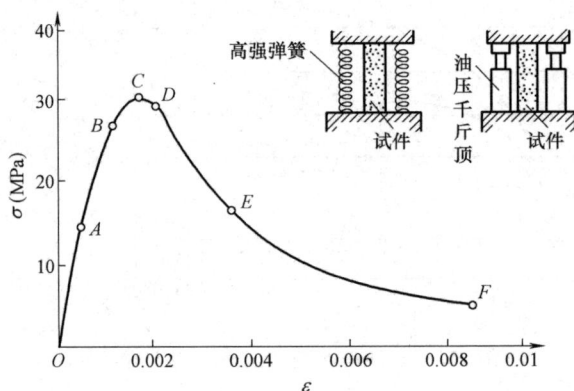

图 2-12　混凝土单轴受压应力-应变曲线

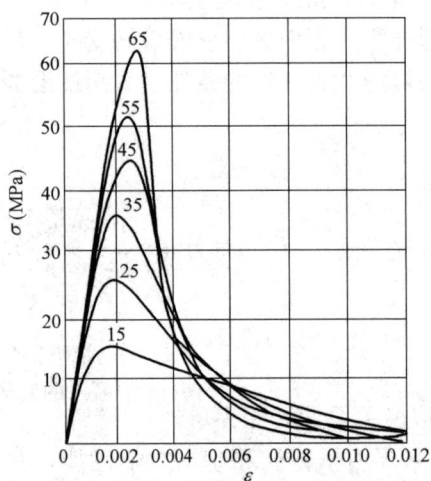

图 2-13　不同强度等级混凝土的
应力-应变曲线

　　混凝土应力-应变曲线的形状和特征是混凝土内部结构发生变化的力学标志。不同强度的混凝土应力-应变曲线有着相似的形状，但也有实质性的区别。图 2-13 的试验曲线表明，随着混凝土强度的提高，尽管上升段和峰值应变的变化不很显著，但是下降段的形状有较大差异。混凝土强度越高，下降段的坡度越陡，即应力下降相同幅度时变形越小，延性越差。另外，混凝土受压应力-应变曲线的形状与加载速度也有着密切的关系。

　　在普通试验机上采用等应力速率的加载方式进行试验时，一般只能获得应力-应变曲线的上升段，很难获得其下降段，其原因是试验机刚度不足。当加载至混凝土达到轴心抗压强度时，试验机中积蓄的弹性应变能大于试件所吸收的应变能，此应变能在接近试件破坏时会突然释放，致使试件发生脆性破坏。如果采用伺服试验机，在混凝土达极限强度时能以等应变速率加载；或在试件旁边附加设置高性能弹性元件共同承压，当混凝土达极限强度时能吸收试验机内积聚的应变能，就能获得应力-应变曲线。

2）混凝土的弹性模量、变形模量

在计算混凝土构件的截面应力、变形、预应力混凝土构件的预压应力，以及由于温度变化、支座沉降产生的内力时，需要利用混凝土的弹性模量。由于一般情况下受压混凝土的应力-应变曲线是非线性，应力和应变的关系并不是线性关系，这就产生了模量的取值问题。

《结构规范》中弹性模量 E_c 值是用下列方法确定的：采用棱柱体试件，取应力上限为 $0.5f_c$，重复加荷 5～10 次。由于混凝土的塑性性质，每次卸载为零时存在残余变形。但随荷载多次重复，残余变形逐渐减小，重复加荷 5～10 次后，变形趋于稳定，混凝土的应力-应变曲线在 $0.5f_c$ 以下段接近于直线，该直线的斜率为混凝土的弹性模量 E_c。根据混凝土不同强度等级的弹性模量试验值的统计分析，E_c 与 $f_{cu,k}$ 的经验关系为：

$$E_c = \frac{10^5}{2.2 + \dfrac{34.7}{f_{cu,k}}} \tag{2-5}$$

混凝土的泊松比（横向应变与纵向应变之比）$v_c = 0.2$。

混凝土的切变模量 $G_c = 0.4E_c$。

《结构规范》给出的混凝土弹性模量见附表 1-3。

3）受拉混凝土的变形

由于混凝土是由多相材料组成，具有明显的脆性，抗拉强度又低，要获得单轴抗拉的应力-应变全曲线相当困难。利用电液伺服试验机，采用等应变加载方式，才可以测得混凝土轴心受拉的应力-应变全曲线，如图 2-14 所示。

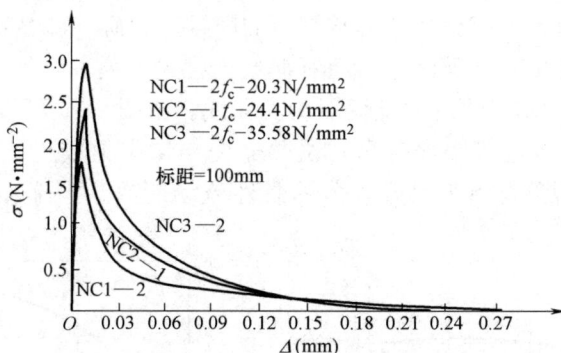

图 2-14　不同强度的混凝土轴心受拉应力-应变全曲线

从图 2-14 可以看出，受拉曲线的形状与受压时相同，有明显的上升段和下降段两部分。试验表明，混凝土强度越高，上升段越长，曲线峰点越高，但对应的变形几乎没有增大，下降越陡，极限变形反而变小。当拉应力达到混凝土的抗拉极限强度时，并取弹性系数 $\nu = 0.5$，对应于曲线峰点的拉应变为：

$$\varepsilon_{t0} = \frac{f_t}{E_c'} = \frac{f_t}{\nu E_c} = \frac{2f_t}{E_c} \tag{2-6}$$

受拉时，原点的切线模量与受压时基本相同，所以，受拉的弹性模量与受压的弹性模量相同。混凝土受拉断裂发生于拉应变达到极限拉应变 ε_{tu} 时，而不是发生在拉应力达到最大拉应力时。受拉极限应变与混凝土配合比、养护条件和混凝土强度紧密相关。

4）混凝土的徐变

试验表明，把混凝土棱柱体加压到某个应力之后维持荷载不变，则混凝土会在加荷瞬时变形的基础上，产生随时间而增长的应变。这种在荷载保持不变的情况下随时间而增长的变形称为徐变。徐变对于结构的变形和强度、预应力混凝土中的钢筋应力都将产生重要的影响。

典型的徐变与时间的关系如图 2-15 所示，从图可以看出，当加荷应力达到 $0.5f_c$ 时，某一组棱柱体试件加荷瞬间产生的应变为瞬时应变 ε_{ela}。若荷载保持不变，随着加荷时间的增加，应变也将增加，增加的应变就是徐变应变 ε_{cr}。在初始的半年内徐变增加较快，以后逐渐减慢，经过一定时间后徐变趋于稳定。徐变应变值为瞬时弹性应变的 $1\sim4$ 倍。两年后卸载，试件瞬时恢复的应变 ε'_{ela}，略小于瞬时应变 ε_{ela}。卸载后经过一段时间测量，发现混凝土并不处于静止状态，而是在逐渐地恢复，这种恢复变形称为弹性后效 ε''_{ela}。弹性后效的恢复时间约为 20d，约为徐变变形的 1/12，最后剩下的大部分为不可恢复变形 ε'_{cr}。

混凝土的组成和配合比是影响徐变的内在因素。水泥用量越多和水胶比越大，徐变也越大；集料越坚硬、弹性模量越高，徐变越小；集料的相对体积越大，徐变越小。另外，构件形状及尺寸、混凝土内钢筋的面积和钢筋的应力性质对徐变也有不同的影响。

养护及使用条件的温、湿度是影响徐变的环境因素。养护时，温度高、湿度大、水泥水化作用充分，徐变就小，采用蒸汽养护可使徐变减小 $20\%\sim35\%$。受荷后构件所处环境的温度越高、湿度越低，则徐变越大。如环境温度为 70℃ 的试件受荷一年后的徐变，要比温度为 20℃ 的试件大 1 倍以上，因此，高温干燥环境将使徐变显著增大。

混凝土的应力条件是影响徐变的非常重要的因素。加荷时，混凝土的龄期越长，徐变越小；混凝土的应力越大，徐变越大。随着混凝土应力的增加，徐变将发生不同的情况，图 2-16 所示为不同应力水平下的徐变变形增长曲线。由图 2-16 可以看出，当初应力较小时（$\sigma\leqslant0.5f_c$），曲线接近等距离分布，说明徐变与初应力成正比，这种情况为线性徐变。一般认为，这种现象是由于水泥胶体的黏性流动所致。当施加在混凝土的应力 $\sigma=$

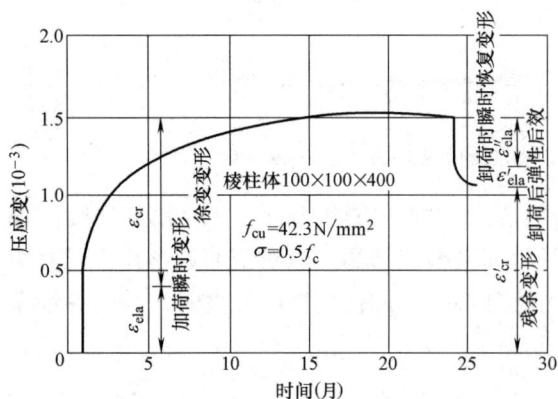

图 2-15　混凝土的徐变与时间的关系

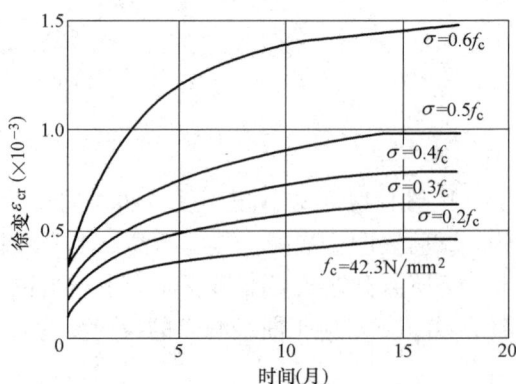

图 2-16　初应力对徐变的影响

$(0.5 \sim 0.8)f_c$ 时，徐变与应力不成正比，徐变比应力增长较快，这种情况称为非线性徐变。发生这种现象的原因是水泥胶体的黏性流动的增长速度已比较稳定，而应力集中引起的微裂缝开展则随应力的增大而发展。

当应力 $\sigma > 0.8f_c$ 时，徐变的发展是非收敛，最终将导致混凝土破坏，实际 $\sigma = 0.8f_c$ 即为混凝土的长期抗压强度。

2. 混凝土的非受力变形

1）混凝土的收缩与膨胀

混凝土在空气中结硬时体积减小的现象称为收缩；混凝土在水中或处于饱和湿度情况下结硬时体积增大的现象称为膨胀。一般情况下混凝土的收缩值比膨胀值大很多，所以分析研究收缩和膨胀的现象时以收缩为主。

混凝土的收缩试验如图 2-17 所示，混凝土的收缩是随时间而增长的变形，结硬初期收缩较快，1 个月大约可完成 50% 的收缩，3 个月后增长缓慢，一般两年后趋于稳定，最终收缩应变为 $(2 \sim 5) \times 10^{-4}$，一般取收缩应变值为 3×10^{-4}。

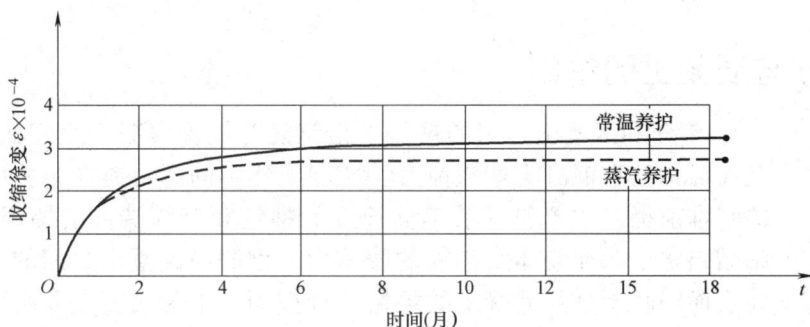

图 2-17 混凝土的收缩试验

干燥失水是引起收缩的重要因素，所以，构件的养护条件、使用环境的温、湿度及影响混凝土水分保持的因素，都对收缩有影响。使用环境的温度越高、湿度越低，收缩越大。蒸汽养护的收缩值要小于常温养护的收缩值，这是因为高温高湿可加快水化作用，减少混凝土的自由水分，加速凝结与硬化的时间。

试验还表明，水泥用量越多、水胶比越大，收缩越大；集料的级配越好，弹性模量越大，收缩越小；构件的体积与表面积比值越大时，收缩越小。

对于养护不好的混凝土构件，表面在受荷前可能产生收缩裂缝。需要说明的是，混凝土的收缩对处于完全自由状态的构件，只会引起构件的缩短而不开裂。对于周边有约束而不能自由变形的构件，收缩会引起构件内混凝土产生拉应力，甚至会有裂缝产生。

在不受约束的混凝土结构中，钢筋和混凝土由于粘结力的作用，相互之间变形是协调的。混凝土具有收缩的性质，而钢筋并没有这种性质，钢筋的存在限制了混凝土的自由收缩，使混凝土受拉、钢筋受压，如果截面的配筋率较高，则会导致混凝土开裂。

2）混凝土的温度变形

当温度变化时，混凝土的体积同样有热胀冷缩的性质。混凝土的温度线膨胀系数一般为 $(1.2 \sim 1.5) \times 10^{-5}/℃$，用这个值去度量混凝土的收缩，则最终收缩量大致为温度降低 $15 \sim 30℃$ 时的体积变化。

当温度变形受到外界约束而不能自由发生时，将在构件内产生温度应力。在大体积混凝土中，由于混凝土表面较内部的收缩量大，再加上水泥水化热使混凝土的内部温度比表面温度高，如果把内部混凝土视为相对不变形体，它将对试图缩小体积的表面混凝土形成约束，在表面混凝土形成拉应力，如果内外变形差较大，将会造成表层混凝土开裂。

2.2.4　混凝土选用原则

为保证结构安全、可靠、耐久和经济，选择混凝土时，要综合考虑材料的力学性能、耐久性能和经济性能，按照《混凝土结构通用规范》GB 55008—2021 的要求进行选用。

1. 素混凝土结构的混凝土强度等级不应低于 C20；钢筋混凝土结构混凝土的强度等级不应低于 C25；当采用强度等级为 500MPa 及以上钢筋时，混凝土强度等级不得低于 C30。

2. 预应力混凝土结构的混凝土的强度等级不宜低于 C40，且不应低于 C30。

3. 承受重复荷载的钢筋混凝土构件，混凝土的强度等级不应低于 C30。

2.3　钢筋与混凝土的粘结

二维码 2-5
钢筋与混凝
土的粘结

钢筋和混凝土之间的粘结是指钢筋与周围混凝土之间的相互作用，是保证钢筋和混凝土这两种力学性能截然不同的材料在结构中共同工作的基本前提，主要包括沿钢筋长度的粘结和钢筋端部的锚固两种情况。粘结包含了水泥胶体对钢筋的胶结力、钢筋与混凝土之间的摩擦力、钢筋表面凹凸不平与混凝土的机械咬合作用、钢筋端部在混凝土内的锚固作用。

2.3.1　粘结的意义

钢筋与混凝土这两种材料能够结合在一起共同工作，除两者具有相近的线膨胀系数外，更主要的是由于混凝土硬化后，钢筋与混凝土之间产生了良好的粘结力。为了保证钢筋不从混凝土中拔出，与混凝土更好地共同工作，还要求钢筋有良好的锚固。可以说，粘结和锚固是钢筋和混凝土形成整体、共同工作的基础。

2.3.2　粘结力的组成

1. 粘结力组成

钢筋与混凝土的粘结作用主要由化学胶结力、摩擦力、机械咬合作用和钢筋端部的锚固四部分组成。

1）化学胶结力：钢筋和混凝土接触面上的化学胶结力，来源于浇筑时水泥浆体向钢筋表面氧化层的渗透和养护过程中水泥晶体的生长和硬化，从而使水泥胶体和钢筋表面产生吸附胶着作用。化学胶结力一般很小，仅在受力阶段的局部无滑移区域起作用，一旦钢筋和混凝土接触面发生滑移，它即消失。

2）摩擦力：由于混凝土凝结时收缩，使钢筋和混凝土接触面上产生的正应力。摩擦力的大小取决于垂直摩擦面上的压应力，还取决于摩擦系数，即钢筋与混凝土接触面的粗糙程度。压力越大，接触面越粗糙，摩擦力越大。

3）机械咬合力：钢筋表面凹凸不平与混凝土之间产生的机械咬合力。对光面钢筋，是指表面粗糙不平产生的咬合力；对变形钢筋，是指变形钢筋肋间嵌入混凝土而形成的机械咬合作用，这是变形钢筋与混凝土粘结力的主要来源。

4）钢筋端部的锚固力：一般是用在钢筋端部弯钩、弯折，在锚固区焊短钢筋、短角钢等方法来提供锚固力。

各种粘结力在不同的情况下（钢筋的截面形式，不同受力阶段和构件部位）发挥各自的作用。机械咬合力可提供很大的粘结应力，但如布置不当，会产生较大的滑移、裂缝和局部混凝土破碎等现象。

2. 光面钢筋的粘结性能

直段光面钢筋的粘结力主要来自于化学胶结力和摩擦力。

粘结强度通常采用图 2-18 所示标准拔出试验来测定，设拔出力为 F，钢筋中的总拉力 $F=\sigma_s \cdot A_s$，则钢筋与混凝土界面上的平均粘结应力 τ 为：

$$\tau=F/(\pi dl) \qquad (2-7)$$

试验中可同时量测加荷端滑移和自由端滑移，由于埋入长度 l 较短，可认为达到最大荷载时，粘结应力沿埋长都相等，可用粘结破坏时的最大平均粘结应力代表钢筋与混凝土的粘结强度 τ。

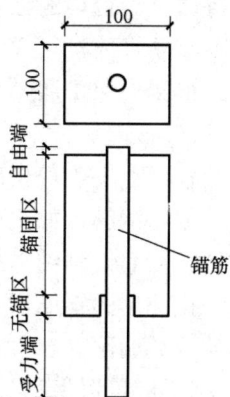

图 2-18 标准拔出试验

3. 变形钢筋的粘结性能

变形钢筋的粘结效果比光面钢筋好得多，化学胶结力和摩擦力仍然存在，机械咬合力是变形钢筋粘结强度的主要来源。由于变形钢筋肋间嵌入混凝土而产生的机械咬合力改变了钢筋与混凝土之间相互作用的方式，显著提高了混凝土与钢筋之间的粘结强度。变形钢筋与混凝土的粘结机理如图 2-19 所示。

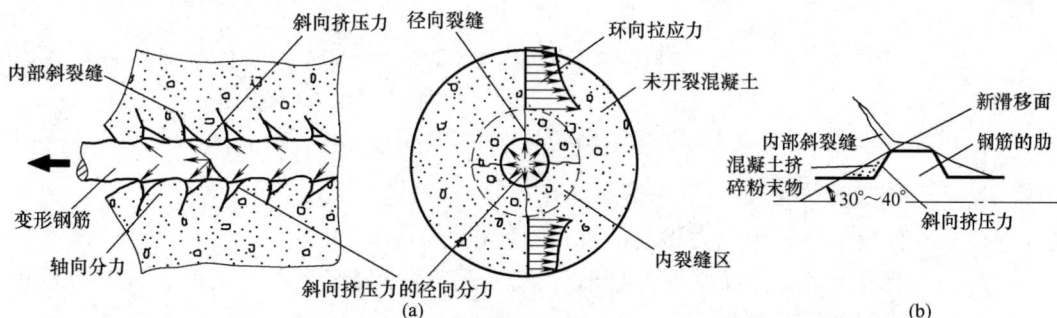

图 2-19 变形钢筋与混凝土的粘结机理

在拉拔力的作用下，钢筋的横肋对混凝土形成斜向挤压力，此力可分解为沿钢筋表面的切向力和沿钢筋径向的环向力。当荷载增加时，钢筋周围的混凝土首先出现斜向裂缝，钢筋横肋前端的混凝土被压碎，形成肋前挤压面。同时，在径向力的作用下，混凝土产生环向拉应力，最终导致混凝土保护层发生劈裂破坏。如果混凝土的保护层较厚（$c/d>$ 5~6，c 为混凝土保护层厚度，d 为钢筋直径），混凝土不会在径向力作用下产生劈裂破坏，达到抗拔极限状态时，肋前端的混凝土完全挤碎而拔出，产生剪切型破坏。因此，带肋钢筋的粘结性能明显地优于光面钢筋，有良好的锚固性能。

综上所述，光面钢筋与变形钢筋具有不同的粘结机理，主要差别在于光面钢筋与混凝土之间的粘结作用主要来自胶结力和摩阻力。由于光面钢筋表面粗糙不平而产生的机械咬合力很小，两者的差别可以用钉入木材中的普通钉和螺钉的差别来理解。

2.3.3 影响粘结强度的因素

试验表明，变形钢筋和光面钢筋的粘结强度均随混凝土强度的提高而提高。混凝土的强度越高，钢筋与混凝土之间的胶结力和机械咬合力随之增加，变形钢筋深入钢筋横肋间的混凝土咬合齿的强度增强，沿钢筋纵向劈裂裂缝的开展延缓，粘结力得到提高。粘结力并不与立方体抗压强度 f_{cu} 成正比，而与混凝土抗拉强度 f_t 大致成正比关系。

混凝土保护层厚度 c 和钢筋之间净距离越大，劈裂抗力越大，因而粘结强度越高。但当 $l/d > 5$ 时，$\tau_u/f_{t,s}$ 不再增长，也就是说粘结强度不由劈裂破坏来决定，而是沿钢筋外径圆柱面上发生剪切破坏。

横向钢筋（如梁中的箍筋）可限制径向劈裂裂缝的开展或限制裂缝的宽度，防止劈裂破坏，从而使粘结力提高。因此，在较大直径钢筋的锚固区或钢筋搭接长度范围内，以及当一排并列的钢筋根数较多时，均应设置一定数量的横向钢筋（附加箍筋），以防止保护层的劈裂崩落。

钢筋端部的弯钩、弯折及附加锚固措施（如焊钢筋和焊钢板等）可以提高锚固粘结能力，锚固区内侧向压力的约束对粘结强度也有提高作用。

2.3.4 钢筋的锚固长度

为了保证钢筋与混凝土之间的可靠粘结，钢筋必须有一定的锚固长度。《结构规范》规定，纵向受拉钢筋的锚固长度作为钢筋的基本锚固长度，它与钢筋强度、混凝土强度、钢筋直径及外形有关，按下式计算：

$$普通钢筋 \quad l_{ab} = a \frac{f_y}{f_t} d \tag{2-8}$$

$$预应力钢筋 \quad l_{ab} = a \frac{f_{py}}{f_t} d \tag{2-9}$$

式中 l_{ab}——受拉钢筋的基本锚固长度；

f_y、f_{py}——普通钢筋、预应力钢筋的抗拉强度设计值；

f_t——混凝土轴心抗拉强度设计值，当混凝土强度等级大于 C60 时，按 C60 取值；

d——锚固钢筋的直径；

a——锚固钢筋的外形系数，根据表 2-1 取值。

锚固钢筋的外形系数 a 表 2-1

钢筋类型	光面钢筋	带肋钢筋	螺旋肋钢丝	三股钢绞线	七股钢绞线
a	0.16	0.14	0.13	0.16	0.17

注：光面钢筋末端应做 180° 弯钩，弯后平直段长度不应小于 $3d$，但作受压钢筋时可不做弯钩。

一般情况下，受拉钢筋的锚固长度可取基本锚固长度。考虑各种影响钢筋与混凝土粘结锚固强度的因素，当采取不同的埋置方式和构造措施时，锚固长度应按下列公式计算：

$$l_a = \zeta_a l_{ab} \tag{2-10}$$

式中　l_a——受拉钢筋的锚固长度；

　　　ζ_a——锚固长度修正系数，当多于一项时，可按连乘计算，但不应小于 0.6；对预应力筋，可取 1.0。

纵向受拉普通钢筋的锚固长度修正系数 ζ_a 应根据钢筋的锚固条件按下列规定取用：

（1）当带肋钢筋的公称直径大于 25mm 时，取 1.10。

（2）对环氧树脂涂层带肋钢筋取 1.25。

（3）施工过程中易受扰动的钢筋取 1.10。

（4）锚固钢筋的保护层厚度为 $3d$ 时，修正系数可取 0.80，保护层厚度不小于 $5d$ 时，修正系数可取 0.70，中间按内插法取值，此处 d 为锚固钢筋的直径。

（5）当纵向受拉普通钢筋末端采用弯钩或机械锚固措施时，包括弯钩或锚固端头在内的锚固长度（投影长度）可取为基本锚固长度 l_{ab} 的 60%。弯钩与机械锚固的形式和技术要求应符合表 2-2 及图 2-20 的规定。

钢筋弯钩与机械锚固的形式和技术要求　　　　　表 2-2

锚固形式	技术要求
90°弯钩	末端 90°弯钩，弯钩内径 $4d$，弯后直段长度 $12d$
135°弯钩	末端 135°弯钩，弯钩内径 $4d$ 弯后直段长度 $5d$
一侧贴焊锚筋	末端一侧贴焊长 $5d$ 同直径钢筋
两侧贴焊锚筋	末端两侧贴焊长 $3d$ 同直径钢筋
焊端锚板	末端与厚度 d 的锚板穿孔塞焊
螺栓锚头	末端旋入螺栓锚头

注：1. 焊缝和螺纹长度应满足承载力要求；

　　2. 螺栓锚头和焊接锚板的承压净面积不应小于锚固钢筋截面面积的 4 倍；

　　3. 锚栓锚头的规格应符合相关标准的要求；

　　4. 螺栓锚头和焊接锚板的间距不宜小于 $4d$，否则应考虑群锚效应的不利影响；

　　5. 截面角部的弯钩和一侧贴焊锚筋的布筋方向宜向截面内偏置。

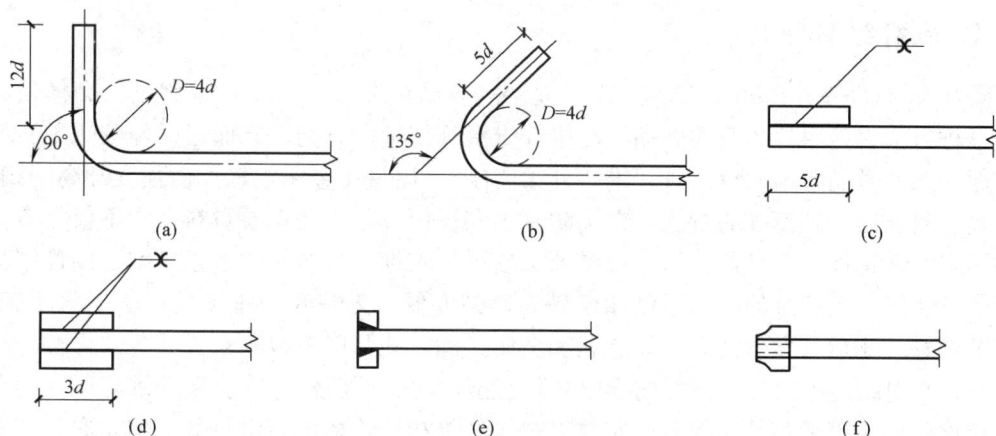

图 2-20　钢筋机械锚固的形式及构造要求

（a）90°弯钩；（b）135°弯钩；（c）一侧贴焊锚筋；（d）两侧贴焊锚筋；（e）穿孔塞焊锚板；（f）螺栓锚头

当锚固钢筋保护层厚度不大于 $5d$ 时，锚固长度范围内应配置构造钢筋（箍筋或横向钢筋），其直径不应小于 $d/4$，间距不应大于 $5d$，且不大于 100mm（此处 d 为锚固钢筋的直径）。

对混凝土结构中的纵向受压钢筋，当计算中充分利用钢筋的抗压强度时，受压钢筋的锚固长度应不小于相应受拉锚固长度的 70%。

2.3.5 保证可靠粘结的构造措施

为了保证钢筋和混凝土的粘结强度，钢筋之间的距离和混凝土保护层不能太小。

构件裂缝间的局部粘结应力使裂缝间的混凝土受拉。为了增加局部粘结作用和减小裂缝宽，在同等钢筋面积的条件下，宜优先采用小直径的变形钢筋。光面钢筋粘结性能较差，应在钢筋末端设弯钩，增大其锚固粘结能力。

为保证钢筋伸入支座的粘结力，应使钢筋伸入支座有足够的锚固长度，如支座长度不够时，可将钢筋弯折，弯折长度计入锚固长度内，也可通过在钢筋端部焊短钢筋、短角钢等方法加强钢筋和混凝土的粘结能力；实际工程中，由于材料的供应条件和施工条件的限制，钢筋常常需要搭接，钢筋的搭接要有一定长度才能满足粘结强度的要求。钢筋的锚固长度和搭接长度与混凝土的强度、钢筋的强度等级、抗震等级和钢筋直径等因素有关，一般为钢筋直径的若干倍。

钢筋不宜在混凝土的受拉区截断，如必须截断，则应满足在理论上不需要钢筋点和钢筋强度的充分利用点外伸一段长度才能截断。横向钢筋的存在约束了径向裂缝的发展，使混凝土的粘结强度提高，故在大直径钢筋的搭接和锚固区域内设置横向钢筋（箍筋加密等），可增大该区段的粘结能力。

2.4 纤维增强混凝土

混凝土材料存在脆性大、韧度低、抗冲击性能差、抗拉强度低等缺点，而纤维能够改善混凝土材料的脆性，提高其力学性能。下面介绍几种纤维增强混凝土。

2.4.1 碳纤维混凝土

碳纤维（Carbon Fiber，简称CF），是一种含碳量在 95% 以上的高强度、高模量的新型纤维材料。它是由片状石墨微晶等有机纤维沿纤维轴向方向堆砌而成，经碳化及石墨化处理而得到的微晶石墨材料。碳纤维"外柔内刚"，质量比金属铝轻，但强度却高于钢铁，并且具有耐腐蚀、高模量的特性，在国防军工和民用方面都是重要材料。它不仅具有碳材料的固有本征特性，而且兼备纺织纤维的柔软可加工性，是新一代增强纤维。碳纤维具有许多优良性能，碳纤维的轴向强度和模量高，密度低，无蠕变，非氧化环境下耐超高温，耐疲劳性好，比热及导电性介于非金属和金属之间，热膨胀系数小且具有各向异性，耐腐蚀性好，X 射线透过性好，良好的导电导热性能、电磁屏蔽性好等。碳纤维与传统的玻璃纤维相比，杨氏模量是其 3 倍多；它与凯夫拉纤维相比，杨氏模量是其 2 倍左右，在有机溶剂、酸、碱中不溶不胀，耐蚀性突出。

将碳纤维掺入混凝土后，一定程度上降低了其流动性，但黏聚性和保水性提高，可减少骨料下端水分积聚，显著降低了发生泌水的可能性。此外，彼此粘结的碳纤维丝起到承托骨料的作用，降低骨料表面析水，限制骨料沉降，使混凝土中孔径为 $50\sim100nm$ 和不小于 $100nm$ 的孔隙数量大大降低，优化了混凝土微观结构。

2.4.2 玄武岩纤维混凝土

玄武岩纤维（Basalt Fiber，简称 BF）是将玄武岩岩石经过高温（$1450\sim1500$℃）加热，将熔融后的玄武岩通过类似玻璃纤维的制作工艺，用拉丝工艺制备而成。玄武岩纤维作为一种无机纤维材料，具有极限延伸率大、抗拉强度高以及化学稳定性、温度稳定性良好等优点。将玄武岩纤维掺加在混凝土中，纤维在混凝土搅拌时形成了不规则三维网状空间结构，它与水泥浆体、骨料紧密连接，适量地掺入能够在一定程度上减小混凝土孔隙率，延缓混凝土内部微小裂缝的发展，使混凝土结构更加致密，可以解决混凝土脆性大、易开裂、极限延伸率小和抗拉强度低的问题，使混凝土能够更好地应用于严寒地区、酸碱环境恶劣等工程中。

玄武岩纤维作为一种新型的混凝土材料，其优点在于：

（1）可以有效控制混凝土非结构性裂缝，提高了混凝土结构的抗裂性能，延长了结构的使用寿命。

（2）玄武岩纤维具有很强的耐腐蚀性、耐温性、抗氧化性能、抗辐射性能。

（3）掺入玄武岩纤维可以增强混凝土的韧性、抗冲击性、抗渗性。

我国已经逐步开始了对玄武岩纤维在建筑领域的应用研究，但仍处于研究的初级阶段，还存在较多问题。玄武岩纤维混凝土是一种复合材料，影响因素很多，结构也比较复杂。为了充分利用玄武岩纤维的高韧性、高强度和良好的耐腐蚀性，并改善其工作性能，将玄武岩纤维与高性能混凝土相结合，制备高性能玄武岩纤维增强混凝土材料，将是玄武岩纤维增强混凝土结构的发展方向。

本 章 小 结

1. 我国用于混凝土结构的钢筋主要有：热轧钢筋，中、高强钢丝，钢绞线和预应力螺纹钢筋。热轧钢筋用作普通混凝土结构中的受力钢筋和预应力混凝土结构中的非预应力钢筋，而中、高强钢丝、钢绞线和预应力螺纹钢筋用作预应力钢筋混凝土结构中的预应力钢筋。

2. 有明显屈服点的钢筋和无明显屈服点的钢筋的应力-应变曲线不同。屈服强度是有明显屈服点钢筋强度设计的依据。对于无明显屈服点的钢筋，则取条件屈服强度作为强度设计的依据。

3. 为了节约钢材，可用冷加工来提高热轧钢筋的强度，但其塑性较差，应尽可能采用强度高、塑性好的钢材。

4. 混凝土结构对钢筋有强度、塑性、可焊性和与混凝土粘结性能等多方面的要求。

5. 混凝土立方体抗压强度作为评定混凝土强度等级的标准，我国现行规范采用边长 150mm 的立方体作为标准试块。混凝土立方体抗压强度是混凝土结构最基本的强度指标，混凝土的轴心抗压强度、轴心抗拉强度以及多轴应力作用下的强度都与立方体抗压强度相关。

6. 混凝土的变形有荷载作用下的变形和非荷载作用下的变形。非荷载作用下的变形主要包括混凝土的收缩变形。首先，混凝土的徐变和收缩都会使预应力结构产生应力损失，混凝土的徐变还使结构产生应力重分布和变形增加，而收缩会使混凝土产生裂缝。其次，混凝土在重复荷载作用下的变形性能与一次短期荷载作用下的变形不同。

7. 钢筋和混凝土之间的粘结力是两者共同工作的基础，应当采取必要的措施加以保证。

实际工程案例

[工程综合实例分析 2-1]

概况：辽宁省某地一幢四层办公楼，使用一年后，发现顶层主梁与次梁普遍出现斜裂缝，多数裂缝宽大于 0.3mm，最宽处达 1.5mm，裂缝位置绝大部分位于靠支座处和集中荷载作用点附近。据查这批梁是在冬期施工的，混凝土配料和搅拌质量较差，成型后又受冻害。原设计强度等级为 C20，两年半后测定实际强度接近 $15N/mm^2$。

原因分析：梁产生裂缝的主要原因是混凝土强度低，抗剪能力不足。

处理措施：经研究决定采用结构胶粘贴钢箍板来提高抗剪能力。钢箍板厚 1.3mm，宽 100mm，间距 250mm。

[工程综合实例分析 2-2]

某锻工车间屋面梁为 12m 跨度的 T 形薄腹梁，在车间建成后使用不久，梁端头突然断裂，造成厂房局部倒塌，倒塌构件包括屋面大梁及大型面板。

事故发生后到现场进行了调查分析，混凝土强度能满足设计要求。从梁端断裂处看，问题出在端部钢筋深入支座的锚固长度不足。设计要求锚固长度至少为 150mm，实际上不足 50mm。设计图上注明，钢筋端部至梁端外边缘的距离为 400mm，实际上却只有 140～150mm，因此，梁端支承于柱顶上的部分接近于素混凝土梁，这是非常不可靠的。加之本车间为锻工车间，投产后锻锤的振动力作用对厂房影响大，这在一定程度上增加了大梁的负荷。综合因素作用导致大梁的断裂。

由本事故可见，钢筋除按计算要求配足数量以外，还应按构造要求满足锚固长度等要求。

[创新能力培养 2-1]

当前，实现"双碳"目标已经成为全行业的共识，对于混凝土行业来说绿色低碳同样是行业发展的主旋律。整个行业在通过创新发展促进转型升级、实现低碳高效的绿色发展方面取得了显著的成绩，而且正在朝着更高质量、绿色、智能制造方向前进。

我国是固体废弃物大国，在多年消解固体废弃物的历史进程中，混凝土产业一直都是主力产业之一。我国建筑固废的无害化处置和资源化应用研究工作从中华人民共和国成立以来就开始了，多年来混凝土一直无声地"吃"粉"吞"渣，从掺合料和机制砂骨料等多个维度将粉煤灰、矿渣、钢渣、建筑垃圾等工业或建筑废弃物再生成合格的建筑部品或产品。我国预拌混凝土产业在消纳固体废弃物方面发挥了很好的作用。

[工程素质培养 2-1]

实例 1：水泥温度太高，造成混凝土坍落度损失过快

概况：某工程在 6 月份浇筑 C30 梁板过程中，发现混凝土坍落度损失很快，造成滚筒内混凝土结料。

原因分析：经查，所进水泥的温度高达 80℃，且水泥普遍偏细，造成需水量增大，当用水量不足时产生坍落度损失过快。

防止措施：在夏秋季节 5～10 月份，对直接从水泥厂或粉磨站短途运输进货的水泥，必须每车测量水泥温度要小于 65℃。

实例 2：某办公楼工程局部混凝土强度达不到设计要求

工程事故概况：某办公楼工程，四层现浇框架结构，当施工至四层楼面时，发现三层局部楼面板混凝土浇捣完成数天后还未硬化，混凝土强度达不到设计要求。

事故原因分析：

（1）经现场勘察发现，搅拌混凝土所用的砂石不仅含泥量过高（有的甚至含有拳头大的泥块），而且有烂树根等杂质。

（2）混凝土配料计量不准，所用粉煤灰过多。现场搅拌混凝土时，砂、石、水、水泥均用秤计量，唯独粉煤灰是工人凭经验用铁锹直接铲入搅拌机内的，随意性太大。

实例 3：常州市某房地产开发有限公司开发的住宅楼工程位于常州市内，该工程为带底层车库的 6 层框架结构，商品混凝土设计强度等级为 C30。当施工至 6 层框架结构梁板时，发现 2 层柱的柱顶部有开裂现象，呈典型的柱受压破坏裂缝。经回弹检测，发现共有 21 根柱混凝土强度等级在 C20 以下，其中大部分柱混凝土强度等级低于 C10。经设计计算复核，该工程的框架柱承载能力严重不足，随时都有倒塌的可能，情况十分危险。

根据加固方案比较，最终确定对 21 根框架柱进行混凝土置换。

本工程框架柱置换混凝土施工按下列工序进行：结构受力状态计算-结构位移控制仪器仪表设置-结构卸荷-剔除框架柱混凝土-界面处理-钢筋修复配置-支模-浇筑混凝土-养护-拆模-混凝土验收-拆除卸荷结构。

对原结构在施工过程中的承载状态进行验算、观察和控制，以确保置换处的混凝土不会出现拉应力，尽可能使纵向钢筋的应力为零。

置换混凝土采用加固型高强无收缩 C35 混凝土。结构拆模后经设计单位、监理单位、建设单位、施工单位对外观质量进行检查，并对加固型混凝土强度及时进行检测，其 3d 混凝土抗压强度为 35MPa，完全满足设计要求。

章节自测题

一、填空题

1. 钢筋的变形性能用_____和_____两个基本指标表示。

2. 根据《结构规范》的规定，钢筋混凝土和预应力混凝土结构中的非预应力钢筋宜选用_____和_____级钢筋，预应力混凝土结构中的预应力钢筋宜选用_____、_____和_____。

3. 衡量钢筋塑性性能的指标一般有_____和_____，通常_____越大，钢筋的塑性性能越好，破坏时有明显的拉断预兆。

4. 混凝土的峰值压应变随混凝土强度等级的提高而_____，极限压应变值随混凝土强度等级的提高而_____。

5. 水泥用量_____，水胶比_____，水泥强度等级_____，弹性模量温度_____，湿度_____，构件尺寸_____，混凝土成型后的质量_____，混凝土收缩越大。

6. 钢筋与混凝土之间的粘结作用主要由_____、_____和_____三部分组成。

二、选择题

1. 碳素结构钢中含碳量增加时，对钢材的强度、塑性、韧性和可焊性的影响是（　　）。

A. 强度增加，塑性、韧性降低，可焊性提高

B. 强度增加，塑性、韧性、可焊性都提高

C. 强度增加，塑性、韧性、可焊性降低

D. 强度、塑性、韧性、可焊性都降低

2. 钢筋的强度设计指标是根据（　　）确定的。

A. 比例极限　　　　　　　　B. 极限强度

C. 屈服强度　　　　　　　　D. 极限拉应

3. 低碳钢标准试件在一次拉伸试验中，应力由零增加到比例极限，弹性模量很大，变形很小，则此阶段为（　　）阶段。

A. 弹性　　　　　　　　　　B. 弹塑性

C. 塑性　　　　　　　　　　D. 强化

4. 混凝土强度等级按照（　　）确定。

A. 立方体抗压强度标准值

B. 立方体抗压强度平均值

C. 轴心抗压强度标准值

D. 轴心抗压强度设计值

5. 在轴向压力和剪力的共同作用下，混凝土的抗剪强度（　　）。

A. 随压应力的增大而增大

B. 随压应力的增大而减小

C. 随压应力的增大而增大，但压应力超过一定值后，抗剪强度反而减小

D. 与压应力无关

6. 只配螺旋筋的混凝土柱体，其抗压强度高于 f_c 是因为螺旋筋（　　）。

A. 参与受压

B. 使混凝土密实

C. 约束了混凝土的横向变形

D. 使混凝土中不出现微裂缝

7. 混凝土弹性模量是（　　　）。

A. 应力-应变曲线任意点切线的斜率

B. 应力-应变曲线原点的斜率

C. 应力-应变曲线任意点割线的斜率

D. 应力-应变曲线上升段中点的斜率

8. 关于混凝土以下叙述正确的是（　　　）。

A. 水灰比越大徐变越小

B. 水泥用量越多徐变越小

C. 骨料越坚硬徐变越小

D. 构件尺寸越大，徐变越大

9. 以下关于混凝土收缩的论述正确的是（　　　）。

A. 混凝土水泥用量越多，水灰比越大，收缩越大

B. 骨料所占体积越大，级配越好，收缩越大

C. 在高温高湿条件下，养护越好，收缩越小

D. 在高温、干燥的使用环境下，收缩大

10. 有关减少混凝土收缩裂缝的措施，下列叙述正确的是（　　　）。

A. 在浇筑混凝土时增设钢丝网

B. 在混凝土配比中增加水泥用量

C. 采用高强度等级水泥

D. 采用弹性模量小的骨料

三、简答题

1. 某矩形钢筋混凝土短柱经回弹仪检测发现混凝土强度不足，根据约束混凝土原理如何加固该柱？

2. 混凝土的立方体抗压强度、轴心抗压强度和抗拉强度是如何确定的？为什么轴心抗压强度低于立方抗压强度？

3. 混凝土的收缩和徐变有什么区别和联系？

4. 钢筋有哪些级别？钢筋冷加工的方法有哪几种？冷拉和冷拔后钢筋的力学性能有何区别？

5. 钢筋和混凝土之间的粘结力主要由哪几部分组成？影响钢筋与混凝土粘结强度的因素主要有哪些？

第3章　混凝土结构设计方法

> **知识目标**：了解结构可靠度的基本内容和定义；掌握荷载和材料强度的取值方法；了解极限状态设计法的基本原理，掌握极限状态设计表达式的基本概念。
> **能力目标**：具备能够清晰准确表达极限状态设计方法，灵活运用两种极限状态设计表达式的能力。
> **学习重点**：概率极限状态设计方法。
> **学习难点**：结构可靠度及计算方法。

3.1　结构可靠度

3.1.1　结构的功能要求

二维码 3-1　结构的功能要求与极限状态

　　工程结构设计的基本目的是在一定的经济条件下，结构在预定的使用期限内满足设计所预期的各项功能。结构的功能要求包括以下 3 项：

　　1. 安全性。结构在正常施工和正常使用时，能承受可能出现的各种作用。其中，包括荷载引起的内力、振动过程中的恢复力以及由外加变形（如超静定结构的支座沉降）、约束变形（如温度变化或混凝土收缩引起的构件变形受到的约束）所引起的内力。结构在设计规定的偶然事件发生时和发生后，仍能保持必需的整体稳定性，不发生倒塌或连续破坏。

　　2. 适用性。结构在正常使用时具有良好的工作性能，不发生过大的变形或宽度过大的裂缝，不产生影响正常使用的振动。

　　3. 耐久性。结构在正常维护下具有足够的耐久性能，不发生钢筋锈蚀和混凝土的严重风化等现象。所谓足够的耐久性能，是指结构在规定的工作环境中，在预定时期内，其材料性能的恶化不会导致结构出现不可接受的失效概率。从工程概念上讲，足够的耐久性能就是指在正常维护条件下结构能够正常使用到规定的设计使用年限。

　　这些功能要求概括起来称为结构的可靠性。即结构在规定的时间内（设计基准期），在规定的条件下（正常设计、正常施工、正常使用维护）完成预定功能（安全性、适用性和耐久性）的能力。显然，增大结构设计的余量，如加大结构构件的截面尺寸或钢筋数量，或提高对材料性能的要求，总是能够增加或改善结构的安全性、适应性和耐久性，但这将使结构造价提高，不符合经济的要求。因此，结构设计要根据实际情况，解决好结构可靠性与经济性之间的矛盾，既要保证结构具有适当的可靠性，又要尽可能降低造价，做到经济合理。

3.1.2 结构的极限状态

整个结构或结构的一部分超过某一特定状态就不能满足设计规定的某一功能要求，此特定状态称为该功能的极限状态。极限状态是区分结构工作状态可靠或失效的标志。极限状态可分为承载能力极限状态、正常使用极限状态和耐久性极限状态三类。

1. 承载能力极限状态

承载能力极限状态对应于结构或结构构件达到最大承载能力或不适于继续承载的变形。结构或结构构件出现下列状态之一时，应认为超过了承载能力极限状态：

1）整个结构或结构的一部分作为刚体失去平衡，如倾覆、过大的滑移等。

2）结构构件或连接因超过材料强度而破坏（包括疲劳破坏），或因过度变形而不适于继续承载。

3）结构转变为机动体系，如超静定结构由于某些截面的屈服成为几何可变体系。

4）结构或结构构件丧失稳定性，如细长柱达到临界荷载发生压屈失稳而破坏等。

5）结构因局部破坏而发生连续倒塌（如初始的局部破坏，从构件到构件扩展，最终导致整个结构倒塌）。

6）地基丧失承载力而破坏，如失稳等。

2. 正常使用极限状态

正常使用极限状态对应于结构或结构构件达到正常使用或耐久性能的某项规定限值。结构或结构构件出现下列状态之一时，应认为超过了正常使用极限状态：

1）影响正常使用或外观的变形，如过大的挠度。

2）影响正常使用或耐久性能的局部损坏。例如，不允许出现裂缝结构的开裂；对允许出现裂缝的构件，其裂缝宽度超过了允许限值。

3）影响正常使用的振动，如因机器振动而导致结构的振幅超过按正常使用要求所规定的限值。

4）影响正常使用的其他特定状态，如相对沉降量过大。

3. 耐久性极限状态

混凝土结构的耐久性是指结构在可能引起其性能变化的环境影响下，在预定的使用年限和适当的维修条件下，结构能够长期抵御性能劣化的能力，也是在长期作用下（环境影响）结构抵御性能劣化的能力。当结构或构件出现下列状况之一时，应被认为超过了耐久性极限状态：

1）影响承载能力和正常使用的结构材料性能劣化。

2）影响耐久性能的裂缝、变形、外观、缺口、外观、材料削弱等。

3）影响耐久性能的其他特定状态。

3.1.3 结构上的作用、作用效应及结构抗力

1. 结构上的作用

结构上的作用是指施加在结构或构件上的力（直接作用，也称为荷载，如恒荷载、活荷载、风荷载和雪荷载等），以及引起结构外加变形或约束变

二维码 3-2 可靠度和极限状态方程

形的原因（间接作用，如地基不均匀沉降、温度变化、混凝土收缩、焊接变形等）。

结构上的作用可按下列性质分类：

1）按随时间的变异分类

（1）永久作用：在结构使用期间，其值不随时间变化、或变化与平均值相比可以忽略不计、或变化是单调的并能趋于限值的作用，如结构的自身重力、土压力，预应力等。这种作用一般为直接作用，通常称为永久荷载或恒荷载。

（2）可变作用：在结构使用期间，其值随时间变化且变化与平均值相比不可忽略的作用，如楼面活荷载、桥面或路面上的行车荷载、风荷载和雪荷载等。这种作用如为直接作用，则通常称为可变荷载或活荷载。

（3）偶然作用：在结构使用期间不一定出现，一旦出现，其量值很大且持续时间很短的作用，如强烈地震、爆炸、撞击等引起的作用，这种作用多为间接作用，当为直接作用时，通常称为偶然作用。

2）按随空间位置的变异分类

（1）固定作用：在结构上具有固定分布的作用，如结构上的位置固定的设备荷载、结构构件自重等。

（2）自由作用：在结构上一定范围内可以任意分布的作用，如楼面上的人员荷载、吊车荷载等。

3）按结构的反应特点分类

（1）静态作用：使结构产生的加速度可以忽略不计的作用，如结构自重、住宅和办公楼的楼面活荷载等。

（2）动态作用：使结构产生的加速度不可忽略不计的作用，如地震、吊车荷载、设备振动等。

4）按有无限值分类

（1）有界作用：具有不能被超越的且可确切或近似掌握其界限值的作用，如水坝的最高水位压力等。

（2）无界作用：没有明确界限值的作用，如爆炸、撞击等。

2. 作用效应

作用效应是指由结构上的作用引起的结构或构件的内力（如轴力、剪力、弯矩、扭矩等）和变形（如挠度、侧移、裂缝等）。当作用为集中力或分布力时，其效应可称为荷载效应。

由于结构上的作用是不确定的随机变量，因此，作用效应一般也是一个随机变量。以下主要讨论荷载效应，荷载 Q 与荷载效应 C 之间可以近似按线性关系考虑，即：

$$S = CQ \tag{3-1}$$

式中　C——常数，荷载效应系数。

例如，集中荷载 P 作用在 $\frac{1}{2}l$ 处的简支梁，最大弯矩为 $M = \frac{1}{4}Pl$，M 就是荷载效应，$\frac{1}{4}l$ 就是荷载效应系数，l 为梁的计算跨度。

由于荷载是随机变量，根据式（3-1）可知，荷载效应也应为随机变量。

3. 结构抗力

结构抗力 R 是指结构或构件承受作用效应（即内力和变形）的能力，如构件的承载力、刚度、抗裂度及材料的抗劣化能力等。影响结构抗力的主要因素是材料性能（材料的强度、变形模量等物理力学性能）、几何参数（截面形状、面积、惯性矩等）以及计算模式的精确性等。

结构抗力是材料性能、几何参数以及计算模式的函数，可用下式表示：

$$R=R(f,a) \tag{3-2}$$

式中　f——所采用的结构材料的强度指标；

　　　a——结构尺寸的几何参数。

考虑到材料性能的变异性、几何参数及计算模式精确性的不确定性，由这些因素综合而成的结构抗力也是随机变量。

3.1.4　结构的设计状况

设计状况指代表一定时段的一组物理条件，设计时必须做到结构在该时段内不超越有关的极限状态。结构设计时，应根据结构在施工和使用中的环境条件和影响，区分下列四种设计状况：

1. 持久设计状况：在结构使用过程中一定出现，其持续期很长的状况。持续期一般与设计使用年限为同一数量级。例如，房屋结构承受家具和正常人员荷载的状况。

2. 短暂设计状况：在结构施工和使用过程中出现概率较大，而与设计使用年限相比，持续时间很短的状况。例如，结构施工和维修时承受堆料和施工荷载的状况。

3. 偶然设计状况：在结构使用过程中出现概率很小，且持续期很短的状况。例如，结构遭受火灾、爆炸、撞击等作用的状况。

4. 地震设计状况：结构使用过程中遭受地震作用时状况。

对于上述四种设计状况，均应进行承载能力极限状态设计，以确保结构的安全性。对偶然设计状况，允许主要承重结构因出现设计规定的偶然事件而局部破坏，但其剩余部分具有在一段时间内不发生连续倒塌的可靠度；对持久设计状况，尚应进行正常使用极限状态设计，以保证结构的适用性和耐久性；对短暂设计状况和地震设计状况，可根据需要进行正常使用极限状态设计；对于偶然设计状况，因持续期很短，可不进行正常使用极限状态设计。

3.1.5　结构的设计使用年限和设计基准期

1. 结构的设计使用年限

结构的设计使用年限是指设计规定的结构或结构构件不需进行大修即可达到按其预定目的使用时期，即结构在规定的条件下所应达到的使用年限，它是土木工程建筑的地基基础工程和主体结构工程"合理使用年限"的具体化。《统一标准》将结构的使用年限划分为四类，见表 3-1。

设计使用年限分类　　　　　　　　　　　　　　　　　　　　表 3-1

类别	设计使用年限(年)	示例	类别	设计使用年限(年)	示例
1	5	临时性结构	3	50	普通房屋和构筑物
2	25	易于替换的结构构件	4	100	标志性建筑和特别重要的建筑结构

结构的设计使用年限与结构的使用寿命具有联系，但不完全等同，因此，不能将结构的设计使用年限简单地理解为结构的使用寿命。结构的使用超过设计使用年限时，表明其可靠性可能会降低，但不等于结构丧失所要求的功能甚至破坏。一般来说，使用寿命长，设计使用年限可以长一些；使用寿命短，设计使用年限可以短一些。一般而言，设计使用年限应该小于使用寿命，而不应该大于使用寿命。

2. 设计基准期

设计基准期为确定可变作用及与时间有关的材料性能等取值而选用的时间参数，它是结构可靠度分析的一个时间坐标，不同于结构的设计使用年限。

设计基准期可参考结构设计使用年限的要求适当选定，影响结构可靠度的设计基本变量，如荷载、温度等都是随时间变化的，设计变量取值大小与时间长短有关，从而直接影响结构可靠度。因此，必须参照结构的预期寿命、维护能力和措施等，规定结构的设计基准期。《统一标准》采用的设计基准期为 50 年。

3.2 荷载和材料强度

3.2.1 荷载的代表值

1. 荷载标准值

荷载标准值是《荷载规范》规定的荷载基本代表值，为设计基准期内最大荷载统计分布的特征值（如均值、众值、中值或某个分位值）。由于最大荷载值是随机变量，故原则上应由设计基准期（50 年）荷载最大值概率分布的某一分位数来确定。但是，有些荷载并不具备充分的统计参数，只能根据已有的工程经验确定。因此，实际上荷载标准值取值的分位数并不统一。

1）永久荷载标准值 G_k

永久荷载标准值 G_k 可按结构设计规定的尺寸和《荷载规范》规定的材料重度（或单位面积的自重）平均值确定，一般相当于永久荷载概率分布的平均值。对于结构或非承重构件的自重，由于其变异性不大，而且多为正态分布，一般以其分布的均值（分位数为 0.5）作为荷载的标准值。对于自重变异较大的材料（尤其是制作屋面的轻质材料）和构件（如混凝土薄壁构件等），考虑到结构的可靠性，在设计中应根据该荷载对结构有利或不利，分别取其自重的上限值和下限值。

2）可变荷载标准值 Q_k

可变荷载标准值 Q_k 由《荷载规范》给出，设计时可直接查用。如住宅、宿舍、旅馆、办公楼、医院病房、托儿所、幼儿园等楼面均布荷载标准值为 2.0kN/m^2；食堂、餐厅、教室、一般资料档案室等楼面均布荷载标准值为 2.5kN/m^2 等。

2. 荷载组合值

荷载组合值是指可变荷载组合后的荷载效应在设计基准内的超越概率，能与该荷载单独出现时的相应概率趋于一致的荷载值；或组合后的结构具有统一规定的可靠指标的荷载值。荷载组合值为可变荷载标准值乘以荷载组合值系数 φ_c。荷载组合值系数 φ_c 由《荷载规范》给出，如住宅楼面均布荷载标准为 2.0kN/m^2，荷载组合值系数 φ_c 为 0.7，则活荷载组合值为 $2.0 \times 0.7 = 1.4 \text{kN/m}^2$。

3. 荷载频遇值

荷载频遇值是指可变荷载在设计基准期内，其超越的总时间为规定的较小比率或超越频率为规定频率的荷载值。荷载频遇值为可变荷载标准值乘以荷载频遇值系数 φ_f，φ_f 由《荷载规范》给出。如住宅楼面均布荷载标准为 2.0kN/m^2，荷载频遇值系数 φ_f 为 0.5，则活荷载频遇值为 $2.0 \times 0.5 = 1.0 \text{kN/m}^2$。

4. 荷载准永久值

荷载准永久值是指可变荷载在设计基准期内，其超越的总时间约为设计基准一半的荷载值，为可变荷载标准值乘以荷载准永久值系数。荷载准永久值系数 φ_q 由《荷载规范》给出，如住宅楼面均布荷载标准为 2.0kN/m^2，荷载准永久值系数 φ_q 为 0.4，则活荷载准永久值为 $2.0 \times 0.4 = 0.8 \text{kN/m}^2$。

3.2.2 材料强度的标准值和设计值

1. 材料强度标准值

材料强度的标准值是结构设计时所采用的材料强度的基本代表值，也是生产中控制材料性能质量的主要指标，用于结构正常使用极限状态的验算。

钢筋和混凝土的材料强度标准值是按标准试验方法测得的具有不小于 95% 保证率的强度值，即：

$$f_k = \mu_f - 1.645\sigma_f = \mu_f(1 - 1.645\delta_f) \tag{3-3}$$

式中 f_k——材料强度的标准值；

       μ_f——材料强度的平均值；

       σ_f——材料强度的标准差；

       δ_f——材料强度的变异系数。

1) 钢筋的强度标准值

根据可靠度要求，热轧钢筋的强度标准值取具有不小于 95% 保证率的屈服强度，热处理钢筋、钢丝、钢绞线的强度标准值取具有不小于 95% 保证率的名义屈服强度。

2) 混凝土的强度标准值

混凝土轴心抗压强度标准值 f_{ck} 和轴心抗拉强度标准值 f_{tk}，是假定与立方体强度具有相同的变异系数，由立方体抗压强度标准值 $f_{cu,k}$ 推算而得到的。

$$f_{cu,k} = \mu_{cu,f} - 1.645\sigma_{f_{cu}} = \mu_{cu,f}(1 - 1.645\delta_f) \tag{3-4}$$

式中 $\mu_{cu,f}$、$\sigma_{f_{cu}}$、δ_f——分别为立方体抗压强度的平均值、标准差和变异系数。

2. 材料强度设计值

材料强度设计值用于结构承载能力极限状态的计算。钢筋和混凝土的强度设计值由相应材料强度标准值与其分项系数的比值确定，即：

$$f = \frac{f_k}{\gamma_f} \tag{3-5}$$

式中 f——材料强度设计值；

f_k——材料强度标准值；

γ_f——材料分项系数。

1）混凝土的轴心抗压（抗拉）强度设计值与其标准值之间的关系

$$f_c = \frac{f_{ck}}{\gamma_c} \tag{3-6}$$

$$f_t = \frac{f_{tk}}{\gamma_c} \tag{3-7}$$

式中 f_c、f_t——分别为混凝土的轴心抗压强度设计值和轴心抗拉强度设计值；

f_{ck}、f_{tk}——分别为混凝土的轴心抗压强度标准值和轴心抗拉强度标准值；

γ_c——混凝土的材料分项系数，取 1.40。

混凝土强度标准值和设计值分别见附表 1-1、附表 1-2。

2）钢筋的强度设计值与其标准值之间的关系

$$f_y = \frac{f_{yk}}{\gamma_s} \tag{3-8}$$

$$f_{py} = \frac{f_{ptk}}{\gamma_s} \tag{3-9}$$

式中 f_y、f_{yk}——分别为普通钢筋的强度设计值和标准值；

f_{py}、f_{ptk}——分别为预应力钢筋的强度设计值和标准值；

γ_s——钢筋的材料分项系数；HPB300、HRB400、HRBF400 级钢筋，取值 1.10；HRB500、HRBF500 级钢筋，取值 1.15；预应力钢绞线、钢丝和热处理钢筋，取值 1.20。

普通钢筋的强度标准值和设计值见附表 2-3，预应力钢筋的强度标准值和设计值见附表 2-4。

3.3 概率极限状态设计方法

3.3.1 结构的功能函数和极限状态方程

二维码 3-4
可靠指标和
失效概率

结构构件完成预定功能的工作状态可以用作用效应 S 和结构抗力 R 的关系来描述，这种表达式称为结构功能函数，用 Z 来表示：

$$Z = g(R,S) = R - S \tag{3-10}$$

通过结构功能函数 Z 可以判别结构所处的工作状态：

当 $Z > 0$ 时，结构能够完成预定的功能，处于可靠状态；

当 $Z < 0$ 时，结构不能完成预定的功能，处于失效状态；

当 $Z = 0$ 时，即 $R = S$，结构处于极限状态。

结构所处的状态也可用图 3-1 来表达。当基本变量满足极限状态方程 $Z = g(R,S) = R - S = 0$ 时，结构达到极限状态，即图 3-1 中的 45°直线。

结构功能函数的一般表达式为 $Z = g(X_1, X_2, \cdots\cdots, X_n)$，其中，$X_i (i=1,2,\cdots\cdots,n)$ 为影响作用效应 S 和结构抗力 R 的基本变量，如荷载、材料性能、几何参数等。由于 R

和 S 都是非确定性的随机变量，故 Z 也是随机变量。

3.3.2 结构可靠度的计算

1. 结构的失效概率 p_f

结构能够完成预定功能的概率称为可靠概率 p_s；结构不能完成预定功能的概率称为失效概率 p_f。显然，两者是互补的，即 $p_s + p_f = 1.0$。因此，结构可靠性也可用结构的失效概率来度量，失效概率越小，结构可靠度越大。

图3-2所示为结构抗力 R 与结构作用效应 S 的概率密度分布曲线，式（3-11）所表示的失效概率是对 R 和 S 联合概率密度的积分。设结构抗力 R 和荷载效应 S 都为服从正态分布的随机变量，且 R 和 S 互相独立。结构抗力 R 的平均值为 μ_R，标准差为 σ_R；荷载效应 S 的平均值为 μ_S，标准差为 σ_S。由概率论知，结构功能函数 $Z = R - S$ 也是正态分布的随机变量，其平均值 $\mu_Z = \mu_R - \mu_S$，标准差 $\sigma_Z = \sqrt{\sigma_R^2 + \sigma_S^2}$。功能函数 Z 的概率密度曲线如图3-3所示，结构的失效概率 P_f 可直接通过 $Z<0$ 的概率（图中阴影面积）来表达，即：

$$p_f = P(Z = R - S < 0) = \int_{-\infty}^{0} f(Z)\mathrm{d}Z = \int_{-\infty}^{0} \frac{1}{\sigma_Z \sqrt{2\pi}} \exp\left[-\frac{1}{2}\left(\frac{Z - \mu_Z}{\sigma_Z}\right)^2\right]\mathrm{d}Z$$

$$(3-11)$$

为了便于查表，将 $N(\mu_Z, \sigma_Z)$ 化成标准正态变量 $N(0,1)$。引入标准化变量 t：

$$t = \frac{Z - \mu_Z}{\sigma_Z}$$

则 $\mathrm{d}Z = \sigma_Z \mathrm{d}t$，$Z = \mu_Z + t\sigma_Z < 0$ 相应于 $t < -\frac{\mu_Z}{\sigma_Z}$。所以，式（3-11）可改写为：

$$p_f = P\left(t < -\frac{\mu_Z}{\sigma_Z}\right) = \int_{-\infty}^{-\frac{\mu_Z}{\sigma_Z}} \frac{1}{\sqrt{2\pi}} \exp\left(-\frac{t^2}{2}\right)\mathrm{d}t = \Phi\left(-\frac{\mu_Z}{\sigma_Z}\right) \qquad (3-12)$$

式中，$\Phi(\cdot)$ 为标准正态分布函数，可由数学手册中查表求得，且有：

$$\Phi\left(-\frac{\mu_Z}{\sigma_Z}\right) = 1 - \Phi\left(\frac{\mu_Z}{\sigma_Z}\right) \qquad (3-13)$$

用失效概率度量结构可靠性具有明确的物理意义，能较好地反映问题的实质。但 p_f 的计算比较复杂，因而国际标准和我国标准目前都采用可靠指标 β 来度量结构的可靠性。

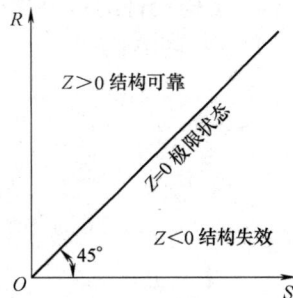

图3-1 结构所处的状态

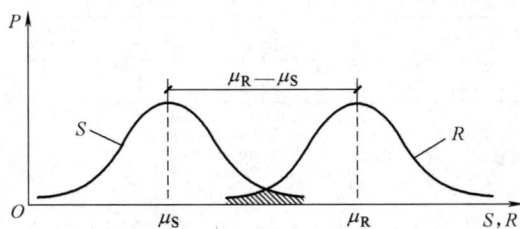

图3-2 S、R 的概率密度函数

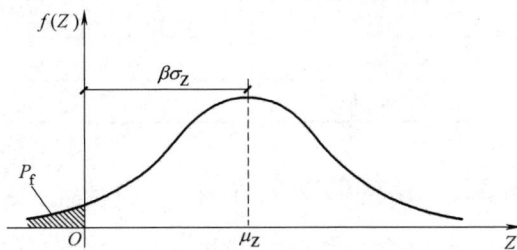

图3-3 功能函数 Z 的概率密度曲线

2. 结构构件的可靠指标 β

1）可靠指标 β

令：

$$\beta = \frac{\mu_Z}{\sigma_Z} = \frac{\mu_R - \mu_S}{\sqrt{\sigma_R^2 + \sigma_S^2}} \tag{3-14}$$

则式（3-12）可写为：

$$p_f = \Phi\left(-\frac{\mu_Z}{\sigma_Z}\right) = \Phi(-\beta) \tag{3-15}$$

由式（3-15）及图3-3可见，β 与 p_f 具有数值上的对应关系，具体数值关系见表3-2。β 越大，p_f 就越小，即结构越可靠，故 β 称为可靠指标。

可靠指标 $\boldsymbol{\beta}$ 与失效概率 $\boldsymbol{p_f}$ 的对应关系　　　表3-2

β	p_f	β	p_f
1.0	1.59×10^{-1}	2.7	3.5×10^{-3}
1.5	6.68×10^{-2}	3.2	6.9×10^{-4}
2.0	2.28×10^{-2}	3.7	1.1×10^{-4}
2.5	6.21×10^{-3}	4.2	1.3×10^{-5}

2）设计可靠指标 $[\beta]$

设计规范所规定的、作为设计结构或结构构件时所应达到的可靠指标，称为设计可靠指标 $[\beta]$，又称目标可靠指标。

设计可靠指标，理论上应根据各种结构构件的重要性、破坏性质（延性、脆性）及失效后果，用优化方法分析确定。限于目前统计资料不够完备，并考虑到标准规范的现实继承性，一般采用"校准法"确定。"校准法"就是通过对原有规范可靠度的反演计算和综合分析，确定以后设计时所采用的结构构件的可靠指标。这实质上是充分注意到了工程建设长期积累的经验，继承了已有的设计规范所隐含的结构可靠度水准，认为它从总体上来讲基本是合理和可接受的。

《统一标准》给出了结构构件承载能力极限状态的可靠指标，如表3-3所示。其中，延性破坏是指结构构件在破坏前有明显的变形或其他预兆；脆性破坏是指结构构件在破坏前无明显的变形或其他预兆。由于脆性破坏较为突然，可靠概率应提高一些。

结构构件承载力极限状态的可靠指标　　　表3-3

破坏类型	安全等级		
	一级	二级	三级
延性破坏	3.7	3.2	2.7
脆性破坏	4.2	3.7	3.2

3.3.3　结构的安全等级

建筑结构设计时，应根据结构破坏可能产生的后果（危及人的生命、造成经济损失、产生社会影响等）的严重性，采用不同的安全等级。建筑结构的安全等级划分见表3-4。

建筑物中各类结构构件的安全等级，一般情况下应与整个结构的安全等级相同，但有时也可做适当调整。如提高某一构件的安全等级有助于提高整个结构的可靠度而费用增加又很少时，可对该构件的安全等级做适当提高；如降低某一构件的安全等级对整个结构的可靠度影响甚微时，可对该构件的安全等级做适当降低，但调整后的安全等级不得低于三级。

房屋建筑结构的安全等级 表3-4

安全等级	破坏后果	建筑物类型
一级	很严重：对人的生命、经济、社会或环境影响很大	重要的房屋，如大型的公共建筑等
二级	严重：对人的生命、经济、社会或环境影响较大	一般的房屋，如普通的住宅和办公楼等
三级	不严重：对人的生命、经济、社会或环境影响较小	次要的房屋，如小型的或临时性贮存建筑等

3.4 概率极限状态设计表达式

3.4.1 承载能力极限状态设计表达式

对于承载能力极限状态，应按荷载的基本组合或偶然组合计算荷载组合的效应设计值，并应按下列设计表达式进行设计：

$$\gamma_0 S_d \leqslant R_d \tag{3-16}$$

$$R_d = R(f_c, f_s, \alpha_k, \cdots\cdots)/\gamma_{Rd} \tag{3-17}$$

二维码3-5 极限状态的实用设计表达式

式中 γ_0——结构重要性系数；在持久设计状况和短暂设计状况下，对安全等级为一级或设计使用年限为 100 年及以上的结构构件，不应小于 1.1；对安全等级为二级或设计使用年限为 50 年的结构构件，不应小于 1.0；对安全等级为三级或设计使用年限为 5 年及以下的结构构件不应小于 0.9；对地震设计状况下应取 1.0；

S_d——承载能力极限状态下荷载组合的效应设计值；对持久设计状态和短暂设计状态应按荷载的基本组合计算，对地震设计状态应按荷载的地震组合计算；

R_d——结构构件的抗力设计值；

$R(\cdot)$——结构构件的抗力函数；

γ_{Rd}——结构构件的抗力模型不定性系数；静力设计取 1.0，对不确定性较大的结构构件根据具体情况取大于 1.0 的数值；抗震设计应用承载力抗震调整系数 γ_{RE} 代替 γ_{Rd}；

α_k——几何参数的标准值，当几何参数的变异性对结构性能有明显的不利影响时，应增减一个附加值；

f_c——混凝土的强度设计值；

f_s——钢筋的强度设计值。

1. 基本组合的效应设计值计算

1）对于基本组合，荷载组合的效应设计值 S_d 可按下式确定：

$$S_d = S\left(\sum_{i\geqslant 1}\gamma_{Gi}G_{ik} + \gamma_p P + \gamma_{Q_1}\gamma_{L_1}Q_{1k} + \sum_{j>1}\gamma_{Q_j}\varphi_{c_j}\gamma_{L_j}Q_{jk}\right) \tag{3-18}$$

式中　$S(\cdot)$——作用组合的效应函数；

$\quad G_{ik}$——第 i 个永久作用的标准值；

$\quad P$——预应力作用的有关代表值；

$\quad Q_{1k}$——第 1 个可变作用的有关代表值；

$\quad Q_{jk}$——第 j 个可变作用的标准值；

$\quad \gamma_{Gi}$——第 i 个永久作用的分项系数；

$\quad \gamma_p$——预应力作用的分项系数；

$\quad \gamma_{Q_1}$——第 1 个可变作用的分项系数；

$\quad \gamma_{Q_j}$——第 j 个可变作用的分项系数；

γ_{L_1}、γ_{L_j}——第 1 个和第 j 个考虑结构设计使用年限的荷载调整系数；

$\quad \varphi_{c_j}$——第 j 个可变作用的组合值系数。

2) 当荷载与荷载效应按线性关系考虑时，基本组合的效应设计值按下式中最不利计算：

$$S_d = \sum_{i \geqslant 1} \gamma_{G_i} S_{G_{ik}} + \gamma_p S_P + \gamma_{Q_1} \gamma_{L_1} S_{Q_{1k}} + \sum_{j > 1} \gamma_{Q_j} \varphi_{c_j} \gamma_{L_j} S_{Q_{jk}} \tag{3-19}$$

式中　$S_{G_{ik}}$——第 i 个永久作用标准值效应；

$\quad S_P$——预应力作用有关代表值效应；

$\quad S_{Q_{1k}}$——第 1 个可变作用标准值效应；

$\quad S_{Q_{jk}}$——第 j 个可变作用标准值效应。

2. 偶然组合的效应设计值计算

1) 对于偶然组合，荷载组合的效应设计值 S_d 可按下式确定：

$$S_d = S\left(\sum_{i \geqslant 1} G_{ik} + P + A_d + (\varphi_{f1} \text{ 或 } \varphi_{q1}) Q_{1k} + \sum_{j > 1} \varphi_{qj} Q_{jk}\right) \tag{3-20}$$

式中　A_d——偶然作用的设计值；

$\quad \varphi_{f1}$——第一个可变作用的频遇值系数，应按有关标准的规定采用；

φ_{q1}、φ_{qj}——第 1 个和第 j 个可变作用的准永久值系数，应按有关标准的规定采用。

2) 当荷载与荷载效应按线性关系考虑时，偶然组合的效应设计值 S_d 可按下式确定：

$$S_d = \sum_{i \geqslant 1} S_{G_{ik}} + S_P + S_{A_d} + (\psi_{f1} \text{ 或 } \psi_{q1}) S_{Q_{1k}} + \sum_{j > 1} \psi_{qj} S_{Q_{jk}} \tag{3-21}$$

式中　S_{A_d}——偶然作用设计值的效应。

3. 荷载分项系数、可变荷载的组合值系数

1) 荷载分项系数 γ_G、γ_Q

《荷载规范》规定荷载分项系数应按下列规定采用：

（1）永久荷载分项系数 γ_G

当永久荷载效应对结构不利时，应取 1.3；当永久荷载效应对结构有利时，应取 1.0。

（2）可变荷载分项系数 γ_Q

一般情况下应取 1.5；对工业建筑楼面结构，当活荷载标准值大于 $4kN/m^2$ 时，从经济效果考虑，应取 1.3。

2) 荷载设计值

荷载分项系数与荷载标准值的乘积，称为荷载设计值。如永久荷载设计值为 $\gamma_G G_k$，

可变荷载设计值为 $\gamma_Q Q_k$。

3）荷载组合值系数 φ_{c_j}，荷载组合值 $\varphi_{c_j} Q_{jk}$

《荷载规范》给出了各类可变荷载的组合值系数，当按式（3-18）计算荷载组合的效应设计值时，除风荷载取 $\varphi_{c_j} = 0.6$ 外，大部分可变荷载取 $\varphi_{c_j} = 0.7$，个别可变荷载取 $\varphi_{c_j} = 0.9 \sim 0.95$（例如，书库、贮藏室的楼面活荷载，$\varphi_{c_j} = 0.9$）。

4）考虑结构设计使用年限的荷载调整系数 γ_L

应按表 3-5 取值。

可变荷载考虑设计使用年限的调整系数 γ_L 　　　　　表 3-5

设计使用年限/年	5	50	100
γ_L	0.9	1.0	1.1

注：1. 当设计使用年限不为表中数值时，调整系数 γ_L 可线性内插；
　　2. 当采用 100 年重现期的风压和雪压为荷载标准值时，设计使用年限大于 50 年时风、雪荷载的 γ_L 取 1.0；
　　3. 对于荷载标准值可控制的可变荷载，设计使用年限调整系数 γ_L 取 1.0。

3.4.2 正常使用极限状态设计表达式

对于正常使用极限状态，结构构件应分别按荷载效应的标准组合、频遇组合、准永久组合并考虑长期作用的影响或标准组合并考虑长期作用的影响，采用下列极限状态设计表达式：

$$S \leqslant C \tag{3-22}$$

式中　S——正常使用极限状态的荷载组合效应值（如变形、裂缝宽度、应力等的效应设计值）；

C——结构构件达到正常使用要求所规定的变形、裂缝宽度和应力等的限值。

1. 对于荷载的标准组合，效应设计值 S_d 按下式计算：

$$S_d = \sum_{j=1}^{m} S_{G_{jk}} + S_P + S_{Q_{1k}} + \sum_{i=2}^{n} \varphi_{c_i} S_{Q_{ik}} \tag{3-23}$$

这种组合主要用于当一个极限状态被超越时将产生严重的永久性损害的情况，即标准组合一般用于不可逆正常使用极限状态。

2. 对于荷载的频遇组合，效应设计值 S_d 按下式计算：

$$S_d = \sum_{j=1}^{m} S_{G_{jk}} + S_P + \psi_{f1} S_{Q_{1k}} + \sum_{i=2}^{n} \varphi_{q_i} S_{Q_{ik}} \tag{3-24}$$

这种组合主要用于当一个极限状态被超越时将产生局部损害，较大变形或短暂振动等情况，即频遇组合一般用于可逆正常使用极限状态。

3. 对于荷载的准永久组合，效应设计值 S_d 按下式计算：

$$S_d = \sum_{j=1}^{m} S_{G_{jk}} + S_P + \sum_{i=2}^{n} \varphi_{q_i} S_{Q_{ik}} \tag{3-25}$$

这种组合主要用于当荷载的长期效应是决定性因素时的情况。

【例 3-1】　受均布荷载作用的住宅楼面简支梁，跨长 $l = 6.0$m，承受的永久荷载（包括梁自重）的标准值 $g_k = 8$kN/m；楼面活荷载 $q_k = 10$kN/m，结构安全等级为二级，活荷载组合值系数 φ_c 为 0.7。求按承载能力极限状态设计时简支梁跨中截面荷载效应设计值 M。设计使用年限为 100 年。

【解】　1）荷载效应标准值

永久荷载引起的跨中弯矩标准值：$M_{G_k} = \dfrac{1}{8} g_k l^2 = 36.0 \text{kN} \cdot \text{m}$

楼面活荷载引起的跨中弯矩标准值：$M_{Q_k} = \dfrac{1}{8} q_k l^2 = 45.0 \text{kN} \cdot \text{m}$

2）荷载效应设计值

$$M = \sum_{i \geqslant 1} \gamma_{Gi} M_{G_{ik}} + \gamma_{Q_1} \gamma_{L_1} M_{Q_{1k}} + \sum_{j > 1} \gamma_{Q_j} \varphi_{c_j} \gamma_{L_j} M_{Q_{jk}}$$
$$= 1.3 \times 36.0 + 1.5 \times 1.1 \times 45 = 121.1 \text{kN} \cdot \text{m}$$

【例 3-2】　某框架结构书库楼层梁为跨度 6m 的简支梁，梁的间距为 3.2m。均布恒载标准值（包括楼板和地面构造重量的折算值及梁自重）为 3.75kN/m^2，书库楼面活荷载标准值为 5.5kN/m^2。已知该框架结构安全等级为二级，设计使用年限为 50 年。试求：（1）承载能力极限状态设计时的跨中弯矩设计值；（2）正常使用极限状态设计时的标准组合、频遇组合、准永久组合的跨中弯矩设计值。

【解】　1）按承载能力极限状态设计的跨中弯矩设计值

$$M_d = \gamma_G S_{Gk} + \gamma_{Q1} \gamma_{L1} S_{Q1k}$$
$$= 1.3 \times 1/8 \times 3.75 \times 3.2 \times 6^2 + 1.5 \times 1.0 \times 1/8 \times 5.5 \times 3.2 \times 6^2$$
$$= 189 \text{kN} \cdot \text{m}$$

2）按正常使用极限状态设计的跨中弯矩设计值

（1）标准组合下的跨中弯矩设计值

$$M = \sum_{j=1}^{m} M_{G_{jk}} + M_{Q_{1k}} + \sum_{i=2}^{n} \varphi_{c_i} M_{Q_{ik}}$$
$$= M_{Gk} + M_{Qk}$$
$$= \frac{1}{8} \times 3.75 \times 3.2 \times 6^2 + \frac{1}{8} \times 5.5 \times 3.2 \times 6^2$$
$$= 133.20 \text{kN} \cdot \text{m}$$

（2）频遇组合下的跨中弯矩设计值

$$M = \sum_{j=1}^{m} M_{G_{jk}} + \psi_{f1} M_{Q_{1k}} + \sum_{i=2}^{n} \varphi_{q_i} M_{Q_{ik}}$$
$$= M_{Gk} + \varphi_{f1} M_{Q_{1k}}$$
$$= \frac{1}{8} \times 3.75 \times 3.2 \times 6^2 + 0.9 \times \frac{1}{8} \times 5.5 \times 3.2 \times 6^2$$
$$= 125.28 \text{kN} \cdot \text{m}$$

（3）准永久组合下的跨中弯矩设计值

$$M = \sum_{j=1}^{m} M_{G_{jk}} + \sum_{i=2}^{n} \varphi_{q_i} M_{Q_{ik}}$$
$$= M_{Gk} + \varphi_{q1} M_{Q1k}$$
$$= \frac{1}{8} \times 3.75 \times 3.2 \times 6^2 + 0.8 \times \frac{1}{8} \times 5.5 \times 3.2 \times 6^2$$
$$= 117.36 \text{kN} \cdot \text{m}$$

3.5 混凝土结构的耐久性设计

3.5.1 混凝土结构耐久性的概念

二维码 3-6 混凝土结构耐久性设计

结构的耐久性是在设计确定的环境作用和维修、使用条件下，结构构件在设计使用年限内保持适用性和安全性的能力，亦即结构在使用环境下，对物理的、化学的以及其他使结构材料性能劣化的各种侵蚀的抵抗能力。当暴露在使用环境时，耐久性好的混凝土结构具有保持原有形状、质量和适用性的能力，不会由于保护层碳化或裂缝宽度过大而引起钢筋腐蚀，不发生混凝土严重腐蚀破坏而影响结构的使用寿命。结构的耐久性与其使用寿命总是相联系，结构的耐久性越好，使用寿命越长。

设计永久性建筑时，耐久性是结构必须满足的功能之一。在设计基准期内，要求结构在正常使用和维修条件下，随时间变化而能满足预定功能的要求。一般混凝土结构的使用寿命都要求大于 50 年，但有调查资料发现，近几十年来，混凝土结构因材质劣化造成失效以至破坏崩塌的事故在国内外频繁发生，用于混凝土结构修补、重建和改建的费用日益增加。因此，混凝土结构的耐久性问题越来越受到人们的重视。在设计混凝土结构时，除进行承载力计算、变形和裂缝验算外，还必须进行耐久性设计。

混凝土结构的耐久性设计实质上是针对影响耐久性能的主要因素提出相应的对策。混凝土结构应根据设计使用年限和环境类别进行耐久性设计，耐久性设计包括下列内容：

（1）确定结构所处的环境类别；

（2）提出对混凝土材料的耐久性基本要求；

（3）确定构件中钢筋的混凝土保护层厚度；

（4）不同环境条件下的耐久性技术措施；

（5）提出结构使用阶段的检测与维护的要求。

注：对临时性的混凝土结构，可不考虑混凝土的耐久性要求。

3.5.2 影响混凝土结构耐久性的因素

影响混凝土结构耐久性的因素主要有内部和外部两个方面。内部因素主要有混凝土的强度、渗透性、保护层厚度、水泥品种和强度等级及用量、外加剂、集料的活性等；外部因素则主要有环境温度、湿度、CO_2 含量、侵蚀性介质等。耐久性不好往往是内部的不完善性和外部的不利因素综合作用的结果，而结构缺陷往往是设计不妥、施工不良引起的，也有由于使用维修不当引起的。混凝土结构耐久性问题有混凝土冻融破坏、碱-集料反应、侵蚀性介质腐蚀、机械磨损等。

1. 混凝土的冻融破坏

混凝土水化结硬后，内部有很多孔隙，非结晶水滞留在这些孔隙中。在寒冷地区，由于低温时混凝土孔隙中的水冻结成冰后产生体积膨胀，引起混凝土结构内部损伤。在多次冻融作用下，混凝土结构内部损伤逐渐积累达到一定程度而引起宏观的破坏。破坏前期是混凝土强度和弹性模量降低，接着是混凝土由表及里地剥落。我国部分地区特别是北方地区的室外混凝土结构存在冻融破坏问题。与环境水接触较多的混凝土，如电厂的通风冷却塔、水厂的水池、外露阳台、水工结构等的冻融破坏相对严重。

当混凝土孔隙溶液中含有一定量的氯离子时，混凝土的冻融破坏加剧。海港工程、使用化冰盐的混凝土高速公路、城市立交桥和停车场等均有此类问题。

2. 混凝土的碱-集料反应

混凝土碱-集料反应是指混凝土微孔中来自水泥、外加剂等的可溶性碱溶液和集料中某些活性组分之间的反应。发生碱-集料反应后，会在界面生成可吸水肿胀的凝胶或体积膨胀的晶体，使混凝土产生体积膨胀，严重时会发生开裂破坏。碱溶液还会浸入集料在破碎加工时产生的裂缝中发生反应，使集料受膨胀力作用而破坏。

碱-集料反应分为两类：一类为碱-硅酸反应，指碱与集料中活性组分反应，生成碱硅酸盐凝胶，凝胶吸水膨胀导致混凝土膨胀或开裂；另一类为碱-碳酸盐反应，指碱与集料中微晶体白云石反应，其生成物在白云石周围和周围基层之间的有限空间内结晶生长，使集料膨胀，进而使混凝土膨胀开裂。混凝土由于碱-硅酸反应破坏的特征是呈地图形裂缝，碱-碳酸反应造成的裂缝中还会有白色浆状物渗出。

3. 侵蚀性介质腐蚀

在石化、化学、冶金及港湾等工程结构中，由于环境中化学侵蚀性介质的存在，对混凝土的腐蚀很普遍。常见的侵蚀性介质腐蚀有：

1) 硫酸盐侵蚀。对混凝土有侵蚀性的硫酸盐存在于某些地区的土壤、工业排放的固体或液体的废弃物和海水中，当硫酸盐溶液与水泥石中的氢氧化钙及水化铝酸钙发生化学反应时，将生成钙矾石。当有CO_3^{2-}存在并处于高湿度的低温下时，还会生成硅灰石膏，产生体积膨胀，从而破坏混凝土。

2) 酸腐蚀。酸不仅存在于化工企业，而且在地下水、特别是沼泽地区或泥炭地区也广泛存在碳酸及溶有CO_2的水。混凝土是碱性材料，遇到酸性物质会产生化学反应，使混凝土产生裂缝、脱落并导致破坏。

3) 海水腐蚀。海水中的Cl^-和硫酸镁对混凝土有较强的腐蚀作用，并造成钢筋锈蚀。

4) 钢筋锈蚀。钢筋锈蚀是影响钢筋混凝土结构耐久性的最关键问题，也是混凝土结构最常见和出现最多的耐久性问题。新成型的混凝土是一种高碱性的材料，在钢筋表面形成一层致密的钝化膜，有效地保护钢筋不发生锈蚀。混凝土保护层的碳化和氯离子等腐蚀介质的影响是钢筋锈蚀的主要原因。当空气中的CO_2、SO_2等气体及其他酸性介质通过混凝土的孔隙进入到混凝土内部后，与混凝土孔隙溶液中的氢氧化钙发生化学反应，使溶液的碱度降低，钢筋表面出现脱钝现象，如果有足够的氧和水，钢筋就会腐蚀。当混凝土成型时使用了含氯离子的原材料，如海砂、海水或含氯的外加剂等，或混凝土结构处于使用含氯原材料的工业环境、海洋环境、盐渍土与含氯地下水的环境和使用化冰盐的环境中，氯离子通过构件表面侵入到混凝土内部，达到钢筋表面，钝化膜也会提早破坏，钢筋锈蚀就会更加严重。随着混凝土保护层的剥落，钢筋锈蚀加速，直到构件破坏。

混凝土中的钢筋锈蚀是电化学腐蚀。首先，在裂缝宽度较大处发生个别点的"坑蚀"，进而逐渐形成"环蚀"，同时向裂缝两边扩展，形成锈蚀面，使钢筋截面削弱，锈蚀产生的铁锈体积要比原来的体积增大3~4倍，使周围的混凝土产生膨胀拉应力。钢筋锈蚀严重时，体积膨胀导致沿钢筋长度出现纵向裂缝（图3-4）。钢筋纵向裂缝的产生又加剧了钢筋的锈蚀，形成恶性循环。如果混凝土的保护层比较薄，最终会使得混凝土保护层剥落，钢筋也可能锈断，导致截面承载力降低直到构件丧失承载力。

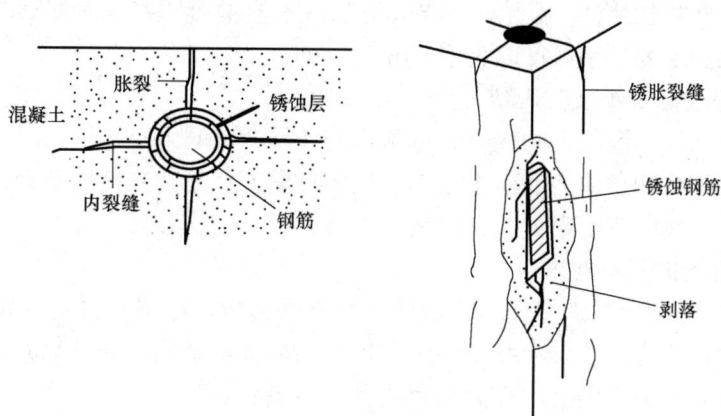

图 3-4 钢筋锈蚀的影响

3.5.3 混凝土结构耐久性设计原则

耐久性设计的基本原则是根据结构的环境类别和设计使用年限进行设计，主要解决环境作用与材料抵抗环境作用能力的问题。要求在规定的设计使用年限内，混凝土结构应能在自然和人为环境的化学和物理作用下，不出现无法接受的承载力减小、使用功能降低和不能接受的外观破损等耐久性问题。所出现的问题通过正常的维护即可解决，而不用付出很高的代价。

由于混凝土的碳化及钢筋锈蚀是影响混凝土结构耐久性的最主要的综合因素，因此，耐久性设计主要是延迟钢筋发生锈蚀的时间，要求：

$$T_0 + T_1 \geqslant T \tag{3-26}$$

式中 T——结构的设计使用年限；

T_0——混凝土保护层的碳化时间；

T_1——从钢筋开始锈蚀至出现沿钢筋的纵向裂缝的时间。

不同结构的耐久性极限状态应赋予不同的定义，当不允许钢筋锈蚀时，混凝土保护层完全碳化，则认为达到构件的耐久性极限，耐久性设计则为 $T_0 \geqslant T$；当允许钢筋锈蚀一定量值时，耐久性设计则为式（3-26）所示。

3.5.4 提高耐久性的措施

目前对混凝土结构耐久性的研究尚不够深入，关于耐久性的设计方法也不完善，因此，耐久性设计主要采取以下保证措施。

1. 划分混凝土结构的环境类别

混凝土结构耐久性与结构的工作环境条件有密切的关系。同一结构在强腐蚀环境中要比在一般大气环境中使用寿命短。对结构所处的环境划分类别可使设计者针对不同的环境采用相应的对策。根据工程经验，参考国外有关研究成果，《结构规范》将混凝土结构的使用环境分为七类，见附表 9-1。

2. 规定混凝土保护层厚度

混凝土保护层厚度的大小及保护层的密实性是决定 T_0 的根本因素，环境条件及保护层厚度又是 T_1 的决定因素。因此，《结构规范》根据混凝土结构所处的环境条件类别，规定了混凝土保护层的最小厚度，见附表 6-1。

3. 规定裂缝控制等级及其限值

裂缝的出现加快了混凝土的碳化，也是钢筋开始锈蚀的主要条件。因此，《结构规范》根据钢筋混凝土结构和预应力混凝土结构所处的环境条件类别和构件受力特征，规定了裂缝控制等级和最大裂缝宽度限值，见附表 3-2。

4. 规定混凝土的基本要求

1）根据结构的环境类别，合理地选择混凝土原材料，控制混凝土的氯离子含量和碱含量，防止碱集料反应。改善混凝土的级配，控制最大水灰比、最小水泥用量和最低混凝土强度等级，提高混凝土的抗渗性能和密实度。《结构规范》规定：对于一类、二类和三类环境中，设计使用年限为 50 年的结构混凝土应符合表 3-6 的规定。

结构混凝土耐久性的基本要求　　　　　　　　　　　　　表 3-6

环境类别		最大水灰比	最低混凝土强度等级	最大氯离子含量（%）	最大碱含量（kg/m³）
一		0.60	C20	0.30	不限制
二	a	0.55	C25	0.20	3.0
	b	0.50(0.55)	C30(C25)	0.10	
三	a	0.45(0.50)	C35(C30)	0.10	
	b	0.40	C40	0.06	

对于一类环境中，设计使用年限为 100 年的结构混凝土应符合下列规定：

（1）最低混凝土强度等级：钢筋混凝土结构为 C30，预应力混凝土结构为 C40；

（2）混凝土中的最大氯离子含量为 0.06%；

（3）宜使用非碱活性骨料；当使用碱活性骨料时，混凝土的最大碱含量为 3.0kg/m³；

（4）混凝土保护层厚度按附表 6-1 的规定增加 40%；

（5）在使用过程中，应定期维护。

2）选择合适的混凝土抗渗等级和抗冻等级。对抗冻混凝土必须掺加引气剂。有抗渗要求的混凝土结构，混凝土的抗渗等级应符合有关标准的要求；严寒及寒冷地区的潮湿环境中，结构混凝土应满足抗冻要求，混凝土抗冻等级应符合有关标准的要求。

3）混凝土表面喷涂或涂刷聚合物水泥砂浆、沥青及环氧树脂等防腐层。必要时在结构表面设置专门的防渗面层。对于二类和三类环境中，设计年限为 100 年的混凝土结构，应采取专门有效措施。

4）采用耐腐蚀钢筋。暴露在侵蚀环境中的结构构件，其受力钢筋宜采用环氧树脂涂层带肋钢筋；为防氯盐的腐蚀，采用各种钢筋阻锈剂或对钢筋采用阴极防护法。对预应力钢筋、锚具及连接器，应采取专门防护措施。

5）四类和五类环境中的混凝土结构，其耐久性要求应符合有关标准的规定。

本 章 小 结

1. 结构设计的本质就是要科学地解决好结构可靠性与经济性之间的矛盾。结构可靠度是结构可靠性（安全性、适用性、耐久性）的概率度量。设计基准期是确定可变作用及与时间有关的材料性能等取值而选用的时间参数，设计使用年限是表示结构在规定的条件下所应达到的使用年限。

2. 作用于结构上的荷载可以分为永久荷载、可变荷载和偶然荷载。永久荷载采用标准值作为代表值，可变荷载采用标准值、组合值、频遇值和准永久值作为代表值。

3. 在极限状态设计法中，以结构的失效概率或可靠指标来度量结构的可靠度，并已建立结构可靠度与结构极限状态之间的数学关系，这就是概率极限状态设计法。我国目前采用以概率理论为基础的极限状态设计表达式来进行工程设计。

4. 对承载能力极限状态的荷载效应组合，应采用基本组合或偶然组合；对正常使用极限状态的荷载效应组合，按荷载的持久性和不同的设计要求采用三种组合：标准组合、频遇组合和准永久组合。

5. 混凝土结构耐久性是决定结构能否长期使用的关键。影响混凝土结构耐久性能的因素主要有内部因素和外部因素两个方面。内因是混凝土本身的化学物理特性，主要包括混凝土材料及其由此形成的抵抗外部介质侵蚀的能力。外因是其外部环境条件，包括温度、湿度、环境介质及其作用程度等。混凝土结构的耐久性应根据结构的设计使用年限、结构所处的环境类别及作用等级进行设计。目前结构耐久性设计方法主要是定性设计。

实际工程案例

［工程综合实例分析 3-1］

新疆某化工厂的烧碱厂房、循环水池厂房等经过现场勘查，发现现场结构存在以下主要安全问题：

（1）因高温造成的楼板钢筋混凝土保护层剥落、混凝土面坑洼不平等；

（2）碱性生产厂房因介质腐蚀造成混凝土板底钢筋锈蚀，钢筋保护层脱落，混凝土梁、板截面缺损等；

（3）循环水池中含有大量侵蚀性的化学物质，造成了结构梁体、板体的钢筋锈蚀，钢筋保护剥落等问题。

主要原因：未进行混凝土的耐久性设计。

思考，在本题的化工厂房混凝土结构设计时，应根据所处环境进行哪些相应的耐久性设计？

［创新能力培养 3-1］

美国政府在 1940 年对外开放的塔科马海峡大桥可以被称为是世界有名的失败工程。塔科马海峡大桥是一架巨型吊桥，当时是世界上最为巨大的吊桥之一。美国人在对其成功进行修筑之后，就立刻将塔科马大桥投入了使用。塔科马大桥和许多大型桥梁不一样，其吊桥的桥梁属性导致它更容易受到风力的影响。许多曾经登上过塔科马大桥的路人在事后都回忆，说在这座桥上能够感觉到桥梁本身在不停地晃动。当时的人并不知道这样的现象是极其危险的，后来人们把这种流体学中经常能够见到的线涡影响现象称之为卡门涡街现象。正是卡门涡街现象致使塔科马海峡大桥在投入使用4个月之后，就因为强风而从中间断裂。好在这场事故并没有造成人员的伤亡，但是毫无疑问也给美国政府以及居功自傲的工程师们带来了重大的打击。让后来的设计师在进行设计时，更为谨慎地考虑风荷载对桥梁的影响，引入风洞试验检验桥梁整体结构或局部构件在风荷载作用下的受力情况、结构稳定性和结构响应。

［工程素质培养 3-1］

北京大兴明悦湾项目在施工过程中，墙体侧面和顶板部分有很多水渍，在墙体上形成一道道泛黄的印记。墙体上分布着蜂窝或麻面状的小洞，甚至有部分钢筋裸露。产生这种蜂窝或麻面状小洞的原因主要有两个：一是混凝土中添加过量水分导致离析；二是模板密封不严致水泥浆流失。混凝土一般都用在建筑的结构部位，也就是承重部位。如果混凝土强度不达标，轻则导致楼体外墙出现裂缝、渗水、隔声效果不好等情况，重则会导致整栋楼体坍塌，而其最大的安全隐患是房屋抗震级别不够。因此，北京大兴明悦湾项目中6栋大楼被责令拆除，造成了社会资源的极大浪费。

章节自测题

一、填空题

1. 按随时间的变异分类，结构上的作用可划分为_____、_____和_____。
2. "预加应力""焊接变形"和"混凝土收缩"对结构物的作用都是属于作用中的_____作用。
3. 影响结构抗力的主要因素有_____、_____和_____。
4. 建筑结构的可靠性包括_____、_____和_____三项要求。
5. 工程结构的设计状况可分为_____、_____、_____和_____。
6. 我国规定的设计基准期为_____年。
7. 永久荷载分项系数 γ_G 的取值：当永久荷载效应对结构不利时 $\gamma_G =$ _____；当永久荷载效应对结构有利时 $\gamma_G =$ _____。
8. 可变荷载分项系数 γ_Q 的取值：一般情况下 $\gamma_Q =$ _____；对工业建筑楼面结构，当活荷载标准值大于 $4kN/m^2$ 时，从经济效果考虑，$\gamma_Q =$ _____。
9. 对于一般的房屋，如普通的住宅和办公楼等，采用的安全等级为_____。
10. 混凝土结构应根据_____、_____和_____进行耐久性设计。

二、选择题

1. 结构的设计使用年限与结构使用寿命的关系为（　　　）。
A. 结构的设计使用年限大于结构使用寿命
B. 结构的设计使用年限小于结构使用寿命

C. 两者等同

D. 不确定

2. 我国现行规范采用（   ）作为混凝土结构的设计方法。

A. 以概率理论为基础的极限状态   B. 安全系数法

C. 经验系数法   D. 极限状态

3. 建筑结构在规定时间规定条件下完成预定功能的概率称为（   ）。

A. 安全度   B. 安全性

C. 可靠度   D. 可靠性

4. 建筑结构在使用年限超过设计基准期后（   ）。

A. 结构立即丧失其功能   B. 可靠度减小

C. 可靠度不变   D. 安全性不变

5. 工程结构的可靠指标 β 与失效概率 p_f 之间存在的关系是（   ）

A. β 越大，p_f 越大

B. β 与 p_f 成正比关系

C. β 与 p_f 成反比关系

D. β 与 p_f 存在一一对应关系，β 越大，p_f 越小

6. 荷载代表值有荷载的标准值、组合值、频遇值和准永久值，其中（   ）为荷载的基本代表值。

A. 组合值   B. 准永久值

C. 频遇值   D. 标准值

7. 当结构或结构构件出现下列（   ）状态之一时，即认为超过了正常使用极限状态。

A. 结构转变为机动体系

B. 结构或结构构件丧失稳定

C. 结构构件因过度的塑性变形而不适于继续承载

D. 影响正常使用或外观的变形

三、简答题

1. 结构可靠性的含义是什么？结构的功能要求包括哪些？

2. 荷载按时间的变异分为几类？

3. 荷载有哪些代表值？在结构设计中，如何应用荷载代表值？

4. 什么是结构抗力？影响结构抗力的主要因素有哪些？

5. 荷载效应包括哪些？按极限状态设计法设计结构应满足什么要求？

6. 说明承载能力极限状态设计表达式和正常使用极限状态设计表达式中各符号的意义。

7. 什么是混凝土结构的耐久性？其主要影响因素有哪些？

8. 《结构规范》规定了哪些措施来提高混凝土结构的耐久性？

四、计算题

1. 钢筋混凝土雨篷板的挑出长度 $l=0.8\text{m}$，板宽 2.4m，在其根部板厚为 70mm，在悬臂端面板厚为 50mm，如图 3-5 所示。作用在板上的荷载除防水层自重、板自重和板下抹灰

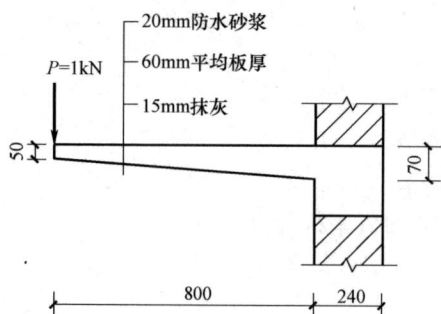

图 3-5　钢筋混凝土雨篷板

自重外，在板的悬臂端的任意点处还作用有施工检修荷载 $P_k = 1.0 \text{kN}$。结构的安全等级为二级。试求该雨篷板在根部截面按承载力极限状态计算与正常使用极限状态验算的弯矩设计值。提示：查《荷载规范》，防水砂浆自重为 20kN/m^3，混凝土自重为 25kN/m^3，抹灰自重为 17kN/m^3。

2. 某住宅钢筋混凝土简支梁。计算跨度 $l_0 = 6 \text{m}$，承受均布荷载：永久荷载标准值 $g_k = 15 \text{kN/m}$（包括梁自重），可变荷载标准值 $q_{k1} = 9 \text{kN/m}$，$q_{k2} = 6 \text{kN/m}$，可变荷载组合值系数均为 $\varphi_c = 0.7$，频遇值系数均为 $\varphi_f = 0.5$，准永久值系数均为 $\varphi_q = 0.4$，构件安全等级二级。求：（1）按承载力极限状态计算的梁跨中最大弯矩设计值。（2）按正常使用极限状态计算的荷载标准组合、频遇组合及准永久组合跨中弯矩值。

3. 现浇钢筋混凝土民用建筑结构，其边柱某截面在各种荷载（标准值）作用下的 M、N 内力如下：

恒载：$M = -22.1$，$N = 53.4$；

活载 1：$M = 12.5$，$N = 29.8$；

活载 2：$M = -18.3$，$N = 23.5$；

左风：$M = 43.2$，$N = -17.8$；

右风：$M = -40.2$，$N = 15.8$。

内力单位均为"kN·m"和"kN"；活载 1、活载 2 均为竖向荷载，且两者不同时出现。当在组合中取边柱的轴向力为最小时，试求相应的 M 和 N 的组合设计值。

第4章 钢筋混凝土受弯构件正截面承载力计算

知识目标：了解配筋率对受弯构件破坏特征的影响；理解受弯构件三种破坏形态；掌握适筋受弯构件在各阶段的受力特点；掌握受弯构件正截面承载力计算原理及方法；熟悉受弯构件正截面的构造要求。

能力目标：具备能够清晰准确表达、设计和校核受弯构件正截面承载力的能力。

学习重点：单筋矩形截面、双筋矩形截面和 T 形截面承载力的计算设计方法。

学习难点：受弯构件正截面构造配筋。

4.1 概述

受弯构件是指截面上通常有弯矩和剪力共同作用而轴力可以忽略不计的构件。梁和板是典型的受弯构件，它们是土木工程中数量最多、使用面最广的一类构件。如民用建筑中肋梁楼盖的主（次）梁、板、楼梯的梯段板、平台板、平台梁以及门窗过梁等；工业厂房中屋面大梁、吊车梁、连系梁等；桥梁中的行车道板、主梁和横隔梁等。

梁和板的区别在于：梁的截面高度一般情况下大于其宽度，而板的截面高度则远小于其宽度。

土木工程中受弯构件常用的截面形状如图 4-1 所示。梁的截面形式，常见的有矩形、

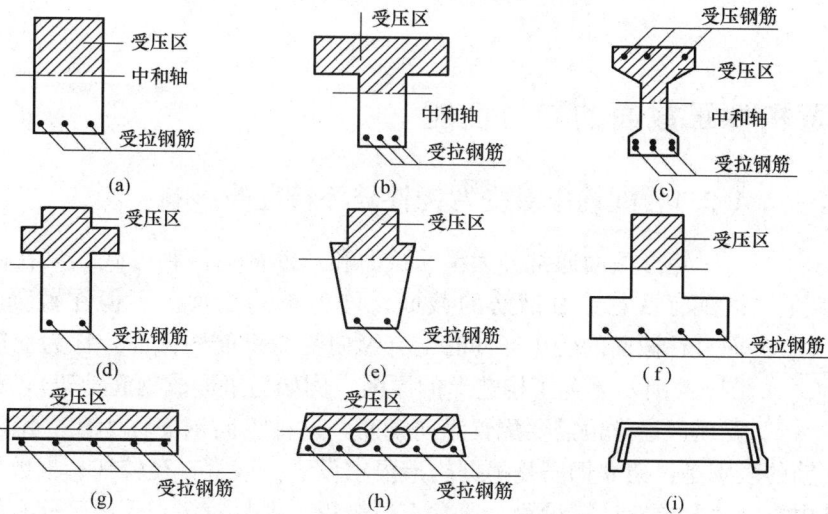

图 4-1 土木工程常用梁和板截面形状

（a）矩形梁；（b）T 形梁；（c）I 形梁；（d）十字形梁；（e）花篮形梁；（f）倒 T 形梁；（g）矩形板；（h）空心板；（i）槽形板

T形和I形；有时为了降低层高，还可采用十字形、花篮形、倒T形截面等。板的截面形式，常见的有矩形、槽形和空心板等。

当板和梁一起浇筑时（图4-2），板不但将其上的荷载传递给梁，而且和梁一起构成T形或倒L形截面共同承受荷载。

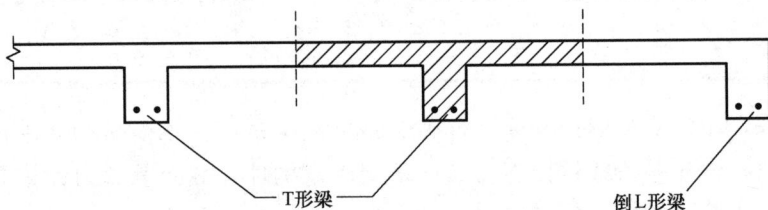

图4-2　现浇梁和板结构的截面形状

受弯构件在荷载等因素的作用下，截面中会产生剪力、弯矩等内力。因此，受弯构件可能沿弯矩最大的截面发生正截面破坏（正截面是与构件的纵向轴线相垂直的截面）；也可能沿剪力最大或弯矩和剪力都较大的截面发生斜截面破坏（斜截面是与构件的纵向轴线斜交的截面），如图4-3所示。在设计受弯构件时，要同时进行正截面承载能力和斜截面承载能力计算，以保证构件不发生正截面破坏和斜截面破坏；在设计时，正截面承载能力和斜截面承载能力分别计算，不考虑互相影响。本章只讨论受弯构件正截面的受力性能和承载能力计算方法，斜截面的受力机理和承载能力计算将在下一章介绍。

图4-3　受弯构件的破坏形式
（a）正截面破坏；（b）斜截面破坏

4.2　受弯构件正截面的受力性能

4.2.1　配筋率对受弯构件破坏特征的影响

二维码4-1　受弯构件正截面的受力性能

矩形截面通常分为单筋截面和双筋截面两种形式。只在截面的受拉区配有纵向受力钢筋的截面，称为单筋截面。不但在截面的受拉区，而且在截面的受压区同时配有纵向受力钢筋的截面，称为双筋截面，如图4-4所示。为了构造上的原因（例如为了形成钢筋骨架），单筋截面的受压区通常也需要配置纵向钢筋，这种纵向钢筋称为架立钢筋。架立钢筋与受力钢筋的区别是：架立钢筋是根据构造要求设置，通常直径较细、根数较少；而受力钢筋则是根据受力要求按计算设置，通常直径较粗、根数较多。受压区配有架立钢筋的截面，不属于双筋截面。

假设受弯构件的截面宽度为 b，截面高度为 h，纵向受力钢筋截面面积为 A_s，从受压边缘至纵向受力钢筋截面重心的距离为截面的有效高度 h_0，设正截面上所有下部纵向受拉钢筋的合力点至截面受拉边缘的竖向距离为 a_s，则合力点至截面受压区边缘的竖向距离 $h_0=h-a_s$。截面宽度与截面有效高度的乘积 bh_0 为截面的有效面积。

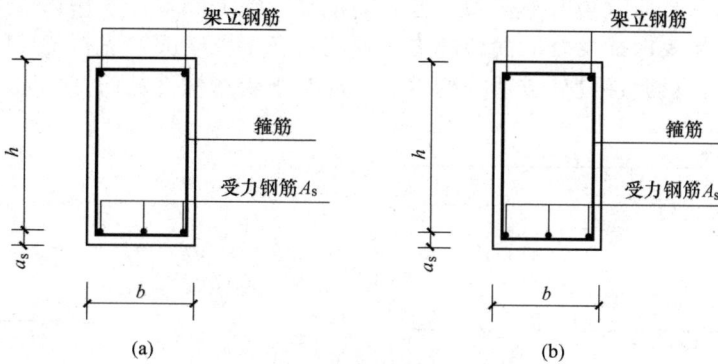

图 4-4　单筋矩形截面示意图

(a) 单筋矩形截面；(b) 双筋矩形截面

构件的截面配筋率是指纵向受力钢筋截面面积与截面有效面积之比，即：

$$\rho=\frac{A_s}{bh_0} \tag{4-1}$$

纵向受拉钢筋的配筋率 ρ 在一定程度上标志了正截面上纵向受拉钢筋与混凝土之间的面积比率，它是对梁的受力性能有很大影响的一个重要指标。

构件的破坏特征取决于配筋率、混凝土的强度等级、截面形式等诸多因素，但是以配筋率对构件破坏特征的影响最为明显。试验表明，随着配筋率的改变，构件的破坏特征将发生质的变化。图 4-5 为承受两个对称集中荷载的矩形截面简支梁试验。根据试验，当梁的截面尺寸和材料强度一定时，若改变配筋率 ρ，受弯构件沿正截面主要有三种破坏形态：

1. 当受弯构件的配筋率过低时，构件一旦开裂，裂缝就急速开展，裂缝截面处的拉力全部由纵向受拉钢筋承受，钢筋的应力会显著增大，并很快屈服，有时迅速进入强化阶段，钢筋可能被拉断，但受压区的混凝土并不会被压碎（图 4-5a），这种破坏称为少筋破坏，对应的梁称为少筋梁。受弯构件发生少筋破坏时，是在没有任何明显预兆的情况下发生的突然破坏，习惯上常把这种破坏称为"脆性破坏"，而且承载力很低。

2. 当构件的配筋率控制在一定范围内时，构件的破坏首先是由于受拉区纵向受力钢筋屈服。在梁完全破坏以前，由于钢筋要经历较大的塑性伸长，随之引起裂缝的持续开展和梁挠度的增加，然后受压区混凝土被压碎，钢筋和混凝土的强度都得到充分利用，这种破坏称为适筋破坏，对应的梁称为适筋梁。适筋梁在破坏之前有明显的挠度变形，有足够的破坏预兆，属于延性破坏（图 4-5b）。

3. 当构件的受拉钢筋配置过多，构件的破坏特征又发生质的变化。其破坏是由于受压区的混凝土被压碎而引起，在受压区边缘混凝土应变达到其极限压应变时，纵向受拉钢筋应力尚小于屈服强度，但此时梁已破坏，这种破坏称为超筋破坏，对应的梁称为超筋梁。超筋梁在破坏前虽然也有一定的变形和裂缝预兆，但不像适筋破坏那样明显，而且当混凝土压碎时，破坏突然发生，钢筋的强度得不到充分利用，属于脆性破坏（图 4-5c）。

由上述可见，少筋破坏和超筋破坏都具有脆性性质，破坏前无明显预兆，破坏时将造成严重后果，材料的强度得不到充分利用。图 4-6 为三种梁破坏形式的弯矩-挠度曲线，从图可见，少筋梁不仅承载力低，而且变形性能也很差；超筋梁尽管变形性能差，但承载力较高；适筋梁既有比较高的承载力，又有非常好的变形能力。结构构件的设计既要保证足够的承载力，又要保证良好的变形能力。因此，在工程中应避免将受弯构件设计成少筋构件和超筋构件，只允许设计成适筋构件。后面对于受弯构件的研究均限于适筋构件。

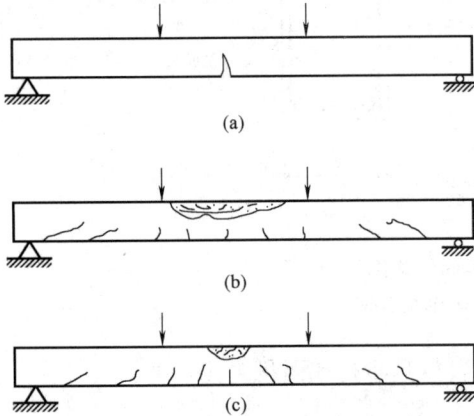

图 4-5　不同配筋率构件的破坏特征　　　　图 4-6　少筋、适筋和超筋梁弯矩-挠度示意图
（a）少筋梁；（b）适筋梁；（c）超筋梁

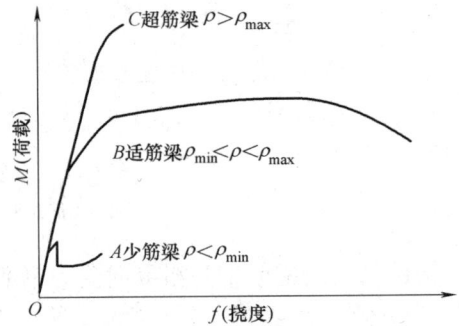

4.2.2　适筋梁正截面受弯的三个受力阶段

为了研究受弯构件的破坏过程，分析其受力性能，用钢筋混凝土简支梁进行试验研究。试验梁的布置如图 4-7 所示。为了消除剪力对正截面受弯的影响，采用两点对称加荷方式。在两个对称集中荷载间的区段，基本上排除剪力的影响（忽略梁自重），形成纯弯段。在纯弯段内，沿梁高两侧布置测点，用应变片（计）量测梁截面不同高度处的纵向应变。同时，在受拉钢筋上也布置了应变计，量测钢筋的受拉应变。另外，在跨中和支座处分别安装位移计，以量测跨中的挠度 f，有时还要安装倾角仪以量测梁的转角。

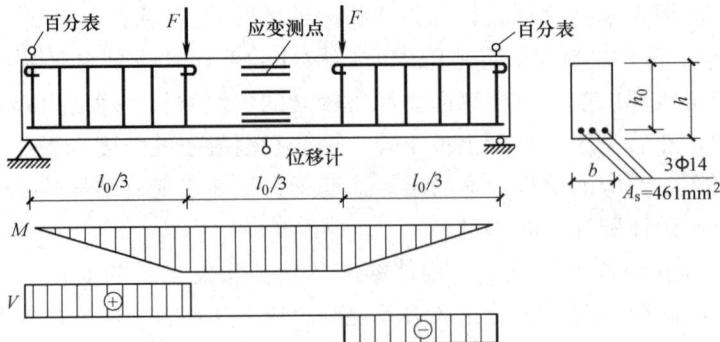

图 4-7　适筋梁正截面抗弯性能示意图

荷载从零开始逐级加载，直至梁破坏。在整个试验过程中，应注意观察梁上裂缝的出现、发展和分布情况，同时还应对各级荷载作用下所测得的仪表读数进行分析，最终得出梁在各个不同加载阶段的受力和变形情况。图 4-8 为由试验得到的弯矩与跨中挠度 f 之间的关系曲线，图中纵坐标为梁跨中截面的各阶段弯矩实验值与最大弯矩实测值 M_u^t 的比值，横坐标为梁跨中挠度 f 实测值。这里的上标"t"表示实测值，下同。

关系曲线上有两个明显的转折点，把适筋梁正截面受弯的全过程划分为三个阶段——未裂阶段、裂缝阶段和破坏阶段。

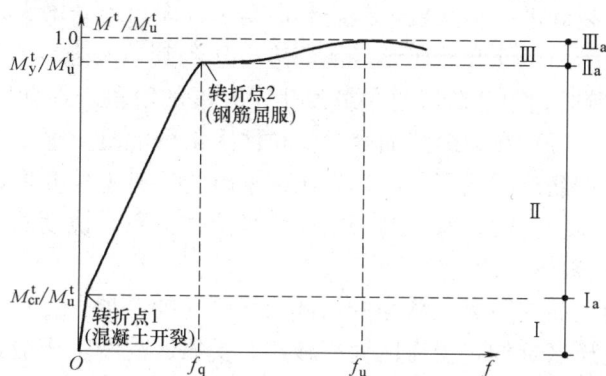

图 4-8 适筋梁弯矩与跨中挠度 f 的关系曲线

1) 第一阶段——未裂阶段

荷载很小时，截面上的内力也很小，应力与应变成正比，截面的应力分布为直线（图 4-9a），这种受力阶段称为第Ⅰ阶段。

荷载不断增大，截面上的内力也不断增大，由于受拉区混凝土出现塑性变形，受拉区的应力图形呈曲线。当荷载增大到某一数值时，受拉区边缘的混凝土可达其实际的抗拉强度和抗拉极限应变值，截面处在开裂前的临界状态（图 4-9b），这种受力状态称为第Ⅰa阶段。第Ⅰ阶段的特点是：（1）混凝土没有开裂；（2）受压区混凝土的应力图形是直线，

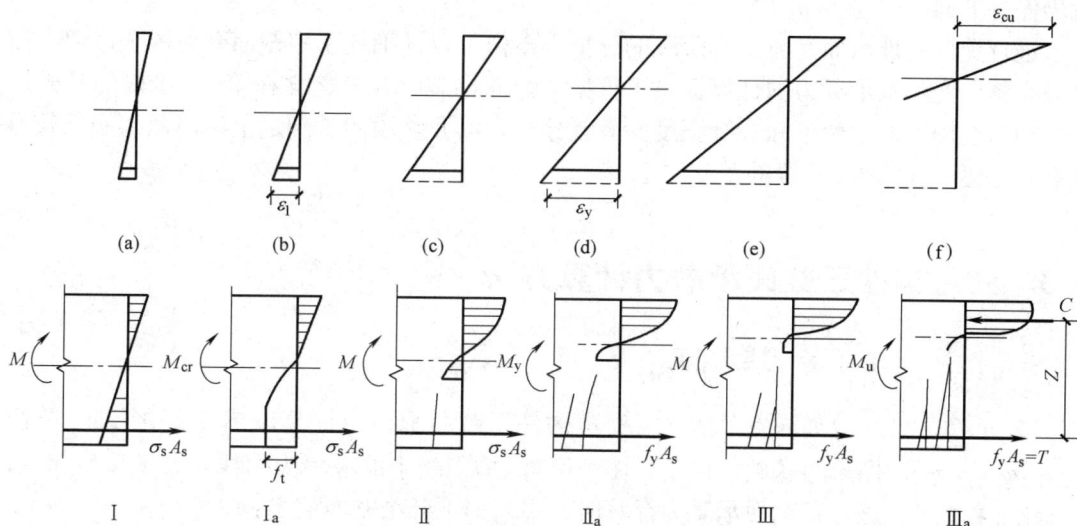

图 4-9 梁在各受力阶段的应力和应变图

受拉区混凝土的应力图形在第Ⅰ阶段前期是直线，后期是曲线；（3）弯矩与跨中挠度基本上是直线关系。

2）第二阶段——裂缝阶段

截面受力达Ⅰa阶段后，荷载只要有稍许增加，截面立即开裂，截面上应力发生重分布，裂缝处混凝土不再承受拉力，混凝土释放的拉力由钢筋承受，钢筋的拉应力突然增大，受压区混凝土出现明显的塑性变形，应力图形呈曲线（图4-9c），这种受力阶段称为第Ⅱ阶段。

荷载继续增加，裂缝进一步开展，钢筋和混凝土的应力不断增大。当荷载增加到某一数值时，受拉区纵向受力钢筋开始屈服，钢筋应力达到其屈服强度（图4-9d），这种特定的受力状态称为Ⅱa阶段。第Ⅱ阶段是裂缝发生、开展的阶段，在此阶段中梁是带裂缝工作的，其受力特点是：（1）在裂缝截面处，受拉区大部分混凝土退出工作，拉力主要由纵向受拉钢筋承担，但钢筋没有屈服；（2）受压区混凝土已有塑性变形，但不充分，压应力图形为只有上升段的曲线；（3）弯矩与跨中挠度是曲线关系，挠度的增长加快。

3）第三阶段——破坏阶段

受拉区纵向受力钢筋屈服后，截面的承载力无明显的增加，但塑性变形急速发展，裂缝迅速开展，并向受压区延伸，受压区面积减小，受压区混凝土压应力迅速增大，这是第Ⅲ阶段（图4-9e）。在荷载几乎保持不变的情况下，裂缝进一步急剧开展，受压区混凝土出现纵向裂缝，混凝土被完全压碎，截面发生破坏，这种特定的受力状态称为第Ⅲa阶段（图4-9f）。

第Ⅲ阶段特点是：（1）纵向受拉钢筋屈服，拉力保持为常值；裂缝截面处，受拉区大部分混凝土已退出工作，受压区混凝土压应力曲线图形比较丰满，有上升段曲线，也有下降段曲线；（2）由于受压区混凝土合压力作用点外移使内力臂增大，故弯矩还略有增加；（3）受压区边缘混凝土压应变达到其极限压应变时，混凝土被压碎，截面破坏；（4）弯矩-跨中挠度关系为接近水平的曲线。

试验同时表明，从开始加载到构件破坏的整个受力过程中，截面变形前是平面，变形后仍保持平面。

进行受弯构件截面受力工作阶段的分析，不但可以详细地了解截面受力的全过程，而且为裂缝、变形及承载力的计算提供了依据。截面抗裂验算是建立在第Ⅰa阶段的基础之上，构件使用阶段的变形和裂缝宽度验算是建立在第Ⅱ阶段的基础之上，而截面的承载力计算则是建立在第Ⅲa阶段的基础之上。

4.3　受弯构件正截面承载力计算方法

4.3.1　基本假定

二维码4-2　受弯构件正截面承载力计算方法

如同上节所述，受弯构件正截面承载力计算以图4-9中第Ⅲa阶段图形为基础。但是，图中第Ⅲa中混凝土的应力为曲线，为了简便起见，进行正截面承载力计算时，引入如下几个基本假定：

1）截面应变保持平面；

2）不考虑混凝土的抗拉强度。

3）混凝土受压的应力-应变关系按下列规定取用：

当 $\varepsilon_c \leqslant \varepsilon_0$ 时：

$$\sigma_c = f_c \left[1 - \left(1 - \frac{\varepsilon_c}{\varepsilon_0} \right) \right]^2 \tag{4-2}$$

当 $\varepsilon_0 \leqslant \varepsilon_c \leqslant \varepsilon_{cu}$ 时：

$$\sigma_c = f_c \tag{4-3}$$

$$n = 2 - \frac{1}{60}(f_{cu,k} - 50) \tag{4-4}$$

$$\begin{cases} \varepsilon = 0.002 + 0.5(f_{cu,k} - 50) \times 10^{-5} \\ \varepsilon = 0.0033 - (f_{cu,k} - 50) \times 10^{-5} \end{cases} \tag{4-5}$$

式中　σ_c——对应于混凝土应变为 ε_c 时的混凝土压应力；

　　　ε_0——对应于混凝土压应力刚达到 f_c 时的混凝土压应变，当计算的 ε_0 小于 0.002 时，应取为 0.002；

　　　ε_{cu}——正截面处于非均匀受压时的混凝土极限压应变，当处于非均匀受压且按式 (4-5) 计算的 ε_{cu} 值大于 0.0033 时，应取为 0.0033，当处于轴心受压时取为 ε_0；

　　　f_c——混凝土轴心抗压强度设计值，按附表 1-2 采用；

　　　$f_{cu,k}$——混凝土立方体抗压强度标准值；

　　　n——系数，当计算的 n 大于 2.0 时，应取为 2.0。

n、ε_0、ε_{cu} 的取值见表 4-1。

n、ε_0、ε_{cu} 取值　　　　　　　　　　　　表 4-1

f_{cu}	$\leqslant 50$	C55	C60	C65	C70	C75	C80
n	2.000	1.917	1.833	1.750	1.667	1.583	1.500
ε_0	0.002000	0.0020250	0.002050	0.002075	0.00210	0.002125	0.002150
ε_{cu}	0.00330	0.00325	0.00320	0.00315	0.00310	0.00305	0.00300

由表 4-1 可见，当混凝土的强度等级小于等于 C50 时，n、ε_0、ε_{cu} 均为定值。当混凝土的强度等级大于 C50 时，随着混凝土强度等级的提高，ε_0 的值不断增大，而 ε_{cu} 值却逐渐减小，意味着材料的脆性加大。

4）纵向受拉钢筋的极限拉应变取为 0.01。

5）纵向钢筋的拉应力 σ_s 和压应力 σ_s' 取钢筋应变与其弹性模量的乘积，但其值应符合下列要求：

$$\sigma_s = \varepsilon_s E_s \leqslant f_y$$
$$\sigma_s' = \varepsilon_s' E_s' \leqslant f_s'$$
$$\varepsilon_{s,max} = 0.01$$

4.3.2　等效矩形应力图形

以单筋矩形截面为例（图 4-10a），根据上述基本假定可得出截面在承载能力极限状态下，受压边缘达到了混凝土的极限压应变 ε_{cu}，若假定这时截面受压区高度为 x_c（图 4-10b），则受压区任一高度 y 处混凝土的压应变 ε_c 和钢筋的拉应变 ε_s 由平截面假定得：

$$\varepsilon_s = \frac{y}{x_c}\varepsilon_{cu} \tag{4-6}$$

$$\varepsilon_s = \frac{h_0 - x_c}{x_c}\varepsilon_{cu} \tag{4-7}$$

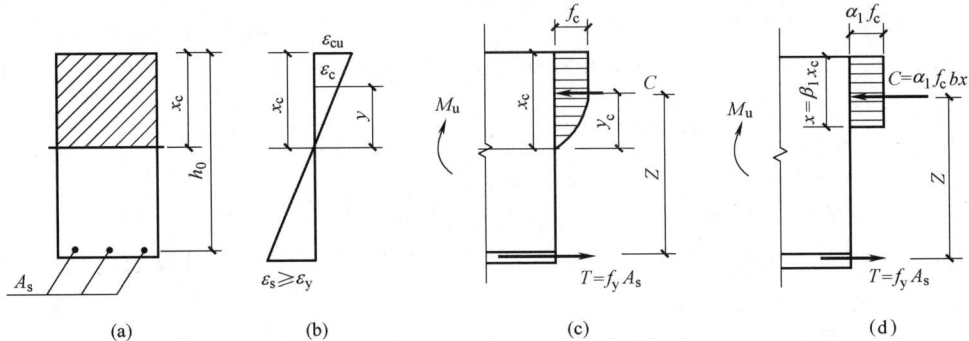

图 4-10　等效矩形应力图形的转换

图 4-10（c）为极限状态下截面应力分布图形，设 C 为受压区混凝土压应力的合力，y_c 为合力 C 的作用点到中和轴的距离，则有：

$$C = \frac{h_0 - x_c}{x_c}\varepsilon_{cu}\int_0^{x_c}\sigma_c(\varepsilon)\cdot b\cdot y\cdot \mathrm{d}y \tag{4-8}$$

$$y_c = \frac{\int_0^{x_c}\sigma_c\cdot b\cdot y\cdot \mathrm{d}y}{C} \tag{4-9}$$

对于适筋构件，此时受拉钢筋应力可达到屈服强度 f_y，则钢筋的总拉力 T 及其到中和轴的距离 y_s 为：

$$T = f_y A_s \tag{4-10}$$

$$y_s = h_0 - x_c \tag{4-11}$$

根据截面的平衡条件有：

$$\sum X = 0, C = T$$
$$\sum M = 0, M_u = C\cdot y_c + T\cdot y_c \tag{4-12}$$

由此可见，在构件正截面承载力 M_u 的计算中，仅需知道受压区混凝土压应力的合力 C 的大小及其作用位置 y_c。因此，为了计算方便，采用如图 4-10（d）所示的等效矩形应力图来代替图 4-10（c）所示的受压区混凝土的曲线应力图形。用等效矩形应力图形代替实际曲线应力分布图形时，应满足以下两个条件：①保持受压区混凝土压应力合力 C 的作用点不变；②保持合力 C 的大小不变。

在等效矩形应力图中，取等效矩形应力图形高度 $x = \beta_1 x_c$，等效应力取为 $\alpha_1 f_c$，α_1 和 β_1 为等效矩形应力图的图形系数，其大小只与混凝土的应力与应变曲线有关。应力图形系数 α_1 和 β_1 的取值如表 4-2 所示。由表 4-2 可见，当混凝土的强度等级小于等于 C50 时，α_1 和 β_1 为定值。当混凝土的强度等级大于 C50 时，α_1 和 β_1 值随混凝土强度等级的提高而减小。

系数 α_1 和 β_1 的取值　　　　　表 4-2

混凝土强度等级	≤C50	C55	C60	C65	C70	C75	C80
α_1	1.00	0.99	0.98	0.97	0.96	0.95	0.94
β_1	0.80	0.79	0.78	0.77	0.76	0.75	0.74

等效矩形应力图形系数 α_1 和 β_1 确定后，就可以直接根据等效应力矩形的平衡条件，得到承载能力的计算公式如下：

$$\sum X = 0, f_y A_s = \alpha_1 f_c b x$$
$$\sum M = 0, M_u = f_y A_s \left(h_0 - \frac{1}{2}x\right) = \alpha_1 f_c b x \left(h_0 - \frac{1}{2}x\right) \Bigg\}$$

(4-13)

4.3.3 适筋破坏和超筋破坏的界限条件

相对受压区高度 ξ 是指等效矩形应力图的高度与截面有效高度的比值，即：

$$\xi = \frac{x}{h_0}$$

(4-14)

式中　x——等效矩形应力图形高度，即等效受压区高度，简称受压区高度；

h_0——截面的有效高度。

界限破坏的特征是受拉钢筋屈服的同时，受压区混凝土边缘应变达到极限压应变，构件破坏。界限相对受压区高度 ξ_b 是适筋破坏和超筋破坏相对受压区高度的界限值，是指在梁发生界限破坏时，等效受压区高度与截面有效高度之比，即：

$$\xi_b = \frac{x_b}{h_0}$$

(4-15)

式中　x_b——发生界限破坏时等效矩形应力图形的高度，简称界限受压区高度。

界限相对受压区高度 ξ_b 需要根据平截面假定求出。下面分别推导以有明显屈服点钢筋和无明显屈服点钢筋配筋的受弯构件界限相对受压区高度 ξ_b 的计算公式。

1. 有明显屈服点钢筋对应的界限相对受压区高度 ξ_b

受弯构件破坏时，受拉钢筋的应变等于钢筋的抗拉强度设计值 f_y 与钢筋弹性模量 E_s 之比值，即 $\varepsilon_s = f_y/E_s$。如图 4-11 所示，由受压区边缘混凝土的应变 ε_{cu} 与受拉钢筋应变 ε_s 的几何关系，可推得其界限相对受压区高度 ξ_b 的计算公式为：

$$\xi_b = \frac{x_b}{h_0} = \frac{\beta_1 x_{cb}}{h_0} = \frac{\beta_1 \varepsilon_{cu}}{\varepsilon_{cu} + \varepsilon_y} = \frac{\beta_1}{1 + \dfrac{\varepsilon_y}{\varepsilon_{cu}}} = \frac{\beta_1}{1 + \dfrac{f_y}{\varepsilon_{cu} E_s}}$$

(4-16)

为了方便使用，对于常用的有明显屈服点的热轧钢筋，将其抗拉强度设计值 f_y 和弹性模

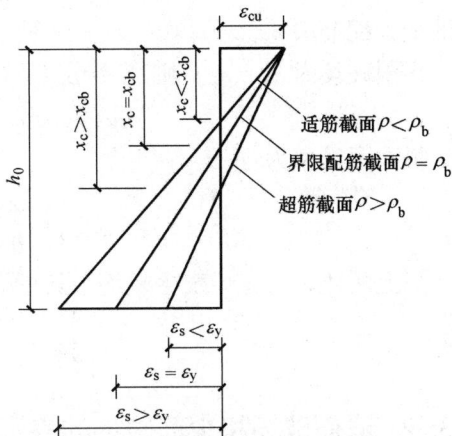

图 4-11 适筋梁和超筋梁破坏时的正截面平均应变图

量 E_s 代入式（4-16）中，可算得它们的界限相对受压区高度 ξ_b，如表 4-3 所示，设计时可直接查用。

钢筋强度等级	混凝土强度等级						
	≤C50	C55	C60	C65	C70	C75	C80
300MPa	0.576	0.566	0.556	0.546	0.537	0.528	0.518
335MPa	0.550	0.541	0.531	0.522	0.512	0.503	0.493
400MPa	0.518	0.508	0.499	0.490	0.481	0.472	0.463
500MPa	0.482	0.473	0.464	0.455	0.447	0.438	0.429

2. 无明显屈服点钢筋对应的界限相对受压区高度 ξ_b

对于钢丝、钢绞线、热处理钢筋等无明显屈服点的钢筋，取对应于残余应变为 0.2% 时的应力 $\sigma_{0.2}$ 作为条件屈服点，并以此作为这类钢筋的抗拉强度设计值。

对应于条件屈服点 $\sigma_{0.2}$ 时的钢筋应变为：

$$\varepsilon_s = 0.002 + \varepsilon_y = 0.002 + \frac{f_y}{E_s} \tag{4-17}$$

式中　f_y——无明显屈服点钢筋的抗拉强度设计值；

　　　E_s——无明显屈服点钢筋的弹性模量。

根据平截面假定，可以求得无明显屈服点钢筋受弯构件相对于界限受压区高度 ξ_b 的计算公式为：

$$\xi_b = \frac{x_b}{h_0} = \frac{\beta_1 x_{cb}}{h_0} = \frac{\beta_1 \varepsilon_{cu}}{\varepsilon_{cu} + \varepsilon_y} = \frac{\beta_1}{1 + \dfrac{\varepsilon_y}{\varepsilon_{cu}}} = \frac{\beta_1}{1 + \dfrac{0.002 + f_y/E_s}{\varepsilon_{cu}}} = \frac{\beta_1}{1 + \dfrac{0.002}{\varepsilon_{cu}} + \dfrac{f_y/E_s}{\varepsilon_{cu}}} \tag{4-18}$$

根据平截面假定，正截面破坏时，相对受压区高度 ξ 越大，钢筋拉应变越小。则有：

当 $\xi < \xi_b$ 时，属于适筋破坏；

当 $\xi > \xi_b$ 时，属于超筋破坏；

当 $\xi = \xi_b$ 时，属于界限破坏，对应的纵向受拉钢筋的配筋率称为界限配筋率，即适筋梁的最大配筋率 ρ_{max} 值。

界限破坏时 $x = x_b$，则 $A_s = \rho_{max} b h_0$。由截面上力的平衡 $C = T$ 得：

$$\alpha_1 f_c b x_b = f_y A_s = f_y \rho_{max} b h_0 \tag{4-19}$$

最大配筋率为：

$$\rho_{max} = \frac{x_b}{h_0} \times \frac{\alpha_1 f_c}{f_y} = \xi_b \frac{\alpha_1 f_c}{f_y} \tag{4-20}$$

综上所述，防止梁发生超筋破坏的条件是：

$$\xi \leqslant \xi_b \quad \text{或} \quad \rho = \frac{A_s}{b h_0} \leqslant \rho_{max} \tag{4-21}$$

4.3.4　适筋破坏和少筋破坏的界限条件

适筋破坏与少筋破坏的界限是裂缝一旦出现，受拉钢筋的应力即达屈服强度，构件宣告破坏，此时对应的配筋率即为最小配筋率 $\rho_{\min}$。可见，$\rho_{\min}$ 的确定是以钢筋混凝土按第 III_a 阶段计算的正截面受弯承载力 M_u，与同条件下素混凝土梁按第 I_a 阶段计算的开裂弯矩 M_{cr} 相等的原则来确定，但同时还应考虑混凝土抗拉强度的离散性以及混凝土收缩等因素的影响。构件一侧受拉钢筋的最小配筋率 $\rho_{\min}$ 取 0.2% 和 $0.45 f_t / f_y$ 中的较大值。

图 4-12 为矩形截面素混凝土梁的开裂弯矩 M_{cr} 计算图。由于素混凝土梁的开裂弯矩 M_{cr} 不仅与混凝土的抗拉强度有关，而且还与梁的全截面面积有关，因此，对矩形、T 形截面（受压区翼缘挑出部分面积对 M_{cr} 的影响很小）梁，其纵向受拉钢筋的最小配筋率是对全截面面积而言的，即：

图 4-12 受弯构件开裂弯矩计算

$$A_{s,\min} = \rho_{\min} bh \qquad (4-22)$$

这是因为混凝土开裂退出工作的部分包括受拉钢筋以下部分的混凝土，而承载力计算时，截面的有效面积只有 bh_0。若受弯构件截面为 I 形或倒 T 形时，其纵向受拉钢筋的最小配筋率则要考虑受拉区翼缘挑出部分的面积，即：

$$A_{s,\min} = \rho_{\min} [bh + (b_f - b) h_f] \qquad (4-23)$$

式中　b——腹板的宽度；

b_f、h_f——分别为受拉翼缘的宽度和高度。

因此，防止梁发生少筋破坏的条件是 $\rho \geqslant \rho_{\min}$。

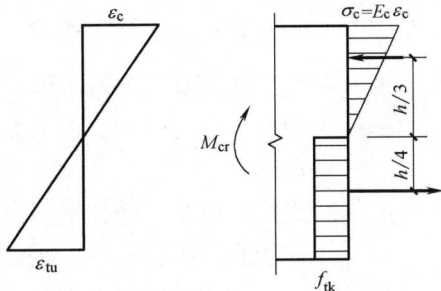

4.4　单筋矩形截面正截面承载力计算

4.4.1　基本计算公式及适用条件

1. 基本计算公式

根据 4.3 节的讨论和基本假定，受弯构件单筋矩形截面的计算简图如图 4-13 所示。在图 4-13（a）中只画出了纵向受力钢筋，省略了架立钢筋和箍筋，看上去较为简洁。

二维码 4-3　单筋矩形截面受弯构件正截面承载力计算

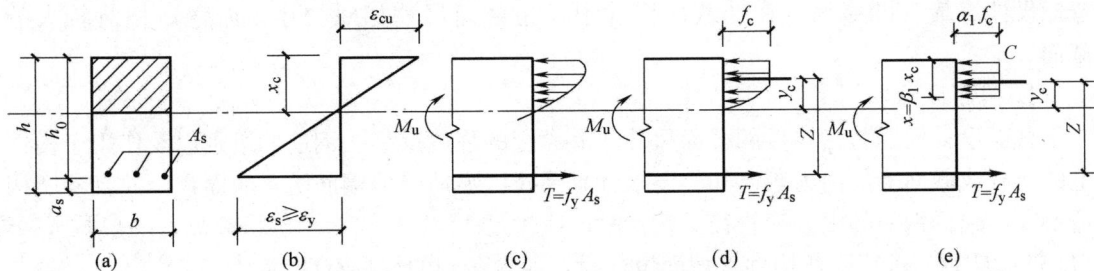

图 4-13 单筋矩形截面梁应力图的简化

根据钢筋混凝土结构设计基本原则，应满足作用在受弯构件正截面上的荷载效应 M 不超过该截面的抗力，即正截面受弯承载力设计值 M_u，则有：

$$M = \gamma_0 M_d \leqslant M_u \tag{4-24}$$

根据截面力的平衡条件和力矩平衡条件，由计算简图可导出单筋矩形截面受弯承载力的计算公式：

$$\sum X = 0, \alpha_1 f_c b x = f_y A_s \tag{4-25}$$

$$\sum M = 0, M \leqslant M_u = \alpha_1 f_c b x \left(h_0 - \frac{x}{2} \right) = f_y A_s \left(h_0 - \frac{x}{2} \right) \tag{4-26}$$

式中　M——荷载在该截面上产生的弯矩设计值，$M = \gamma_0 M_d$；

h_0——截面的有效高度，按式 $h_0 = h - a_s$ 计算；

h——截面高度；

a_s——受拉区边缘到受拉钢筋合力点的距离，梁底单排布置时，$a_s = c + d_v + d/2$，c 为保护层厚度，d_v 为箍筋直径，d 为纵向受力钢筋直径。

一般情况下，梁的纵向受力钢筋按一排布置时，$a_s = 35 \sim 45\text{mm}$；梁的纵向受力钢筋按两排布置时，$a_s = 60 \sim 70\text{mm}$；对于板，$a_s$ 的取值一般为 20mm。当梁板最终配筋直径与假定直径相差不大时，可不进行重算。

2. 适用条件

式（4-25）和式（4-26）是根据适筋构件破坏时的受力情况推导出，只适用于计算适筋构件的受弯承载力，不适用于计算少筋构件和超筋构件受弯承载力。为了避免将构件设计成少筋构件和超筋构件，上述计算公式必须满足下列适用条件：

（1）防止超筋破坏：$x \leqslant \xi_b h_0$ 或 $\xi \leqslant \xi_b$，即 $\rho \leqslant \rho_{max}$；

（2）防止少筋破坏：$A_s \geqslant \rho_{min} b h$，即 $\rho \geqslant \rho_{min}$。

满足适用条件（1）是为了避免发生超筋破坏，则单筋矩形截面能承担的最大弯矩为：

$$M_{u,max} = \alpha_1 f_c b h_0^2 \xi_b (1 - 0.5 \xi_b) \tag{4-27}$$

由此可见，单筋矩形截面能承担的最大弯矩仅与混凝土强度等级、钢筋级别和截面尺寸有关，与钢筋用量无关。超过该最大弯矩，即使配置再多的钢筋也不能显著提高构件正截面的受弯承载能力。

4.4.2　截面设计与校核

受弯构件正截面承载力计算包括截面设计和截面校核两类问题。正截面承载力计算时，一般仅需对控制截面进行受弯承载力计算。所谓控制截面，在等截面构件中一般是指弯矩设计值最大的截面；在变截面构件中是指截面尺寸相对较小，而弯矩相对较大的截面。

1. 截面设计

截面设计问题是指构件的截面尺寸、混凝土的强度等级、钢筋的级别以及作用于构件上的荷载或截面上的内力等已知，要求计算受拉区纵向受力钢筋所需的面积，并且参照构造要求，选择钢筋的根数和直径。设计时，应满足 $M \leqslant M_u$。为了经济起见，一般按 $M = M_u$ 进行计算。进行受弯构件正截面设计时，通常遇到的情形有两种。

1）情形 1：已知截面设计弯矩 M（或已知荷载作用情况）、截面尺寸 $b \times h$、混凝土强度等级及钢筋级别，求受拉钢筋截面面积 A_s。

（1）确定截面有效高度 h_0；$h_0 = h - a_s$。

(2) 根据混凝土强度等级确定系数 α_1。

(3) 由式（4-25）、式（4-26）先求解 x 或 ξ，检验适用条件。

若 $x \leqslant \xi_b h_0$ 或 $\xi \leqslant \xi_b$，则由式（4-26）求解 A_s，并验算最小配筋率要求，若 $A_s < \rho_{\min} bh$，则取 $A_s = \rho_{\min} bh$ 配筋；若 $A_s > \rho_{\min} bh$，说明钢筋计算面积满足要求，直接由 A_s 计算配筋。

若 $x > \xi_b h_0$ 或 $\xi > \xi_b$，则需加大截面尺寸或提高混凝土强度等级或采用双筋截面。

(4) 根据 A_s 选择钢筋根数和直径，同时满足构造要求。

2）情形 2：已知截面设计弯矩 M（或已知荷载作用情况）、混凝土强度等级和钢筋级别，求构件截面尺寸 $b \times h$ 和纵向受力钢筋面积 A_s。

由于式（4-25）、式（4-26）中 b、h、A_s 和 x 均为未知，所以有多组解答，计算时需要增加条件。通常先按构造要求假定截面宽度 b 和截面高度 h，然后按照截面尺寸 b 和 h 已知的情形 1 的步骤进行构件截面设计计算。

另一种计算方法是先假定配筋率 ρ 和截面宽度 b，步骤如下：

(1) 配筋率 ρ 通常在经济配筋率范围内选取。根据我国的设计经验，板的经济配筋率约为 $0.3\% \sim 0.8\%$，单筋矩形截面梁的经济配筋率约为 $0.6\% \sim 1.5\%$。截面宽度 b 按照构造要求确定。

(2) 由式（4-25）计算 $\xi = \rho \dfrac{f_y}{\alpha_1 f_c}$，并检验是否满足适用条件 $\xi \leqslant \xi_b$，如不满足，则重新假定配筋率 ρ 和截面宽度 b，直至计算的 ξ 满足 $\xi \leqslant \xi_b$。

(3) 由式（4-26）计算 h_0：$h_0 = \sqrt{\dfrac{M}{\alpha_1 f_c b \xi (1 - 0.5\xi)}}$。

(4) 计算 h：$h = h_0 + a_s$，h 取整后，检查是否满足构造要求（h/b 是否合适）。如不合适，h 取值需调整，直至符合要求为止。

(5) 求 A_s：$A_s = \rho \times bh_0$。

2. 截面校核

截面校核是指已知构件的截面设计弯矩 M、截面尺寸 $b \times h$、纵向受力钢筋截面面积 A_s、混凝土强度等级及钢筋级别，要求验算截面是否能够承受某一已知的荷载或内力设计值，也称受弯构件正截面承载能力校核。

(1) 由式（4-25）、式（4-26）先求 x，进而确定 ξ。

(2) 检验是否满足适用条件 $\xi \leqslant \xi_b$，若 $\xi > \xi_b$，按 $\xi = \xi_b$ 计算 M_u。

(3) 检验是否满足适用条件 $A_s \geqslant \rho_{\min} bh$，若不满足，则按 $A_s = \rho_{\min} bh$ 进行计算或修改截面尺寸重新设计。

(4) 求 M_u，由式（4-26）得：$M_u = \alpha_1 f_c bh_0^2 \xi (1 - 0.5\xi)$。

当 $M_u \geqslant M$ 时，则受弯构件正截面承载力满足要求；反之，则认为不安全。但若 M_u 大于 M 过多，认为截面设计不经济。

3. 计算例题

【例 4-1】 已知某民用建筑矩形截面钢筋混凝土简支梁，安全等级为二级，处于一类环境，计算跨度 $l_0 = 6.3\text{m}$，截面尺寸 $b \times h = 200\text{mm} \times 550\text{mm}$，承受板传来的永久荷载及梁的自重标准值 $g_k = 15.6\text{kN/m}$；板传来的楼面活荷载标准值 $q_k = 7.8\text{kN/m}$。选用

C25 混凝土和 HRB400 级钢筋，试求该梁所需纵向钢筋面积并画出截面配筋简图。

【解】　本例题属于截面设计类。

1）确定设计参数

由已知条件可知，C25 混凝土 $f_c=11.9\text{N/mm}^2$，HRB400 级钢筋 $f_y=360\text{N/mm}^2$；$\alpha_1=1.0$，$\xi_b=0.518$。一类环境，取钢筋混凝土保护层厚度 $c=25\text{mm}$，假定钢筋单排布置，则 $a_s=c+d_s+d/2=25+10+20/2=45\text{mm}$，$h_0=h-45=505\text{mm}$。

$$\rho_{\min}=\max\left[0.2\%,0.45\frac{f_t}{f_y}=0.45\times\frac{1.27}{360}=0.159\%\right]=0.2\%$$

2）内力计算梁上均布荷载设计值

$$\rho=\gamma_G g_k+\gamma_Q q_k=1.3\times15.60+1.5\times7.80=31.98\text{kN/m}$$

跨中最大弯矩设计值：

$$M=\gamma_0\frac{1}{8}pl_0^2=1.0\times\frac{1}{8}\times31.98\times6.3^2=158.66\text{kN}\cdot\text{m}$$

3）计算钢筋截面面积

由基本公式得：

$$1.0\times200\times11.9\times x=360\times A_s$$

$$158.66\times10^6=1.0\times200\times11.9\times x\left(505-\frac{x}{2}\right)$$

联立求解上述两式，得 $x=153.4\text{mm}$，$A_s=1014.1\text{mm}^2$。

4）验算适用条件

$$\xi=\frac{x}{h_0}=\frac{153.4}{505}=0.304<\xi_b=0.518$$

$$\rho=\frac{A_s}{bh_0}=\frac{1014.1}{200\times505}=1.00\%>\rho_{\min}=0.2\%$$

两项适用条件均能满足。

5）选配钢筋及绘制配筋图

查附表 8-1，选用 $3\Phi22$（$A_s=1140\text{mm}^2$），一排可以布置得下，因此不必修改 h_0 重新计算 A_s 值。根据构造要求，配置架立钢筋 $2\Phi12$，箍筋为双肢 $\Phi8@200$，截面配筋简图如图 4-14 所示。

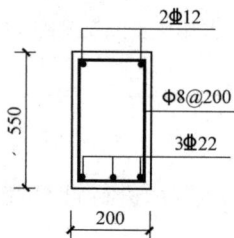

【例 4-2】　如图 4-15 所示的某教学楼现浇钢筋混凝土走道板，安全等级为二级，处于一类环境，板厚度 $h=100\text{mm}$，板面做 20mm 水泥砂浆面层，活荷载标准值 $q_k=2.5\text{kN/m}^2$，计算跨度 $l_0=2.5\text{m}$，采用 C25 级混凝土，HPB300 级钢筋。试确定纵向受力钢筋的数量。

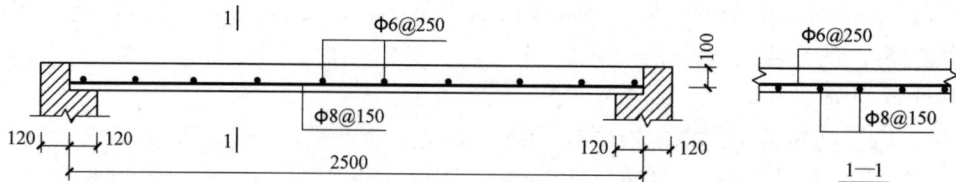

图 4-14　例 4-1 配筋图

图 4-15　例 4-2 附图

【解】　查表得：$f_c=11.9\text{N/mm}^2$，$f_t=1.27\text{N/mm}^2$，$f_y=270\text{N/mm}^2$，$\zeta_b=0.576$，$\alpha_1=1.0$，结构重要性系数 $\gamma_0=1.0$。

1）计算跨中弯矩设计值 M

钢筋混凝土和水泥砂浆重度分别为 25kN/m^3 和 20kN/m^3，故作用在板上的恒荷载标准值为：

100mm 厚钢筋混凝土板：$0.10\times25=2.5\text{kN/m}^2$；

20mm 水泥砂浆面层：$0.02\times20=0.4\text{kN/m}^2$；

合计：$g_k=2.9\text{kN/m}^2$。

取 1m 板宽作为计算单元，即 $b=1000\text{mm}$，则 $g_k=2.9\text{kN/m}$，$q_k=2.5\text{kN/m}$。

$$\gamma_0(\gamma_G g_k+\gamma_Q q_k)=1.0\times(1.3\times2.9+1.5\times2.5)=7.52\text{kN/m}$$

板跨中弯矩设计值为 $M=ql^2/8=7.52\times2.5^2/8=5.875\text{kN}\cdot\text{m}$

2）计算混凝土受压区高度 x

处于一类环境，混凝土保护层厚度 $c=15\text{mm}$，则 $a_s=20\text{mm}$，$h_0=h-20=100-20=80\text{mm}$。

联立式（4-25）和式（4-26）可得：

$$x=h_0-\sqrt{h_0^2-\frac{2M}{\alpha_1 f_c b}}=80-\sqrt{80^2-\frac{2\times5.875\times10^6}{1.0\times11.9\times1000}}$$

$$=6.43\text{mm}<\xi_b h_0=0.576\times80=46.08\text{mm}$$

不属于超筋梁。

3）计算纵向受力钢筋的数量

$$A_s=\alpha_1 f_c bx/f_y=1.0\times11.9\times1000\times6.43/270=283.4\text{mm}^2$$

$$0.45 f_t/f_y=0.45\times1.27/270=0.21\%>0.2\%，取\ \rho_{min}=0.21\%$$

$$\rho_{min}bh=0.21\%\times1000\times100=210\text{m}^2<A_s=283.4\text{mm}^2$$

4）选配钢筋

受力钢筋选用 $\phi 8@150$（$A_s=335\text{mm}^2$），分布钢筋按构造要求选用 $\phi 6@250$，如图 4-15 所示。

【例 4-3】　钢筋混凝土矩形梁，设计使用年限为 50 年，环境类别为一类，承受弯矩设计值 $M=160\text{kN}\cdot\text{m}$，混凝土强度等级 C30，纵向受力钢筋采用 HRB400 级钢筋。试按正截面承载力要求确定截面尺寸及配筋。

【解】　1）设梁的宽度 $b=250\text{mm}$，高度 $h=500\text{mm}$，先假定受力钢筋按一排布置，环境类别为一类，取 $a_s=40\text{mm}$，则 $h_0=h-a_s=500-40=460\text{mm}$。

查表可得：$\alpha_1=1.0$，$f_c=14.3\text{N/mm}^2$，$f_y=360\text{N/mm}^2$，$\xi_b=0.518$。

2）将有关数据代入式（4-25）和式（4-26）中，得：

$$1.0\times14.3\times250\times x=360\times A_s$$

$$160\times10^6=14.3\times250\times x\left(460-\frac{x}{2}\right)$$

联立求解上述两式，得：

$$x=h_0-\sqrt{h_0^2-\frac{2M}{\alpha_1 f_c b}}=460-\sqrt{460^2-\frac{2\times160\times10^6}{1.0\times14.3\times250}}=110.59\text{mm}$$

$$A_s = \frac{\alpha_1 f_c b x}{f_y} = \frac{1.0 \times 14.3 \times 250 \times 110.6}{360} = 1098 \text{mm}$$

3）验算适用条件：由 0.2% 和 $0.45 f_t / f_y$ 计算 C30 混凝土和 HRB400 钢筋对应的最小配筋率为 $\rho_{min} = 0.2\%$。

$A_s > \rho_{min} b h = 0.2\% \times 250 \times 500 = 250 \text{mm}^2$，不属于少筋构件。

$\xi = \frac{x}{h_0} = \frac{110.59}{460} = 0.24 < \xi_b = 0.518$，也不属超筋构件。

两项适用条件均能满足，说明选定的截面尺寸合理，可以根据计算结果选用钢筋的直径和根数。查附表 8-1，选用 3 ⌀ 22，$A_s = 1140 \text{mm}^2$，根据构造要求，配置架立钢筋 2 ⌀ 14，箍筋为双肢⌀ 8@200，如图 4-16 所示。

【例 4-4】 某钢筋混凝土矩形截面梁，截面尺寸 $b \times h = 200 \text{mm} \times 500 \text{mm}$，安全等级为二级，处于二 a 类环境。混凝土强度等级 C30，纵向受拉钢筋 3 ⌀ 25，HRB400 级钢筋，该梁承受最大弯矩设计 $M = 125 \text{kN·m}$。试校核该梁正截面是否安全。

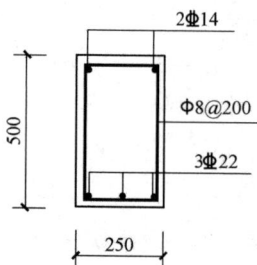
图 4-16 例 4-3 配筋图

【解】 $f_c = 14.3 \text{N/mm}^2$，$f_t = 1.43 \text{N/mm}^2$，$f_y = 360 \text{N/mm}^2$，$\xi_b = 0.518$，$\alpha_1 = 1.0$，$A_s = 1473 \text{mm}^2$。

1）计算 h_0

处于二 a 类环境，取混凝土保护层厚度 $c = 25 \text{mm}$，纵向受拉钢筋布置成一排，则 $a_s = 45 \text{mm}^2$，故 $h_0 = h - 45 = 500 - 45 = 455 \text{mm}$。

2）判断梁的类型

由式（4-25）可得：

$$x = \frac{A_s f_y}{\alpha_1 f_c b} = \frac{1473 \times 360}{1.0 \times 14.3 \times 200} = 185.4 \text{mm} < \xi_b h_0 = 0.518 \times 455 = 235.7 \text{mm}$$

$0.45 f_t / f_y = 0.45 \times 1.43 / 360 = 0.18\% < 0.2\%$，取 $\rho_{min} = 0.2\%$。

$\rho_{min} b h = 0.2\% \times 200 \times 500 = 200 \text{mm}^2 < A_s = 1473 \text{mm}^2$，故该梁属适筋梁。

3）求截面受弯承载力 M_u，并判断该梁正截面是否安全

由式（4-26）可得：

$$M_u = f_y A_s (h_0 - x/2) = 360 \times 1473 \times (455 - 185.4/2) = 192.1 \text{kN·m} > M = 105 \text{kN·m}$$

该梁正截面安全。

4.4.3 计算系数及其使用

1. 计算系数

由上面的例题可见，利用计算公式（4-25）和式（4-26）进行截面设计时，需要解算二次方程式和联立方程式，还要验算适用条件，颇为麻烦。如果将计算公式制成表格，利用计算系数进行计算，便可以使计算工作得到简化。

将基本公式（4-26）改写为：

$$M \leqslant M_u = \alpha_1 f_c b x \left(h_0 - \frac{x}{2} \right) = \alpha_1 f_c b h_0^2 \xi \left(1 - \frac{\xi}{2} \right) \tag{4-28}$$

令：

$$\alpha_s = \xi\left(1 - \frac{\xi}{2}\right) \qquad (4\text{-}29)$$

则：

$$M_u = \alpha_s \alpha_1 f_c b h_0^2 \qquad (4\text{-}30)$$

对截面混凝土受压合力作用点取矩，令：

$$\gamma_s = \left(1 - \frac{\xi}{2}\right) \qquad (4\text{-}31)$$

则：

$$M_u = f_y A_s \left(h_0 - \frac{x}{2}\right) = f_y A_s h_0 \left(1 - \frac{\xi}{2}\right) = \gamma_s f_y A_s h_0 \qquad (4\text{-}32)$$

式中，α_s 为截面抵抗矩系数，γ_s 为内力臂系数。

由式（4-29）和式（4-31）得：

$$\xi = 1 - \sqrt{1 - 2\alpha_s} \qquad (4\text{-}33)$$

$$\gamma_s = \frac{1 + \sqrt{1 - 2\alpha_s}}{2} \qquad (4\text{-}34)$$

式（4-33）和式（4-34）表明，ξ 和 γ_s 与 α_s 之间存在一一对应的关系，给定一个 α_s 值，便有一个 ξ 和一个 γ_s 值与之对应。因此，可以预先算出一系列 α_s 值，求出与其对应的 ξ 和 γ_s 值，并且将它们列成表格，见附表 4-1 和附表 4-2。设计时直接查用此附表，可简化计算工作。

单筋矩形截面承载力计算基本公式可写成：

$$\alpha_1 f_c b \xi h_0 = f_y A_s \qquad (4\text{-}35)$$

$$M \leqslant M_u = \alpha_1 \alpha_s f_c b h_0^2 = \gamma_s f_y A_s h_0 \qquad (4\text{-}36)$$

单筋矩形截面的最大抗弯承载力为：

$$M_{u,\max} = \alpha_{s,\max} \alpha_1 f_c b h_0^2 \qquad (4\text{-}37)$$

$$\alpha_{s,\max} = \xi_b (1 - 0.5\xi_b) \qquad (4\text{-}38)$$

式中，$\alpha_{s,\max}$ 为截面的最大抵抗矩系数，不同混凝土强度和钢筋级别对应的最大抵抗矩系数 $\alpha_{s,\max}$ 见表 4-4。因此，单筋矩形截面的配筋计算可以按照图 4-17 的框图进行。

受弯构件截面最大的抵抗矩系数 $\alpha_{s,\max}$　　　　表 4-4

钢筋级别	≤C50	C55	C60	C65	C70	C75	C80
300MPa	0.4000	0.4059	0.4016	0.3973	0.3929	0.3884	0.3838
400MPa	0.3836	0.3792	0.3746	0.3700	0.3652	0.3604	0.3555
500MPa	0.3659	0.3613	0.3566	0.3518	0.3469	0.3420	0.3370

$$\alpha_s = \frac{M}{\alpha_1 f_c b h_0^2} \longrightarrow \xi = 1 - \sqrt{1 - 2\alpha_s} \longrightarrow A_s = \xi b h_0 \frac{\alpha_1 f_c}{f_y}$$

或

$$\alpha_s = \frac{M}{\alpha_1 f_c b h_0^2} \longrightarrow \gamma_s = \frac{1 + \sqrt{1 - 2\alpha_s}}{2} \longrightarrow A_s = \frac{M}{f_y \gamma_s h_0}$$

图 4-17　单筋矩形截面配筋计算步骤框图

设计时查用这些表格，既可以避免解算二次方程式和联立方程式，又不必按式（4-25）或式（4-26）计算 ξ 或 γ_s，当 α_s 值不接近表中的最小值或最大值时，还不必验算构件是少筋还是超筋，因而使计算工作得到简化。单筋矩形截面受弯构件的截面选择和承载力校核还可以用图 4-18 的程序框图表示。对于学习过算法语言的读者来说，按照这个框图，不难编写出相应的计算机程序。

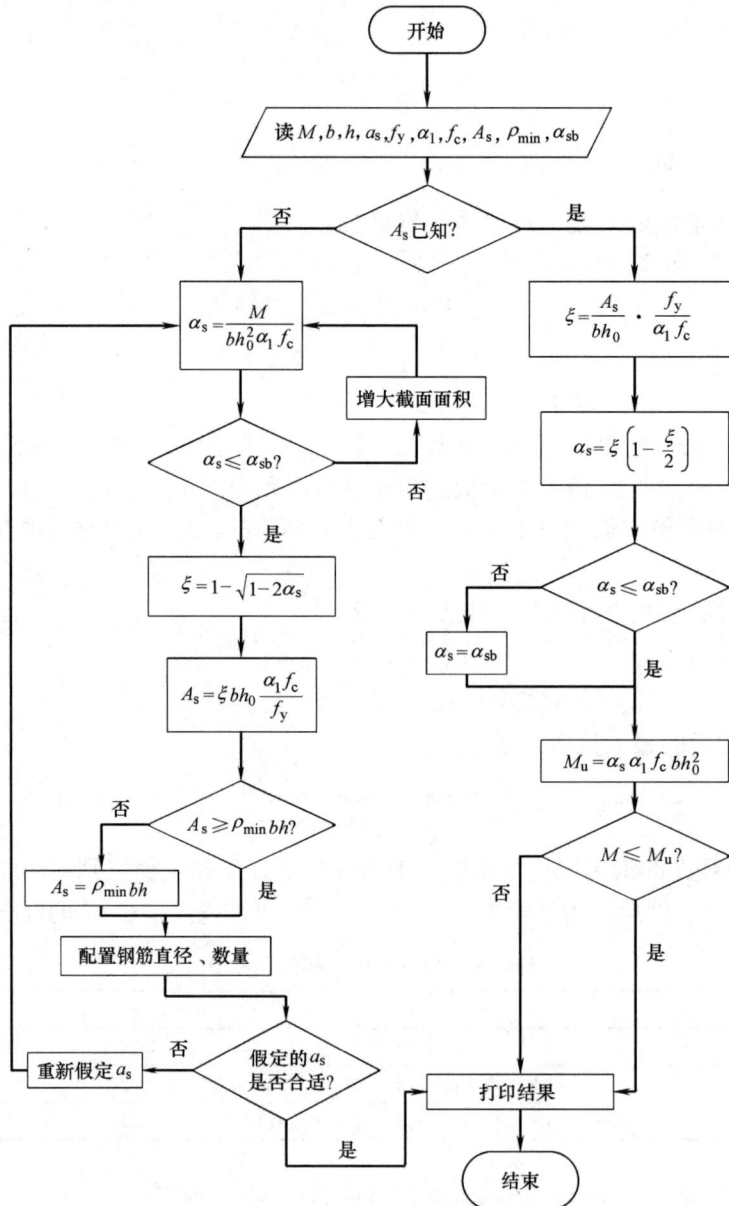

图 4-18　单筋矩形截面受弯构件正截面承载力计算框图

2. 计算系数的使用

下面通过一个例题来说明计算系数的使用方法。

【例 4-5】 题目同【例 4-3】，采用计算系数方法确定截面尺寸及配筋。

【解】 先假定受力钢筋按一排布置，取 $a_s = 40\text{mm}$ 则：

$$h_0 = h - a_s = 500 - 40 = 460\text{mm}$$

查表可得：$\alpha_1 = 1.0$，$f_c = 14.3\text{N/mm}^2$，$f_t = 1.43\text{N/mm}^2$，$f_y = 360\text{N/mm}^2$，$\xi_b = 0.518$。

求截面抵抗矩系数：

$$\alpha_s = \frac{M}{\alpha_1 f_c b h_0^2} = \frac{160000000}{1.0 \times 14.3 \times 250 \times 460^2} = 0.212$$

由式（4-33）可得：

$$\xi = 1 - \sqrt{1 - 2\alpha_s} = 0.242 < \xi_b = 0.5176$$

所需纵向受拉钢筋面积为：

$$A_s = \xi b h_0 \frac{a_1 f_c}{f_y} = 0.242 \times 250 \times 460 \times \frac{1.0 \times 14.3}{360} = 1082.3\text{mm}^2$$

$$A_s > \rho_{\min} b h = 0.2\% \times 250 \times 500 = 250\text{mm}^2$$

选用 $4 \oplus 18$（实配 $A_s = 1017\text{mm}^2$），一排可以布置得下，因此不必修改 h_0 重新计算 A_s 值。

对比【例 4-3】和【例 4-5】可知，计算结果一致，但是采用计算系数方法使计算工作得到简化。

二维码 4-4
双筋矩形截面
受弯构件正截
面承载力计算

4.5 双筋矩形截面正截面承载力计算

双筋矩形截面是指不但在截面的受拉区配置纵向受力钢筋，而且在截面的受压区也配置纵向受力钢筋的矩形截面，如图 4-19 所示。

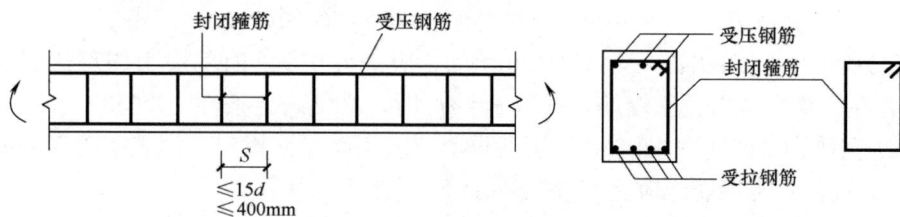

图 4-19 受压钢筋及其箍筋直径和间距

在钢筋混凝土受弯构件正截面承载力计算中，用钢筋协助混凝土抵抗压力是不经济的，工程中只有在下列情况下宜采用双筋截面：

（1）当截面尺寸和材料强度受使用和施工条件限制而不能增加，按单筋截面计算又不满足适筋梁适用条件时，可采用双筋截面，在受压区配置钢筋以补充混凝土受压能力的不足；

（2）由于荷载有多种组合情况，在某一种组合情况下截面承受正弯矩，另一种组合情况下可能承受负弯矩，这时宜采用双筋截面；

（3）由于受压钢筋可以提高截面的延性，因此，在抗震结构中要求框架梁必须配置一定比例的受压钢筋。

4.5.1　受压钢筋的应力

双筋截面受弯构件的受力特点和破坏特征基本上与单筋截面相似，只要满足 $\xi \leqslant \xi_b$ 时，双筋截面的破坏仍为受拉钢筋首先屈服，经历一定的塑性伸长后，最后受压区混凝土压碎，具有适筋梁的塑性破坏特征。在建立双筋截面受弯构件正截面承载力的计算公式时，受压区混凝土仍可采用等效矩形应力图形，而受压钢筋的抗压强度设计值尚待确定。

双筋截面梁破坏时，纵向受压钢筋的应力取决于它的应变 ε_s'，如图 4-20 所示。

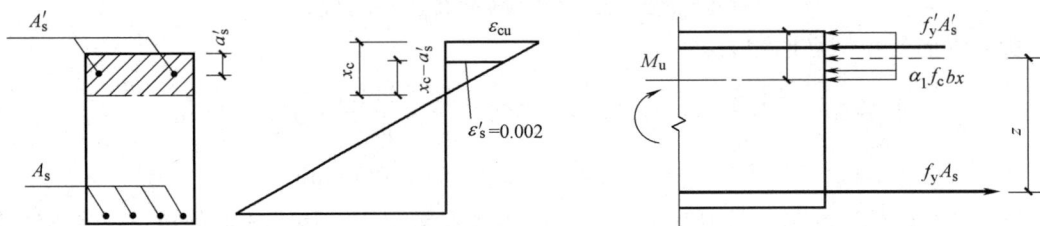

图 4-20　双筋截面的应变及应力分布

由平截面假定得：

$$\varepsilon_s' = \frac{x_c - a_s'}{x_c} \varepsilon_{cu} = \left(1 - \frac{a_s'}{x/\beta_1}\right) \varepsilon_{cu} \tag{4-39}$$

C50 以下混凝土，$\beta_1 = 0.8$，则有：

$$\varepsilon_s' = \left(1 - \frac{a_s'}{x/0.8}\right) \varepsilon_{cu} = \left(1 - \frac{0.8a_s'}{x}\right) \varepsilon_{cu} \tag{4-40}$$

令 $x = 2a_s'$，则 $\varepsilon_s' = 0.002$。相应的受压钢筋的应力为：

$$\sigma_s' = E' \varepsilon_s' = (2.0 \sim 2.1) \times 10^5 \times 0.002 = (400 \sim 420) \text{N/mm}^2$$

对于 HPB300、HRB400 及 RRB400 钢筋，应变为 0.002 时的应力均可达到强度设计值 f_y'，若在计算中考虑受压钢筋，并取 $\sigma_s' = f_y'$ 时，必须满足条件 $x \geqslant 2a_s'$。其含义为受压钢筋位置应不低于矩形应力图中受压区的重心。若不满足该规定，则表明受压钢筋位置距离中和轴太近，受压钢筋压应变 E_s' 过小，致使 σ_s' 达不到 f_y'。

4.5.2　计算公式和适用条件

1. 基本公式

双筋矩形截面受弯构件的正截面受弯承载力计算简图如图 4-21 所示。由力和力矩的平衡条件即可建立基本计算公式：

$$\sum X = 0, \alpha_1 f_c bx + f_y' A_s' = f_y A_s \tag{4-41}$$

$$\sum M = 0, M \leqslant M_u = \alpha_1 f_c bx \left(h_0 - \frac{x}{2}\right) + f_y' A_s'(h_0 - a_s') \tag{4-42}$$

2. 计算分解公式

若直接以式（4-41）、式（4-42）求解，计算工作量较大，为简化计算，可采用分解公式，即双筋矩形截面所承担的弯矩设计值 M_u 可分成两部分来考虑：第一部分是由受压

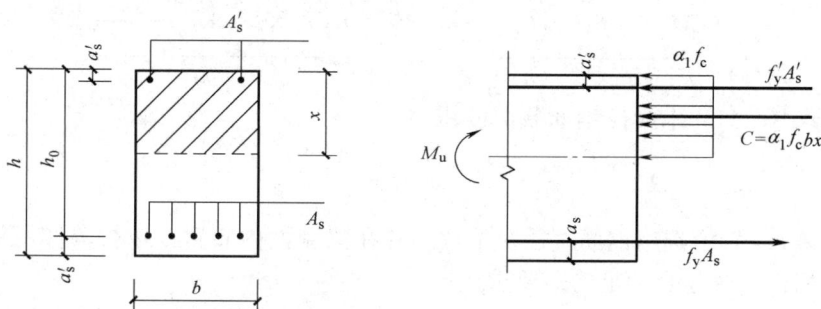

图 4-21 双筋矩形截面受弯构件正截面承载力计算简图

区混凝土和与其相应的一部分受拉钢筋 A_{s1} 所形成的承载力设计值 M_{u1}，相当于单筋矩形截面的受弯承载力；第二部分是由受压钢筋和与其相应的另一部分受拉钢筋 A_{s2} 所形成的承载力设计值 M_{u2}。

有计算公式：

$$\left.\begin{array}{l} \alpha_1 f_c bx = f_y A_{s1} \\ M_{u1} = \alpha_1 f_c bx \left(h_0 - \dfrac{x}{2}\right) \end{array}\right\} \tag{4-43}$$

$$\left.\begin{array}{l} f_y' A_s' = f_y A_{s2} \\ M_{u2} = f_y' A_s'(h_0 - a_s') \end{array}\right\} \tag{4-44}$$

叠加得 $M_u = M_{u1} + M_{u2}$，$A_s = A_{s1} + A_{s2}$。

3. 适用条件

应用上述计算公式时，必须满足以下条件：①防止超筋破坏，应满足 $\xi \leqslant \xi_b$ 或 $x \leqslant \xi_b h_0$；②为保证受压钢筋达到抗压屈服强度，应满足 $x \geqslant 2a_s'$。

双筋截面中的受拉钢筋常配置较多，一般均能满足最小配筋率的要求，故不必进行最小配筋率验算。

在设计中若求得 $x < 2a_s'$ 时，则表明受压钢筋不能达到其抗压强度设计值 f_y'。当 $x < 2a_s'$ 时，取 $x = 2a_s'$，即假设混凝土压应力合力点与受压钢筋合力点相重合，忽略混凝土压力对受压钢筋合力点的力矩，这样计算是偏于安全，则求双筋矩形截面抗弯承载力时，可直接对受压钢筋合力点取矩，此时，式（4-42）可改为：

$$M \leqslant M_u = f_y A_s (h_0 - a_s') \tag{4-45}$$

4.5.3 本公式应用

1. 截面设计

1）情况 1：已知截面弯矩设计值 M、材料强度等级和截面尺寸，求纵向受力钢筋截面面积 A_s 和 A_s'。

在两个基本公式中有 x、A_s 和 A_s' 三个未知数，需增加一个条件才能求解。为取得较经济的设计，应使截面的总用钢量 $(A_s + A_s')$ 最少，则应考虑充分利用混凝土的强度。

（1）令 $x = \xi_b h_0$ 或 $\xi = \xi_b$（钢筋总用钢量最少且减少一个未知数）。

（2）先由式（4-42）求受压钢筋截面面积 A_s'：

$$A'_s = \frac{M - \alpha_1 f_c bx \left(h_0 - \dfrac{x}{2}\right)}{f'_y(h_0 - a'_s)} = \frac{M - \alpha_1 f_c b\xi_b h_0 \left(h_0 - \dfrac{\xi_b h_0}{2}\right)}{f'_y(h_0 - a'_s)}$$

（3）由式（4-41）求受拉钢筋截面面积 A_s：

$$A_s = \frac{f'_y A'_s + \alpha_1 f_c bx}{f_y} = \frac{f'_y A'_s + \alpha_1 f_c b\xi_b h_0}{f_y}$$

（4）按 A_s、A'_s 值选用钢筋直径及根数，并在梁截面内布置，以检验实配钢筋排数是否与原假设相符，及是否满足构造要求。

2）情况 2：已知弯矩设计值 M、材料强度等级、截面尺寸和受压钢筋面积 A'_s，求纵向受拉钢筋截面面积 A_s。

在计算公式中，有 A_s 及 x 两个未知数，可用计算公式求解，也可用公式分解求解。

方法一：计算公式求解。

（1）由式（4-42）求解 x 或 ξ。

（2）检验适用条件：

若 $2a'_s \leqslant x = \xi h_0 \leqslant \xi_b h_0$，则由式（4-41）求 A_s，$A_s = \dfrac{f'_y A'_s + \alpha_1 f_c bx}{f_y}$；

若 $x < 2a'_s$，取 $x = 2a'_s$，则由式（4-45）得：$A_s = \dfrac{M}{f_y(h_0 - a'_s)}$；

若 $x > \xi_b h_0$，说明 A'_s 配置太少，按 A'_s 未知，即情况 1 重新设计截面钢筋面积 A_s 和 A'_s。

方法二：公式分解求解。

（1）由式（4-44）计算 $M_{u2} = f'_y A'_s(h_0 - a'_s)$。

（2）由式（4-43）得 $M_{u1} = M_u - M_{u2}$。

（3）再由式（4-43）得 $\alpha_s = \dfrac{M_{u1}}{\alpha_1 f_c bh_0^2}$，查表或计算求得 ξ，$\xi = 1 - \sqrt{1 - 2\alpha_s}$，进而求得 $x = \xi h_0$。

若 $2a'_s \leqslant x = \xi h_0 \leqslant \xi_b h_0$ 时，则由式（4-41）求 A_s，$A_s = \dfrac{f'_y A'_s + \alpha_1 f_c bx}{f_y}$；

若 $x < 2a'_s$，取 $x = 2a'_s$，则由式（4-45）得：$A_s = \dfrac{M}{f_y(h_0 - a'_s)}$；

若 $x > \xi_b h_0$，说明给定的受压钢筋面积 A'_s 配置太少，按 A'_s 未知，即情况 1 重新设计截面钢筋面积 A_s 和 A'_s。

2. 截面校核

截面承载力校核时，截面的弯矩设计值 M、截面尺寸 $b \times h$，钢筋级别、混凝土的强度等级、受拉钢筋截面面积 A_s 和受压钢筋截面面积 A'_s 均已知，试验算正截面抗弯承载力 M_u 是否足够。

（1）由式（4-41）求解 x，$x = \dfrac{f_y A_s - f'_y A'_s}{\alpha_1 f_c b}$。

（2）检验适用条件：

若 $2a'_s \leqslant x = \xi h_0 \leqslant \xi_b h_0$，直接由基本公式（4-41）求 M_u；

若 $x<2a_s'$，取 $x=2a_s'$，则向受压钢筋合力点取矩，由式（3-45）确定 M_u；

若 $x>\xi_b h_0$，取 $x=\xi_b h_0$ 代入式（4-42）求 M_u，即：

$$M_u=\alpha_1 f_c b\xi_b h_0\left(h_0-\frac{\xi_b h_0}{2}\right)+f_y'A_s'(h_0-a_s')$$

若 $M_u\geqslant M$，则说明截面承载力足够，构件安全；反之，$M_u<M$，则说明截面承载力不够，构件不安全，需重新设计或补强加固。

截面校核问题也可用式（4-43）和式（4-44）求解，可使计算过程简化。

上面的计算过程可用图 4-22 的框图表示。

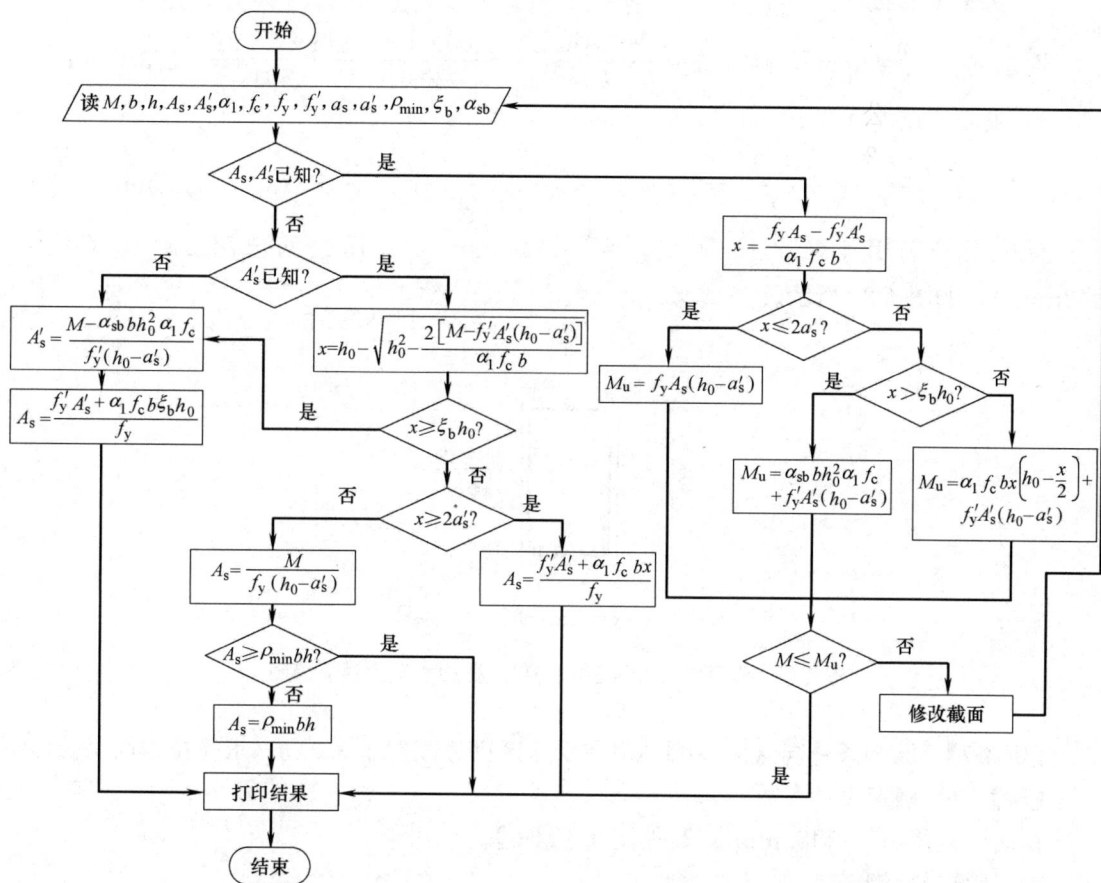

图 4-22 双筋矩形截面受弯构件正截面承载力计算框图

3. 计算例题

【例 4-6】 已知梁的截面尺寸为 $b\times h=250\text{mm}\times500\text{mm}$，混凝土强度等级为 C40，钢筋采用 HRB400 级钢筋，截面弯矩设计值 $M=400\text{kN}\cdot\text{m}$，环境类别为一类。求：所需受压和受拉钢筋截面面积 A_s、A_s'。

【解】 1）查表得相关计算参数

$f_c=19.1\text{N/mm}^2$，$f_y=f_y'=360\text{N/mm}^2$，$\alpha_1=1.0$，$\xi_b=0.518$。

2）验算是否需要采用双筋截面

因弯矩设计值较大，假定受拉钢筋放两排，环境类别为一类，设 $a_s=65\text{mm}$，则 $h_0=h-a_s=500-65=435\text{mm}$。单筋矩形截面所能承担的最大弯矩为：

$$\begin{aligned}M_{u,max}&=\alpha_1 f_c bh_0^2 \xi_b(1-0.5\xi_b)\\&=1.0\times19.1\times250\times435^2\times0.518\times(1-0.5\times0.518)\\&=346.82\text{kN}\cdot\text{m}<M=400\text{kN}\cdot\text{m}\end{aligned}$$

这说明，如果设计成单筋矩形截面，将会出现 $x>\xi_b h_0$ 的超筋情况。若不加大截面尺寸，又不提高混凝土强度等级，则需按双筋矩形截面进行设计。

3）求受压钢筋 A_s'

取 $\xi=\xi_b$，$a_s'=40\text{mm}$，则有 $A_s'=\dfrac{M-M_{u,max}}{f_y'(h_0-a_s')}=\dfrac{400\times10^6-346.82\times10^6}{360\times(435-40)}=373.9\text{mm}^2$

4）求受拉钢筋 A_s

$$A_s=\xi_b\frac{\alpha_1 f_c bh_0}{f_y}+\frac{A_s'f_y'}{f_y}=0.518\times\frac{1.0\times19.1\times250\times435}{360}+373.9=3363\text{mm}^2$$

受拉钢筋选用 $4\,\Phi\,28+2\,\Phi\,25$，$A_s=3445\text{mm}^2$，受压钢筋选用 $2\,\Phi\,16$（$A_s'=402\text{mm}^2$），如图 4-23 所示。

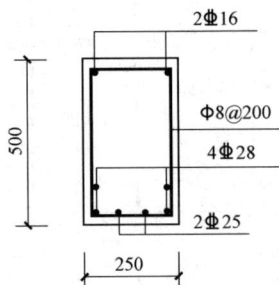

图 4-23　双筋矩形截面受弯构件正截面承载力计算简图

【例 4-7】　已知条件同【例 4-6】，但在受压区已经配置了 $3\,\Phi\,25$，求受拉钢筋 A_s。

【解】　1）确定设计参数

由附录查得 $A_s'=1473\text{mm}^2$，其他同【例 4-6】。

2）计算受拉钢筋 A_s

由式（4-42）可得：

$$\alpha_s=\frac{M-f_y'A_s'(h_0-a_s')}{\alpha_1 f_c bh_0^2}=\frac{400\times10^6-360\times1473\times(435-40)}{1.0\times19.1\times250\times435^2}=0.211$$

$\xi=1-\sqrt{1-2\alpha_s}=1-\sqrt{1-2\times0.289}=0.240<\xi_b=0.518$，满足适用条件。

且 $\xi h_0=0.240\times435=104.216\text{mm}^2>2a_s'=80\text{mm}$，受压钢筋可以达到屈服。

$$A_s=\frac{\alpha_1 f_c b\xi h_0}{f_y}+\frac{A_s'f_y'}{f_y}=\frac{1.0\times19.1\times250\times0.240\times435}{360}+1473$$

$$=2855\text{mm}^2$$

3）配筋

选配 6 Φ 25mm，$A'_s = 2945mm^2$。

【例 4-8】 已知一钢筋混凝土梁截面尺寸为 $200mm \times 450mm$，混凝土强度等级为 C30，采用 HRB400 级受拉钢筋 3 Φ 25（$A_s = 1473mm^2$），受压钢筋 2 Φ 16（$A'_s = 402mm^2$），安全等级二级，一类环境。要求承受的弯矩设计值 $M = 150kN/m$，验算正截面是否安全。

【解】 1）确定设计参数

查表得，$f_c = 14.3N/mm^2$，$f_y = f'_y = 360N/mm^2$，$\alpha_1 = 1.0$，$\xi_b = 0.518$，一类环境，混凝土的最小保护层厚度为 20mm，故 $\alpha_s = 40mm$，$h_0 = 450 - 40 = 410mm$。

2）求解 x

由式（4-36）得：$x = \dfrac{f_y A_s - f'_y A'_s}{\alpha_1 f_c b} = \dfrac{360 \times 1473 - 360 \times 402}{1.0 \times 14.3 \times 200} = 134.81mm$

$$2a'_s = 80mm < x < \xi_b h_0 = 0.518 \times 410 = 212.38mm$$

3）校核

$$M_u = \alpha_1 f_c b x \left(h_0 - \frac{x}{2} \right) + f'_y A'_s (h_0 - a'_s)$$

$$= 1 \times 14.3 \times 200 \times 134.81 \times \left(410 - \frac{134.81}{2} \right) + 360 \times 402 \times (410 - 40)$$

$$= 18563616N \cdot mm \approx 186kN \cdot m > 150kN \cdot m$$

故正截面安全。

4.6　T形截面正截面承载力计算

4.6.1　概述

在矩形截面受弯构件的承载力计算中，没有考虑混凝土的抗拉强度，因为受弯构件在破坏时，受拉区混凝土早已开裂，在裂缝截面处，受拉区的混凝土不再承担拉力，对截面的抗弯承载力已不起作用。所以，对于尺寸较大的矩形截面构件，可将受拉区两侧混凝土挖去，形成如图 4-24 所示 T 形截面，将受拉钢筋集中布置。与原矩形截面相比，T 形截面的极限承载能力不受影响，而且可以节省混凝土，减轻结构自重，获得较好的经济效益。

二维码4-5
T形截面受弯构件正截面承载力计算

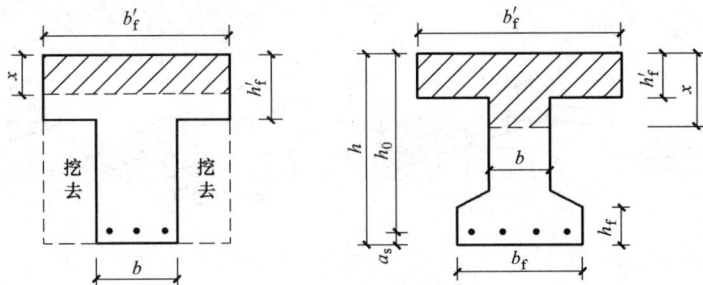

图 4-24　T形截面图

T形截面的伸出部分称为翼缘，其宽度为 b'_f，厚度为 h'_f；中间部分称为肋或腹板，肋宽为 b，截面总高为 h。有时为了需要，也采用翼缘在受拉区的倒 T 形截面或 I 形截面，由于不考虑受拉区翼缘的混凝土参与受力，I 形截面受弯构件按 T 形截面计算。T 形截面受弯构件在实际工程中应用极为广泛。对于预制构件有 T 形吊车梁、T 形檩条等；其他如 I 形吊车梁、槽形板、空心板等截面均可换算成 T 形截面计算。

现浇肋梁楼盖中楼板与梁整体浇筑在一起，形成整体式 T 形梁，如图 4-25 所示，其跨中截面承受正弯矩（1-1 截面），挑出的翼缘位于受压区，与肋的受压区混凝土共同受力，故按 T 形截面计算；其支座处承受负弯矩（2-2 截面），梁顶面受拉，翼缘位于受拉区，翼缘混凝土开裂后退出工作不参与受力，因此应按宽度为肋宽 b 的矩形截面计算。

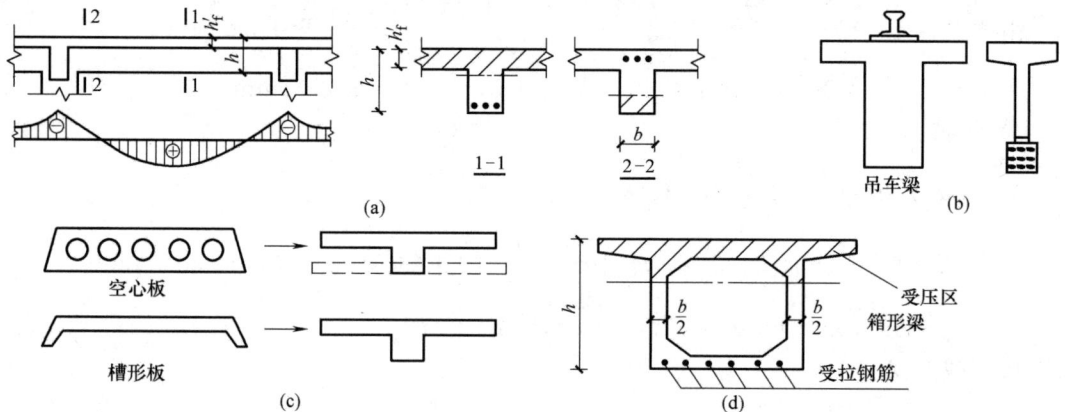

图 4-25　各类 T 形截面图

（a）连续梁；（b）吊车梁；（c）箱形梁；（d）空心板槽形板

4.6.2　T 形截面翼缘计算宽度

理论上，T 形截面翼缘宽度 b'_f 越大，截面受力性能越好。因为在弯矩 M 作用下，随着 T 形截面翼缘宽度 b'_f 的增大，可使受压区高度减小，内力臂增大，因而可减小受拉钢筋截面面积。但实验研究与理论分析证明，T 形截面受弯构件翼缘的纵向压应力沿翼缘宽度方向分布不均匀，离肋部越远压应力越小，如图 4-26（a）和（c）所示，可见翼缘参与受压的有效宽度是有限的，因此，在设计中把与肋共同工作的翼缘宽度限制在一定的范围内，该范围称为翼缘的计算宽度 b'_f，并假定在宽度 b'_f 范围内翼缘压应力均匀分布，如图 4-26（b）和（d）所示。

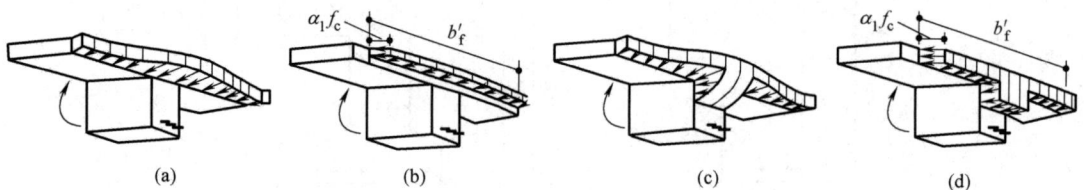

图 4-26　T 形截面翼缘受力状态及应力简化图

T形截面翼缘计算宽度 b_f' 的取值，与翼缘厚度、梁跨度和受力情况等许多因素有关，可按表 4-5 中有关规定的各项最小值取用，如图 4-27 所示。

T形及倒 L 形截面受弯构件翼缘计算宽度 b_f' 表 4-5

情况		T形截面		倒 L 形截面
		肋形梁（板）	独立梁	肋形梁（板）
1	按计算跨度 l_0 考虑	$l_0/3$	$l_0/3$	$l_0/6$
2	按梁（肋）净距 s_n 考虑	$b+s_n$	—	$b+s_n/2$
3	按翼缘高度 b_f' 考虑	$b+12h_f'$	b	$b+5b_f'$

注：1. 表中 b 为梁的腹板宽度；
　　2. 如肋形梁在梁跨内设有间距小于纵肋间距的横肋时，则可不遵守表列第 3 种情况的规定；
　　3. 加腋的 T 形和 L 形截面，当受压区加腋的高度 $h_h \geqslant h_f'$ 且加腋的宽度 $b_h \leqslant h_h$ 时，则其翼缘计算宽可按表列第 3 种情况规定分别增加 $2b_h$（T 形截面和 I 形截面）和 b_h（倒 L 形截面）；
　　4. 独立梁受压区的翼缘板在荷载作用下经验算沿纵肋方向可能产生裂缝时，其计算宽度应取腹板宽度 b。

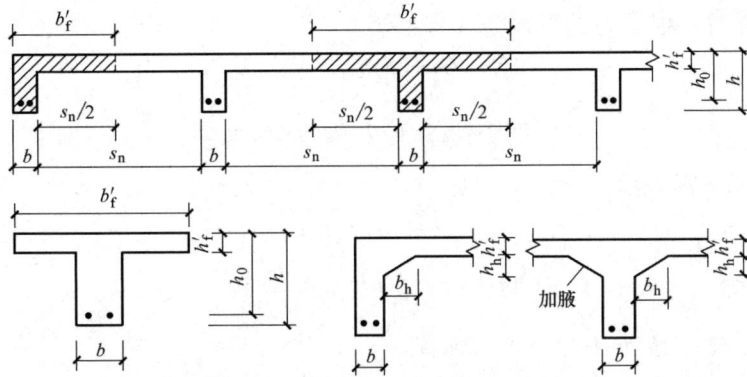

图 4-27　T 形截面受压翼缘的计算宽度

4.6.3　计算公式及适用条件

1. T形截面类型的判别

当进行 T 形截面受弯构件正截面承载力计算时，首先需要判别该截面在给定的条件下属哪一类 T 形截面，按照截面破坏时中和轴位置的不同，T 形截面可分为两类：

（1）第 I 类 T 形截面：中和轴在翼缘内，即 $x \leqslant h_f'$（图 4-28a）；

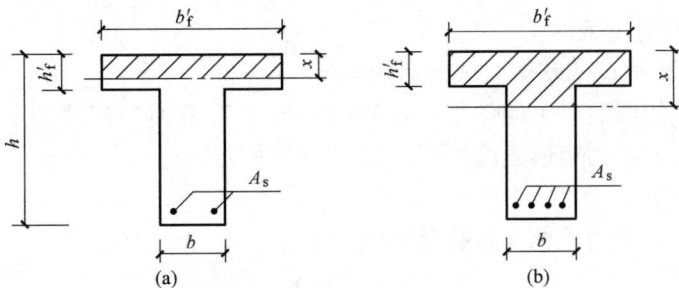

图 4-28　两类 T 形截面

（a）第一类 T 形截面（$x \leqslant h_f'$）；（b）第二类 T 形截面（$x > h_f'$）

（2）第Ⅱ类T形截面：中和轴在梁肋内，即 $x > h_f'$（图4-28b）。

要判断中和轴是否在翼缘内，首先应对其界限位置进行分析，界限位置为中和轴在翼缘与梁肋交界处，即 $x = h_f'$，也称界限情况，如图4-29所示。

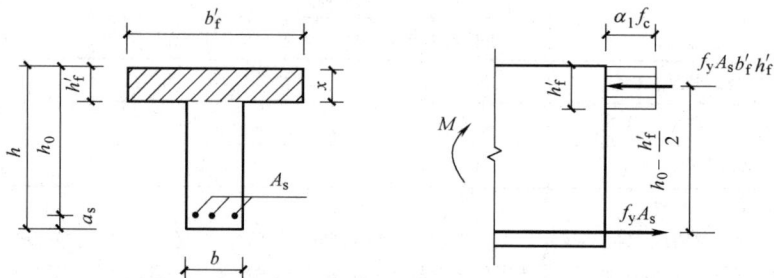

图4-29　$x = h_f'$ 时的T形截面

当界限情况时，根据力的平衡条件有：

$$\sum X = 0, \alpha_1 f_c b_f' h_f' = f_y A_s \tag{4-46}$$

$$\sum M = 0, M_u = \alpha_1 f_c b_f' h_f' \left(h_0 - \frac{h_f'}{2} \right) \tag{4-47}$$

对于第Ⅰ类T形截面（$x \leqslant h_f'$），则有：

$$f_y A_s \leqslant \alpha_1 f_c b_f' h_f' \tag{4-48}$$

$$M \leqslant \alpha_1 f_c b_f' h_f' \left(h_0 - \frac{h_f'}{2} \right) \tag{4-49}$$

对于第Ⅱ类T形截面（$x > h_f'$），则有：

$$f_y A_s > \alpha_1 f_c b_f' h_f' \tag{4-50}$$

$$M > \alpha_1 f_c b_f' h_f' \left(h_0 - \frac{h_f'}{2} \right) \tag{4-51}$$

式（4-48）～式（4-51）即为T形截面类型的判别条件，但要注意截面设计和校核时采用不同的判别条件：

（1）截面设计时，A_s 未知，用弯矩平衡条件判别，采用式（4-49）和式（4-51）判别；

（2）截面校核时，A_s 已知，用轴力平衡条件判别，采用式（4-48）和式（4-50）判别。

2. 计算公式及适用条件

1）第Ⅰ类T形截面的基本公式及适用条件

由于不考虑受拉区混凝土的作用，计算第Ⅰ类T形截面的正截面承载力时，计算公式与截面尺寸为 $b_f' \times h$ 的矩形截面相同，如图4-30所示。

（1）基本公式

由图4-30，根据静力平衡条件得基本公式如下：

$$\sum X = 0, \alpha_1 f_c b_f' x = f_y A_s \tag{4-52}$$

$$\sum M = 0, M \leqslant M_u = \alpha_1 f_c b_f' x \left(h_0 - \frac{x}{2} \right) \tag{4-53}$$

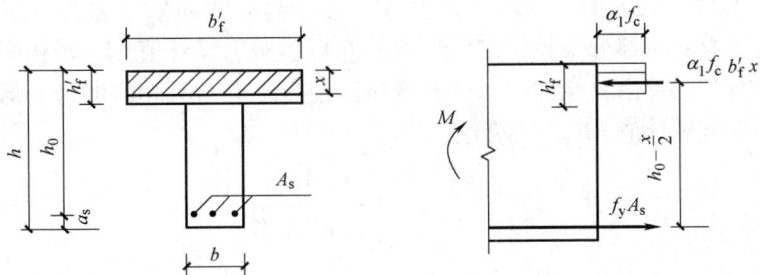

图 4-30　第Ⅰ类 T 形截面受弯承载力计算图

（2）适用条件

为防止发生超筋破坏，应满足 $\xi \leqslant \xi_b$ 或 $x \leqslant \xi_b h_0$；为防止发生少筋破坏，应满足 $\rho = \dfrac{A_s}{bh_0} \geqslant \rho_{\min}$。

注意，此处的 ρ 是计算一般 T 形截面梁的配筋率。对工形和倒 T 形截面，配筋率 ρ 的表达式为：

$$\rho = \frac{A_s}{bh + (b_f - b)h_f} \tag{4-54}$$

2）第Ⅱ类 T 形截面的基本公式及适用条件

第Ⅱ类 T 形截面，中和轴在梁肋内，受压区高度 $x > h_f'$，此时，受压区为 T 形，如图 4-31 所示。

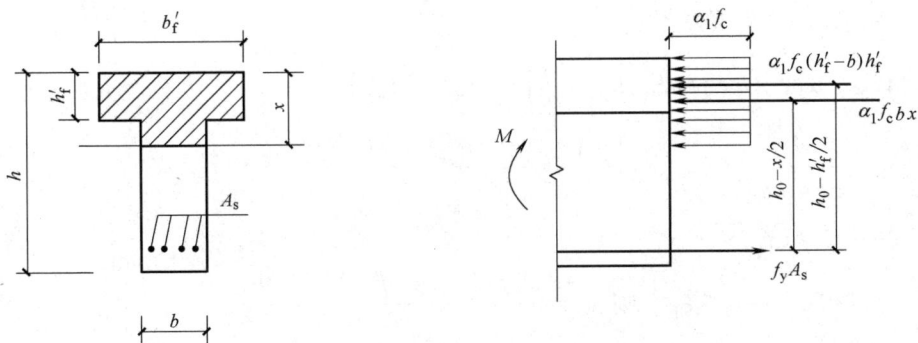

图 4-31　第Ⅱ类 T 形截面受弯承载力计算图

（1）计算公式

由图 4-31，根据力的平衡条件得基本公式如下：

$$\sum X = 0, \alpha_1 f_c bx + \alpha_1 f_c (b_f' - b)h_f' = f_y A_s \tag{4-55}$$

$$\sum M = 0, M \leqslant M_u = \alpha_1 f_c bx \left(h_0 - \frac{x}{2}\right) + \alpha_1 f_c (b_f' - b)h_f' \left(h_0 - \frac{h_f'}{2}\right) \tag{4-56}$$

（2）计算分解公式

第 Ⅱ 类 T 形截面梁承担的弯矩设计值 M_u 可分解成两部分考虑：一是由肋部受压区混凝土和与其相应的一部分受拉钢筋所形成的弯矩承载力设计值 M_{u1}，相当于单筋矩形截面的受弯承载力；二是由翼缘伸出部分的受压区混凝土和与其相应的另一部分受拉钢筋所形成的受弯承载力设计值 M_{u2}。分解公式为：

$$\alpha_1 f_c bx = f_y A_{s1} \tag{4-57}$$

$$M_{u1} = \alpha_1 f_c bx \left(h_0 - \frac{x}{2} \right) \tag{4-58}$$

$$\alpha_1 f_c (b_f' - b) h_f' = f_y A_{s2} \tag{4-59}$$

$$M_{u2} = \alpha_1 f_c (b_f' - b) h_f' \left(h_0 - \frac{h_f'}{2} \right) \tag{4-60}$$

叠加得：$M_u = M_{u1} + M_{u2}$，$A_s = A_{s1} + A_{s2}$。

（3）适用条件

为防止发生超筋破坏，应满足 $\xi \leqslant \xi_b$ 或 $x \leqslant \xi_b h_0$；为防止发生少筋破坏，应满足 $\rho \geqslant \rho_{min}$（第 Ⅱ 类 T 形截面可不验算最小配筋率要求）。

4.6.4　计算公式的应用

1. 截面设计

已知弯矩设计值 M、材料强度等级和截面尺寸，求纵向受力钢筋截面面积 A_s。

1）由式（4-49）或式（4-51）判别截面类型。

2）对于第 Ⅰ 类 T 形截面，其计算方法与 $b_f' \times h$ 单筋矩形截面完全相同。

3）对于第 Ⅱ 类 T 形截面，在计算式（4-55）、式（4-56）中有 A_s 及 x 两个未知数，可用方程组直接求解，也可用简化计算公式。计算过程如下：

（1）查表，确定各类参数；

（2）$M_{u2} = \alpha_1 f_c (b_f' - b) h_f' \left(h_0 - \frac{h_f'}{2} \right)$，$M_{u1} = M_u - M_{u2}$；

（3）$\alpha_s = \dfrac{M_{u1}}{\alpha_1 f_c b h_0^2}$；

（4）$\xi = 1 - \sqrt{1 - 2\alpha_s}$；

（5）若求得 $x = \xi h_0 \leqslant \xi_b$，则 $A_s = \dfrac{\alpha_1 f_c bx + \alpha_1 f_c (b_f' - b) h_f'}{f_y}$；

（6）若 $x > \xi_b h_0$ 时，应加大截面尺寸，或提高混凝土强度等级，或采用双筋截面。

2. 截面复核

已知弯矩设计值 M、截面尺寸、材料等级、环境类别和钢筋用量 A_s，求截面所能承担的弯矩 M_u。

1）由式（4-48）或式（4-50）判别截面类型。

2）对于第 Ⅰ 类 T 形截面，可按 $b_f' \times h$ 的单筋矩形截面梁的计算方法求 M_u。

3）对于第 Ⅱ 类 T 形截面，首先由式（4-55）求 x，$x = \dfrac{f_y A_s - \alpha_1 f_c (b_f' - b) h_f'}{\alpha_1 f_c b}$。

当 $x=\xi h_0 \leqslant \xi_b h_0$ 时，$M_u=\alpha_1 f_c(b_f'-b)h_f'\left(h_0-\dfrac{h_f'}{2}\right)+\alpha_1 f_c bx\left(h_0-\dfrac{x}{2}\right)$；

当 $x=\xi h_0 > \xi_b h_0$ 时，$M_u=\alpha_1 f_c(b_f'-b)h_f'\left(h_0-\dfrac{h_f'}{2}\right)+\alpha_1 f_c bh_0^2\xi_b(1-0.5\xi_b)$；

若 $M_u \geqslant M$，则承载力足够，截面安全。

【例 4-9】 已知一肋梁楼盖的次梁，计算跨度为 5.4m，间距为 2.2m，截面尺寸如图 4-32 所示。梁高 $h=400$mm，梁腹板宽 $b=200$mm。跨中最大正弯矩设计值 $M=150$kN·m，混凝土强度等级为 C30，钢筋为 HRB400 级，试计算纵向受拉钢筋面积 A_s。

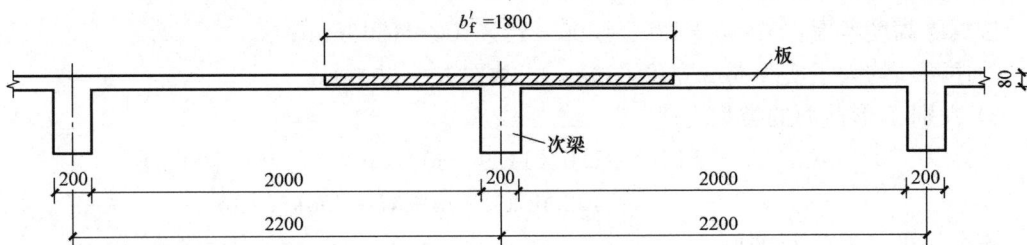

图 4-32 例 4-9 附图

【解】

1) 确定材料强度设计值

由已知条件得，$f_c=14.3$N/mm²，$f_y=360$N/mm²，$\xi_b=0.518$，$\rho_{min}=0.20\%$，$h_0=400-40=360$mm。

2) 确定翼缘计算宽度

按梁跨度考虑：$b_f'=l/3=\dfrac{5400}{3}=1800$mm；

按梁净距 s_n 考虑：$b_f'=b+s_n=200+2000=2200$mm；

按翼缘高度考虑 $\rho \leqslant \rho_{max}$：$b_f'=b+12h_f'=200+12\times80=1160$mm。

翼缘计算宽度 $\rho \geqslant \rho_{min}$ 取三者中的较小值，即：$b_f'=1160$mm。

3) 判别 T 形截面类别

$$\alpha_1 f_c b_f' h_f'\left(h_0-\dfrac{h_f'}{2}\right)=1.0\times14.3\times1160\times80\times\left(360-\dfrac{80}{2}\right)$$

$$=424.65\text{kN·m}>M=150\text{kN·m}$$

属于第 Ⅰ 类 T 型截面。

4) 求 A_s

$$\alpha_s=\dfrac{M}{\alpha_1 f_c b_f' h_0^2}=\dfrac{150000000}{1.0\times14.3\times1160\times360^2}=0.070$$

从附表 4-1 查得：$\xi=0.070<\xi_b=0.518$。

$$A_s=\dfrac{\alpha_1 f_c b_f' h_0 \xi}{f_y}=\dfrac{1.0\times14.3\times1160\times360\times0.070}{360}=1161.16\text{mm}^2$$

$$A_{s,min}=0.002\times200\times400=160\text{mm}^2<A_s=1161.16\text{mm}^2$$

选用 3 Φ 25，A_s＝1473mm^2。

【例 4-10】 某独立 T 形梁，截面尺寸为 b_f＝600mm，h_f'＝100mm，b＝300mm，h＝800mm，计算跨度 l_0＝7m，承受弯矩设计值 M＝695kN·m，采用 C25 级混凝土和 HRB400 级钢筋，一类环境，试确定纵向钢筋截面面积。

【解】 1）确定材料强度设计值

f_c＝11.9N/mm^2，α_1＝1.0，f_y＝360N/mm^2，ξ_b＝0.518，假设纵向钢筋放置成两排，则 h_0＝800−60＝740mm。

2）确定 b_f'

按计算跨度 l_0 考虑：b_f'＝$l_0/3$＝7000/3＝2333.33mm；

按翼缘高度考虑：b_f'＝$b+12h_f'$＝300＋12×100＝1500mm；

上述两项均大于实际翼缘宽度 600mm，故取 b_f'＝600mm。

3）判别 T 形截面的类型

$$\alpha_1 f_c b_f' h_f'(h_0-h_f'/2)=1.0\times11.9\times600\times100\times(740-100/2)$$
$$=492.66\text{kN·m}<M=695\text{kN·m}$$

该梁为第二类 T 形截面。

4）计算 x

$$x=h_0-\sqrt{h_0^2-\frac{2[M-\alpha_1 f_c(b_f'-b)h_f'(h_0-h_f'/2)]}{\alpha_1 f_c b}}$$

$$=740-\sqrt{740^2-\frac{2\times[695\times10^6-1.0\times11.9(600-300)]\times100\times(740-100/2)}{1.011.9\times300}}$$

$$=195.72\text{mm}<\xi_b h_0=0.518\times740\text{mm}=382.32\text{mm}$$

5）计算 A_s

$$A_s=\alpha_1 f_c bx/f_y+\alpha_1 f_c(b_f'-b)h_f'/f_y$$
$$=1.0\times11.9\times300\times195.72/360+1.0\times11.9\times(600-300)\times100/360$$
$$=2932.6\text{mm}^2$$

选配 6 Φ 25，A_s＝2945mm^2，按照构造要求，配置了架立钢筋 2 Φ 12，两排腰筋 4 Φ 12，配置钢筋布置如图 4-33 所示。

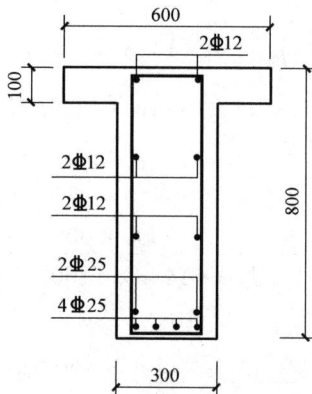

图 4-33　例 4-10 截面配筋图

【例 4-11】 已知 T 形截面梁，截面尺寸和配筋如图 4-34 所示。选用 C25 混凝土，承受的弯矩设计值 $M=450$kN·m。安全等级 Ⅱ 级，二 a 类环境。试验算正截面是否安全。

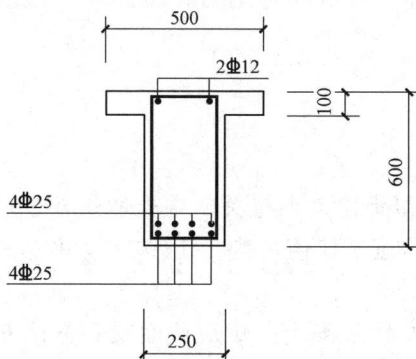

图 4-34　例 4-11 附图

【解】　1）确定设计参数

由已知条件可得，$f_c=11.9$N/mm^2，$\alpha_1=1.0$，$f_y=360$N/mm^2，$\xi_b=0.518$，$A_s=3927$mm^2。二 a 类环境，$a_s=75$mm，$h_0=h-a_s=600-75=525$mm。

2）截面类型判别

$$\alpha_1 f_c b_f' h_f'=1.0\times11.9\times500\times100=595\text{kN}<A_s f_y=300\times3927=1178.1\text{kN}$$

故为第 Ⅱ 类 T 形截面梁。

3）计算 x

$$x=\frac{f_y A_s-\alpha_1 f_c(b_f'-b)h_f'}{\alpha_1 f_c b}=\frac{360\times3927-1.0\times11.9\times(500-250)\times100}{1.0\times11.9\times250}$$

$$=375.2\text{mm}>\xi_b h_0=0.518\times525=271.95\text{mm}$$

4）计算受弯承载力 M_u

因 $x>\xi_b h_0$，取 $x=\xi_b h_0$，则：

$$M_u=\alpha_1 f_c b h_0^2 \xi_b\left(1-\frac{\xi_b}{2}\right)+\alpha_1 f_c(b_f'-b)h_f'\left(h_0-\frac{h_f'}{2}\right)$$

$$=1.0\times11.9\times250\times525^2\times0.518\times\left(1-\frac{0.518}{2}\right)+1.0\times11.9$$

$$\times(500-250)\times100\times\left(525-\frac{100}{2}\right)$$

$$=456.1\text{kN·m}>M=452\text{kN·m}$$

所以该截面承载力满足要求。

4.7　受弯构件构造要求

受弯构件正截面承载力的计算通常只考虑荷载对截面抗弯能力的影响。有些因素，如温度，混凝土的收缩、徐变等对截面承载力的影响不容易计算。但是按照一些构造措施进行截面设计，可防止因计算中没有考虑

二维码 4-6
受弯构件正截面的构造要求

的因素影响而造成结构构件开裂和破坏。同时，有些构造措施也是为了使用和施工上的可能和需要而采用的。因此，进行钢筋混凝土结构构件设计时，除了要符合计算结果以外，还必须要满足有关的构造要求。下面将与钢筋混凝土梁、板正截面设计有关的主要构造要求分别叙述如下。

4.7.1　梁的构造要求

1. 截面尺寸

梁的截面高度 h 与跨度和荷载大小有关，主要取决于构件刚度。根据工程经验，独立的简支梁的截面高度与其跨度的比值可为 1/12 左右，独立的悬臂梁的截面高度与其跨度的比值可为 1/6 左右。

构件截面宽度可根据高宽比来确定。矩形截面梁高宽比 h/b 一般取 2.0～3.5；T 形截面梁高宽比 h/b 一般取 2.5～4.0（此处 b 为梁肋宽）。为了统一模板尺寸，当梁高 $h \leqslant$ 800mm 时，h 以 50mm 为模数，当梁高 $h >$ 800mm 时，以 100mm 为模数。梁常用的高度为 $h =$ 250mm、300mm……750mm、800mm、900mm 等尺寸。梁常用的宽度为 $b =$ 100mm、120mm、150mm、（180mm）、200mm、（220mm）、250mm、300mm 等尺寸，300mm 以上以 50mm 为模数，其中括号中的数值仅用于木模。

2. 材料选择与一般构造

1）混凝土强度等级

现浇钢筋混凝土梁常用的混凝土强度等级是 C25～C40，预制梁可采用较高的强度等级。

2）混凝土保护层厚度

从最外层钢筋的外表面到截面边缘的垂直距离，称为混凝土保护层厚度，用"c"表示，最外层钢筋包括箍筋、构造筋、分布筋等。

混凝土保护层有三个作用：①防止纵向钢筋锈蚀；②在火灾等情况下，使钢筋的温度上升缓慢；③使纵向钢筋与混凝土有较好的粘结。

梁、板、柱的混凝土保护层厚度与环境类别和混凝土强度等级有关，设计使用年限为 50 年的混凝土结构，其混凝土保护层最小厚度，见附表 6-1，由该表知，当环境类别不同，梁和板的最小混凝土保护层厚度取值不相同。混凝土结构的环境类别，见附表 9-1。

此外，纵向受力钢筋的混凝土保护层最小厚度尚不应小于钢筋的公称直径。

3）钢筋强度等级和常用直径

梁中一般配置纵向钢筋、弯起钢筋、箍筋、架立钢筋和梁侧纵向构造钢筋等。

（1）纵向受力钢筋

梁内纵向受力钢筋宜采用 HRB400 级和 HRB500 级，常用直径为 12mm、14mm、16mm、18mm、20mm、22mm 和 25mm。设计中若采用两种不同直径的钢筋，钢筋直径相差至少 2mm，以便于在施工中能用肉眼识别。

为了便于浇筑混凝土以保证钢筋周围混凝土的密实性，纵筋的净间距应满足图 4-35 所示的要求：梁上部纵向钢筋水平方向的净间距（钢筋外边缘之间的最小距离）不应小于 30mm 和 1.5d（d 为钢筋的最大直径）；下部纵向钢筋水平方向的净间距不应小于 25mm 和 d。梁下部纵向钢筋配置多于两层时，两层以上钢筋水平方向的中距应比下面两层的中距增大一倍。上部钢筋与下部钢筋中，各层钢筋之间的净间距不应小于 25mm 和 d。上、下层钢筋应对齐，不应错列，以方便混凝土的浇捣。

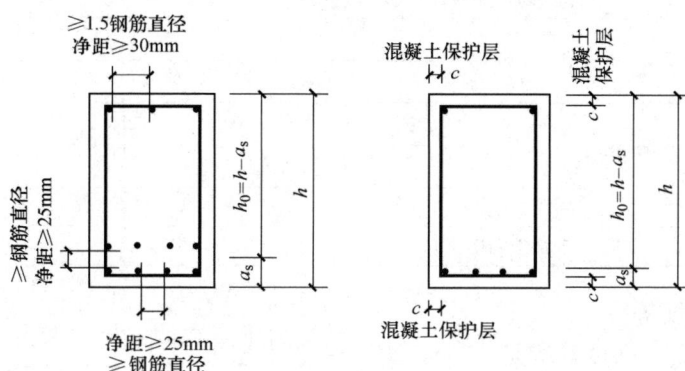

图 4-35 钢筋净距、保护层及有效高度

纵向受力钢筋的直径，当梁高小于 300mm 时，不宜小于 8mm；当梁高大于 300mm 时，不应小于 10mm。由于纵筋伸入支座及绑扎箍筋的要求，梁中纵向受力钢筋根数至少应为 2 根，一般采用 3~4 根。设计中若采用两种不同直径的钢筋，钢筋直径相差至少 2mm，以便于在施工中能用肉眼识别，但相差也不宜超过 6mm。

在梁的配筋密集的区域宜采用并筋的配筋形式。采用并筋（钢筋束）的配筋形式时，直径 28mm 及以下的钢筋并筋数量不宜超过 3 根；直径 32mm 的钢筋的并筋数量不宜超过 2 根；直径 36mm 及以上的钢筋不宜采用并筋。并筋可按单根等效直径的钢筋进行设计，等效直径应按截面面积相等的原则经换算确定。比如，等直径两根钢筋并筋的公称直径为 $1.41d$，三根时为 $1.73d$。

（2）纵向构造钢筋

① 架立钢筋。当梁受压区没有配置受压钢筋时，需设置 2 根架立钢筋，以便与箍筋和纵向受拉钢筋形成钢筋骨架。架立钢筋的直径 d 与梁的跨度有关，对于单筋矩形截面梁，当梁的跨度小于 4m 时，d 不宜小于 8mm，当梁的跨度为 4~6m 时，d 不宜小于 10mm；当梁的跨度大于 6m 时，d 不宜小于 12mm。

② 梁侧腰筋。梁侧纵向构造钢筋又称腰筋，设置在梁的两个侧面，其作用是承受梁侧面温度变化及混凝土收缩引起的应力，并抑制裂缝的开展。当梁的腹板高度大于 450mm 时，要求在梁两侧沿高度设置纵向构造钢筋，每侧纵向构造钢筋（不包括梁上、下部受力钢筋及架立钢筋）的截面面积不应小于梁腹板截面面积的 0.1%，间距不宜大于 200mm。梁两侧的腰筋以拉筋联系，拉筋直径与箍筋相同，间距一般为箍筋间距的两倍。

4.7.2 板的构造要求

1. 板的厚度

现浇板的宽度一般较大，设计时可取单位宽度（$b=1000$mm）进行计算。现浇钢筋混凝土板的厚度除应满足各项功能要求外，尚应满足表 4-6 的要求。

现浇钢筋混凝土板的最小厚度　　　　表 4-6

板的类型		厚度(mm)
实心楼板、屋面板		80
密肋楼盖	上、下面板	50
	肋高	250
悬臂板(固定端)	悬臂长度不大于500mm	80
	悬臂长度1200mm	100
无梁楼板		150
现浇空心楼盖		200

2. 混凝土强度等级

板常用的混凝土强度等级是 C25～C40，一般不超过 C40。

3. 板的受力钢筋

板内一般配置有受力钢筋和分布钢筋，如图 4-36 所示。

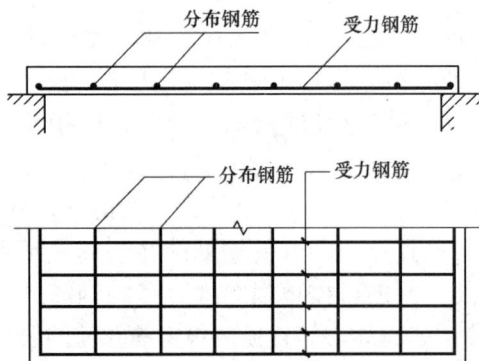

图 4-36　板的配筋示意

板的受拉钢筋常用 HRB400 级和 HRB500 级钢筋，常用直径是 6mm、8mm、10mm 和 12mm。为了防止施工时钢筋被踩下，现浇板的板面钢筋直径不宜小于 8mm。

为了保证钢筋周围混凝土的密实性，同时为了正常地分担内力，钢筋的间距一般为 70～200mm。当板厚 $h \leqslant 150$mm，钢筋最大间距不宜大于 200mm；当板厚 $h > 150$mm 时，钢筋最大间距不宜大于 250mm，且不宜大于 $1.5h$。

4. 板的分布钢筋

分布钢筋是一种构造钢筋，垂直于受力钢筋的方向，并布置于受力钢筋内侧。分布钢筋与受力钢筋绑扎或焊接在一起，形成钢筋骨架。分布钢筋的作用是将荷载均匀地传递给受力钢筋，并便于在施工中固定受力钢筋的位置，同时也可抵抗温度和收缩等产生的内力。板内分布钢筋宜采用 HPB300 钢筋，常用直径是 6mm 和 8mm，间距不宜大于 250mm。单位长度上分布钢筋的截面面积不应小于单位宽度上受力钢筋截面面积的 15%，且不宜小于该方向板截面面积的 0.15%。当温度变化较大或集中荷载较大时，分布钢筋的截面面积应适当增加，其间距不宜大于 200mm。

板内钢筋的具体构造如图 4-37 所示。

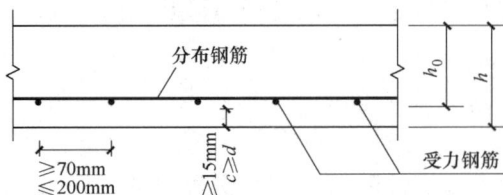

图 4-37　板的配筋示意

本 章 小 结

1. 钢筋混凝土受弯构件由于配筋率的不同，可分成少筋构件、适筋构件和超筋构件三类。少筋构件和超筋构件破坏前无明显的预兆，有可能造成巨大的生命和财产损失，设计时应避免将受弯构件设计成少筋构件和超筋构件。

2. 适筋受弯构件从开始加载至构件破坏，正截面经历三个受力阶段——未裂阶段、裂缝阶段和破坏阶段。截面抗裂验算是建立在第I_a阶段的基础之上，构件使用阶段的变形和裂缝宽度验算是建立在第II阶段的基础之上，而截面的承载力计算则是建立在第III_a阶段的基础之上。

3. 钢筋混凝土受弯构件正截面承载力的计算公式，是截面配筋计算和承载力校核的依据。为了便于记忆和比较，将它们列入表 4-7 中。

受弯构件正截面承载力计算公式 表 4-7

截面类型		计算公式
单筋矩形		$\alpha_1 f_c bx = f_y A_s$ $M \leqslant M_u = \alpha_1 f_c bx \left(h_0 - \dfrac{x}{2} \right) = f_y A_s \left(h_0 - \dfrac{x}{2} \right)$
双筋矩形		$\alpha_1 f_c bx + f'_y A'_s = f_y A_s$ $M \leqslant M_u = \alpha_1 f_c bx \left(h_0 - \dfrac{x}{2} \right) + f'_y A'_s (h_0 - a'_s)$
T形	第一类	$f_y A_s = \alpha_1 f_c b'_f x$ $M \leqslant M_u = \alpha_1 f_c b'_f x \left(h_0 - \dfrac{x}{2} \right)$
	第二类	$\alpha_1 f_c bx + \alpha_1 f_c (b'_f - b) h'_f = f_y A_s$ $M \leqslant M_u = \alpha_1 f_c bx \left(h_0 - \dfrac{x}{2} \right) + \alpha_1 f_c (b'_f - b) h'_f \left(h_0 - \dfrac{h'_f}{2} \right)$

实际工程案例

【工程综合实例分析 4-1】 江西省畜牧良种场奶品仓库大梁倒塌案例

该工程为二层砖混结构，有内框架钢筋混凝土梁、柱，层高 4m，檐高 8.12m，建筑面积 1160m²。施工到二层砌墙，底层大梁拆模后，楼面塌落，造成 3 人死亡、1 人重伤的重大事故。

原因分析：设计错误，梁中纵向受力钢筋面积严重不足。事后核算，主梁跨中纵向受力钢筋配筋率只达到计算所需的受拉钢筋配筋率的 35.3%；支座处负筋面积仅为钢筋面积需要量的 13.7%，使得仓库大梁的正截面受弯承载力大为降低，模板拆除后，梁在自重和施工荷载的作用下发生脆性破坏，破坏特征类似于少筋破坏。

另外，大梁纵向受拉钢筋伸入支座的锚固长度严重不足，有的纵筋没有伸入支座。当承重模板拆除后，支座处大量的纵向受力钢筋被拔出，引起楼面塌落。

【创新能力培养 4-1】   湖北省武汉市黄陂区住宅钢筋混凝土大量倒塌案例

概况：该楼为三层砖混结构，刚建成没多久，在装修时发生三层楼面梁和屋面梁突然倒塌，造成了重大事故，分析此工程事故发生的原因。

【讨论 1】   施工单位擅自变更设计，原设计角柱在标高 6.60 处截面为 250mm×300mm 菱形截面柱，施工单位擅自改为矩形截面柱 250mm×300mm，导致上层柱有一半截面不是落在下柱上，而是落在楼面梁上。分析这一设计变更对梁的受力影响。

【讨论 2】   楼面梁原设计长度为 4.8m，而施工实际长度仅为 4.3m，梁的端部未伸出柱外，分析这一设计变更对梁的受力影响。

【讨论 3】   梁的截面尺寸为 200mm×400mm，混凝土强度等级为 C25，跨中的钢筋设计配筋为 4 根直径为 20mm 的 HRB335 的钢筋（HRB335 级钢筋在《混凝土结构通用规范》GB 55008—2021 中已不再使用），施工时改为 3 根 HPB300 的钢筋，分析钢筋的改变对梁正截面承载能力的影响。

【工程素质培养 4-1】   钢筋混凝土梁正截面破坏情况调研

查阅大量文献，深入相关工程实践基地施工现场，调研钢筋混凝土梁破坏的试验现象，分析引起梁正截面破坏的主要原因，总结钢筋混凝土梁正截面承载力设计要点，思考根据规范对梁正截面进行合理设计的重要性和必要性。

【工程素质培养 4-2】   地下室顶板无梁楼盖局部坍塌的启示

2018 年 11 月 12 日中山市古镇镇海洲村万科某项目一期 2 标段发生地下室顶板无梁楼盖局部坍塌事故，坍塌面积约 2000m^2。

经过建模复核，分析该项目事故，设计方面的原因有以下几点：

1）托板尺寸过小，冲切比控制不足

该项目托板尺寸为 1.5m×1.5m×0.45m，板厚 350mm。经过计算，按 1m 覆土计算，该项目托板尺寸无法满足楼板冲切比计算要求，手算复核楼板处冲切比达到 1.26。

2）配筋不合理，托板钢筋配筋不足

该项目设计受拉通长钢筋（Φ18@200）和托板的构造钢筋（Φ18@100）面积很大，标准跨的底筋承载力计算仅需Φ16@200，托板内 U 形钢筋属于构造钢筋，位于混凝土受压区，配置Φ18@100，配筋率过大。托板受力钢筋配筋不足，该项目托板钢筋大部分配Φ18/14@200，$A_s = 2042mm^2$，按规范标准配筋，承载力计算时托板受力钢筋需配置约 3300mm^2。所以该项目配筋不合理，总钢筋配筋量不小，但未将钢筋合理配置在需要配置的部位。

3）未设置暗梁

该项目未设置暗梁，暗梁对于无梁楼盖的构造至关重要，可以协调面筋和底筋协同工作，还能起到部分冲切箍筋的作用。

总之，设计的缺陷是导致该项目出现坍塌的主要原因之一。

章节自测题

一、填空题

1. 按配筋率的不同，受弯构件正截面有三种破坏形态，分别为＿＿＿＿、＿＿＿＿和＿＿＿＿。

2. 受弯构件可能沿弯矩最大的截面发生＿＿＿＿破坏；也可能沿剪力最大或弯矩和剪力都较大的截面发生＿＿＿＿破坏。

3. 适筋受弯构件从开始加载至构件破坏，正截面经历三个受力阶段——＿＿＿＿、＿＿＿＿和＿＿＿＿。

4. 截面抗裂验算是建立在第＿＿＿＿阶段的基础之上，构件使用阶段的变形和裂缝宽度验算是建立在第＿＿＿＿阶段的基础之上，而截面的承载力计算则是建立在第＿＿＿＿阶段的基础之上。

5. 用等效矩形应力图形代替实际曲线应力分布图形时，应满足两个条件：（1）＿＿＿＿＿＿＿＿；（2）＿＿＿＿＿＿＿＿＿＿。

6. 超筋破坏的判别依据是＿＿＿＿＿＿；少筋破坏的判别依据是＿＿＿＿＿＿。

7. 单筋矩形截面能承担的最大弯矩为＿＿＿＿＿＿。

8. 双筋矩形截面，在计算中考虑充分利用受压钢筋强度，必须满足条件＿＿＿＿。

9. 现浇肋梁楼盖中楼板与梁整体浇筑在一起，形成整体式 T 形梁，其跨中按＿＿＿＿＿＿截面计算；其支座处应按＿＿＿＿＿＿截面计算。

10. 当进行 T 形截面受弯构件正截面承载力计算时，按照＿＿＿＿＿＿＿＿的不同，T 形截面可分为两类。

二、选择题

1. 混凝土保护层厚度是指（   ）。

A. 箍筋的外皮至混凝土外边缘的距离；

B. 受力钢筋的外皮至混凝土外边缘的距离；

C. 受力钢筋截面形心至混凝土外边缘的距离；

D. 箍筋截面形心至混凝土外边缘的距离。

2. 单筋矩形超筋梁正截面破坏承载力与纵向受力钢筋面积 A_s 的关系是（   ）。

A. 纵向受力钢筋面积越大，承载力越大；

B. 纵向受力钢筋面积越大，承载力越小；

C. 适筋条件下，纵向受力钢筋面积越大，承载力越大；

D. 适筋条件下，纵向受力钢筋面积越大，承载力越小。

3. 单筋矩形截面受弯构件在截面尺寸已定的条件下，提高承载力最有效的方法是（   ）。

A. 提高钢筋的级别；

B. 提高混凝土的强度等级；

C. 在钢筋排得开的条件下，尽量设计成单排钢筋；

D. 在钢筋排得开的条件下，尽量设计成多排钢筋。

4. 适筋梁在逐渐加载过程中，当正截面受力钢筋达到屈服以后（   ）。

A. 该梁即达到最大承载力而破坏；

B. 该梁达到最大承载力，一直维持到受压混凝土达到极限强度而破坏；

C. 该梁承载力略有所增高，但很快受压区混凝土达到极限压应变，承载力急剧下降而破坏；

D. 该梁承载力略有所下降，但很快受压区混凝土达到极限压应变，承载力急剧下降而破坏。

5. 钢筋混凝土梁受拉区边缘开始出现裂缝是因为受拉边缘（   ）。

A. 混凝土的应力达到混凝土的实际抗拉强度；

B. 混凝土的应力达到混凝土的抗拉标准强度；

C. 混凝土的应变超过受拉极限拉应变；

D. 混凝土的应变达到受拉极限拉应变。

6. 少筋梁正截面抗弯破坏时，破坏弯矩是（   ）。

A. 小于开裂弯矩；

B. 等于开裂弯矩；

C. 大于开裂弯矩；

D. 可能大于也可能小于开裂弯矩。

7. 双筋矩形截面正截面承载力计算，受压钢筋设计强度不超过 $400\mathrm{N/mm}^2$，因为（   ）。

A. 受压混凝土强度不足；

B. 混凝土受压边缘混凝土已达到极限压应变；

C. 需要保证截面具有足够的延性；

D. 受压钢筋的实际应力不超过 $400\mathrm{N/mm}^2$。

三、简答题

1. 受弯构件中适筋梁从加载到破坏经历哪几个阶段？各阶段正截面上应力-应变分布、中和轴位置、梁的跨中最大挠度的变化规律是怎样的？各阶段的主要特征是什么？每个阶段是哪种极限状态的计算依据？

2. 什么叫配筋率？配筋率对梁的正截面承载力有何影响？

3. 说明少筋梁、适筋梁与超筋梁的破坏特征有何区别？

4. 梁、板中混凝土保护层的作用是什么？其最小值是多少？对梁内受力主筋的直径、净距有何要求？

5. 钢筋混凝土梁若配筋率不同，即 $\rho<\rho_{\min}$，$\rho_{\min}<\rho<\rho_{\max}$，$\rho=\rho_{\max}$，$\rho>\rho_{\max}$，试回答下列问题：

（1）它们分别属于何种破坏？破坏现象有何区别？

（2）哪些截面能写出极限承载力受压区高度 x 的计算式？哪些截面则不能？

（3）破坏时钢筋应力各等于多少？

（4）破坏时截面承载力 M_{u} 各等于多少？

6. 在双筋截面中受压钢筋起什么作用？为何一般情况下采用双筋截面受弯构件不经济？在什么条件下可采用双筋截面梁？

7. 为什么在双筋矩形截面承载力计算中必须满足 $x \geq 2a'_s$ 的条件？当双筋矩形截面出现 $x < 2a'_s$ 时应当如何计算？

8. 设计双筋截面，A_s 及 A'_s 均未知时，x 应如何取值？当 A'_s 已知时，应当如何求解 A_s？

9. 当矩形截面梁内已配有受压钢筋 A'_s，但计算的 $\xi < \xi_b$ 时，计算受拉钢筋 A_s 是否要考虑 A'_s？为什么？

10. 根据中和轴位置不同，T 形截面的承载力计算有哪几种情况？截面设计和承载力校核时分别应如何鉴别 T 形截面的类型？

11. T 形截面承载力计算公式与单筋矩形截面及双筋矩形截面承载力计算公式有何异同点？

12. 什么叫截面相对界限受压区高度 ξ_b？它在承载力计算中的作用是什么？

13. 当构件承受的弯矩和截面高度都相同时，图 4-38 中 4 种截面的正截面承载力需要的钢筋截面面积 A_s 是否一样？为什么？

14. 当验算 T 形截面梁的最小配筋率 ρ_{min} 时，计算配筋率 ρ 为什么要用腹板宽度 b 而不用翼缘宽度 b'_f？

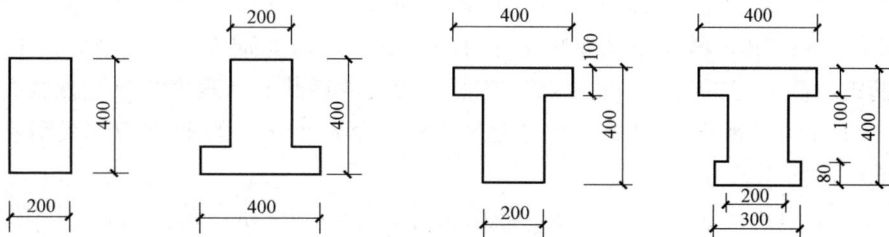

图 4-38　板的配筋示意

四、计算题

1. 某楼面大梁计算跨度为 6.2m，设计使用年限为 50 年，环境类别为一类，承受均布荷载设计值 26.5kN/m（包括自重），弯矩设计值 $M = 127$kN·m。试计算下面 5 种情况的 A_s（表 4-8），并进行讨论：

计算题 1 附表　　　　　　　　　　　　　　　　　　　　　　　　表 4-8

	梁高(mm)	梁宽(mm)	混凝土强度等级	钢筋级别	钢筋面积 A_s
1	550	200	C25	HPB300	
2	550	200	C30	HPB300	
3	550	200	C30	HRB400	
4	550	250	C30	HRB400	
5	650	250	C30	HRB400	

（1）提高混凝土的强度等级对配筋量的影响；

（2）提高钢筋级别对配筋量的影响；

（3）加大截面宽度对配筋量的影响；

（4）加大截面高度对配筋量的影响；

（5）提高混凝土强度等级或钢筋级别对受弯构件的破坏弯矩有什么影响？从中可得出什么结论？该结论在工程实践上及理论上有哪些意义？

2. 已知钢筋混凝土矩形梁，处于一类环境，其截面尺寸 $b \times h = 250\text{mm} \times 500\text{mm}$，承受弯矩设计值 $M = 150\text{kN} \cdot \text{m}$，采用 C30 混凝土和 HRB400 级钢筋。试配置截面钢筋。

3. 已知钢筋混凝土矩形梁，处于一类环境，承受弯矩设计值 $M = 160\text{kN} \cdot \text{m}$，采用 C40 混凝土和 HRB400 级钢筋，试按正截面承载力要求确定截面尺寸及纵向钢筋截面面积。

4. 已知某单跨简支板，处于一类环境，计算跨度 $l_0 = 2.18\text{m}$，承受均布永久荷载设计值 g 为 3kN/m^2（包括板自重），q_1 为 2.5kN/m^2，q_2 为 2kN/m^2，采用 C30 混凝土和 HPB300 级钢筋，求现浇板的厚度 h 以及所需受拉钢筋截面面积 A_s。

5. 已知钢筋混凝土矩形梁，处于一类环境，其截面尺寸为 $b \times h = 250\text{mm} \times 550\text{mm}$，采用 C30 混凝土，配有 3 根直径为 22mm 的 HRB400 级钢筋。试验算此梁承受弯矩设计值 $200\text{kN} \cdot \text{m}$ 时，正截面是否安全？

6. 已知一矩形截面梁，梁的尺寸 $b \times h = 200\text{mm} \times 500\text{mm}$，采用的混凝土强度等级为 C30，钢筋为 HRB400，截面设计弯矩为 $270\text{kN} \cdot \text{m}$，环境类别为一类。试求：（1）是否可以按单筋矩形截面配置截面钢筋？（2）按照受弯构件正截面承载力要求配置截面钢筋。

7. 已知条件同［题6］，但受压区已配置 3 根直径为 20mm 的 HRB400 级钢筋。求纵向受拉钢筋截面面积 A_s。

8. 已知一矩形梁，处于一类环境，截面尺寸 $b \times h = 250\text{mm} \times 500\text{mm}$，采用 C30 混凝土和 HRB400 级钢筋。在受压区配有 3 根直径为 20mm 的 HRB400 级钢筋，在受拉区配有 3 根直径为 22mm 的 HRB400 级，荷载在截面产生的最大弯矩为 $150\text{kN} \cdot \text{m}$，试验算此梁是否安全？

9. 已知 T 形截面梁，处于一类环境，截面尺寸为 $b \times h = 250\text{mm} \times 650\text{mm}$，$b'_f = 600\text{mm}$，$h'_f = 120\text{mm}$，承受弯矩设计值 $M = 430\text{kN} \cdot \text{m}$，采用 C30 混凝土和 HRB400 级钢筋。（1）求该截面所需的纵向受拉钢筋；（2）若其他条件不变，选用混凝土强度等级为 C50，试求纵向受力钢筋截面面积，并将两种情况进行对比。

10. 已知现浇楼盖梁板截面如图 4-39 所示。选用 C30 混凝土和 HRB400 级钢筋，L-1 的计算跨度 $l_0 = 3.3\text{m}$，承受弯矩设计值为 $275\text{kN} \cdot \text{m}$。试计算 L-1 所需配置的纵向受力钢筋。

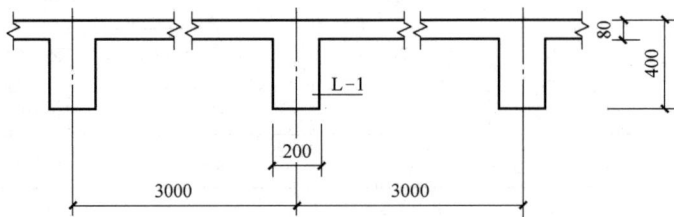

图 4-39　题 10 附图（单位：mm）

11. 已知 T 形截面吊车梁，处于二类 a 环境，截面尺寸为 $b'_f=550\text{mm}$，$h'_f=120\text{mm}$，$b=250\text{mm}$，$h=600\text{mm}$。承受的弯矩设计值 $M=490\text{kN·m}$，采用 C30 混凝土和 HRB400 级钢筋。试配置截面钢筋。

12. 已知 T 形截面梁，处于一类环境，截面尺寸为 $b'_f=450\text{mm}$，$h'_f=100\text{mm}$，$b=250\text{mm}$，$h=600\text{mm}$，采用 C35 混凝土和 HRB400 级钢筋。试计算如果受拉钢筋为 4 根直径为 25mm 的 HRB400 级钢筋，截面所能承受的弯矩设计值是多少？

第5章 钢筋混凝土受弯构件斜截面承载力计算

知识目标：了解斜截面破坏的主要形态和影响斜截面抗剪承载力的主要因素；掌握斜截面受剪承载力的计算方法及防止斜压破坏和斜拉破坏的措施；了解纵向受力钢筋的弯起、截断和锚固方法。

能力目标：具备能够清晰准确表达、设计和校核受弯构件斜截面承载力的能力。

学习重点：受弯构件斜截面承载力计算。

学习难点：受弯构件斜截面构造配筋。

5.1 概述

工程中常见的梁、柱和剪力墙等构件，其截面上除作用弯矩（梁）或弯矩和轴力（柱和剪力墙）外，通常还作用有剪力。在弯矩和剪力或弯矩、轴力、剪力共同作用的区段内可能出现斜裂缝，发生斜截面受剪破坏或斜截面受弯破坏。斜截面受剪破坏往往带有脆性破坏的性质，缺乏明显的预兆。因此，对梁、柱、剪力墙等构件设计时，在保证正截面受弯承载力的同时，还要保证斜截面承载力，即斜截面受剪承载力和斜截面受弯承载力。

为了保证构件的斜截面受剪承载力，应使构件具有合适的截面尺寸，并配置必要的箍筋。箍筋除能增强斜截面的受剪承载力外，还与纵向钢筋（包括梁中的架立钢筋）绑扎在一起，形成刚劲的钢筋骨架，使各种钢筋在施工时保证正确的位置。柱中的箍筋还能防止纵筋受压后过早压屈而失稳，并对核心混凝土形成一定的约束作用，改善柱的受力性能。当梁承受的剪力较大时，也可增设弯起钢筋。弯起钢筋也称斜钢筋，一般由梁内的部分纵向受力钢筋弯起形成，如图 5-1 所示。有时也采用单独设置的斜钢筋。箍筋和弯起钢筋统称为腹筋。通常把有纵筋和腹筋的梁称为有腹筋梁，把仅设置纵筋而没有腹筋的梁称为无腹筋梁。

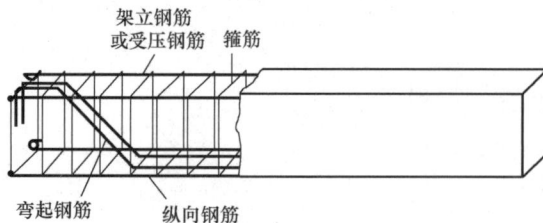

图 5-1 受弯梁的钢筋骨架

5.2 受弯构件斜截面受力与破坏分析

5.2.1 斜截面开裂前的应力分析

二维码 5-1
受弯构件斜截
面承载力计算

因为无腹筋梁较简单，影响斜截面破坏的因素较少，可以为有腹筋梁的受力及破坏分析奠定基础。图 5-2 所示为一对称集中加载的钢筋混凝土无腹筋简支梁，忽略自重影响，集中荷载之间的 CD 段仅承受弯矩，称为纯弯段；AC 和 BD 段承受弯矩和剪力的共同作用，称为弯剪段。当梁内配有足够的纵向钢筋保证纯弯段的正截面不发生受弯破坏时，则构件还可能在弯剪段发生斜截面破坏。

对于钢筋混凝土梁，当荷载不大，梁未出现裂缝时，基本上处于弹性阶段。此时，弯剪区段内各点的主拉应力 σ_{tp}、主压应力 σ_{cp} 及主应力的作用方向与梁纵轴的夹角 α 可按材料力学公式计算。在弯曲正应力和切应力共同作用下，受弯构件将产生与轴线斜交的主拉应力和主压应力。图 5-2 中绘出了梁在弯矩 M 和剪力 V 共同作用下的主应力迹线，其中实线为主拉应力迹线，虚线为主压应力迹线，轨迹线上任一点的切线就是该点的主应力方向。从截面 1-1 的中和轴、受压区、受拉区分别取微元体 1、2、3，如图 5-3 所示。它们的应力状态各不相同，其特点是：微元体 1 位于中和轴处，正应力 σ 为零，剪应力 τ 最大，主拉应力 σ_{tp} 和主压应力 σ_{cp} 与梁轴线成 45°。微元体 2 在受压区内，由于正应力 σ 为压应力，使主拉应力 σ_{tp} 减小，主压应力 σ_{cp} 增大，σ_{tp} 的方向与梁纵轴夹角大于 45°。微元体 3 在受拉区，由于正应力 σ 为拉应力，使主拉应力 σ_{tp} 增大，主压应力 σ_{cp} 减小，σ_{tp} 的方向与梁纵轴的夹角小于 45°。对于匀质弹性体的梁来说，当主拉应力或主压应力达到材料的抗拉或抗压强度时，将引起构件截面的开裂和破坏。

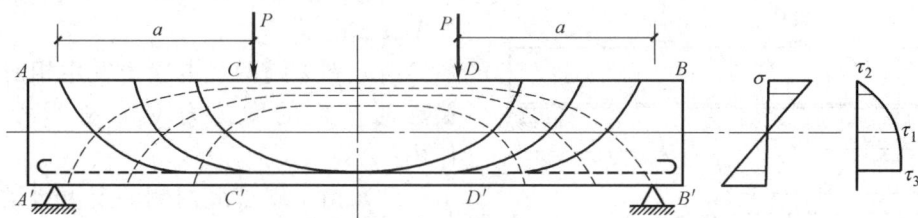

图 5-2　无腹筋梁的主应力迹线

由于混凝土的抗拉强度较小，因此随着荷载的增加，当主拉应力值超过某处混凝土的抗拉强度时，将首先在该部位产生裂缝，其裂缝走向与主拉应力的方向垂直，故是斜裂缝。在通常情况下，斜裂缝往往是由梁底的弯曲裂缝发展而成，称为弯剪型斜裂缝（图 5-3c）；当梁的腹板很薄或集中荷载至支座距离很小时，斜裂缝可能首先在梁腹部出现，称为腹剪型斜裂缝（图 5-3d）。斜裂缝的出现和发展使梁内应力的分布和数值发生变化，最终导致在剪力较大的近支座区段内不同部位的混凝土被压碎或拉坏而丧失承载能力，即发生斜截面破坏。

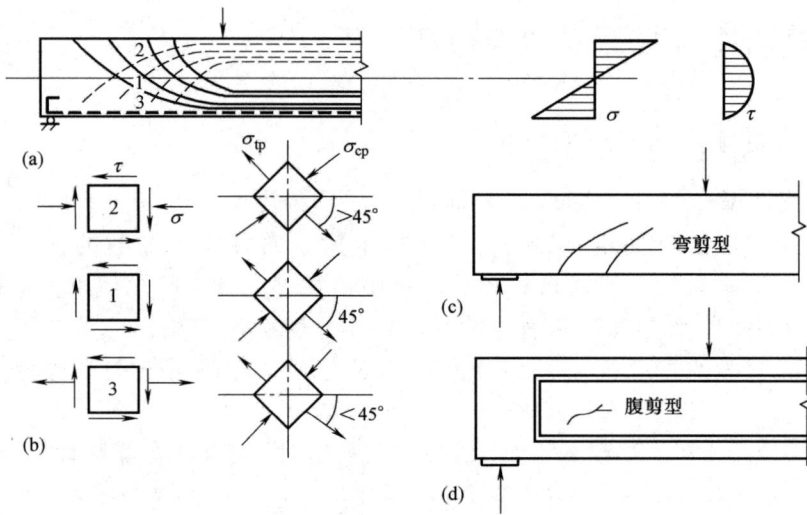

图 5-3　梁的应力状态和斜裂缝形态

5.2.2　斜裂缝形成后的应力状态

1. 无腹筋梁斜裂缝形成后的应力状态

当梁的主拉应力达到混凝土抗拉强度时，在剪弯区段将出现斜裂缝。出现斜裂缝后，引起剪弯段区的应力重分布，这时已不可能将梁视为均质弹性体，截面上的应力不能用一般的材料力学公式计算。

为了分析出现斜裂缝后的应力状态，可沿斜裂缝将梁切开，隔离体如图 5-4 所示，其中 CF 段称为剪压区。斜截面上的抵抗力由以下几部分组成：

（1）斜裂缝顶部混凝土截面承担的剪力 V_c；

（2）斜裂缝两侧混凝土发生相对位移和错动时产生的摩擦力 V_1，称为骨料咬合作用；

（3）由于斜裂缝两侧的上下错动，从而使纵筋受到一定剪力，如销栓一样，将斜裂缝两侧的混凝土联系起来，称为钢筋销栓力 V_d；

（4）纵向钢筋承担的拉力 T_s。

由于纵向钢筋下面的混凝土保护层厚度不大，在销栓力 V_d 作用下可能产生沿纵向钢筋的劈裂裂缝，使"销栓作用"大大减弱。另外，随着斜裂缝的增大，骨料咬合力 V_1 也逐渐减弱直至消失。因此，斜裂缝出现后，梁的抗剪能力主要是余留截面上混凝土承担

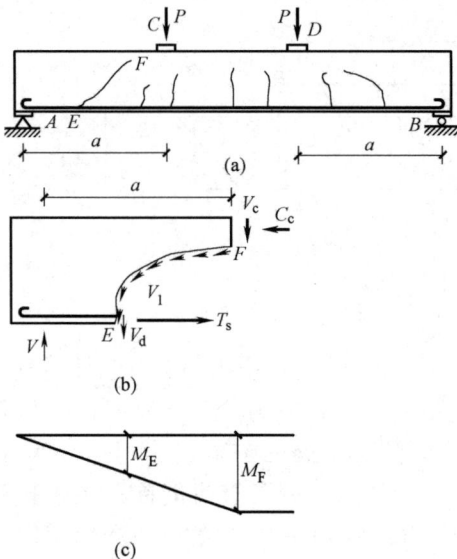

图 5-4　梁的斜裂缝及隔离体受力图

的 V_c，其他抗力可以忽略。

由于斜裂缝的出现，梁在剪弯段内的应力状态发生很大变化，主要表现有：

（1）在斜裂缝出现前，剪力主要由梁全截面承担，开裂后则主要由剪压区承担，受剪面积的减小，使剪应力和压应力明显增大。

（2）与斜裂缝相交处的纵向钢筋应力，由于斜裂缝的出现而突然增大。因为该处的纵向钢筋拉力在斜裂缝出现前是由弯矩 M_E 决定的（图 5-4c），而在斜裂缝出现后，根据力矩平衡的概念，纵向钢筋的拉力 T_s 则是由斜裂缝端点处截面 b-b 的弯矩 M_F 所决定，M_F 比 M_E 要大很多。

随着荷载的继续增加，靠近支座的一条斜裂缝很快发展延伸到加载点，形成临界斜裂缝。斜裂缝不断开展，使骨料咬合作用和纵筋的销栓作用减小。此时，无腹筋梁如同"拉杆-拱体"结构，纵向钢筋成为拱的拉杆（图 5-5）。最终，斜裂缝顶上混凝土在剪应力 τ 和正应力 σ_c 作用下，达到复合应力下混凝土的极限强度时，梁即沿斜截面发生破坏。

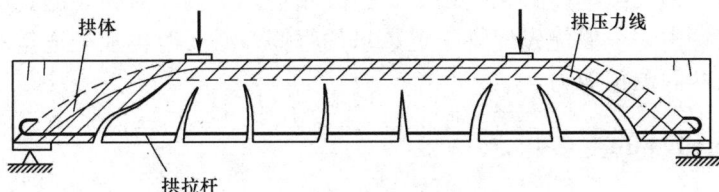

图 5-5　无腹筋梁的拉杆-拱体受力机制

2. 有腹筋梁斜裂缝形成后的应力状态

试验研究有腹筋梁的受力特点，与无腹筋梁对比发现，在作用荷载较小的情况下，斜裂缝发生之前，混凝土在各方向的应变都很小，所以腹筋的应力也很小，对斜裂缝的出现影响不大，其受力性能和无腹筋梁相近。但是当斜裂缝出现之后，有腹筋梁的受力性能明显不同于无腹筋梁。

无腹筋梁斜裂缝出现后，剪压区几乎承受了全部的剪力，成为整个梁的薄弱环节。而在有腹筋梁中，当斜裂缝出现，形成了一种"桁架-拱体"的受力模型，如图 5-6 所示。箍筋和斜裂缝间的混凝土分别成为桁架的受拉腹杆和受压腹杆，梁底纵向受拉钢筋成为桁架中的受拉弦杆，剪压区混凝土则成为桁架的受压弦杆；当将纵向受力钢筋在梁的端部弯起时，弯起钢筋起着和箍筋相似的作用，可以提高梁斜截面的抗剪承载力（图 5-7），共同把剪力传递到支座上。

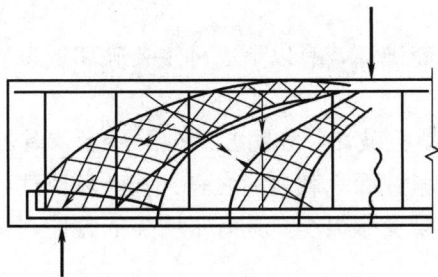

图 5-6　有腹筋梁的剪力传递

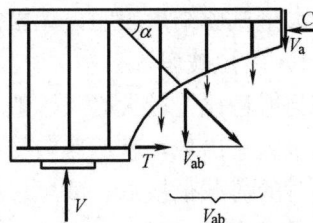

图 5-7　有腹筋梁抗剪计算模式

和斜裂缝相交的箍筋及弯起钢筋，能通过以下几个方面提高斜截面的受剪承载力：

（1）与斜裂缝相交的箍筋和弯起钢筋可以直接承担很大一部分剪力；

（2）腹筋能阻止斜裂缝开展过宽，延缓斜裂缝向上延伸，从而提高了混凝土剪压区的受剪承载力；

（3）箍筋可限制纵向钢筋的竖向位移，从而提高了纵筋的销栓作用；

（4）腹筋能有效地减小斜裂缝的开展宽度，提高斜截面上的骨料咬合力。

因此，有腹筋梁斜截面的受剪承载力主要由以下几部分力构成：

（1）剪压区混凝土承担的剪力；

（2）纵筋的销栓力；

（3）斜裂缝面上的骨料咬合力，主要指骨料咬合力的竖向分力；

（4）腹筋本身承担的剪力。

有腹筋梁因为腹筋的作用，将使梁的斜截面承载力有较大的提高。弯起钢筋几乎与斜裂缝正交，因而传力直接，但由于弯起钢筋是由纵筋弯起而成，一般直径较粗，根数较少，受力不均匀；箍筋虽不和斜裂缝正交，但分布均匀，因而对斜裂缝宽度的抑制作用更为有效。工程设计中，一般优先配置一定数量的箍筋，必要时再加配适量的弯起钢筋，让箍筋与弯起钢筋共同承担剪力。

5.2.3　斜截面破坏的主要形态

二维码 5-2
无腹筋梁的斜截面破坏形态、受剪承载力的影响因素和承载力计算公式

1. 剪跨比

剪跨比对斜截面破坏的主要形态有显著影响。剪跨比等于该截面的弯矩值与截面的剪力值和有效高度乘积之比。对于承受集中荷载作用的梁而言，剪跨比是影响其斜截面受力性能的主要因素之一。如果以 λ 表示剪跨比，则：

$$\lambda = \frac{M}{Vh_0} \tag{5-1}$$

对于图 5-2 所示承受两个对称集中荷载的梁，截面 C 和 D 的剪跨比为：

$$\lambda = \frac{M}{Vh_0} = \frac{Fa}{Fh_0} = \frac{a}{h_0} \tag{5-2}$$

即等于剪跨跨长 a 与截面有效高度 h_0 之比。

梁的剪跨比反映了截面上正应力和剪应力的相对关系，决定了该截面上任一点主应力的大小和方向，因而影响梁的破坏形态和受剪承载力的大小。

2. 无腹筋梁的斜截面受剪破坏形态

大量试验结果表明，无腹筋梁的斜截面受剪破坏，有以下三种主要破坏形态。

1）斜拉破坏

当剪跨比 λ 较大时（一般 $\lambda > 3$），常发生斜拉破坏，如图 5-8（a）所示。其特点是当竖向裂缝一出现，就迅速向受压区斜向延伸，斜截面承载力随之丧失。破坏荷载与出现斜裂缝时的荷载很接近，破坏过程急骤，破坏前梁变形很小，具有很明显的脆性，其斜截面受剪承载力最小。

2）剪压破坏

当剪跨比 λ 适中时（$1<\lambda\leqslant3$）时，常发生剪压破坏。其破坏特征通常是，在弯剪区段的受拉区边缘先出现一些竖向裂缝，它们沿竖向延伸一小段长度后，就斜向延伸形成一些斜裂缝，而后又产生一条贯穿的较宽的主要斜裂缝，称为临界斜裂缝，临界斜裂缝出现后迅速延伸，使斜截面剪压区的高度缩小，最后导致剪压区的混凝土破坏，使斜截面丧失承载力，如图 5-8（b）所示。破坏过程比较缓慢，破坏荷载明显高于斜裂缝出现时的荷载。

3）斜压破坏

当剪跨比 λ 较小时（一般 $\lambda\leqslant1$），发生斜压破坏，如图 5-8（c）所示。这种破坏多数发生在剪力大而弯矩小的区段，以及梁腹板很薄的 T 形截面或 I 形截面梁内。破坏时，混凝土被腹剪斜裂缝分割成若干个斜向短柱而压坏，因此受剪承载力取决于混凝土的抗压强度，斜截面受剪承载力最大。

图 5-9 为三种破坏形态的荷载与跨中挠度曲线。可见，三种破坏形态的斜截面受剪承载力是不同的，斜压破坏时最大，其次为剪压，斜拉最小。它们在达到峰值荷载时，跨中挠度都不大，破坏时荷载都会迅速下降，表明它们都属脆性破坏类型，工程中应尽量避免的，尤其应避免斜拉破坏。另外，这三种破坏形态虽然都是属于脆性破坏类型，但脆性程度不同。混凝土的极限拉应变值比极限压应变值小得多，所以斜拉破坏最脆，斜压破坏次之。为此，规范规定用构造措施强制性地来防止发生斜拉、斜压破坏，同时通过计算来防止发生剪压破坏。

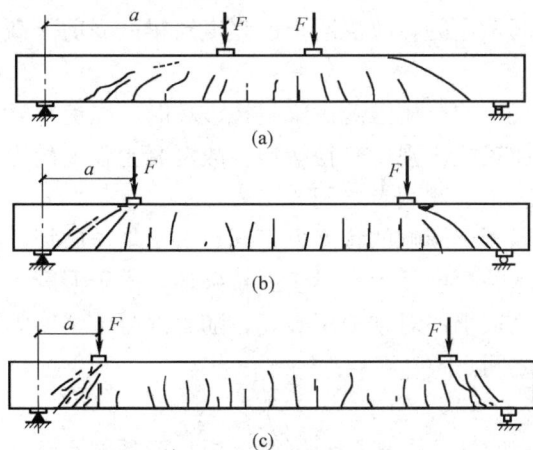

图 5-8　无腹筋梁的受剪破坏形态
（a）斜拉破坏；（b）剪压破坏；（c）斜压破坏

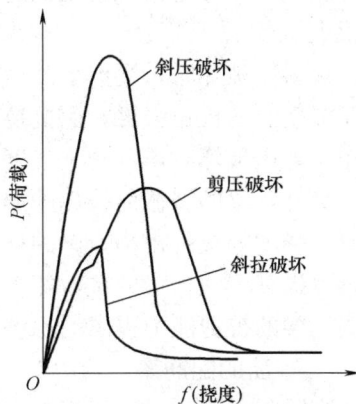

图 5-9　无腹筋梁斜截面破坏的荷载与跨中挠度曲线

3. 有腹筋梁的斜截面受剪破坏形态

配置箍筋的有腹筋梁，其斜截面受剪破坏形态是以无腹筋梁为基础，也分为斜压破坏、剪压破坏和斜拉破坏三种破坏形态。这时，除了剪跨比对斜截面破坏形态有决定性的影响以外，箍筋的配置数量对破坏形态也有很大的影响。

当 $\lambda>3$，且箍筋配置数量过少时，斜裂缝一旦出现，与斜裂缝相交的箍筋承受不了原来由混凝土所负担的拉力，箍筋立即屈服而不能限制斜裂缝的开展，与无腹筋梁相似，发生斜拉破坏。如果 $\lambda>3$，箍筋配置数量适当，则可避免斜拉破坏，而转为剪压破坏。

这是因为斜裂缝产生后，与斜裂缝相交的箍筋不会立即受拉屈服，箍筋限制了斜裂缝的开展，避免了斜拉破坏。箍筋屈服后，斜裂缝迅速向上发展，使斜裂缝上端剩余截面缩小，使剪压区的混凝土在正应力和剪应力共同作用下产生剪压破坏。如果箍筋配置数量过多，箍筋应力增长缓慢，在箍筋尚未屈服时，梁腹混凝土就因抗压能力不足而发生斜压破坏。在薄腹梁中，即使剪跨比较大，也会发生斜压破坏。

由于斜压破坏箍筋强度不能充分发挥作用，而斜拉破坏又十分突然，故在设计中应避免发生这两种破坏形态。对有腹筋梁来说，只要截面尺寸合适，箍筋配置数量适当，使其斜截面受剪破坏成为剪压破坏形态是可能的。本章以剪压破坏形态为基础建立斜截面受剪承载力基本公式。

5.2.4　影响斜截面受力性能的主要因素

斜截面的受力性能受到许多因素的影响，为了了解斜截面的破坏形态及破坏特点，先介绍影响斜截面受力性能的主要因素。影响斜截面受力性能的主要因素有：

1. 剪跨比和跨高比

随着剪跨比的增大，梁的破坏形态按斜压（$\lambda < 1$）、剪压（$1 \leqslant \lambda \leqslant 3$）和斜拉（$\lambda > 3$）的顺序演变，其受剪承载力则逐步减弱。当 $\lambda > 3$ 以后，承载力趋于稳定。均布荷载作用下跨高比 l_0/h_0（跨度与高度的比值）对梁的受剪承载力影响较大，随着跨高比的增大，受剪承载力下降；但当跨高比 $l_0/h_0 > 6$ 后，跨高比对梁的受剪承载力的影响不显著。

2. 混凝土强度

斜截面破坏是由混凝土到达极限强度而发生的，故混凝土的强度对梁的受剪承载力影响很大。

梁斜压破坏时，受剪承载力取决于混凝土的抗压强度。梁斜拉破坏时，受剪承载力取决于混凝土的抗拉强度，而抗拉强度的增加较抗压强度来得缓慢，故混凝土强度的影响就略小。剪压破坏时，混凝土强度的影响则居于上述两者之间。

另外，梁的斜截面破坏的形态不同，混凝土影响的程度也不同。对于斜压破坏，随着混凝土强度等级的提高，梁的抗剪能力提高的幅度较大；对于斜拉破坏，由于混凝土的抗拉强度提高不大，梁的抗剪能力提高的幅度较小；对于剪压破坏，随着混凝土强度等级的提高，梁的抗剪能力提高的幅度介于上述之间。

3. 箍筋的配筋率

实际工程中，梁一般都要配置箍筋，有时还要配置弯起钢筋，板一般不配置箍筋和弯起钢筋。梁内箍筋的配筋率（又称配箍率）是指沿梁长，在箍筋的一个间距范围内，箍筋各肢的全部截面面积与混凝土水平截面面积的比值。因此，梁内箍筋的配筋率：

$$\rho_{sv} = \frac{A_{sv}}{bs} = \frac{n \cdot A_{sv1}}{bs} \tag{5-3}$$

式中　A_{sv}——配置在同一截面内箍筋各肢的全部截面面积；

　　　n——同一截面内箍筋的肢数；

　　　A_{sv1}——单肢箍筋的截面面积；

　　　s——沿构件长度方向箍筋的间距；

　　　b——梁的宽度。

箍筋和弯起钢筋可以有效地提高斜截面的承载力,梁的斜截面受剪承载力随箍筋的配筋率增大和弯起钢筋面积增加而提高,两者成线性关系。

4. 纵筋配筋率

由于斜截面破坏的直接原因是混凝土被压碎或被拉裂,而增加纵筋配筋率可抑制斜裂缝的开展,从而提高骨料咬合力,并增大受压区未裂截面及提高纵筋的销栓作用。总之,随着纵筋配筋率的增大,梁的承载力会有所提高,但提高幅度不大。目前规范中的抗剪计算公式并未考虑这一影响。

5. 截面尺寸和形状

1) 截面尺寸的影响

截面尺寸对无腹筋梁的受剪承载力有较大的影响,尺寸大的构件,破坏时的平均剪应力比尺寸小的构件要低。有试验表明,在其他参数(混凝土强度、纵筋配筋率、剪跨比)保持不变时,梁高扩大 4 倍,破坏时的平均剪应力可下降 25%～30%。对于有腹筋梁,截面尺寸的影响比无腹筋梁小。

2) 截面形状的影响

这主要是指 T 形梁,其翼缘大小对受剪承载力有影响。适当增加翼缘宽度,可提高受剪承载力 25%,但翼缘过大,增大作用就趋于平缓。另外,加大梁宽也可提高受剪承载力。

5.3 受弯构件斜截面设计方法

5.3.1 一般受弯构件斜截面设计

1. 不配置箍筋和弯起钢筋的一般板类受弯构件

板类构件通常承受的荷载不大,剪力较小,因此,一般不必进行斜截面承载力的计算,也不配箍筋和弯起钢筋。但是,当板上承受的荷载较大时,需要对其斜截面承载力进行计算。不配置箍筋和弯起钢筋的一般板类受弯构件,其斜截面的受剪承载力应按下列公式计算:

$$V \leqslant V_c = 0.7\beta_h f_t b h_0 \tag{5-4}$$

$$\beta_h = \left(\frac{800}{h_0}\right)^{1/4} \tag{5-5}$$

式中　β_h——截面高度影响系数;当 $h_0 < 800\text{mm}$ 时,取 $h_0 = 800\text{mm}$;当 $h_0 > 2000\text{mm}$ 时,取 $h_0 = 2000\text{mm}$。

2. 矩形、T 形和工字形截面的一般受弯构件

从临界斜裂缝左边的隔离体(图 5-10)可以看出,有腹筋梁发生剪压破坏时,斜截面的受剪承载力由混凝土剪压区的剪力、箍筋和弯起钢筋的抗力、纵向钢筋的拉力、纵向钢筋的"销栓力"、骨料咬合力等组成,即:

$$V_u = V_c + V_{sv} + V_{sb} + V_d + V_a \tag{5-6}$$

式中　V_u——受弯构件斜截面受剪承载力;

　　　　V_c——剪压区混凝土受剪承载力设计值,即无腹筋梁的受剪承载力;

二维码 5-3
有腹筋梁的斜
截面受剪性能

V_{sv}——与斜裂缝相交的箍筋受剪承载力设计值；

V_{sb}——与斜裂缝相交的弯起钢筋受剪承载力设计值；

V_{d}——纵向钢筋的"销栓力"；

V_{a}——斜截面上混凝土骨料咬合力的竖向分力。

为了简化计算并便于应用，规范采用半理论半经验的方法建立受剪承载力计算公式，式中仅考虑主要因素，将式（5-6）简化为：

$$V_{u}=V_{c}+V_{sv}+V_{sb} \tag{5-7}$$

式（5-7）中 V_{c} 和 V_{sv} 密切相关，无法分开表达，故以 $V_{cs}=V_{c}+V_{sv}$ 来表达混凝土和箍筋总的受剪承载力，于是有：

$$V_{u}=V_{cs}+V_{sb} \tag{5-8}$$

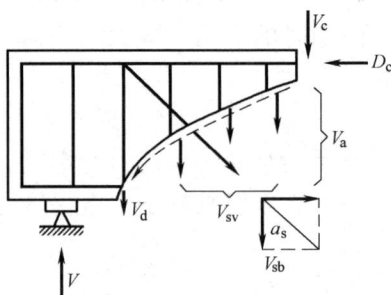

图 5-10　有腹筋梁斜截面受剪承载力计算示意图

（1）当仅配箍筋时，对矩形、T 形和 I 形截面的一般受弯构件，其斜截面受剪承载力计算公式为：

$$V \leqslant V_{cs}=\alpha_{cv}f_{t}bh_{0}+f_{yv}\frac{A_{sv}}{s}h_{0} \tag{5-9}$$

式中　f_{t}——混凝土轴心抗拉强度设计值；

　　b——矩形截面的宽度或 T 形、I 形截面的腹板宽度；

　　h_{0}——截面有效高度；

　　A_{sv}——配置在同一截面内箍筋各肢的全部截面面积；$A_{sv}=nA_{sv1}$，其中 n 为同一截面箍筋肢数，A_{sv1} 为单肢箍筋的截面面积；

　　s——箍筋间距；

　　f_{yv}——箍筋抗拉强度设计值；

　　α_{cv}——斜截面上混凝土和箍筋的受剪承载力系数。

α_{cv} 按以下原则取值：对矩形、T 形及 I 形截面一般受弯构件，取 $\alpha_{cv}=0.7$；对集中荷载作用下（包括作用多种荷载，其中集中荷载对支座截面或节点边缘所产生的剪力占该截面总剪力值的 75% 以上的情况）的独立梁，取：

$$\alpha_{cv}=\frac{1.75}{\lambda+1} \tag{5-10}$$

式中　λ——计算截面的剪跨比；对于受弯构件 $\lambda=a/h_{0}$，当 $\lambda<1.5$ 时，取 $\lambda=1.5$；当

$\lambda > 3.0$ 时，取 $\lambda = 3.0$；a 为集中荷载作用点至支座截面或节点边缘的距离。

（2）同时配置箍筋和弯起钢筋时，对矩形、T 形和 I 形截面的一般受弯构件，其斜截面的受剪承载计算公式为：

$$V \leqslant V_u = V_{cs} + V_{sb} \tag{5-11}$$

弯起钢筋所能承担的剪力为弯起钢筋的总拉力在垂直于梁轴方向的分力，按下式确定：

$$V_{sb} = 0.8 f_y A_{sb} \sin\alpha_s \tag{5-12}$$

式中　A_{sb}——同一弯起平面内的非预应力弯起钢筋的截面面积；

　　　f_y——弯起钢筋的抗拉强度设计值，考虑到弯起钢筋在靠近斜裂缝顶部的剪压区时可能达不到屈服强度，乘以 0.8 的降低系数；

　　　α_s——斜截面上弯起钢筋与构件纵向轴线的夹角，一般可取 $\alpha_s = 45°$，当梁截面高度大于 800mm 时，可取 $\alpha_s = 60°$。

对于矩形、T 形及 I 形截面受弯构件，当符合式（5-13）的要求，以及集中荷载作用下的独立梁，符合式（5-14）要求时，均可不进行斜截面受剪承载力计算，可仅按构造要求配置腹筋。

$$V \leqslant 0.7 f_t b h_0 \tag{5-13}$$

$$V \leqslant \frac{1.75}{\lambda + 1} f_t b h_0 \tag{5-14}$$

试验表明，T 形截面和工字形截面的剪压区面积要比同样宽度的矩形截面的大，其受剪承载力比同条件的矩形截面的要高，因而在荷载作用时，按式（5-9）和式（5-11）计算将提高 T 形及工字形截面的受剪承载力储备。另外，当 T 形和工字形截面的梁腹很薄时，可能在梁腹发生斜压破坏，其受剪承载力随腹板高度的增加而降低（此时翼缘宽度对受剪承载力影响甚微），但这种破坏可通过构造措施来防止。

5.3.2　斜截面受剪承载力计算公式的适用条件

1. 防止出现斜压破坏——最小截面尺寸的限制

当发生斜压破坏时，梁腹的混凝土被压碎，箍筋不屈服，其受剪承载力主要取决于构件的腹板宽度、梁截面高度及混凝土强度。因此，只要保证构件截面尺寸不太小，就可防止斜压破坏的发生。对矩形、T 形及 I 形截面受弯构件，其受剪截面应符合下列条件：

当 $h_w/b \leqslant 4$ 时

$$V \leqslant 0.25 \beta_c f_c b h_0 \tag{5-15}$$

当 $h_w/b \geqslant 6$ 时

$$V \leqslant 0.20 \beta_c f_c b h_0 \tag{5-16}$$

当 $4 < h_w/b < 6$ 时，按线性内插法取用或按下式计算：

$$V \leqslant 0.025 \left(14 - \frac{h_w}{b}\right) \beta_c f_c b h_0 \tag{5-17}$$

式中　V——构件斜截面上的最大剪力设计值；

　　　b——矩形截面宽度，T 形和 I 形截面的腹板宽度；

　　　β_c——混凝土强度影响系数；当混凝土强度等级不超过 C50 时，取 $\beta_c = 1.0$；当混凝土强度等级为 C80 时，取 $\beta_c=0.8$；其间按直线内插法取用；

h_w——截面的腹板高度，矩形截面取有效高度 h_0，T 形截面取有效高度减去翼缘高度 h_0-h_f'，I 形截面取腹板净高 $h_0-h_f'-h_f$，如图 5-11 所示。

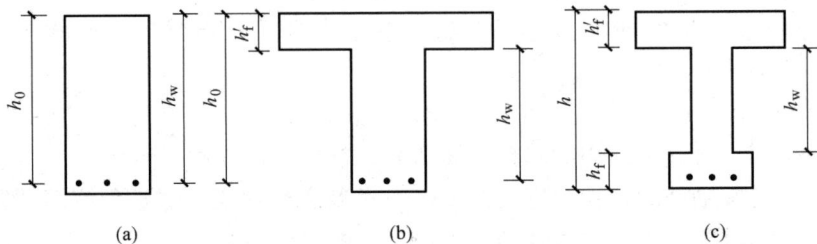

图 5-11　h_w 的取值示意图

实际上，截面最小尺寸条件也就是最大配箍率的条件。在设计中，如果不满足式（5-15）~式（5-17）的条件时，应加大构件截面尺寸或提高混凝土强度等级。对于 T 形或 I 形截面的简支受弯构件，当有实践经验时，式（5-15）中的系数可改用 0.3。

2. 防止出现斜拉破坏——最小配箍率和箍筋最大间距的限制

为了避免出现斜拉破坏，当 $V\geqslant0.7f_tbh_0$ 时，构件配箍率应满足：

$$\rho_{sv}=\frac{A_{sv}}{bs}\geqslant\rho_{sv,min}=0.24\frac{f_t}{f_{yv}} \tag{5-18}$$

梁斜截面承载力的大小，不仅与配箍率有关，而且与箍筋的间距及其直径粗细的程度有关。同样配箍率情况下，若其箍筋间距较大，有可能两根箍筋之间出现不与箍筋相交的斜裂缝，使箍筋无从发挥作用。此外，箍筋直径较细，也不能满足钢筋骨架的刚度要求，不便于支座安装。因此，箍筋的直径和间距尚应符合表 5-1 和表 5-2 的构造要求。

梁中箍筋最小直径　　　　　　　　　　　　　　　　　　　　　表 5-1

梁高 h（mm）	箍筋直径 d（mm）	梁高 h（mm）	箍筋直径 d（mm）
$h\leqslant800$	6	$h>800$	8

梁中箍筋最大间距　　　　　　　　　　　　　　　　　　　　　表 5-2

梁高 h（mm）	$V>0.7f_tbh_0$	$V\leqslant0.7f_tbh_0$	梁高 h（mm）	$V>0.7f_tbh_0$	$V\leqslant0.7f_tbh_0$
$150<h\leqslant300$	150	200	$500<h\leqslant800$	250	350
$300<h\leqslant500$	200	300	$h>800$	300	400

5.3.3　受弯构件斜截面承载能力的设计与校核

1. 计算截面的确定

在计算斜截面受剪承载力时，计算位置一般应按下列规定采用：

（1）支座边缘处的斜截面，如图 5-12 所示的截面 1-1；

（2）受拉区弯起钢筋弯起点处的斜截面，如图 5-12 所示的截面 2-2；

（3）受拉区箍筋截面面积或间距改变处的斜截面，如图 5-12 所

二维码 5-4　斜截面抗剪计算位置、受弯构件斜截面设计与承载力校核的一般步骤

示的截面 3-3；

（4）腹板宽度改变处的截面，如图 5-12 所示的截面 Ⅱ-Ⅱ。

上述截面都是斜截面承载力比较薄弱的地方，所以都应进行计算，并应取这些斜截面范围内的最大剪力，即斜截面起始端的剪力作为剪力设计值。

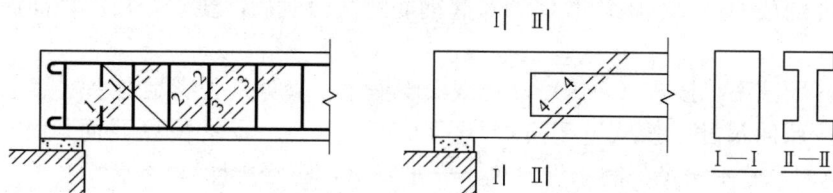

图 5-12 斜截面受剪承载力计算位置

2. 受弯构件斜截面设计与承载力校核的一般步骤

实际工程中受弯构件斜截面承载力计算通常有两类问题：即截面设计和承载力校核。

1）截面设计

已知剪力设计值 V（或荷载作用情况）、截面尺寸、混凝土强度等级、箍筋级别、纵向受力钢筋的级别和数量，要求确定腹筋的数量。

（1）校核截面尺寸是否满足要求

梁的截面尺寸应满足式（5-15）～式（5-17）的要求，以免发生斜压破坏；当不满足要求时，应加大截面尺寸或提高混凝土强度等级。

（2）确定是否需按计算配置腹筋

若剪力设计值满足式（5-13）或式（5-14）要求时，可直接按构造要求配置箍筋和弯起钢筋；否则，应在满足构造要求的前提下，按计算配置腹筋。

（3）确定腹筋数量

① 仅配箍筋

对于一般受弯构件，由式（5-9）可得：

$$\frac{A_{sv}}{s} \geqslant \frac{V - 0.7 f_t b h_0}{f_{yv} h_0} \tag{5-19}$$

对于以集中荷载为主的独立梁，由式（5-9）可得：

$$\frac{A_{sv}}{s} \geqslant \frac{V - \dfrac{1.75}{\lambda + 1} f_t b h_0}{f_{yv} h_0} \tag{5-20}$$

求出 A_{sv}/s 的值后，即可根据构造要求选定箍筋肢数 n 和直径 d，然后求出间距 s；或者根据构造要求选定箍筋肢数 n 和箍筋间距 s，然后确定 d。箍筋的间距和直径应满足构造要求。验算最小配筋率要求，检验所求的箍筋数量是否满足式（5-18），若不满足，则按 $\rho_{sv,min}$ 配置箍筋。

② 既配箍筋又配弯起钢筋

当需要配置弯起钢筋与混凝土和箍筋共同承受剪力时，一般可先选定箍筋的直径和间距（直径和间距满足构造要求），并按式（5-9）计算 V_{cs}，再按式（5-11）计算弯起钢筋的截面面积，即：

$$A_{sb} \geqslant \frac{V - V_{cs}}{0.8 f_y \sin \alpha_s} \tag{5-21}$$

也可先选定弯起钢筋的截面面积 A_{sb}（由跨中纵向受拉钢筋弯起或单独设置弯起钢筋），由式（5-9）求出 V_{cs}，然后按只配箍筋的方法计算箍筋。

（4）绘出配筋图

2）斜截面受剪承载力校核

已知构件的截面尺寸、箍筋数量和弯起钢筋的截面面积，要求校核斜截面所能承受的剪力设计值 V。

（1）验算配箍率。按式（5-19）计算截面配箍率，验算是否满足最小配箍率要求。

（2）验算截面尺寸。按式（5-15）、式（5-16）式（5-17）验算截面尺寸。若 $\rho_{sv} \geqslant \rho_{sv,min}$，但截面尺寸不满足限制条件，也不满足要求，应停止计算。

（3）当截面配箍率和截面尺寸都满足的情况下，按式（5-9）或式（5-11）计算截面承载能力 V_u。

（4）斜截面安全性判断。当实际荷载产生的剪力设计值 $V \leqslant V_u$ 时，则截面安全，否则截面不安全。

3）斜截面抗剪承载力计算步骤框图

钢筋混凝土斜截面抗剪承载力计算步骤可以用下面的框图表示：

（1）一般情形如图 5-13 所示。

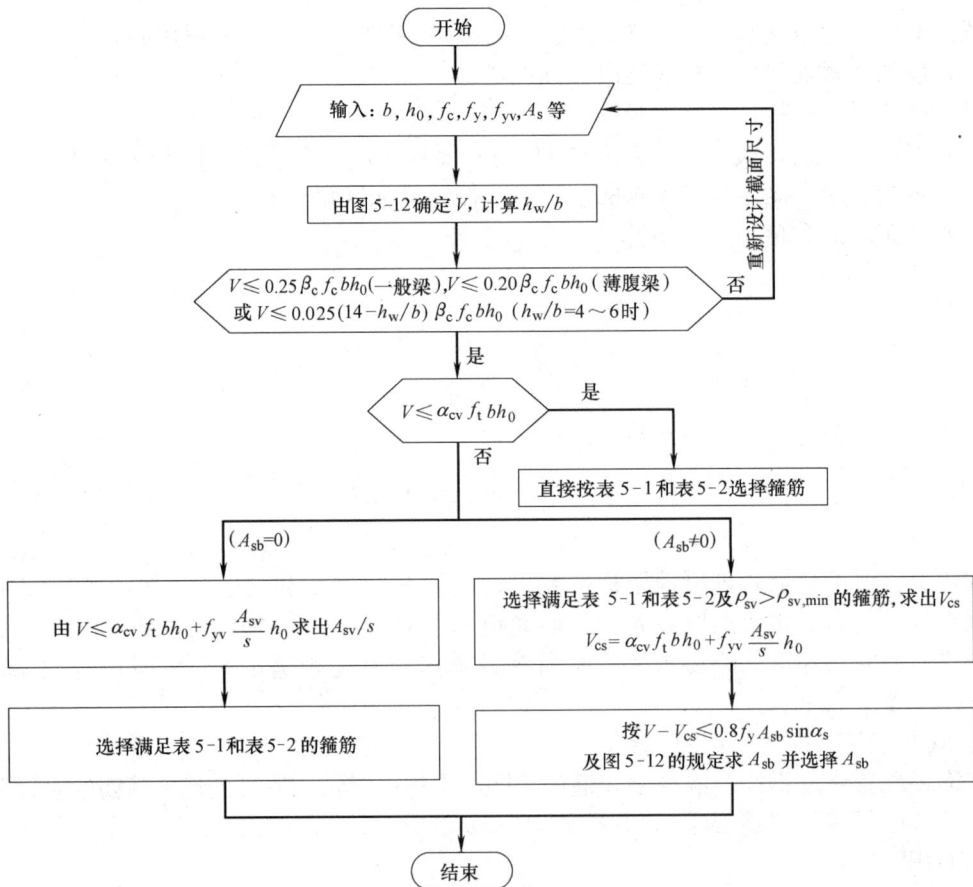

图 5-13　有腹筋梁斜截面承载力计算步骤框图

（2）在图 5-13 的框图中，α_{cv} 的取值：一般受弯构件，$\alpha_{cv}=0.7$；对集中荷载作用下的独立梁，α_{cv} 按式（5-10）取值。

2. 计算例题

【例 5-1】　某钢筋混凝土矩形截面简支梁，两端支承在砖墙上，净跨距 $l_n=3660mm$，如图 5-14 所示；截面尺寸 $b \times h=200mm \times 500mm$。该梁承受均布荷载，其中恒荷载标准值 $g_k=25kN/m$（包括自重），活荷载标准值 $q_k=38kN/m$；环境类别为二 a 类，混凝土强度等级为 C30，箍筋采用 HPB300 级钢筋。按正截面受弯承载力计算已选配 3Φ25 为纵向受力钢筋。试根据斜截面受剪承载力确定腹筋。

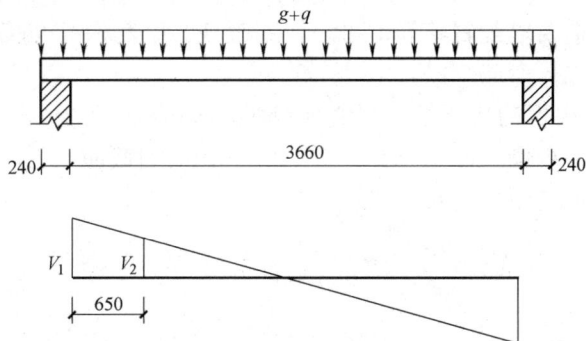

图 5-14　例 5-1 附图

【解】　查表得 $f_c=14.3N/mm^2$，$f_t=1.43N/mm^2$，$f_y=360N/mm^2$，$f_{yv}=270N/mm^2$，$\beta_c=1.0$。环境类别为二 a 类，混凝土保护层最小厚度为 25mm，则取 $a_s=40mm$，$h_0=500-40=460mm$。

1）确定计算截面，并计算剪力设计值

支座边缘处剪力最大，故应选择该截面进行抗剪计算。该截面的剪力设计值为：

$$V_1=\frac{1}{2}(\gamma_G g_k+\gamma_Q q_k)l_n=\frac{1}{2}(1.3 \times 25+1.5 \times 38) \times 3.66=163.79kN$$

2）校核截面尺寸

$$h_w=h_0=460mm>h_w/b=h_0/b=460/200=2.3<4.0$$

属于一般梁，则：

$$0.25\beta_c f_c bh_0=0.25 \times 1.0 \times 14.3 \times 200 \times 460=328.9kN>V_1=163.79kN$$

截面尺寸满足要求。

3）确定是否需按计算配置箍筋

$$0.7f_t bh_0=0.7 \times 1.43 \times 200 \times 460=92.09kN<V_1=163.79kN$$

故需按计算配置箍筋。

4）腹筋计算

配置腹筋有两种办法：一种是只配箍筋，另一种是同时配置箍筋和弯起钢筋。一般优先选配箍筋，下面分述两种方法的计算。

（1）配箍筋

$$\frac{A_{sv}}{s} \geqslant \frac{V-0.7f_t bh_0}{f_{yv}h_0}=\frac{163790-92090}{270 \times 460}=0.577mm^2/mm$$

按构造要求，选用Φ8双肢箍筋（$A_{sv1}=50.3\text{mm}^2$），则箍筋间距为：

$$s\leqslant\frac{A_{sv}}{0.577}=\frac{nA_{sv1}}{0.577}=\frac{2\times50.3}{0.577}=174.4\text{mm}$$

查表5-2，得$s_{max}=200\text{mm}$，取$s=150\text{mm}$。箍筋配筋如图5-15（a）所示。

（2）既配箍筋又配弯起钢筋

选用1Φ25纵筋作弯起钢筋，$A_{sb}=491\text{mm}^2$，假设按照45°弯起，则由式（5-12）得：

$$V_{sb}=0.8f_yA_{sb}\sin\alpha_s=0.8\times360\times491\times\sin45°=100\text{kN}$$

则：

$$V_{cs}=V-V_{sb}=163.79-100=63.79\text{kN}<0.7f_tbh_0=92.09\text{kN}$$

所以，直接按构造要求配置箍筋即可。根据表5-1和表5-2，箍筋选用2Φ8@200。

核算是否需要第二排弯起钢筋：

取$s_1=200\text{mm}$，根据构造要求，梁支座处的箍筋应从梁边（或墙边）50mm处开始放置，则弯起钢筋水平投影长度$s_b=h-50=450\text{mm}$，则截面2-2（弯起钢筋弯起点处的截面）的剪力可由相似三角形关系求得：

$$V_2=V_1\left(1-\frac{200+450}{0.5\times3660}\right)=108.2\text{kN}$$

$$V_{cs}=0.7f_tbh_0+f_{yv}\frac{nA_{sv1}}{s}h_0=92.1\times10^3+270\times\frac{2\times50.3}{150}\times460=154.6\text{kN}$$

$V_2<V_{cs}$，故不需要第二排弯起钢筋。其配筋如图5-15（b）所示。

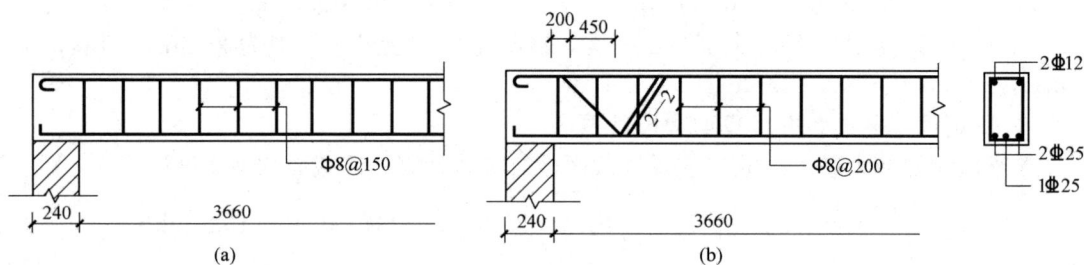

图5-15　例5-1配筋图

【例5-2】　某矩形截面简支梁，其跨度及荷载设计值如图5-16所示，梁的截面尺寸$b\times h=250\text{mm}\times600\text{mm}$，混凝土强度等级为C30，纵向受力钢筋按两排布置，箍筋采用HRB400级，试根据斜截面受剪承载力确定腹筋。环境类别为二a类。

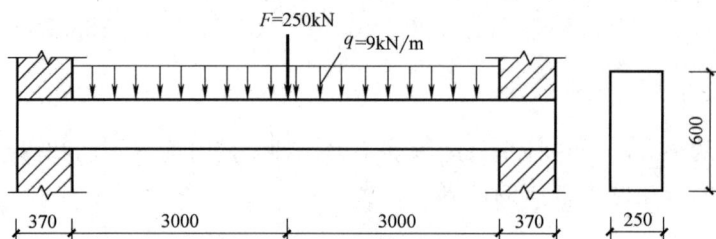

图5-16　例5-2附图

【解】 根据题意，$f_t = 1.43\text{N/mm}^2$，$f_c = 14.3\text{N/mm}^2$，$\beta_c = 1.0$；纵筋按两排考虑，环境类别为二 a 类，则 $a_s = 70\text{mm}$，$h_0 = h - a_s = 530\text{mm}$；$f_{yv} = 360\text{N/mm}^2$；净跨度 $l_n = 6\text{m}$。

1）剪力设计值计算

由均布荷载在支座边缘处产生的剪力设计值：

$$V_q = \frac{1}{2} q l_n = \frac{1}{2} \times 9 \times 6 = 27\text{kN}$$

则支座处总剪力设计值为 $V = V_q + V_F = 152\text{kN}$，由于该梁集中荷载对支座截面产生的剪力设计值占支座截面处总剪力值的百分比为 $125/152 \times 100\% = 82.2\% > 75\%$，则该梁应按集中荷载作用下独立梁计算公式计算斜截面的受剪承载力。

2）截面尺寸验算

根据斜截面限制条件规定，因 $h_w/b = h_0/b = 530/250 = 2.12 < 4$，则 $0.25\beta_c f_c b h_0 = 0.25 \times 1.0 \times 14.3 \times 250 \times 530 = 473.69\text{kN} > V = 152\text{kN}$，满足截面尺寸要求。

3）验算是否需要按计算配置箍筋

$\lambda/h_0 = 3000/530 = 5.66 > 3$，取 $\lambda = 3$，则：

$$\frac{1.75}{\lambda + 1} f_t b h_0 = \frac{1.75}{3+1} \times 1.43 \times 250 \times 530 = 83\text{kN} < V = 121\text{kN}$$

需按计算配置箍筋。

4）箍筋用量计算

按照式（5-20）可计算出：

$$\frac{n A_{sv1}}{s} \geqslant \frac{V - \dfrac{1.75}{\lambda+1} f_t b h_0}{f_{yv} h_0} = \frac{152 \times 10^3 - \dfrac{1.75}{3+1} \times 1.43 \times 250 \times 530}{360 \times 530} = 0.362$$

根据表 5-1 和表 5-2 规定，可假定箍筋为 2Φ8（$A_{sv1} = 50.3\text{mm}^2$），于是箍筋间距为：

$$s = \frac{n A_{sv1}}{0.266} = \frac{2 \times 50.3}{0.362} = 277.9\text{mm}$$

取 $s = 250\text{mm} \leqslant s_{max} = 250\text{mm}$，符合构造要求。

5）验算最小配箍率

$$\rho_{sv} = \frac{n A_{sv1}}{bs} = \frac{2 \times 50.3}{250 \times 250} \times 100\% = 0.161\%$$

$$\rho_{sv,min} = 0.24 f_t / f_{yv} = 0.24 \times 1.43 / 360 = 0.095\% < \rho_{sv} = 0.161\%$$

故箍筋配筋率符合要求。该梁箍筋可布置 2Φ8@250，沿梁长均匀布置。

【例 5-3】 某矩形截面简支梁，如图 5-17 所示，梁的截面尺寸 $b \times h = 200\text{mm} \times 400\text{mm}$，混凝土强度等级为 C25，箍筋采用 HPB300 级，Φ8@200，环境类别为二 a 类，试求：

（1）该梁所能承受的最大剪力设计值 V。

（2）若按斜截面抗剪承载力要求，该梁能承受多大的均布荷载 q？

【解】 根据题意，环境类别为二 a 类，混凝土保护层最小厚度 c 取 30mm，则 $a_s = 45\text{mm}$，$h_0 = h - a_s = 355\text{mm}$；混凝土采用 C25，$\beta_c = 1.0$，$f_t = 1.27\text{N/mm}^2$，$f_c =$

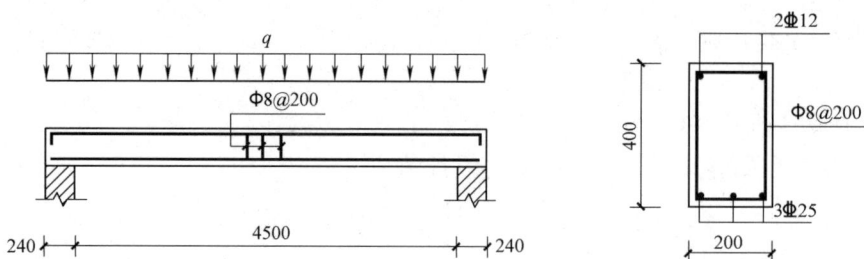

图 5-17　例 5-3 附图

$11.9\text{N}/\text{mm}^2$，$\Phi 8@200$，$f_{yv}=270\text{N}/\text{mm}^2$，$A_{sv1}=50.3\text{mm}^2$，$n=2$，$s=200\text{mm}$，该梁净跨度 $l_n=4.5\text{m}$。

1）验算配箍率是否满足要求

$$\rho_{sv}=\frac{nA_{sv1}}{bs}\times 100\%=\frac{2\times 50.3}{200\times 200}\times 100\%=0.25\%$$

$$\rho_{sv,\min}=\frac{0.24f_t}{f_{yv}}\times 100\%=\frac{0.24\times 1.27}{270}\times 100\%=0.11\%<\rho_{sv}=0.25\%$$

满足要求。

2）校核截面尺寸

因 $h_w/b=h_0/b=355/200=1.8<4$，则：

$$0.25\beta_c f_c bh_0=0.25\times 1.0\times 11.9\times 200\times 355=211.2\text{kN}$$

该梁承受均布荷载作用，故可计算出混凝土和箍筋的抗剪力 V_{cs} 值为：

$$V_{cs}=0.7f_t bh_0+f_{yv}\frac{A_{sv}}{s}h_0=0.7\times 1.27\times 200\times 355+270\times\frac{2\times 50.3}{200}\times 355$$

$$=111.3\text{kN}<211.2\text{kN}$$

梁截面尺寸符合要求。同时，可知该梁所能承担的最大剪力设计值为 $V=111.3\text{kN}$。

3）计算该梁承受的均布荷载设计值

由 $V=1/2ql_n$，可以计算出该梁所能承受的均布荷载设计值（包括梁自重）为：

$$q=\frac{2V}{l_n}=\frac{2\times 111.3}{4.5}=49.5\text{kN}/\text{m}$$

【例 5-4】　一钢筋混凝土外伸梁，如图 5-18 所示。混凝土强度等级为 C30（$f_t=1.43\text{N}/\text{mm}^2$、$f_c=14.3\text{N}/\text{mm}^2$），箍筋为 HPB300 级钢筋（$f_{yv}=270\text{N}/\text{mm}^2$），纵筋为 HRB400 级钢筋（$f_y=360\text{N}/\text{mm}^2$）。环境类别为一类，求配置腹筋。

【解】　1）求剪力设计值

图 5-18（b）为该梁的计算简图和内力图。对斜截面受剪承载力而言，A 支座、B 支座左边、B 支座右边为三个计算截面，内力图已给出了它们的剪力设计值。

环境类别为一类，混凝土保护层最小厚度 c 取 25mm，则 $a_s=40\text{mm}$，$h_0=h-a_s=360\text{mm}$。

2）验算截面条件

$\beta_c=1.0$，$400/250=1.6<4$，为一般梁，$0.25\beta_c f_c bh_0=0.25\times 1\times 14.3\times 250\times$

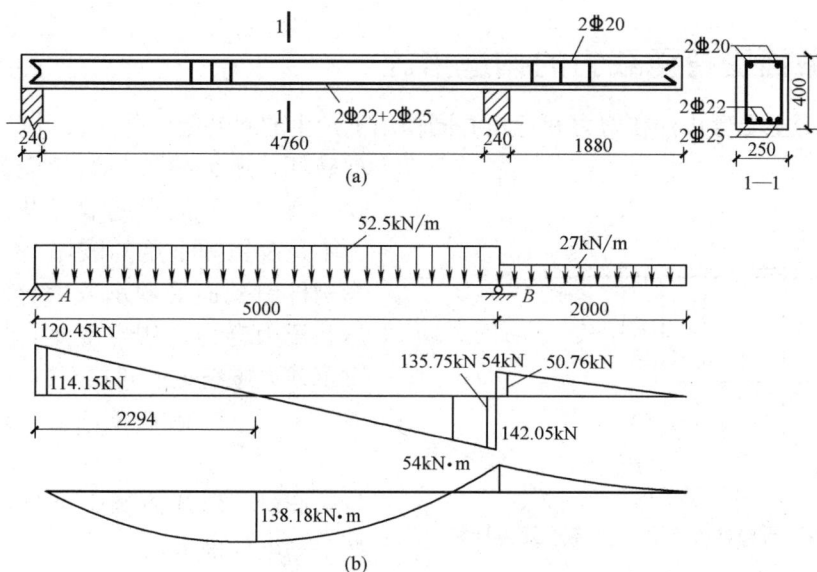

图 5-18 例 5-4 附图

$360=321.75\text{kN}$。

此值大于三截面中最大的剪力值 $V_{B左}=135.75\text{kN}$，故截面尺寸都符合要求。

3) 配置腹筋

支座 A：$V_A=114.15\text{kN}$。

$0.7f_tbh_0=0.7\times1.43\times250\times360=90.09\text{kN}<V_A=114.15\text{kN}$，故必须按计算配置箍筋。

$$V_A=0.7f_tbh_0+f_{yv}\frac{nA_{sv1}}{s}h_0$$

$$\frac{nA_{sv1}}{s}=\frac{(114.15-90.09)\times10^3}{270\times360}=0.248\text{mm}^2/\text{mm}$$

选配双肢箍筋ϕ8@200，实有：

$$V_{cs}=0.7f_tbh_0+f_{yv}\frac{nA_{sv1}}{s}h_0$$

$$=90.09\times10^3+270\times\frac{2\times50.3}{200}\times360=138.98\text{kN}>V_{B左}=135.75\text{kN}$$

则双肢箍筋ϕ8@200 满足 B 支座左边的受剪承载力要求。

支座 $B_右$：$V_{B右}=50.76$。

$$0.7f_tbh_0=90.09\text{kN}>V_{B右}=50.76\text{kN}$$

仅需按构造配置箍筋，选配双肢箍筋ϕ8@200，符合表 5-2 中最大箍筋间距的要求。

$\rho_{sv}=\dfrac{2\times50.3}{250\times250}=0.161\%>\rho_{sv,min}=0.24\dfrac{f_t}{f_{yv}}=0.24\times\dfrac{1.43}{270}=0.127\%$，满足最小配箍率的要求。

5.4　斜截面受弯承载力的构造措施

钢筋混凝土受弯构件在剪力和弯矩共同作用下产生的斜裂缝，除了会引起斜截面的受剪破坏，还会导致与其相交的纵向钢筋拉力增加，可能引起沿斜截面受弯承载力不足及锚固不足的破坏。图 5-19 为受弯构件斜截面受弯承载力计算图，对受压区压力合力作用点取矩，斜截面的受弯承载力应满足下列规定：

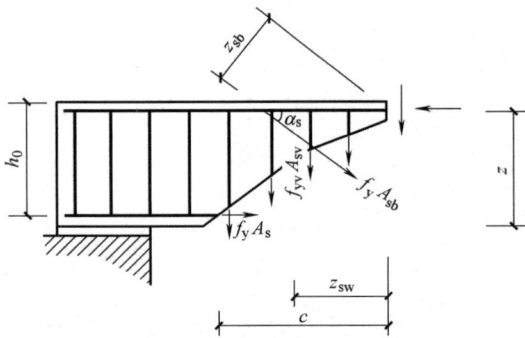

图 5-19　受弯构件斜截面受弯承载力计算

$$M \leqslant f_y A_s z + \sum f_y A_{sb} z_{sb} + \sum f_{yv} A_{sv} z_{sv} \tag{5-22}$$

此时，斜截面的水平投影长度 c 可按下列条件确定：

$$V = \sum f_y A_{sb} \sin\alpha_s + \sum f_{yv} A_{sv} \tag{5-23}$$

式中　M——构件斜截面受压区末端的弯矩设计值；

　　　V——斜截面受压区末端的剪力设计值；

　　　z——纵向受拉钢筋的合力至受压区合力点的距离，可近似取 $z = 0.9 h_0$；

　　　z_{sb}——同一弯起平面内弯起钢筋的合力至斜截面受压区合力点的距离；

　　　z_{sv}——同一斜截面上箍筋的合力至斜截面受压区合力点的距离。

当受弯构件中配置的纵向受力钢筋满足各项锚固要求以及箍筋的间距符合构造要求时，可不进行构件斜截面的受弯承载力计算。因此在设计中除了保证梁的正截面受弯承载力和斜截面受剪承载力外，还应保证梁的斜截面受弯承载力。而斜截面受弯承载力一般不必计算，主要通过满足纵向钢筋的弯起、截断及锚固等构造措施共同保证。

5.4.1　正截面受弯承载力图

按构件实际配置的纵向钢筋所绘制的沿梁纵轴各正截面所能承受的弯矩图形称为抵抗弯矩图（M_u 图），也叫材料图。抵抗弯矩图中竖标表示正截面受弯承载力设计值 M_u，是构件截面的抗力。由荷载对梁的各个截面产生的弯矩设计值 M 所绘制的图形，称为弯矩图，即 M 图。

图 5-20 为一均布荷载作用下的简支梁，跨度最大弯矩 $M_{max} = 1/8 q l^2$，其弯矩图为二次抛物线形。该梁根据 M_{max} 计算配置的纵向受拉钢筋为 2Φ20 和 2Φ22。若梁实际配置钢筋的总面积 A'_s 正好等于计算面积 A_s，则 M_{max} 图的外围水平线正好与 M 图上最大弯矩点相切。如果实际配置的全部纵向钢筋沿梁全长布置，即不切断也不弯起，且伸入支座有足够的锚固长度，则沿梁长各正截面的抵抗弯矩相等。在图 5-20 中，$abcd$ 为该梁的抵抗弯矩图。该矩形的抵抗弯矩图说明，该梁的任一正截面与斜截面的抗弯能力均可得以保证，且构造简单，只是钢筋强度未能得以充分利用，即除跨中截面外，其余截面的纵筋应力均没有达到其抗拉强度设计值。显然，这是不经济的。

工程设计中，为了既能保证构件受弯承载力要求，又经济适用，对于跨度较小的构

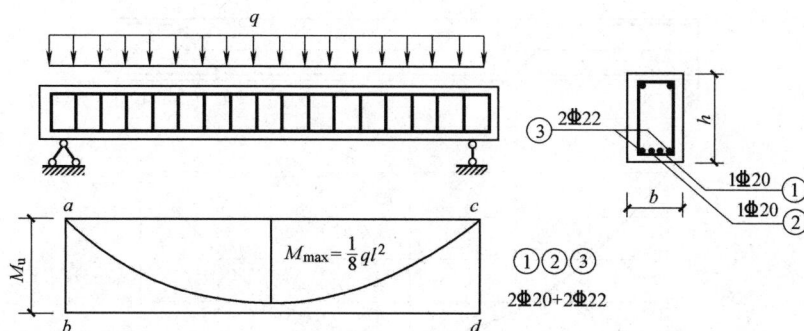

图 5-20 纵筋全部伸入支座时的抵抗弯矩图

件，可以采用纵筋全部通长布置方式；对于大跨度的构件，可将一部分纵筋在受弯承载力不需要处切断或弯起用作受剪的弯起钢筋。

为了便于准确地确定纵向钢筋的切断和弯起的位置，应详细地绘制出梁各截面实际所需的抵抗弯矩图。抵抗弯矩图绘制的基本方法如下。

首先，按一定的比例绘出梁的设计弯矩图（即 M 图），并设梁截面所配钢筋总截面积为 A_s，每根钢筋截面积为 A_{si}。则截面抵抗弯矩 M_u 及第 i 根钢筋的抵抗弯矩 M_{ui} 可分别表示为：

$$M_u = A_s f_y \left(h_0 - \frac{f_y A_s}{2\alpha_1 f_c b} \right) \tag{5-24}$$

每根钢筋所能承担的 M_u 可近似按该钢筋的面积 A_{si} 与总面积 A_s 的比，乘以 M_u 求得，即：

$$M_{ui} = \frac{A_{si}}{A_s} M_u \tag{5-25}$$

式中 A_s——所有抵抗弯矩钢筋的截面面积之和；

   M_{ui}——第 i 根钢筋的抵抗弯矩；

   A_{si}——第 i 根钢筋的截面面积。

按与设计弯矩图相同的比例，将每根钢筋在各正截面上的抵抗弯矩绘在设计弯矩图上，便可得到抵抗弯矩图。

5.4.2 纵向钢筋的弯起

1. 纵向钢筋弯起在抵抗弯矩图上的表示方法

图 5-21 为某承受均布荷载的简支梁，配有 $2\underline{\Phi}20 + 2\underline{\Phi}22$ 的纵向钢筋。按式（5-25）近似计算出每根钢筋所能抵抗的弯矩，如图 5-21 中的 1、2、3 各点，竖距 $m1$ 代表 1 根直径 22mm 的纵筋所能抵抗的弯矩，竖距 12 代表另 1 根直径为 22mm 纵筋所能抵抗的弯矩，竖距 23 和 $3n$ 分别表示其余 2 根直径为 20mm 的纵筋所能抵抗的弯矩（一般将拟弯起纵筋所能抵抗的弯矩画在弯矩图下边）。

如果要把 1 根直径为 20mm 的钢筋截断或弯起，过 3 点画水平线与设计弯矩图相交于 a、a' 点。n 点为最后 1 根直径为 20mm 的纵筋的"充分利用点"，a、a' 为该钢筋的"不需要点"，即为理论截断点。若欲根据该钢筋的"不需要点"确定该钢筋的弯起点位置，

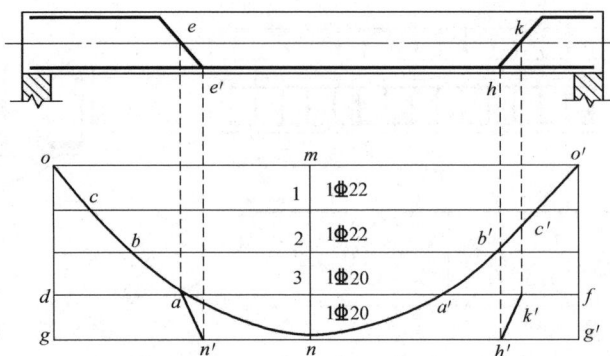

图 5-21　纵筋全部伸入支座时的抵抗弯矩图

则可过 a 点作垂线与梁中和轴相较于点 e，根据钢筋的所需弯起的角度（一般为 45°或 60°）过 e 点作斜线与纵筋交于点 e'，e' 即为最后 1 根直径 20mm 的纵筋的弯起点。过 e' 点作垂线，与抵抗弯矩图交于点 n'，连接点 $n'a$，则折线 $odan'n$ 即为该纵筋在 e' 点弯起后的抵抗弯矩图。抵抗弯矩图中的斜线段 $n'a$ 是考虑该纵筋虽然从 e' 点弯起，但在其未进入中和轴之前仍具有一定的拉力，且越靠近中和轴拉力越小，至 e 点时不再受拉，因而 e' e 段钢筋越接近中和轴，其所抵抗的弯矩也越小。

若欲将该纵筋在 h 点按一定角度弯起，则可分别过 h 点、k 点作垂线，分别与抵抗弯矩图交于 h' 点、k' 点，连接 $h'k'$ 点，则折线 $nh'k'fo$ 即为该直径 20mm 的纵筋在 h 点弯起时的抵抗弯矩图，也可以用同样的方法绘制另 1 根直径为 20mm 的纵筋弯起时的抵抗弯矩图。

为了保证正截面受弯承载力的要求，不论纵筋在合理的范围内何处弯起，抵抗弯矩图必须包住设计弯矩图，则表明沿梁长各个截面的正截面受弯承载力是足够的。抵抗弯矩图越接近设计弯矩图，则说明设计越经济。同时，考虑到施工操作方便，配筋构造也不宜过于复杂。

但是，使抵抗弯矩图能包住设计弯矩图只是保证了梁的正截面受弯承载力。实际上，纵向受力钢筋的弯起与截断还必须考虑梁的斜截面受弯承载力的要求。因此，纵向受力钢筋弯起点及截断点的确定是比较复杂的，施工时，钢筋弯起和截断位置必须严格按照施工图。

2. 纵向受力钢筋的弯起位置

梁中纵向钢筋的弯起位置必须满足三个要求：

1）满足斜截面受剪承载力的要求。弯起钢筋的弯终点到支座边或到前一排弯起钢筋弯起点之间的距离都不应大于箍筋的最大间距，其值见表 5-2 内 $V > 0.7f_t bh_0$ 一栏的规定。这一要求是为了使每根弯起钢筋都能与斜裂缝相交，以保证斜截面的受剪承载力。

2）满足正截面受弯承载力的要求。纵向钢筋弯起后梁的抵抗弯矩图包住梁的设计弯矩图，即弯起钢筋与梁中和轴的交点不得位于按正截面承载力计算不需要该钢筋的截面以内。

3）满足斜截面受弯承载力的要求。为了保证构件的正截面受弯承载力，弯起钢筋与梁轴线的交点必须位于该钢筋的理论截断点之外。同时，弯起钢筋的实际起弯点必须伸过其充分利用点一段距离 s，以保证纵向受力钢筋弯起后斜截面的受弯承载力。s 的精确计算很复杂。为简便起见，不论钢筋的弯起角度为多少，均统一取 $s \geqslant 0.5h_0$。

3. 梁中纵向受力钢筋弯起时构造要求

1）梁的剪力较小及梁内所配置纵向钢筋少于 3 根时，可不布置弯起钢筋。

2）在钢筋混凝土梁中，当设置弯起钢筋时，弯起钢筋在弯终点外应留有平行于轴线方向的锚固长度，以保证在斜截面处发挥其强度。当锚固长度位于受拉区时，其长度不小于 $20d$，位于受压区时不小于 $10d$（d 为弯起钢筋的直径）。光面钢筋的末端应设弯钩。同时弯折半径应不小于 $10d$（图 5-22）。

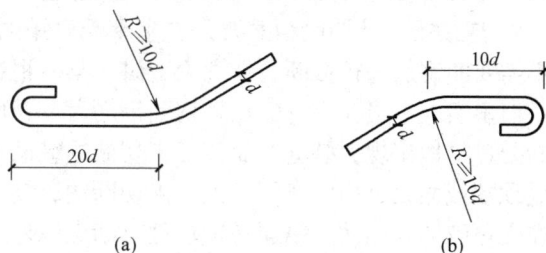

图 5-22 弯起钢筋的端部构造

（a）受拉区；（b）受压区

3）梁底层钢筋中角部钢筋不应弯起，梁顶层钢筋中的角部钢筋不应弯下。弯起钢筋的弯起角度在板中为 $30°$，在梁中宜取 $45°$ 或 $60°$。

4）弯起钢筋的间距是指前一排弯起钢筋起点至后一排弯起钢筋弯终点之间的水平距离，当弯起钢筋是按计算设置时，该距离不应大于表 5-2 中 $V \geqslant 0.7f_t bh_0$ 规定的箍筋最大间距 s_{max}，以避免在两排弯起钢筋之间出现不与弯起钢筋相交的斜裂缝，如图 5-23 所示。

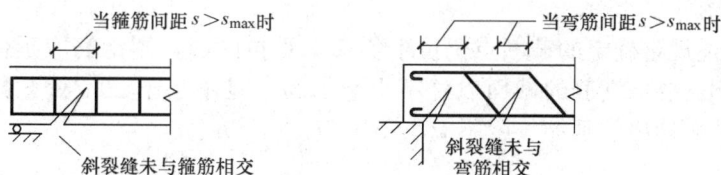

图 5-23 梁端斜裂缝

5）当纵向受力钢筋不能在需要的地方弯起或弯起钢筋不足以承受剪力时，可单独为抗剪设置只承受剪力的弯起钢筋。此时，弯起钢筋应采用"鸭筋"形式，严禁采用锚固性能较差的"浮筋"（图 5-24）。"鸭筋"的构造与弯起钢筋基本相同。

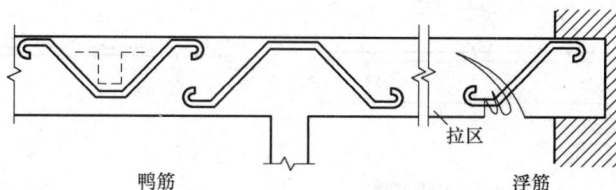

图 5-24 鸭筋与浮筋

5.4.3 纵向受拉钢筋截断

梁的正、负纵向钢筋都是根据跨中或支座最大弯矩值计算配置的。从经济角度，当截面弯矩减小时，纵向受力钢筋的数量也应随之减小，因

二维码 5-6
梁中纵向受力
钢筋弯起和截
断的构造要求

此，可以在适当的位置将纵向钢筋截断。

1. 梁跨中承受正弯矩的纵向受拉钢筋一般不宜在拉区截断。这是因为钢筋截断处钢筋截面面积骤减，混凝土内的拉力骤增，造成纵筋截断处过早地出现裂缝，且裂缝宽度增加较快，如果截断钢筋的锚固长度不足，则会导致粘结破坏，致使构件承载力下降。

因此，对于正弯矩区段内的纵向钢筋，通常采用弯向支座（用来抗剪或承受负弯矩）的方式来减少多余钢筋，或者一直伸进支座。

2. 连续梁、外伸梁和框架梁支座承受弯矩的纵向弯拉钢筋，可根据弯矩图的变化把计算不需要的钢筋进行截断。从理论上讲，某一根纵筋可在其不需要点（称为理论断点）处截断，但事实上，当在理论断点处切断钢筋后，相应于该处的混凝土拉应力会突增，有可能在切断处过早地出现斜裂缝，而该处未切断的纵筋的强度是被充分利用的，斜裂缝的出现使斜裂缝顶端截面处承担的弯矩增大，未切断的纵筋应力就有可能超过某抗拉强度，造成梁的斜截面受弯破坏。因而，纵筋必须从理论断点以外延伸一定长度后再切断。

梁支座截面承担负弯矩的纵向钢筋若分批截断时，每批钢筋应延伸至按正截面受弯承载力计算不需要该钢筋的截面之外，延伸长度按以下规定采用：

1）当 $V \leqslant 0.7 f_t b h_0$ 时，钢筋应延伸至按正截面受弯承载力计算不需要该钢筋截面以外不小于 $20d$（d 为纵向钢筋直径）处截断，且从该钢筋强度充分利用截面伸出的长度不应小于 $1.2 l_a$（l_a 为受拉钢筋的锚固长度），如图 5-25 所示。

2）当 $V > 0.7 f_t b h_0$ 时，钢筋应延伸至按正截面受弯承载力计算不需要该钢筋截面以外不小于 h_0 且不小于 $20d$ 处截断，且从该钢筋强度充分利用截面伸出的长度不小于 $1.2 l_a + h_0$，如图 5-26 所示。

3）若按上述规定确定的截断点仍位于负弯矩受拉区内，则钢筋应延伸至按正截面受弯承载力计算不需要该钢筋的截面以外不小于 $1.3 h_0$ 且不小于 $20d$ 处截断，且从该钢筋强度充分利用截面伸出的延伸长度不应小于 $1.2 l_a + 1.7 h_0$。

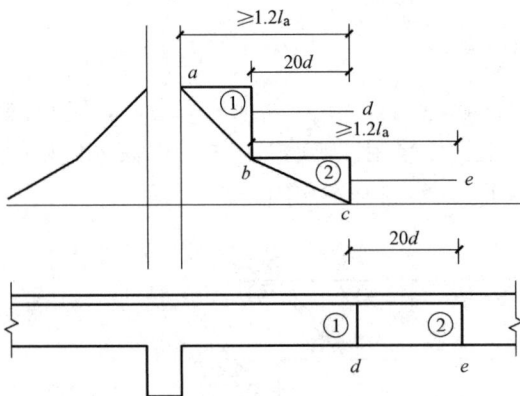

图 5-25 $V \leqslant 0.7 f_t b h_0$ 时的钢筋截断图   图 5-26 $V > 0.7 f_t b h_0$ 时的钢筋截断图

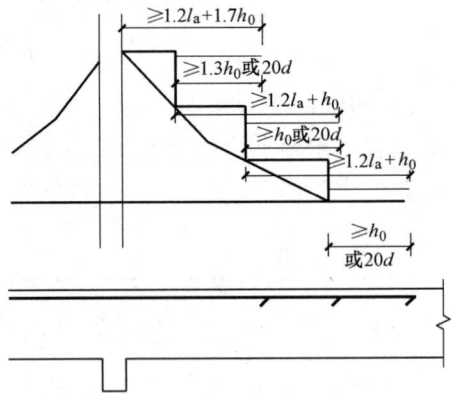

5.4.4 纵向受拉钢筋的锚固

在受力过程中，纵筋可能会产生滑移，甚至从混凝土中拔出而造成锚固破坏。为防止此类现象发生，将纵向受力钢筋伸过其受力截面一定长度，这个长度称为锚固长度。锚固长度计算及要求参见

二维码 5-7   纵向受力钢筋的锚固要求

2.3.4 节。

当计算中充分利用纵向钢筋抗压时，其锚固长度不应小于受拉钢筋锚固长度的 70%。

纵向受力钢筋在支座内的锚固长度要求如下：

1. 板端锚固长度

简支板或连续板简支端下部纵向受力钢筋伸入支座的锚固长度为 $l_{as} \geq 5d$（d 为受力钢筋直径）。当采用分离式配筋时，跨中受力钢筋应全部伸入支座。当连续板内温度、收缩应力较大时，伸入支座的锚固长度宜适当增加。

2. 梁端锚固长度

在钢筋混凝土简支梁和连续梁简支端支座处，存在着横向压应力，这将使钢筋与混凝土间的粘结力增大。因此，下部纵向受力钢筋伸入支座内的锚固长度 l_{as} 可比基本锚固长度 l_a 略小，如图 5-27 所示。

图 5-27 荷载作用下梁简支端纵向受力钢筋受力状态

l_{as} 与支座边截面的剪力有关，l_{as} 的数值不应小于表 5-3 的规定。伸入梁支座范围内锚固的纵向受力钢筋的数量不宜少于 2 根，但梁宽 $b<100\text{mm}$ 的小梁可为 1 根。

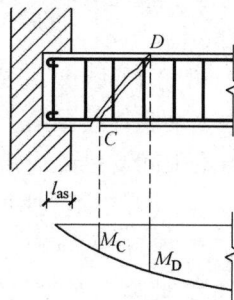

简支支座的钢筋锚固长度 l_{as}　　　　　　　　　　表 5-3

锚固条件		$V \leq 0.7f_t bh_0$	$V > 0.7f_t bh_0$
钢筋类型	光面钢筋（带弯钩）		$15d$
	带肋钢筋	$5d$	$12d$
	带肋钢筋，C25 及以下混凝土，跨边有集中力作用		$15d$

注：1. d 为纵向受力钢筋直径；

2. 跨边有集中力作用，是指混凝土梁的简支支座跨边 1.5h 范围内有集中力作用，且其对支座截面所产生的剪力占总剪力值的 75% 以上。

如纵向受力钢筋伸入支座范围内的锚固长度不符合上述要求时，应采用在钢筋上加焊横向锚固钢筋、锚固钢板，或将钢筋端部焊接在梁端的预埋件上等有效锚固措施，如图 5-28 所示。

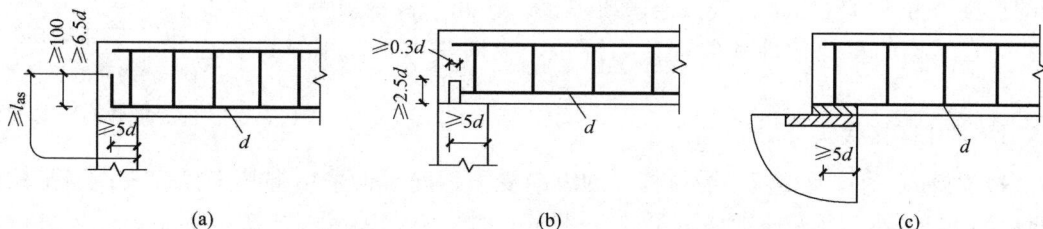

图 5-28 荷载作用下梁简支端纵向受力钢筋受力状态

（a）纵向受力钢筋端部弯起锚固；（b）纵向受力钢筋端部加焊锚固钢板；

（c）纵向受力钢筋端部焊接在梁端预埋件上

对混凝土强度等级为 C25 及以下的简支梁和连续梁的简支端，当距支座边 1.5h 范围内作用有集中荷载且 $V > 0.7f_t bh_0$ 时，对带肋钢筋宜采取附加锚固措施，或取锚固长度

$l_{as} \geqslant 15d$。

支撑在砌体结构上的钢筋混凝土独立梁，在纵向受力钢筋的锚固长度 l_{as} 范围内应配置不少于两道箍筋，其直径不宜小于纵向受力钢筋最大直径的 1/4，间距不宜大于纵向受力钢筋最小直径的 10 倍，当采用机械锚固措施时，箍筋间距不宜大于纵向受力钢筋最小直径的 5 倍。

3. 梁的中间支座的锚固长度

框架梁和连续梁的上部纵向钢筋应贯穿中间节点或中间支座范围，下部纵向钢筋在中间节点或中间支座处应满足下列锚固要求。

1）当计算中不利用钢筋强度时，其伸入支座和节点的锚固长度应符合上述简支座 $V > 0.7f_t bh_0$ 时的规定。

2）当计算中充分利用钢筋受拉时，下部纵向钢筋应锚固在节点或支座内。当采用直线锚固形式时，如图 5-29（a）所示，钢筋锚固长度不应小于受拉钢筋锚固长度 l_a；采用 90°弯折锚固时，如图 5-29（b）所示，其弯折前水平投影的长度不应小于 $0.4l_a$，弯折后的垂直投影长度不应小于 $15d$；下部纵向钢筋亦可贯穿节点或支座范围，并在节点或支座以外弯矩较小部位设置搭接接头，如图 5-29（c）所示。

3）当计算中充分利用钢筋抗压时，其伸入支座的锚固长度不应小于 $0.7l_a$。

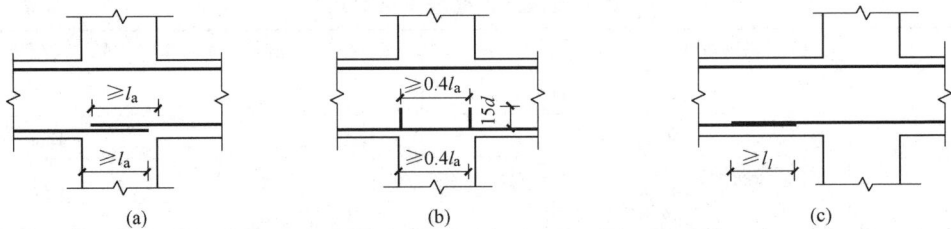

图 5-29 梁下部纵向钢筋在中间节点或中间支座范围的锚固与搭接
（a）节点中的直线锚固；（b）节点中弯折锚固；（c）节点中支座范围外的搭接

5.4.5 纵向钢筋的连接

当构件内钢筋长度不够时，宜在钢筋受力较小处进行钢筋的连接。钢筋的连接可分为绑扎搭接、机械连接或焊接。在同一根受力钢筋上宜少设接头，在结构的重要构件和关键传力部位，纵向受力钢筋不宜设置连接接头。

二维码 5-8
钢筋的连接和
箍筋的构造要求

1. 绑扎搭接接头

1）对轴心受拉及小偏心受拉杆件的纵向受力钢筋不得采用绑扎搭接接头；当受拉钢筋直径 $d > 28$mm 及受压钢筋直径 $d > 32$mm 时，不宜采用绑扎搭接接头；需要进行疲劳验算的构件中的受拉钢筋，不得采用绑扎搭接接头。

2）钢筋搭接位置应设置在受力较小处，且同一根钢筋上宜少设置连接。同一构件中相邻纵向受力钢筋的绑扎搭接接头宜相互错开。

3）钢筋绑扎搭接接头的区段长度为 1.3 倍搭接长度，凡搭接接头的中点位于该连接区段长度内的搭接接头均属于同一连接区段，如图 5-30 所示的同一连接区段内的搭接接

头钢筋为两根，当钢筋直径相同时，钢筋搭接接头面积百分率为50%。

位于同一区段内受拉钢筋搭接接头面积百分率（即该区段内有搭接接头的纵向受力钢筋截面面积与全部纵向受力钢筋截面面积的比值）：对梁类、板类以及墙类构件，不宜大于25%；对柱类构件，不宜大于50%。当工程中确有必要增大受拉钢筋搭接接头面积百分率时，对梁类构件，不应大于50%；对板类、墙类及柱类构件，可根据实际情况放宽。

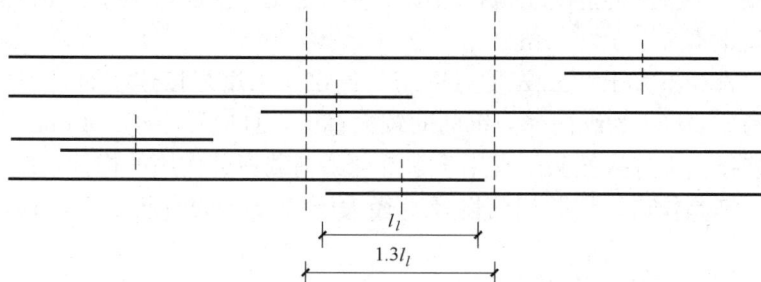

图 5-30 同一连接区段内的纵向受拉钢筋绑扎搭接接头

纵向受拉钢筋绑扎搭接接头的搭接长度，应根据位于同一连接区段内的钢筋搭接接头面积百分率按下式计算，且在任何情况下不应小于300mm。

$$l_l = \zeta_l l_a \tag{5-26}$$

式中 l_l——纵向受拉钢筋的搭接长度；

l_a——纵向受拉钢筋的基本锚固长度；

ζ_l——纵向受拉钢筋搭接长度修正系数，按表5-4采用；当纵向搭接钢筋接头面积百分率为表5-4的中间值时，修正系数可按线性内插取值。

纵向受拉钢筋搭接长度修正系数 ζ_l 　　　　　　　　　　表 5-4

同一搭接范围内搭接钢筋面积百分率	≤25%	50%	100%
ζ_l	1.2	1.4	1.6

4）构件中的受压钢筋，当采用搭接连接时，其受压搭接长度不应小于纵向受拉钢筋搭接长度的0.7倍，且在任何情况下不应小于200mm。

5）在纵向受力钢筋搭接长度范围内应加密配置箍筋，见图5-31，其直径不应小于搭接钢筋较大直径的0.25倍。当钢筋受拉时，箍筋间距不应大于搭接钢筋较小直径的5倍，且不应大于100mm；当钢筋受压时，箍筋间距不应大于搭接钢筋较小直径的10倍，且不应大于200mm。当受压

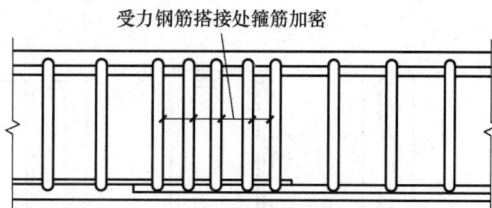

图 5-31 受力钢筋搭接处箍筋加密

钢筋直径 $d > 25$mm 时，尚应在搭接接头两个端面外100mm范围内各设置两道箍筋。

2. 机械连接和焊接接头

机械连接宜用于直径不小于16mm受力钢筋的连接。采用机械方式进行钢筋连接时，接头位置宜相互错开，凡接头中点位于连接区段的长度35d（d 为连接钢筋的直径）内均

属于同一连接区段。在受力较大处，位于同一连接区段内的纵向受拉钢筋接头面积百分率不宜大于 50%。直接承受动力荷载的结构构件中的机械连接接头，除应满足设计要求的抗疲劳性能外，位于同一连接区段内的纵向受拉钢筋接头面积百分率不应大于 50%。纵向受压钢筋的接头面积百分率可不受限制。装配式构件连接处的纵向受力钢筋焊接接头可不受以上限制。

此外，机械连接接头的混凝土保护层厚度应满足受力钢筋最小保护层的要求。连接件之间的横向净间距不宜小于 25mm。

焊接宜用于直径不大于 28mm 受力钢筋的连接。采用焊接连接时，焊接连接接头连接区段的长度为 35d（d 为纵向受力钢筋的较大直径，且应不小于 500mm），其他有关规定基本同机械连接，但焊接接头不宜用于承受动力荷载疲劳作用的构件。此外，余热处理钢筋不宜焊接；细晶粒热轧带肋钢筋以及直径大于 28mm 的带肋钢筋，其焊接应经试验确定。

5.4.6　箍筋的构造要求

梁中的箍筋对抑制斜裂缝的开展、联系受拉区与受压区、传递剪力等有重要作用，因此，箍筋的构造要求应得到重视。

1. 箍筋的布置

梁内箍筋宜采用 HPB300 和 HRB400 级钢筋。对 $V<0.7f_tbh_0$（或 $V<\dfrac{1.75}{\lambda+1}f_tbh_0$）按计算不需要配置箍筋的梁，当截面高度 $h>300$mm 时，应沿全梁设置箍筋；当截面高度 $h=150\sim300$mm 时，可仅在构件端部各 1/4 跨度范围内设置箍筋；但当在构件中部 1/2 跨度范围内有集中荷载作用时，则应沿梁全长设置箍筋；当截面高度 $h<150$mm 时，可不设箍筋。

梁支座处的箍筋应从梁边（或墙边）50mm 处开始放置。

2. 箍筋的形式和肢数

箍筋形式有封闭式和开口式两种（图 5-32），对 T 形截面梁，当不承受动荷载和扭矩时，在承受正弯矩的区段内可以采用开口式箍筋，除上述情况外，一般梁中均采用封闭式。箍筋的两个端头应作成 135°弯钩，弯钩端部平直段长度不应小于 5d（d 为箍筋直径）和 50mm。

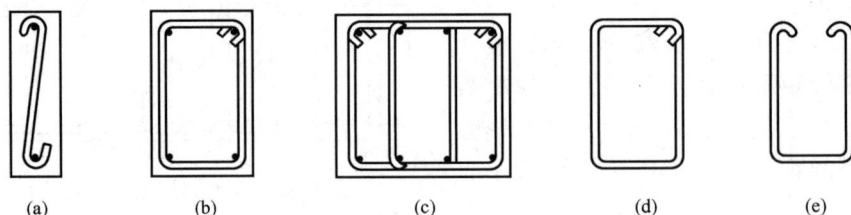

图 5-32　箍筋的肢数和形式
（a）单肢；（b）双肢；（c）四肢；（d）封闭；（e）开口

箍筋的肢数有单肢、双肢和四肢。箍筋一般采用双肢箍筋，当梁宽 $b\geqslant400$mm，且一层内纵向受压钢筋多于 4 根时，宜采用四肢箍筋。当梁的截面宽度特别小时（$b<$

150mm)，也可采用单肢箍筋。

3. 箍筋的直径和间距

梁中箍筋的直径和间距，在满足计算要求的同时，尚应符合表5-1和表5-2的规定。当梁中配有计算需要的纵向受压钢筋时，箍筋直径还不应小于纵向受压钢筋最大直径的1/4。为了便于加工，箍筋直径一般不宜大于12mm。箍筋的常用直径为6mm、8mm、10mm。另外，当梁中配有按计算所需要的纵向受压钢筋时，箍筋应做成封闭式，此时，箍筋的间距不应大于$15d$（d为纵向受压钢筋的最小直径），且不应大于400mm；当一层内的纵向受压钢筋多于5根且直径大于18mm时，箍筋间距不应大于$10d$。

本 章 小 结

1. 随着梁的剪跨比和配箍率的变化，梁沿斜截面发生斜拉破坏、剪压破坏和斜压破坏等主要破坏形态，斜拉破坏和斜压破坏都是脆性破坏，剪压破坏有一定的破坏预兆。

2. 影响斜截面受剪承载力的主要因素有剪跨比、高跨比、混凝土强度等级、配箍率及箍筋强度、纵筋配筋率等。

3. 斜截面受剪承载力的计算公式是以剪压破坏的受力特征为依据建立的，因此应采取相应构造措施防止斜压破坏和斜拉破坏的发生，即截面尺寸应有保证，箍筋的最大间距、最小直径及配箍率应满足构造要求。

4. 斜截面承载力包括斜截面受剪承载力和斜截面受弯承载力两方面。设计时不仅要满足计算要求，而且应采取必要的构造措施来保证。弯起钢筋的弯起位置、纵筋的截断位置及有关纵筋的锚固要求、箍筋的构造要求等，在设计中均应予以考虑和重视。

5. 现将受弯构件斜截面抗剪承载力计算公式及构造要求列在表5-5中，以便学习。

受弯构件斜截面抗剪承载力计算公式及构造要求　　　　　　　表5-5

	计算公式及构造要求
抗剪公式	$V \leqslant 0.7 f_t b h_0 + f_{yv} \dfrac{A_{sv}}{s} h_0 + 0.8 f_y A_{sb} \sin \alpha_s$ $V \leqslant \dfrac{1.75}{\lambda + 1.0} f_t b h_0 + f_{yv} \dfrac{A_{sv}}{s} h_0 + 0.8 f_y A_{sb} \sin \alpha_s$
截面尺寸限制	$h_w / b \leqslant 4$ 时，$V \leqslant 0.25 \beta_c f_c b h_0$ $h_w / b \geqslant 6$ 时，$V \leqslant 0.2 \beta_c f_c b h_0$
最小配箍率	$\rho_{sv} = \dfrac{A_{sv}}{bs} \geqslant \rho_{sv,min} = 0.24 \dfrac{f_t}{f_{yv}}$
可不按计算配箍的条件	$V \leqslant 0.7 f_t b h_0$ $V \leqslant \dfrac{1.75}{\lambda + 1.0} f_t b h_0$

实际工程案例

【工程综合实例分析5-1】　某工程大梁斜裂缝案例分析

概况：某工程为三层砖混结构，现浇钢筋混凝土楼盖，纵墙承重，施工后于当年10

月浇筑二层楼盖混凝土，全部主体结构于第二年 1 月完工，在同年 4 月间进行装修工程时，发现各层均有大量斜裂缝。其现象如下：

(1) 裂缝多为斜向，倾角 50°～60°，且多发生在 300mm 的箍筋间距内，梁的中部为竖向裂缝。

(2) 斜裂缝两端密集，中部稀少，但在纵筋截断处都有斜裂缝，其沿梁高度方向的位置较多在中和轴以下，个别贯通梁高。

(3) 梁表面裂缝宽度在梁端附近约 0.5～1.2mm，跨中附近约 0.1～0.5mm；裂缝深度一般小于梁高的 1/3，个别贯通梁高；裂缝数量每根梁少则 4 根，多则 22 根，一般为 10～15 根。

事故原因有多方面，从设计原因角度分析，主要有两点原因：

(1) 箍筋间距过大，《混凝土结构设计规范》GB 50010—2010（2015 年版）7.2.7 条规定，"当梁高为 500mm 且 $V>0.7f_cbh_0$ 时，梁中箍筋的最大间距为 200mm"。而本工程箍筋间距却为 300mm，这是斜裂缝多发生在箍筋之间的原因。

(2) 纵筋在梁跨中截断。《混凝土结构设计规范》GB 50010—2010（2015 年版）6.1.5 条规定，"纵向受拉钢筋不宜在受拉区截断"。而本工程梁中部分纵向受拉钢筋在跨中截断，截断处都出现斜裂缝，这说明受拉钢筋对梁截面的抗剪能力起到一定作用。

工程加固方案：由于梁上有大量斜裂缝，很容易发生截面脆性破坏，引起梁的断裂，故必须进行加固。加固方案是在原大量斜裂缝处外包 U 形截面梁，该 U 形梁按原来梁的全部弯矩和剪力进行设计，并在 U 形截面梁的端部沿墙设置钢筋混凝土柱和基础，作为加固梁的支承。

【创新能力培养 5-1】　某大梁斜裂缝案例分析

浙江省某工程为框架结构，在拆除三楼钢筋混凝土模板支柱时，发生了梁断裂，楼板坍塌，坍塌面积为 146m^2，梁的截面为 200mm×400mm，混凝土强度等级为 C25，梁跨中配有 3Φ20mm 纵向受力钢筋，支座处配有 2Φ6@200 的箍筋。

【讨论 1】　分析梁的截面对梁正截面承载力和斜截面承载力的影响。经过复核，荷载在梁截面产生的最大剪力 173kN，分析该梁的截面尺寸是否满足要求。

【讨论 2】　经过复核，荷载在梁截面产生的最大剪力 173kN，最大弯矩为 146kN·m，试分析梁的配筋是否合理。

【讨论 3】　从设计角度分析梁倒塌的主要原因，试对该梁重新进行截面尺寸和配筋设计。

【工程素质培养 5-1】　钢筋混凝土梁正截面破坏调研

查阅大量文献，深入相关工程实践基地施工现场，调研钢筋混凝土梁由于梁端钢筋锚固措施不当导致梁发生破坏的工程案例，分析梁端锚固对梁抗剪承载力的影响，总结钢筋混凝土梁端钢筋锚固措施，思考根据规范对梁端锚固进行合理设计的重要性和必要性。

【工程素质培养 5-2】　钢筋混凝土梁设计漫谈

在钢筋混凝土框架结构中，梁是主要的承重构件，梁若发生破坏，对结构的安全性有极大影响，一般会导致较大的工程事故。结构设计中，需要从多方面对梁的可靠性进行保障，严格遵循规范规定的设计原则和方法。要同时保证构件的抗剪能力和抗弯能力，尤其是梁的抗剪能力。因为"剪切破坏"是一种脆性破坏，没有预兆，瞬时发生；"弯曲破坏"是延性破坏，破坏前有一定预兆，工程中我们需要避免发生剪切破坏，在弯曲破坏之前不发生剪切破坏。

但在工程事故案例中发现，梁经常发生剪切破坏，甚至出现梁端脱落倒塌现象。要提高梁的抗剪能力，不应仅仅着眼于保证梁端腹筋（箍筋和弯起钢筋）配筋量满足承载力要求，还要多角度、多维度去思考和设计，如合理设计混凝土强度，保证钢筋和混凝土有良好的粘结性能；梁与柱或节点有可靠的锚固措施，防止梁端脱落等现象发生；混凝土保护层厚度设置合理，钢筋在设计使用年限内不外露锈蚀，保障梁的承载力不会明显降低。

梁的抗弯和抗剪承载力受很多因素影响，在设计时要严格遵守规范规定，同时要发挥主观能动性，根据工程实际情况因地制宜，多方面保障梁在使用年限内的可靠性。工程无小事，事事系精工，工程设计尤为重要。

章节自测题

一、填空题

1. _____和_____统称为腹筋。

2. 剪跨比等于该截面的_____与截面的_____和有效高度乘积之比。

3. 受弯构件斜截面受剪破坏形态有_____、_____和_____。

4. 截面的腹板高度，矩形截面腹板高度取_____，T形截面腹板高度取_____，I形截面腹板高度取_____。

5. 如果 $V \leqslant 0.7 f_t b h_0$ 或 $V \leqslant \dfrac{1.75}{\lambda + 1} f_t b h_0$，说明_____。

6. 纵向钢筋的连接方式有_____、_____和_____。

7. 梁的斜截面抗剪承载力计算公式的建立是以_____破坏模式为依据的。

8. 为保证_____，弯起钢筋弯起点离充分利用点距离应为_____。

二、选择题

1. 正截面受弯承载力必须包住设计弯矩图，才能保证梁的（   ）。

A. 正截面抗弯承载力；　　　　　　　B. 斜截面抗弯承载力；

C. 斜截面抗剪承载力；　　　　　　　D. 正、斜截面抗弯承载力。

2. 受弯构件斜截面承载力计算公式的建立是依据（   ）破坏形态建立的。

A. 斜压破坏；　　　B. 剪压破坏；　　　C. 斜拉破坏；　　　D. 弯曲破坏。

3. 梁在抗剪计算中要满足最小截面尺寸要求，其目的是（   ）。

A. 防止斜裂缝过宽；　　　　　　　　B. 防止出现斜压破坏；

C. 防止出现斜拉破坏；　　　　　　　D. 防止出现剪压破坏。

4. 梁的抗剪钢筋通常有箍筋和弯起钢筋，在实际工程中往往首先选用（   ）。

A. 垂直箍筋；　　　　　　　　　　　B. 沿主拉应力方向放置的斜向箍筋；

C. 弯起钢筋；　　　　　　　　　　　D. 沿主压应力方向放置的斜向箍筋。

5. 当 $V > 0.25 f_c b h_0$ 时，应采取的措施是（　　　）。

A. 加大箍筋直径或减少箍筋间距；　　B. 增加截面面积；

C. 提高箍筋的抗拉强度设计值；　　　D. 加配弯起钢筋。

三、简答题

1. 试述剪跨比的概念及其对无腹筋梁斜截面受剪破坏形态的影响。

2. 梁的斜裂缝是怎样形成的？它发生在梁的什么区段内？

3. 梁沿斜截面受剪破坏的主要形态有哪几种？它们分别在什么情况下发生？

4. 影响斜截面受剪性能的主要因素有哪些？

5. 在设计中采用什么措施来防止梁的斜压和斜拉破坏？

6. 写出矩形、T 形、I 形梁斜截面受剪承载力计算公式。

7. 计算梁斜截面受剪承载力时应取哪些计算截面？

8. 试述梁斜截面受剪承载力计算的步骤。

9. 什么是正截面受弯承载力图？它与设计弯矩图有什么关系？为什么要绘制梁的抵抗弯矩图？

10. 为了保证梁斜截面受弯承载力，对纵筋的弯起、锚固、截断以及箍筋的间距，有哪些主要的构造要求？

11. 梁跨中钢筋为什么不能截断只能弯起？支座处钢筋截断时为什么要满足伸出长度和延伸长度的要求？

12. 限制箍筋和弯起钢筋最大间距 S_{max} 的目的是什么？

13. 试绘图 5-33 中所示梁斜裂缝的大致位置和方向。

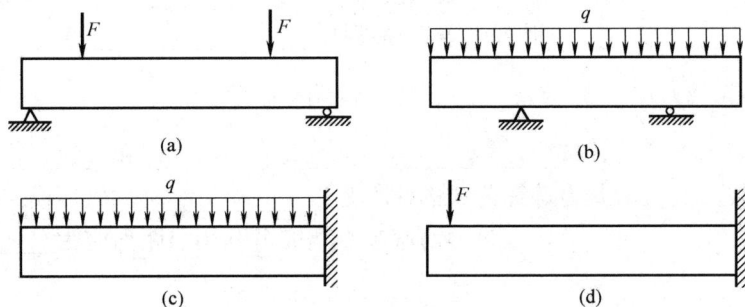

图 5-33　思考题 13 附图

（a）简支梁；（b）双伸臂梁；（c）、（d）悬臂梁

四、计算题

1. 已知矩形截面简支梁，梁净跨度 $l_n = 5.4$ m，承受均布荷载设计值（包括自重）$q = 45$kN/m，截面尺寸 $b \times h = 250$mm×450mm，混凝土强度等级为 C30，环境类别为二 a 类，箍筋采用 HPB300 级，求仅配箍筋时所需箍筋的用量。

2. 图 5-34 为一矩形截面简支梁，截面尺寸 $b \times h = 250$mm×550mm，梁上作用集中荷载设计值 $F = 120$kN，均布荷载设计值（包括自重）$g = 6$kN/m，混凝土强度等级 C30，箍筋选用 HRB400 级，环境类别为二 b 类，试计算该梁所需的箍筋数量。

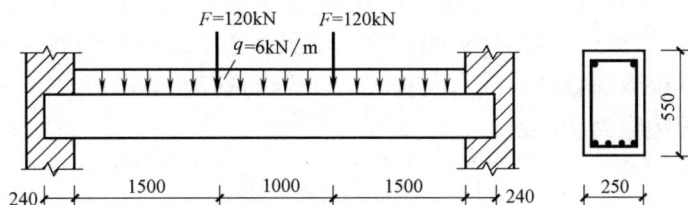

图 5-34 题 2 附图

3. 钢筋混凝土简支梁（图 5-35），截面尺寸 $b \times h = 200\text{mm} \times 600\text{mm}$，承受均布荷载设计值 $q = 60\text{kN/m}$（包括自重），混凝土采用 C30，梁内纵筋采用 HRB400 级，已配 3 Φ 25＋2 Φ 22，箍筋采用 HPB300 级，环境类别为一类，求：

(1) 梁内仅配箍筋时，所需箍筋数量；

(2) 梁内同时配置箍筋和弯筋时，所需箍筋和弯筋的数量；

(3) 绘制梁的配筋图。

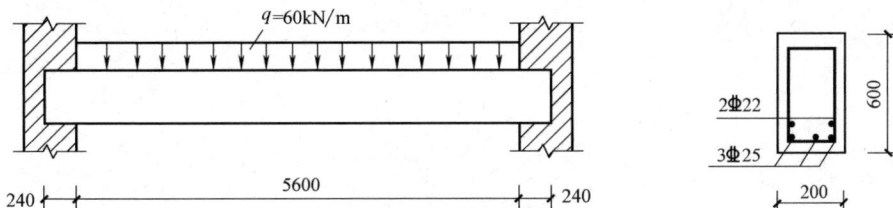

图 5-35 题 3 附图

4. 已知均布荷载作用的矩形截面简支梁，截面尺寸 $b \times h = 250\text{mm} \times 550\text{mm}$，承受剪力设计值 $V = 280\text{kN}$，混凝土强度等级 C30，配有 4 Φ 18＋2 Φ 16 的 HRB400 级，箍筋采用 HRB400 级，2 Φ 8@200，环境类别为二 a 类，试求所需弯起钢筋截面面积。

5. 钢筋混凝土简支梁承受均布荷载作用，尺寸和配筋如图 5-36 所示，混凝土采用 C30，箍筋采用 HPB300 级，ϕ8@200，弯起钢筋采用 HRB400 级，弯起一排 1 Φ 20。计算该梁所能承受的最大剪力设计值。

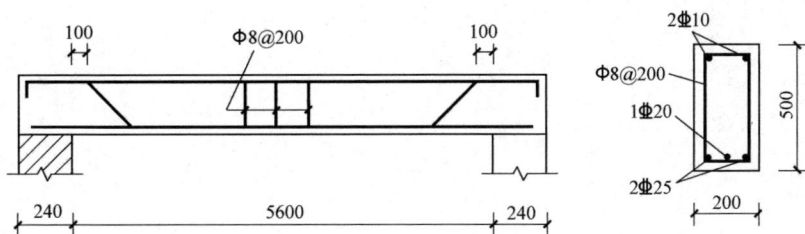

图 5-36 题 5 附图

6. T 形截面简支梁 $b = 200\text{mm}$，$h = 600\text{mm}$，$b_f' = 600\text{mm}$，$h_f' = 80\text{mm}$，净距 $l_n = 6.76\text{ m}$，采用 C30 混凝土，并已沿梁全长配 HRB400 级 Φ 8@200 箍筋。试按受剪承载力确定该梁所能承受的均布荷载设计值。

7. 如图 5-37 所示的钢筋混凝土矩形截面简支梁，设计使用年限为 50 年，环境类别为一类，截面尺寸 $b \times h = 250\text{mm} \times 600\text{mm}$，荷载设计值 $F = 170\text{kN}$（未包括梁自重），采用 C30 混凝土，纵向受力筋为 HRB400 级钢筋，箍筋为 HPB300 级钢筋。试设计该梁：（1）确定纵向受力钢筋根数和直径；（2）配置腹筋（要求选择箍筋和弯起钢筋，假定弯起钢筋弯终点距支座截面边缘为 50mm）。

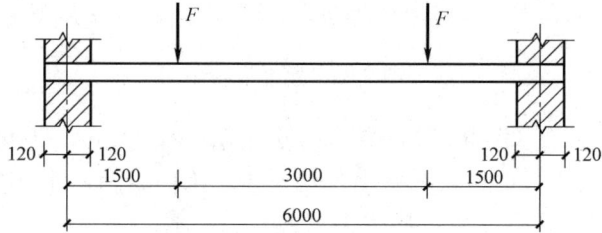

图 5-37 题 7 附图

第6章 钢筋混凝土受压构件承载力计算

知识目标：掌握轴心受压构件正截面承载力的计算方法，了解柱长度对受压承载力的影响，受压柱的稳定系数的作用；掌握大、小偏心受压的界限及其判别原因，掌握大小偏压构件正截面承载力计算；理解正截面承载力 N_a 和 M_a 的相关曲线的意义及用途；了解偏心受压构件斜截面承载力的计算方法。

能力目标：具备能够清晰准确表达、设计和校核偏心受压构件承载力的能力。

学习重点：轴心受压构件正截面承载力的设计计算方法，偏心受压非对称配筋、对称配筋矩形截面构件的承载力计算。

学习难点：配有螺旋式箍筋轴心受压构件承载力计算，小偏心受压构件正截面承载力计算。

6.1 概述

框架结构中的柱、单层厂房柱及屋架的受压腹杆都是工程中最基本和最常见的受压构件，以承受轴向压力为主，通常还有剪力和弯矩的作用。受压构件按受力情况不同，分为轴心受压和偏心受压构件两大类，当轴向压力 N 作用在构件截面形心上时，称为轴心受压构件，如图 6-1（a）所示；当轴向压力 N 偏离构件截面形心作用时，称为偏心受压构件，如图 6-1（b）、（c）所示，当轴向力作用线与截面的形心轴平行且沿某一主轴偏离形心时，称为单向偏心受压构件（图 6-1b）；当轴向力作用线与截面的形心轴平行且偏离两个主轴时，称为双向偏心受压构件（图 6-1c）。

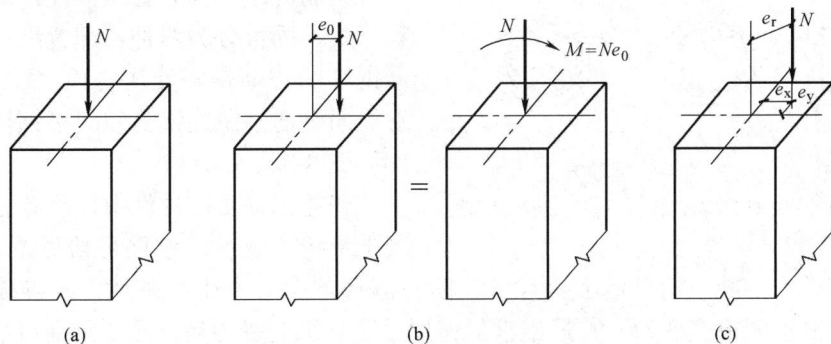

图 6-1　受压构件类型

（a）轴心受压；（b）单向偏心受压；（c）双向偏心受压

通常在荷载作用下，受压构件截面上作用有轴力、弯矩和剪力，在计算受压构件时，常将作用在截面上的弯矩化为等效的偏离截面重心的轴向力考虑。如图 6-2 所示，正截面上有弯矩和轴力共同作用，可将其视为具有偏心距 $e_0 = M/N$ 的轴向压力作用下的偏心受压构件，图中 e_0 称为计算偏心距。

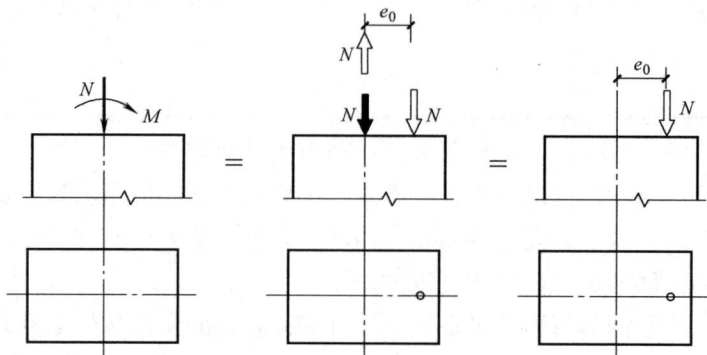

图 6-2　轴力和弯矩共同作用的受压构件

6.2　轴心受压构件正截面承载力计算

在实际工程中，理想的轴心受压构件比较少，通常由于混凝土的非均匀性、配筋的不对称、荷载作用位置的偏差以及施工制作误差等原因，往往都或多或少地存在初始偏心距，但有些构件，如桁架屋架的受压腹杆和恒载较大的等跨多层房屋的中间柱，都是主要承受轴向压力，由上述原因引起的偏心距很小，可近似按轴心受压构件计算。另在对偏心受压构件进行垂直于弯矩作用平面的承载力验算时，也可将其作为轴心受压构件考虑。由于计算简便，轴心受压构件正截面承载力计算还可作为受压构件初步估算截面、复核强度的手段。

钢筋混凝土轴心受压构件按照箍筋作用和形式不同可分为两种：配置纵向钢筋和普通钢箍的普通钢箍受压构件（图 6-3a），配置纵向钢筋、螺旋钢箍和间接钢箍的受压构件（图 6-3b、c）。

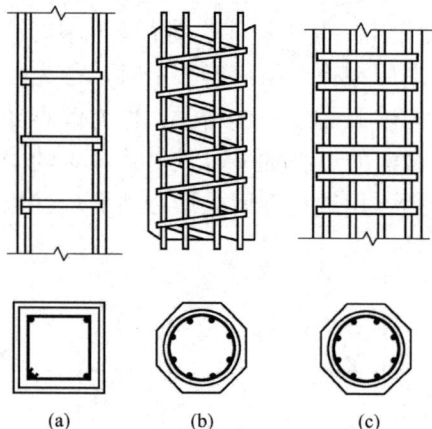

图 6-3　受压构件的配筋方式

（a）普通箍筋柱；（b）螺旋箍筋柱；（c）间接箍筋柱

普通钢箍受压构件中，承载力主要由混凝土承担，其纵向钢筋可协助混凝土抗压，提高柱的承载力，减小构件的截面尺寸，防止因偶然偏心产生的破坏，改善破坏时的延性，减小混凝土的徐变变形。普通钢箍的作用是防止纵筋受力后外凸，承受可能存在的不大的剪力，并与纵筋形成钢筋骨架以便于施工。

螺旋钢箍是在纵筋外围配置的连续环绕、间距较密的螺旋筋，或焊接钢环，其作用是使截面核心部分的混凝土形成约束混凝土，提高构件的承载力和延性。

6.2.1 配有普通箍筋的轴心受压构件

1. 受力分析及破坏特征

普通箍筋柱是最常见的轴心受压柱。根据试验研究结果，轴心受压构件根据长细比（构件的计算长度 l_0 与构件截面的回转半径 i 之比）的不同，可分为短构件和中长构件。计算长度 l_0 取值可见附表 10-1。短构件指的是矩形截面 $l_0/b \leqslant 8$（b 为截面宽度）或一般截面 $l_0/i \leqslant 28$ 的构件；否则为中长构件。通常将前者称为短柱，后者称为长柱。

二维码 6-1 轴心受压构件的分类及普通箍筋柱破坏特征

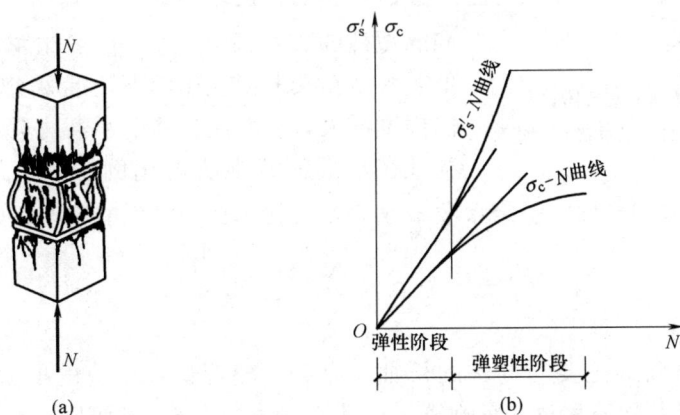

1）轴心受压普通箍筋短柱受力性能分析

配有普通箍筋的轴心受压短柱的试验表明，当荷载较小时，混凝土和钢筋都处于弹性阶段，短柱压缩变形的增加与荷载的增加成正比，纵筋和混凝土的压应力的增加也与荷载的增大成正比。图 6-4（b）中弹性阶段，钢筋与混凝土的应力与应变关系都呈直线变化，只是由于钢筋的弹性模量大，钢筋的应力比混凝土大。

当荷载较大时，由于混凝土塑性变形的发展，压缩变形增加的速度快于荷载增加速度，纵筋配筋率越小，这个现象越明显。钢筋和混凝土的应力增长不再与荷载增加成正比。在相同荷载增量下，钢筋的压应力增加速度快，而混凝土的压应力增加速度慢，如图 6-4（b）中弹塑性阶段。

随着荷载的继续增加，柱中开始出现细微裂缝，在临近破坏荷载时，细微裂缝发展成明显的纵向裂缝。随着压应变的增长，这些裂缝将相互贯通，箍筋间的纵筋发生压屈向外凸出，中间部分混凝土被压碎，混凝土柱即告破坏。

在这个过程中，混凝土开裂脱落，钢筋承受的荷载逐渐增大，箍筋之间的纵向钢筋会失稳，在混凝土的侧向膨胀向外挤推作用下，纵筋在箍筋之间呈灯笼状压屈，如图 6-4（a）所示。

图 6-4 轴心受压短柱的实验

(a) 破坏形态；(b) 荷载-应力关系曲线

轴心受压短柱在逐级加载的过程中，由于钢筋和混凝土之间存在着粘结力，因此，在轴心荷载作用下，纵向钢筋与混凝土共同变形，整个截面的应变基本上是均匀分布的，且受压钢筋和混凝土的压应变基本相等。

试验表明，混凝土棱柱体构件达到最大压应力值时的压应变值一般为 0.0015～0.002，而钢筋混凝土短柱达到应力峰值时的压应变值一般在 0.0025～0.0035，这主要是因为柱中纵筋起到了调整混凝土应力的作用。另外，由于箍筋的存在，混凝土能比较好地发挥其塑性变形性能，改善了受压脆性破坏性质。破坏时一般是纵筋先达到屈服强度，此时可继续增加一些荷载，直到混凝土达到最大压应变值，构件破坏。

对于高强度钢筋，在构件破坏时可能达不到屈服，当混凝土的强度等级不大于 C50 时，混凝土峰值应变为 0.002，则钢筋应力为 $\sigma'_s = 0.002E_s = 0.002 \times 2 \times 10^5 = 400 \text{N/mm}^2$，钢材的强度不能被充分利用。总之，在轴心受压短柱中，不论受压钢筋在构件破坏时是否屈服，构件的最终承载力都是由混凝土被压碎来控制。

2）轴心受压长柱的受力特点和破坏形态

对于长细比较大的长柱，由于各种偶然因素造成的初始微小偏心距的影响是不可忽略

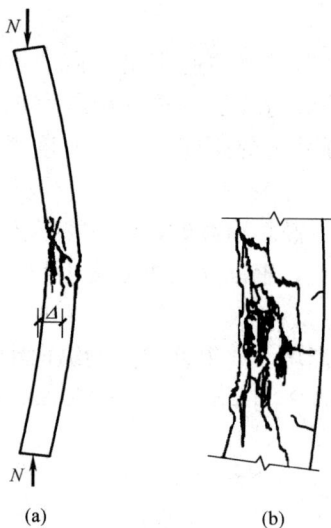

图 6-5　轴心受压长柱的破坏

（a）长柱加载图；（b）长柱破坏形态

的，施加荷载后，由于初始偏心距存在将使构件在与初始偏心相同的方向产生侧向弯曲，如图 6-5（a）所示，侧向弯曲又会加大了原来的初始偏心距，这样相互影响的结果，导致构件承载能力降低。

试验结果表明，当长细比较大时，侧向挠度最初是以与轴向压力成正比的方式缓慢增长的；但当压力达到破坏压力的 60%～70% 时，挠度增长速度加快；破坏时，受压一侧往往产生较长的纵向裂缝，钢筋在箍筋之间向外压屈，构件中部的混凝土被压碎，而另一侧混凝土则被拉裂，在构件中部产生若干条以一定间距分布的水平裂缝，如图 6-5（b）所示。

试验表明，长柱的破坏荷载 N_u^l 低于其他条件相同的短柱的破坏荷载 N_u^s，长细比越大，承载能力降低越多。在长期荷载作用下，混凝土的徐变也会使侧向挠度增大，从而使长柱的承载力降低得更多，长期荷载在全部荷载中所占比例越多，其承载力降低越多。《结构规范》采用构件的稳定系数 φ 来表示长柱承载力降低的程度，即：

$$\varphi = \frac{N_u^l}{N_u^s} \tag{6-1}$$

构件的稳定系数 φ 主要与构件的长细比有关。随着长细比值的增大近乎线性减小，而混凝土强度等级及配筋率对其影响较小。具体 φ 值如表 6-1 所示，可直接查用。

3）构件的计算长度

求稳定系数 φ 时，需确定构件的计算长度 l_0。l_0 与构件两端支承情况有关：当两端铰接时，取 $l_0 = l$（l 是构件支座间长度）；当两端固定时，取 $l_0 = 0.5l$；当一端固定，一端铰接时，取 $l_0 = 0.7l$；当一端固定，一端自由时，取 $l_0 = 2.0l$。

				钢筋混凝土轴心受压构件的稳定系数 φ			表 6-1
l_0/b	l_0/d	l_0/i	φ	l_0/b	l_0/d	l_0/i	φ
$\leqslant 8$	$\leqslant 7$	$\leqslant 28$	1.0	30	26	104	0.52
10	8.5	35	0.98	32	28	111	0.48
12	10.5	42	0.95	34	29.5	118	0.44
14	12	48	0.92	36	31	125	0.40
16	14	55	0.87	38	33	132	0.36
18	15.5	62	0.81	40	34.5	139	0.32
20	17	69	0.75	42	36.5	146	0.29
22	19	76	0.70	44	38	153	0.26
24	21	83	0.65	46	40	160	0.23
26	22.5	90	0.60	48	41.5	167	0.21
28	24	97	0.56	50	43	174	0.19

注：1. 表中 l_0 为构件的计算长度，b 为矩形截面的短边尺寸，d 为圆形截面的直径，i 为截面的回转半径，回转半径的计算公式为 $i=\sqrt{I/A}$，其中 I 为截面惯性矩，A 为截面面积。

2. l_0 与构件两端支承情况有关：当两端铰接时，取 $l_0=l$（l 是构件支座间长度）；当两端固定时，取 $l_0=0.5l$；当一端固定，一端铰接时，取 $l_0=0.7l$；当一端固定，一端自由时，取 $l_0=2.0l$。

2. 轴心受压构件承载力计算

据上述受力性能分析，轴心受压构件承载力计算简图如图 6-6 所示，同时还考虑稳定及可靠度因素，通过对承载力乘以 0.9 的方法修正这些因素对构件承载力的影响。因此，配有纵筋和普通箍筋的钢筋混凝土轴心受压柱正截面承载力计算公式为：

二维码 6-2
配有普通箍筋
的轴心受压构件

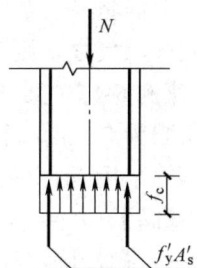

$$N=0.9\varphi(f_c A+f'_y A'_s) \qquad (6-2)$$

式中　N——轴向力设计值；

φ——钢筋混凝土轴心受压构件的稳定系数，按表 6-1 取值；

f_c——混凝土轴心抗压强度设计值；

f'_y——纵向钢筋抗压强度设计值；

A——构件截面面积，当纵向钢筋的配筋率大于 3% 时，式中 A 应改用混凝土截面面积 $A_c=A-A'_s$；

图 6-6　轴心受压柱
的计算简图

A'_s——截面全部纵向钢筋截面面积。

实际工程中，轴心受压构件承载力计算也可分为截面设计和截面复核两类问题。

1) 截面设计

已知：构件截面尺寸，轴向力设计值 N，构件的计算长度，材料强度等级。

求：构件截面面积 A 及纵向钢筋截面面积 A'_s。

截面设计时一般先选定材料的强度等级，并根据建筑设计的要求、轴向压力设计值的大小以及房屋总体刚度确定构件截面形状和尺寸；或通过假定合理的配筋率，通常可取 $\rho'=1.0\%\sim 1.5\%$，由式（6-2）估算截面面积后确定截面尺寸。

材料和截面确定后，利用表 6-1 确定稳定系数，再由式（6-2）求出所需的纵筋数量，

并验算其配筋率。截面纵筋按计算结果选配，箍筋按构造要求配置。

应当指出的是，工程中轴心受压构件沿截面、两个主轴方向的杆端约束条件可能不同，因此，计算长度 l_0 和截面回转半径 i；也就可能不同。在按式（6-2）进行承载力计算时，稳定系数应分别按两个方向的长细比（l_0/b、l_c/h）确定，并按较大的长细比确定稳定系数 φ，即选其中较小的 φ 代入式（6-2）进行计算。

全部受压钢筋的配筋率 $\rho'=A_s'/A$ 应大于最小配筋率 $\rho'_{\min}$，详见附表 7-1。

轴心受压构件在加载后荷载保持不变的条件下，随着荷载作用时间的增加，由于混凝土徐变，混凝土的压应力逐渐变小，钢筋的压应力逐渐变大，钢筋和混凝土之间产生应力重分布。经过一段时间后，应力重分布随混凝土徐变的完成而趋于稳定。如果构件在持续荷载中突然卸载，则混凝土只能恢复其压缩形变中的弹性形变，其大部分徐变变形是不可恢复的。而钢筋还处于弹性阶段，将迅速恢复其压缩形变。两种材料间的变形差异使柱中钢筋受压，混凝土受拉。若柱的配筋率较大，很可能由于钢筋的弹性恢复使混凝土被拉裂。若柱中纵筋和混凝土之间的粘结力很大时，则能同时产生纵向裂缝。为了防止这种情况出现，故要控制柱中纵筋的配筋率，要求全部纵筋配筋率不宜超过 5%。

2）截面复核

已知：柱截面尺寸 $b\times h$，计算长度 l_0，纵向钢筋数量及钢筋等级，混凝土强度等级。

求：柱的受压承载力；或已知轴向力设计值 N，判断截面是否安全。

只需将有关数据代入承载力计算公式（6-2），如果公式成立，则满足承载力要求，截面安全；反之，则截面不安全。

【例6-1】　某现浇钢筋混凝土框架结构，首层中柱按轴心受压构件计算。该柱设计使用年限为 50 年，环境类别为一类，轴向压力设计值 $N=1400$kN，计算长度 $l_0=5$ m，纵向钢筋采用 HRB400 级，混凝土强度等级为 C30。求该柱截面尺寸及纵向钢筋截面面积。

【解】　$f_c=14.3$N/mm^2，$f_y'=360$N/mm^2。

1）初步确定柱截面尺寸

设 $\rho'=1\%$，$\varphi=1$，则由式（6-2）可得：

$$A=\frac{N}{0.9\varphi(f_c+\rho'f_y')}=\frac{1400\times10^3}{0.9\times1\times(14.3+1\%\times360)}=86902.5\text{mm}^2$$

选用方形截面，则 $b=h=\sqrt{86902.5}=294.8$mm，取用 $b=300$mm。

2）计算稳定系数 φ

$l_0/b=5000/300=16.7$，查表 6-1，得 $\varphi=0.87$。

3）计算钢筋截面面积 A_s'

$$A_s'=\frac{\frac{N}{0.9\varphi}-f_cA}{f_y'}=\frac{\frac{1400\times10^3}{0.9\times0.869}-14.3\times300^2}{360}=1397\text{mm}^2$$

4）验算配筋率

$$\rho'=\frac{A_s'}{A}=\frac{1397}{300\times300}=1.55\%，\rho'>\rho'_{\min}=0.55\%，且<3\%，满足最小配筋率要求。$$

纵向钢筋选用 4Φ22，$A_s'=1520$mm^2。

6.2.2 配有螺旋箍筋的轴心受压构件

当受压柱需要承受较大的轴向压力，而截面尺寸又受到限制，提高混凝土强度等级和增加纵筋用量仍不能满足承载力要求时，可考虑采用配有螺旋式或焊接环式箍筋柱，以提高构件的承载能力，螺旋式或焊接环式箍筋也称为"间接钢筋"。这种柱的截面形状一般为圆形或正多边形，构造形式如图 6-7 所示。但由于这种柱的施工比较复杂，造价较高，用钢量较大，一般不宜普遍采用。

二维码 6-3
配有螺旋箍筋
的轴心受压构件

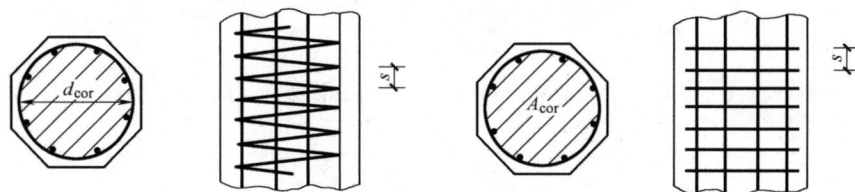

图 6-7　螺旋式配筋柱和焊环式配筋柱

1. 混凝土在间接钢筋约束下的受力性能分析

螺旋钢箍柱在沿柱高方向配置有间距较密的螺旋筋（或焊接钢环），对于螺旋筋所包围的核心面积（图 6-7 中阴影部分）内混凝土相当于套筒作用，能有效地约束混凝土受压时的横向变形，使核心区混凝土处于三向受压状态，从而提高了其抗压强度和变形能力，这种受到约束的混凝土称为"约束混凝土"。

图 6-8 为螺旋钢箍柱与普通钢箍柱荷载（N）与轴向应变（ε）曲线的比较。在混凝土应力到达其临界应力 $0.7f_c$ 以前，螺旋钢箍柱的变形曲线与普通钢箍柱并无区别。当混凝土的压应变达到其极限值时，保护层混凝土开始剥落，混凝土截面面积减小，荷载有所下降。而核心部分混凝土由于受到约束，仍能继续受荷，其抗压强度超过了 f_c，曲线逐渐回升。随荷载增大，螺旋筋的拉应力增大，直到螺旋箍筋达到屈服强度，发生屈服，失去了对核心混凝土横向变形的约束作用，核心混凝土的抗压强度也不再提高，混凝土压碎，构件破坏。

由图 6-8 可见，螺旋箍筋柱在承载能力不降低的情况下，其变形能力比普通箍筋柱提高很多。其破坏时应变可达 0.01 以上，具有很大的承受后期变形的能力，表现出较好的延性。所以，在柱中配置螺旋式或焊接环式箍筋也能像直接配置纵向钢筋那样起到提高柱的受压承载力和变形能力的作用，故把螺旋式或焊接环式箍筋称为"间接钢筋"。

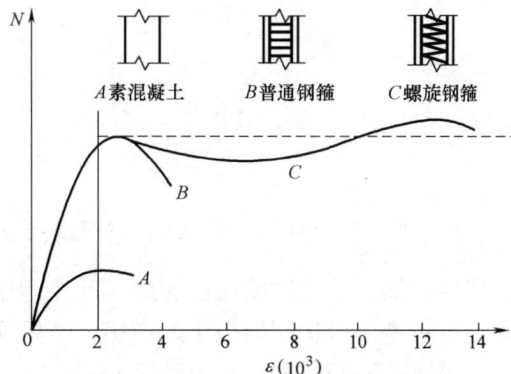

图 6-8　轴心受压柱的轴力-应变曲线

2. 轴心受压螺旋钢箍柱承载力计算方法

间接钢筋所包围的核心截面混凝土处于三向受压状态，其实际抗压强度 f 因套箍作用而高于单轴向轴心抗压强度 f_c。这类配筋柱在进行承载力计算时是要把箍筋的横向套箍作用考虑进来。根据圆柱体混凝土侧向均匀压应力的三轴受压试验结果，被约束混凝土的轴心抗压强度了可近似按下式计算：

$$f = f_c + 4\sigma_2 \tag{6-3}$$

式中　f——被约束后的混凝土轴心抗压强度；

σ_2——间接钢筋对核心混凝土产生的被动侧向压应力（即径向压应力）。

由图 6-9 可知，当间接钢筋屈服时，在间接钢筋间距 s 范围内的合力 σ_2 与箍筋的拉力平衡，则可得 $2f_y A_{ss1} = \sigma_2 d_{cor} s$，则：

$$\sigma_2 = \frac{2f_{yv} A_{ss1}}{s d_{cor}} = \frac{2f_{yv} A_{ss1} d_{cor} \pi}{4 \times \frac{\pi d_{cor}^2}{4} \times s} = \frac{f_{yv} A_{ss0}}{2A_{cor}} \tag{6-4}$$

$$A_{ss0} = \frac{n d_{cor} A_{ss1}}{s} \tag{6-5}$$

式中　A_{ss1}——螺旋式或焊接环式单根间接钢筋的截面面积；

f_{yv}——间接钢筋的抗拉强度设计值；

s——间接钢筋沿构件轴线方向的间距；

d_{cor}——构件核心直径，按间接钢筋内表面确定，可取间接钢筋内表面之间的距离；

A_{ss0}——间接钢筋的换算截面面积；即螺旋箍筋按体积相等的条件换算成纵向钢筋面积；

A_{cor}——混凝土核心截面面积（箍筋内表面范围内混凝土面积），$A_{cor} = \pi d_{cor}^2 / 4$。

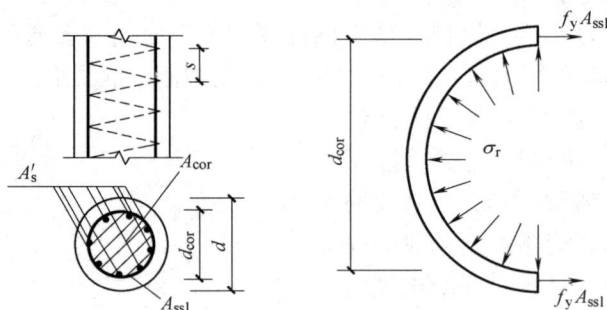

图 6-9　螺旋箍筋与核心混凝土的力平衡图

螺旋箍筋柱破坏时纵筋已屈服，间接钢筋外侧的混凝土保护层已剥落，所以，在计算承载力时不考虑保护层混凝土的作用。考虑间接钢筋对混凝土的约束作用，根据轴向力的平衡，得螺旋箍筋柱的承载力计算公式：

$$N = (f_c + 4\sigma_2) A_{cor} + f_y' A_s' \tag{6-6}$$

将式（6-4）代入式（6-6），得：

$$N = f_c A_{cor} + 2f_{yv} A_{ss0} + f_y' A_s' \tag{6-7}$$

同时考虑截面应力分布的不均匀性和间接钢筋对混凝土约束作用折减的影响后可靠度的调整系数 0.9，《结构规范》规定螺旋式或焊接环式间接钢筋柱的承载力计算公式为：

$$N \leqslant 0.9(f_c A_{cor} + 2\alpha f_{yv} A_{ss0} + f_y' A_s') \tag{6-8}$$

式中 α——间接钢筋对混凝土约束的折减系数；当混凝土强度等级不大于 C50 时，取 $\alpha=1.0$；当混凝土强度等级为 C80 时，取 $\alpha=0.85$；当混凝土强度等级在 C50 与 C80 之间时，按线性内插法确定。

式（6-8）中右边括号中的第一项为核心混凝土在无侧向约束时所承担的轴力；第二项代表受到螺旋箍筋约束后，核心混凝土所承担的提高部分的轴力；第三项为纵向钢筋所承担的轴力。

当利用式（6-8）计算配有纵筋和螺旋式（或焊接环式）箍筋柱的承载力时，应注意下列事项：

1）为保证间接钢筋外的混凝土保护层在正常使用中不脱落，要求按式（6-8）算得的构件承载力不应超过按式（6-2）算得的 1.5 倍。

2）凡属下列情况之一者，不应考虑间接钢筋的影响而仍按式（6-2）计算构件的承载力：

（1）当 $l_0/d>12$ 时，因长细比较大，初始偏心距引起的侧向挠度和附加弯矩使构件承载力降低，有可能导致间接钢筋不起作用；

（2）当按式（6-8）算得的受压承载力 N 小于按式（6-2）算得的受压承载力 N 时。

（3）螺旋筋的约束效果与螺旋筋的换算截面面积 A_{ss0} 及其间距 s 有关。

① 当间接钢筋换算截面面积 A_{ss0} 小于纵筋全部截面面积的 25% 时，可认为间接钢筋配置得太少，约束混凝土的效果不明显。

② 当螺旋箍筋间距 $s>d_{cor}/5$（d_{cor} 为截面核心直径）及 $s>80mm$ 时，则认为间接钢筋配置得间距太大，不能起到套箍约束作用。为了便于施工，间接钢筋间距 s 也不宜小于 40mm。间接钢筋的直径按箍筋有关规定采用。

【例 6-2】 某现浇钢筋混凝土轴心受压圆截面柱，直径为 450mm，承受的轴向压力设计值 $N=3200kN$，柱的计算高度为 4.5m，环境类别为一类，在柱内配置有 HRB400 级纵筋 $8\Phi22$（$A'_s=3041mm^2$），采用 C30 混凝土，螺旋钢筋采用 HRB400 级，一类环境，混凝土保护层厚度 20mm。试设计柱内的螺旋钢筋。

【解】 $f_c=14.3N/mm^2$，$f'_y=360N/mm^2$，$f_{yv}=360N/mm^2$。

1）验算适用条件

$l_0/d=4500/450=10<12$，查表 6-1，插值得 $\varphi=0.958$。

当按普通箍筋柱承载力计算公式（6-2）计算时，其承载力为：

$$N_u=0.9\varphi(f_cA+f'_yA'_s)=0.9\times0.958\times\left(14.3\times\frac{\pi\times450^2}{4}+360\times3041\right)\times10^{-3}$$

$$=2904kN<N=3200kN$$

$$1.5N_u=1.5\times2904=4356kN>N=3200kN$$

由上述计算可知，仅配有普通箍筋的该柱，其承载力不能满足要求。但由于 $N\leqslant 1.5N_u$，所以可考虑采用螺旋箍筋柱。

2）螺旋箍筋计算

混凝土保护层厚度为 20mm，设间接钢筋内表面距离混凝土外边缘的距离为 30mm，则截面的核心直径 $d_{cor}=450-2\times30=390mm$，则：

$$A_{cor}=\frac{\pi}{4}d_{cor}^2=\frac{3.14}{4}\times390^2=119400mm^2$$

由式（6-8）可得间接钢筋的换算面积为：

$$A_{ss0} = \frac{\dfrac{N}{0.9} - f'_y A'_s - f_c A_{cor}}{2\alpha f_{yv}} = \frac{\dfrac{3200\times10^3}{0.9} - 360\times3041 - 14.3\times119400}{2\times1.0\times360} = 1046.35\text{mm}^2$$

$$> 0.25 A'_s = 0.25\times3041 = 760\text{mm}^2$$

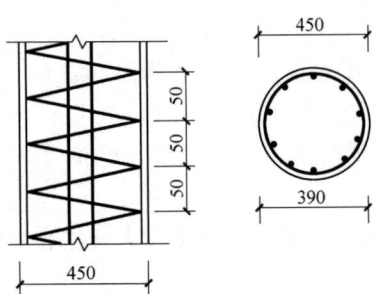

图 6-10　例 6-2 截面配筋图

间接钢筋间距 s 不应大于 80mm 及 78mm（$d_{cor}/5=78$mm），且不宜小于 40mm，可设螺旋钢筋间距 $s=50$mm，则单肢螺旋箍筋面积为：

$$A_{ss1} = \frac{s A_{ss0}}{\pi d_{cor}} = \frac{50\times1046.35}{\pi\times390} = 42.72\text{mm}^2$$

又因为箍筋直径不应小于 $\dfrac{1}{4} d_{max} = \dfrac{1}{4}\times22 = 5.5$mm，且不应小于 6mm，选用 $\oplus 8$ 螺旋箍筋，实际截面面积 $A_{ss1} = 50.24\text{mm}^2 > 42.72\text{mm}^2$，配筋如图 6-10 所示。

6.3　偏心受压构件受力性能分析

工程中偏心受压构件的应用非常广泛，如常见的多高层框架柱、单层钢架柱、单层厂房排架柱，拱肋（图 6-11）；大量的实体剪力墙及联肢剪力墙中的大部分墙肢；屋架、托架的上弦杆；水塔、烟囱的筒壁等。偏心受压构件除同时承受轴向压力和弯矩作用，一般还作用有横向剪力。因此，偏心受力构件也和受弯构件一样，除进行正截面承载力计算外，还要进行斜截面承载力计算。

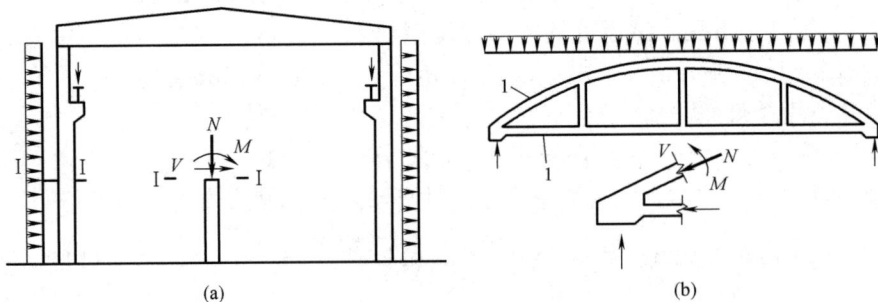

图 6-11　偏心受压构件图例

(a) 单层排架柱；(b) 拱肋

偏心受压构件分为单向偏心受压构件和双向偏心受压构件，工程中的偏心受压构件大部分都是按单向偏心受压来进行截面设计，如图 6-1（b）所示只考虑轴向压力 N 沿截面一个主轴方向的偏心作用。通常在沿着偏心方向的两对边配置纵向钢筋。离偏心压力较近一侧的纵向钢筋为受压钢筋，其截面面积用 A'_s 表示；另一侧的纵向钢筋则根据轴向力偏心距的大小，可能受拉也可能受压，其截面面积都用 A_s 表示。本节仅介绍单向偏心受压构件受力性能。以下的偏心受压构件未特别注明的均指单向偏心受压构件。

6.3.1 偏心受压短柱的受力性能

偏心受压构件在承受轴向力 N 和弯矩 M 的共同作用时，可以等效于承受一个偏心距为 $e_0 = M/N$ 的偏心力 N 的作用，当弯矩 M 相对较小时，e_0 就很小，构件接近于轴心受压构件，相反，当 N 相对较小时，e_0 就很大，构件接近于受弯构件，因此，随着 e_0 的改变，偏心受压构件的受力性能和破坏形态介于轴心受压和受弯之间。

二维码 6-4
偏心受压短柱的类型及破坏特征

当 $M=0$、$e_0=0$ 时，即为轴心受压构件，当 $N=0$ 时，即为受弯构件，故受弯构件和轴心受压构件相当于偏心受压构件的特殊情况。

按照轴向力的偏心距和配筋情况的不同，偏心受压构件的破坏可分为大偏心受压破坏（即受拉破坏）和小偏心受压破坏（即受压破坏）两种情况。

1. 大偏心受压破坏（受拉破坏）

当构件截面的相对偏心距 e_0/h_0 较大，且配置的受拉侧钢筋 A_s 合适时，将发生大偏心受压破坏。这类构件因相对偏心距较大，即弯矩的影响较为显著，在偏心轴向力的作用下，远离轴向力一侧的截面受拉，近轴向力一侧的截面受压。随着荷载的增加，首先在受拉区出现垂直于构件轴线的横向裂缝。这些裂缝将随着荷载的增大而不断加宽并向受压一侧延伸，受拉侧钢筋拉应力迅速增加，并首先达到屈服。随着钢筋屈服后的塑性伸长，裂缝将明显加宽并进一步向受压一侧延伸，使受压区面积减小，受压区边缘混凝土的压应变增大并达到其极限压应变，受压区出现纵向裂缝，混凝土被压碎，构件即破坏。

当受压区相对高度不过小，而且受压钢筋的强度也不是太高的前提下，在混凝土开始压碎前，受压钢筋一般都能达到屈服强度。

在上述破坏过程中，主要破坏特征是：远离轴向力一侧的钢筋受拉并先屈服，产生明显的屈服变形，近轴向力一侧的混凝土后被压碎。这种破坏形态在破坏前有较明显的预兆，属于塑性破坏，其情况同双筋适筋梁正截面破坏特征相似。由于破坏是从受拉区开始的，故这种破坏又称为"受拉破坏"。

大偏心受压构件破坏时截面应变及应力分布图形、构件上的裂缝分布情况如图 6-12 所示。

2. 小偏心受压破坏（受压破坏）

当构件截面的相对偏心距 e_0/h_0 较小，或虽然相对偏心距较大，但受拉侧（远力侧，离纵向轴力较远一侧）配置纵向钢筋 A_s 较多时，构件将发生小偏心受压破坏。发生小偏心受压破坏的截面应力状态有以下两种类型：

1）部分截面受压，远力侧钢筋受拉但不屈服。当相对偏心距 e_0/h_0 较小，或当相对偏心距 e_0/h_0 较大但远力侧的纵向钢筋配置较多时，截面受拉，但受拉区裂缝出现后，受拉钢筋应力增长缓慢，不能达到屈服强度。破坏时近力侧的受压区边缘混凝土先达到极限压应变、受压区混凝土被压碎、受压钢筋屈服，而受拉一侧钢筋应力始终未达到其屈服强度，没有明显的屈服变形产生，破坏形态与超筋梁相似。其截面上的应力状态如图 6-13（a）所示。破坏没有明显预兆，压碎区段较长，混凝土强度越高，破坏越突然。

2）全截面受压，远力侧纵向钢筋也受压。当相对偏心距 e_0/h_0 很小，构件全截面受压。破坏时近力侧的受压钢筋 A'_s 屈服，混凝土被压碎，远力侧的受压钢筋 A_s 始终未达

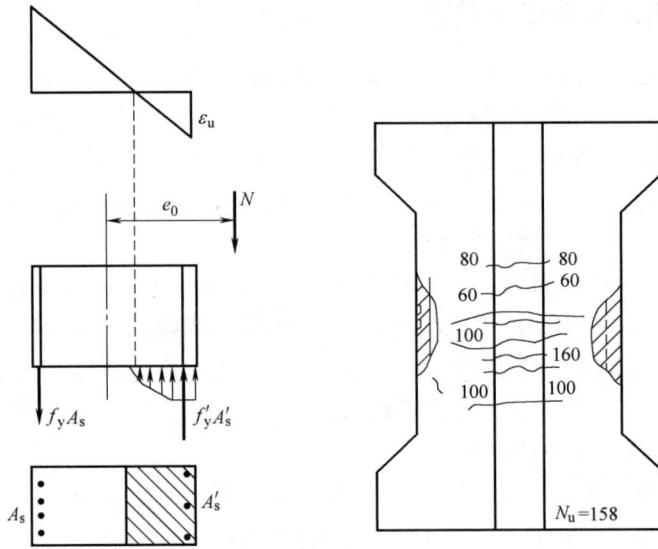

图 6-12   大偏心受压破坏形态（单位：kN）

到屈服强度（图 6-13b）。只有当相对偏心距很小（对矩形截面 $e_0 \leqslant 0.15h_0$），而轴向力 N 又较大（$N \geqslant \alpha_1 f_c bh_0$）时，远侧钢筋 A_s 也可能受压屈服，整个截面混凝土受压破坏，其破坏形态与轴心受压构件相似。另外，当偏心距很小时，由于截面的实际形心和构件的几何中心不重合，若纵向受压钢筋（近力侧）比纵向受拉钢筋（远力侧）多很多，也会发生离轴向力作用点较远一侧的混凝土先被压坏的现象，这可称为"反向破坏"（图 6-13c）。

对于小偏心受压，无论何种情况，其破坏特征都是受压区的混凝土先被压碎，远力侧的钢筋可能受拉也可能受压，受拉时不屈服，受压时可能屈服也可能不屈服。破坏前，变形和裂缝均不明显，缺乏明显的预兆，属于脆性破坏。构件的承载力主要取决于受压区混凝土及受压钢筋，故也称为受压破坏。

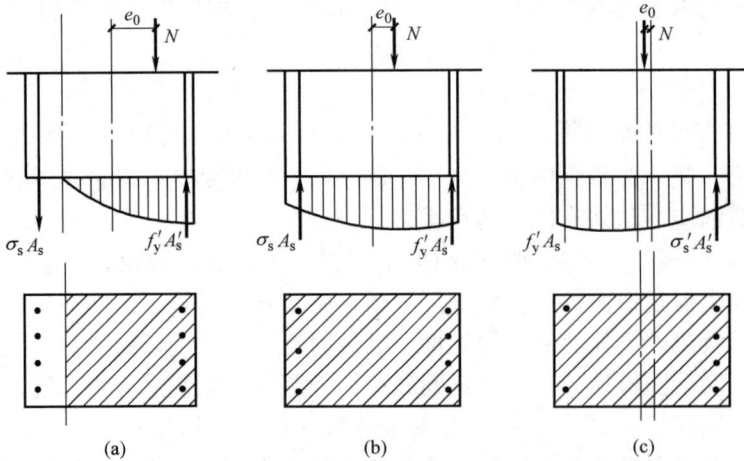

图 6-13   小偏心受压的受力及破坏形态

（a）部分截面受压，远侧钢筋受拉不屈服；（b）全截面受压，远侧钢筋受压不屈服；

（c）全截面受压，远力侧混凝土受压破坏，远力侧钢筋受压屈服

3. 大小偏心受压构件破坏的界限

从大、小偏心受压的破坏特征可见，两类偏心受压构件破坏的相同之处：截面的最终破坏都是受压区边缘混凝土达到其极限压应变值而被压碎。两者不同之处：大偏心受压构件破坏时受拉钢筋已屈服，最终破坏前有预兆；而小偏心受压构件在破坏时，远力侧钢筋无论受拉还是受压一般都未屈服，最终破坏是突然的，无预兆。

二维码6-5
大小偏心受压界限和附加偏心距

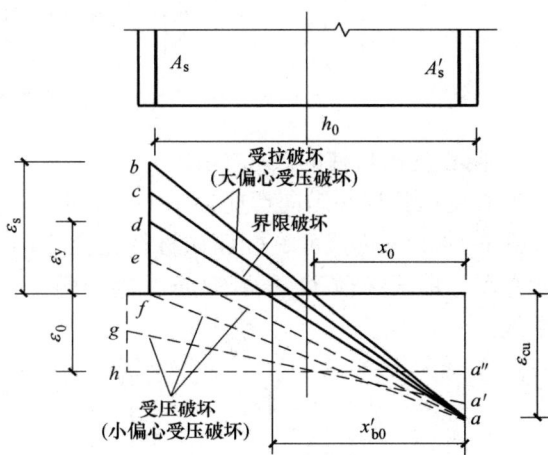

在"大偏心受压破坏"与"小偏心受压破坏"间存在着一种界限破坏形态，称为"界限破坏"。这种破坏形态不仅有比较明显的横向主裂缝，而且属于受拉破坏形态。界限破坏主要特征为：在受拉钢筋屈服的同时，受压区边缘混凝土的压应变达到极限压应变而被压碎。

大偏心受压破坏的截面应变分布如图 6-14 中 ab、ac 等所示。发生大偏心受压破坏时，其受压边缘的混凝土极限压应变值 ε_{cu} 与受弯构件破坏时受压边缘的混凝土极限压应变值基本相同，可取 $\varepsilon_{cu} = 0.0033$（混凝土强度等级不高于 C50 时）计算。随着偏心距的减小或受拉钢筋面积的增加，构件破坏时的钢筋最大拉应变将逐渐变小。

在界限破坏状态时，当受拉钢筋达到屈服应变值 ε_y 的同时，受压边缘混凝土也刚好达到极限压应变值 ε_{cu}，如图 6-14 中的 ad 所示。

当继续减小偏心距或增加受拉钢筋面积，则受拉钢筋的应变值将小于 ε_y，甚至受压，即变为小偏心受压状态，其

图 6-14 偏心受压构件截面应变分布

应变如图 6-14 中 ae、af、$a'g$ 等情形；显然，图中 $a''h$ 表示的是轴心受压状态。

由上述分析可知，大偏心受压和小偏心受压的界限状态，与适筋梁和超筋梁的界限状态完全相同，也可以用相对界限受压区高度 ξ_b 作为判别大小偏心受压破坏类型的特定界限指标。

当 $\xi < \xi_b$ 时，受拉钢筋先屈服，然后混凝土被压碎，为大偏心受压破坏。当 $\xi > \xi_b$ 时，为小偏心受压破坏。当 $\xi = \xi_b$ 时为构件截面偏心受压的界限状态。（ξ_b 的取值与受弯构件相同）

6.3.2 偏心受压长柱的受力性能

试验表明，钢筋混凝土柱在承受偏心压力后，会产生纵向弯曲，短柱因长细比较小，产生纵向弯曲也很小，在设计时一般可忽略不计。而长细比较大的柱则不同，在偏心荷载作用下会发生较大的纵向弯曲（图 6-15），降低偏压柱的承载力，所以设计时必须考虑由纵向弯曲产生的不利影响。

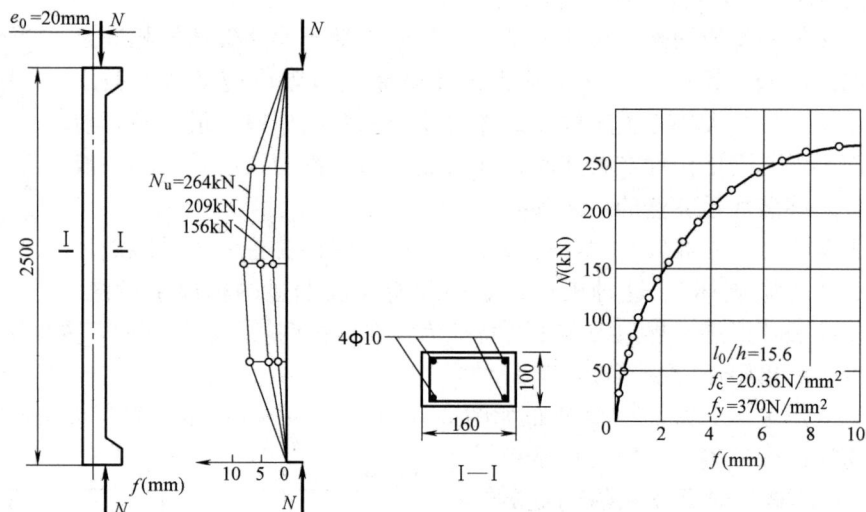

图 6-15　钢筋混凝土长柱在荷载作用下的纵向弯曲变形

1. 偏心受压长柱的破坏类型

偏心受压长柱在纵向弯曲影响下，可能发生材料破坏和失稳破坏。

图 6-16 为截面尺寸、配筋和材料完全相同，而长细比不同的三根柱，从加载到破坏的示意图。曲线 $ABCD$ 表示钢筋混凝土偏心受压构件截面材料破坏时承载力 $N\text{-}M$ 关系曲线。

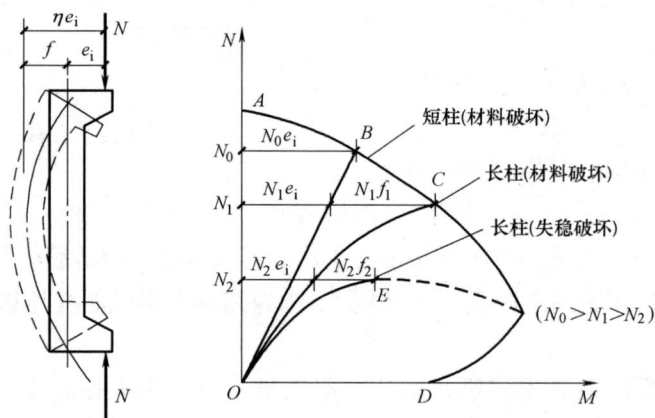

图 6-16　不同长细比柱从加载到破坏的曲线

图 6-16 中，直线 OB 表示长细比小的短柱从加载到破坏点 B 时的 $N\text{-}M$ 关系曲线，由于短柱的纵向弯曲很小，可以假定偏心距 e_0（$e_0 = M/N$）不变，即为常数。M 随 N 的增大而呈线性增加，属于"材料破坏"。

曲线 OC 表示长柱从加载到破坏点 C 时的 $N\text{-}M$ 关系曲线，由于长柱的纵向弯曲较大，偏心距随荷载增加而呈非线性增加，即是变值，所以其变化路线呈曲线，破坏仍属于"材料破坏"。

曲线 OE 为细长柱从加载到破坏点 E 的 N-M 曲线。由于柱的长细比很大，在没有达到材料破坏曲线 $ABCD$ 之前，由于轴向力的微小增量就会引起弯矩 M 不可收敛地增加，导致突然破坏，此时截面中钢筋应力并未达到屈服强度，混凝土也未达到极限压应变值，这种破坏属于"失稳破坏"。

在实际工程中，必须避免失稳破坏，因为其破坏具有突然性，且材料强度不能充分发挥，所以需要考虑中长柱由纵向弯曲产生的不利影响。

从图 6-16 曲线可以看出，三根柱的轴向力偏心距 e_0 虽然相同，但其承载力是不同的，随长细比的增大，三根柱子的承载力依次降低，$N_2 < N_1 < N_0$。这表明构件长细比的加大会降低受压构件的正截面受压承载力。这一现象的原因是：具有较大长细比偏心受压构件的纵向弯曲会引起不可忽略的附加弯矩（或称二阶弯矩），如图 6-16 中的 $N_1 f_1$、$N_2 f_2$。

2. 偏心受压构件的二阶效应

轴向压力对偏心受压构件的侧移和挠曲会引起附加内力，即二阶效应。如在有侧移框架中，二阶效应主要是指竖向荷载在产生了侧移的框架中引起附加内力，即通常所称的 P-Δ 效应；在无侧移框架中，二阶效应是指轴向力在产生了挠曲变形的某段柱中引起的附加内力，通常称为 P-δ 效应。

二维码 6-6
二阶效应

P-Δ 效应即为重力二阶效应，其计算属于结构整体层面问题，一般在结构分析中考虑。《结构规范》给出了两种计算方法：有限元法和增大系数法。由于计算机广泛应用于结构设计，在受力全过程考虑结构中材料、几何尺寸、刚度的变化对结构内力分析的影响成为可能，这也是通过计算机进行结构分析一并考虑结构侧移引起的二阶效应。当需要利用简化方法计算侧移二阶效应时，也可用《结构规范》附录推荐的增大系数法。根据结构二阶效应的基本规律，增大系数只会增大引起结构侧移的荷载或作用所产生的构件内力。对框架结构采用层增大系数法计算；对剪力墙结构、框架-剪力墙结构和筒体结构中用整体增大法计算；对排架结构采用 η-l_0 法考虑排架的 P-Δ 效应。由于 P-Δ 效应涉及结构整体层面的问题，《结构规范》中与结构形式所对应的有关章节中，将按不同的结构形式分述如何考虑 P-Δ 效应。

P-δ 效应是偏心受压构件自身挠曲产生的，其大小与构件两端的弯矩情况和构件的长细比有关。

实际工程中最常遇到的是长柱。P-δ 效应通常会增大杆件中间区段截面的一阶弯矩，特别是当杆件较细长、杆件两端弯矩同号（M_1/M_2 为正，单曲率弯曲）且两端弯矩的比值接近 1.0 时，该柱将产生最大的偏心距，其最不利的受力状态可能出现在杆件中间区段截面，从而使杆件中间区段的截面成为设计的控制截面。因此，当杆端弯矩同号或杆件长细比很大时，控制截面转移到杆件长度中部时，需要在截面承载力计算中考虑 P-δ 二阶效应。

《结构规范》规定，对于弯矩作用平面内截面对称的偏心受压构件，当同一主轴方向的构件两端弯矩比 M_1/M_2 不大于 0.9 且设计轴压比不大于 0.9 时，若构件的长细比满足式（6-9）的要求，可不考虑该方向构件自身挠曲中产生的附加弯矩影响，否则应按截面的两个主轴方向分别考虑轴向压力在挠曲杆件中产生的附加弯矩影响。

$$l_c/i < 34 - 12M_1/M_2 \tag{6-9}$$

式中　M_1、M_2——偏心受压构件两端截面按结构分析确定的对同一主轴的组合弯矩设计值，绝对值较大端为 M_2，绝对值较小端为 M_1，当构件按单曲率弯曲时，M_1/M_2 取正值，否则取负值；

$\qquad l_c$——构件的计算长度，可近似取偏心受压构件相应主轴方向上下支撑点之间的距离；

$\qquad i$——偏心方向的截面回转半径。

若偏压构件较细长，且轴压比偏大，当反弯点不在杆件高度范围内（即沿杆件长度均为同号），此时，经 P-δ 效应增大后的杆件中部弯矩有可能超过端部控制截面的弯矩。因此，就必须在截面设计中考虑 P-δ 效应的附加影响。《结构规范》给出了 C_m-η_{ns} 法将增大的柱端弯矩作为考虑 P-δ 效应后的截面设计弯矩。除排架结构柱外，其他偏心受压构件考虑轴向压力在挠曲杆件中产生的二阶效应后控制截面弯矩设计值 M 应按下列公式计算：

$$M = C_m \eta_{ns} M_2 \tag{6-10}$$

其中，当 $C_m \eta_{ns}$ 小于 1.0 时取 1.0；对剪力墙及核心筒墙，可取 $C_m \eta_{ns}$ 等于 1.0。

1）截面偏心距调节系数 C_m

$$C_m = 0.7 + 0.3 \frac{M_1}{M_2} \geqslant 0.7 \tag{6-11}$$

该系数主要是考虑柱两端弯矩作用大小和方向的影响。柱在两端方向相同且几乎大小相同弯矩作用下将产生最大的偏心距，会使该柱处于最不利受力状态。当 M_1、M_2 异号（双曲率弯曲）且数值相等时，偏心距调节系数取最小值为 0.7；当 M_1、M_2. 同号（单曲率弯曲）且数值相等时，偏心距调节系数取最大值 1.0。

2）弯矩增大系数 η_{ns}

$$\eta_{ns} = 1 + \frac{1}{1300(M_2/N + e_a)/h_0} \left(\frac{l_0}{h}\right)^2 \zeta_c \tag{6-12}$$

$$\zeta_c = \frac{0.5 f_c A}{N} \tag{6-13}$$

该系数主要考虑侧向挠度的影响。

3. 附加偏心距 e_a

如前所述，由于工程中实际存在着荷载作用位置的不定性、混凝土质量的不均匀性及施工的偏差等因素，都可能产生附加偏心距。《结构规范》规定偏心受压构件的正截面承载力计算中，应考虑轴向压力在偏心方向存在的附加偏心距 e_a，其值取 20mm 和偏心方向截面尺寸的 1/30 两者中的较大值。截面的初始偏心距 e_i，等于计算偏心距 e_0 加上附加偏心距 e_a，即：

$$e_i = e_0 + e_a \tag{6-14}$$

式中，计算偏心距 e_0 等于截面上的弯矩设计值 M 与轴向力设计值 N 之比。需要注意的是：由于结构构件的类型不同，考虑结构二阶效应的方式也不同，如果采用有限元方法计算的结构内力已考虑二阶效应，则直接取用截面的设计弯矩值 M 来计算 e_0；若采用简化的增大系数法或 C_m-η_{ns} 法考虑二阶效应的话，则弯矩设计值是在原内力分析所得的截面计算结果后，考虑二阶效应增大了的设计弯矩值 M 来计算 e_0。无论用哪种方式考虑结构的二阶效应，截面设计时均应考虑附加偏心距 e_a 的影响。

6.3.3 弯矩和轴心压力的不同组合对构件正截面承载力的影响

由前所述可知偏心受压构件实际上是受到弯矩 M 和轴向压力 N 共同作用的构件。弯矩和轴向压力的不同组合使荷载偏心距 $e_0=M/N$ 不同，从而对给定材料强度、截面尺寸和配筋的偏心受压构件的承载力产生不同的影响。构件可以在不同 N 和 M 的组合下达到承载力极限状态，即在达到正截面受压承载力极限状态时的截面轴力 N_u 与弯矩 M_u 具有相关性。随着偏心距的增大，抗压承载力降低，但当偏心距增大到一定值时，抗压承载力 N_u 和抗弯承载力 M_u 的关系将发生变化。可用 N_u-M_u 相关曲线（图6-17）来表示弯矩和轴心压力的不同组合对构件正截面承载力的影响，该曲线可由偏心受压构件试验和理论计算得到。

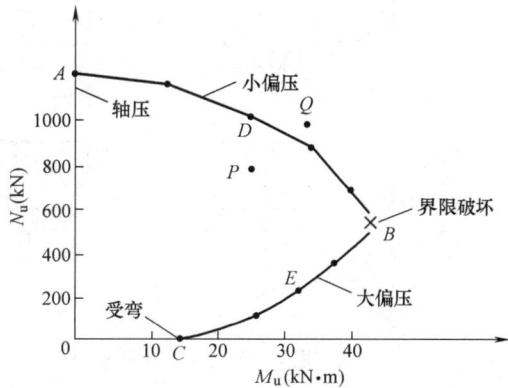

图6-17 N_u-M_u 相关曲线

1. N_u-M_u 相关曲线上 A 点表示弯矩 M 为0时，轴向承载力 N_u 达到最大，即代表了轴心受压构件；C 点表示轴向力 N 为0时，抗弯承载力 M_u 的值，即代表受弯构件；AB 段表示小偏心受压构件；BC 段表示大偏心受压构件；B 点即代表了大、小偏心受压的界限构件，该点抗弯承载力 M_u 最大。

2. N_u-M_u 相关曲线上任一点代表截面处于正截面承载力极限状态的一种内力组合。当实际的 M、N 组合（如图6-17中 P 点）落在相关曲线以内时，表明构件截面没有达到承载力极限状态；反之，M 与 N 的实际组合（如图6-17中 Q 点）落在曲线以外时，则表明截面承载力不足。

3. 对于大偏心受压破坏，M_u 随着 N 的增加而增加，如图6-17中所示的 BEC 段；对于小偏心受压破坏，M_u 随着 N 的增加而减小，如图6-17中所示的 ADB 段。

掌握 N_u-M_u 相关曲线的上述规律，对偏心受压构件的设计计算非常必要。尤其是当有多种内力组合时，可以利用 N_u-M_u 的关系，能够比较方便地找出最不利的控制内力组合，节省工作量。具体应用时，根据设计轴力的大小及截面尺寸、混凝土强度等级和钢筋级别，先判定所设计的截面是大偏心受压还是小偏心受压。

大偏心受压构件，弯矩一定的情况下，轴力越小，所需配筋越多或者说截面越不安全，因此，应在几种内力组合中选轴力比较小的作为控制内力；在轴力一定的情况下，弯矩越大，所需配筋越多，因此应选弯矩较大的作为控制内力。

小偏心受压构件，弯矩一定，轴力越大，所需配筋越多，应选轴力较大的内力作为控制内力；轴力一定，弯矩越大，所需配筋越多，也应选弯矩较大的作为控制内力。

6.4　偏心受压构件正截面承载力计算

偏心受压构件正截面承载力计算的基本假定和受弯构件正截面承载力计算的基本假定一样。偏心受压构件正截面承载力计算简图也是用等效矩形应力图形代替压区混凝土的实际压应力曲线图形，等效矩形应力图的压应力值取为 $\alpha_1 f_c$，受压区高度取为 x，见图 6-18。

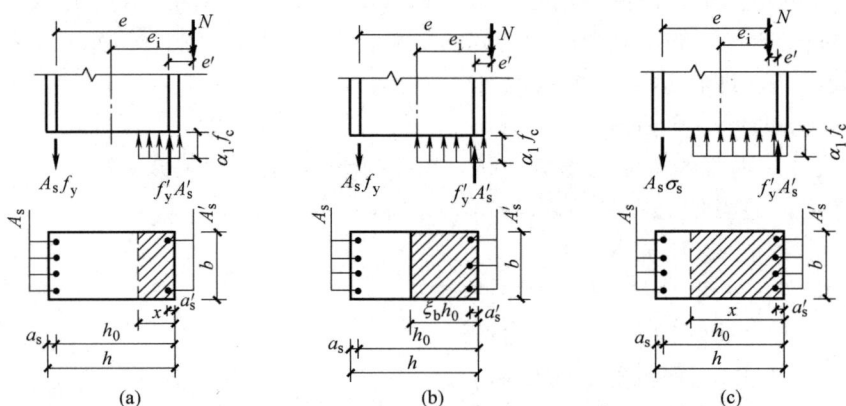

图 6-18　矩形截面偏心受压构件正截面承载能力计算简图
（a）大偏心受压；（b）界限偏心受压；（c）小偏心受压

6.4.1　矩形截面偏心受压构件正截面承载力计算

偏心受压构件正截面配筋方式分为非对称配筋和对称配筋两种，每一种配筋方式的承载力计算也分为截面设计与截面复核两类问题。分述如下：

1. 基本计算公式

1）大偏心受压（$\xi \leqslant \xi_b$）

承载能力极限状态时，大偏心受压构件中的受拉钢筋（远力侧）和受压钢筋（近力侧）的应力都能达到屈服强度。根据力的平衡条件及各力对受拉钢筋合力点取矩的力矩平衡条件，矩形截面大偏心受压构件正截面承载能力计算的基本公式为：

$$N = \alpha_1 f_c b x + f_y' A_s' - f_y A_s \tag{6-15}$$

$$Ne = \alpha_1 f_c b x \left(h_0 - \frac{x}{2}\right) + f_y' A_s'(h_0 - a_s') \tag{6-16}$$

$$e = e_i + \frac{h}{2} - a_s \tag{6-17}$$

二维码 6-7 矩形截面的大偏心受压构件正截面承载力的基本计算公式及其适用条件

式中　N——受压承载力设计值；

a_s、a_s'——受拉钢筋和受压钢筋的合力点到相邻混凝土边缘的距离；

A_s、A_s'——受拉钢筋和受压钢筋的截面面积；

e——偏心力 N 作用点至受拉钢筋 A_s 合力点之间的距离；

e_i——初始偏心距，$e_i = e_0 + e_a$；

e_0——轴向力对截面重心的偏心距，取 $e_0 = M/N$；当需要考虑二阶效应时，M 为按式（6-10）确定的弯矩设计值。

（1）为了保证构件为大偏压破坏，受拉钢筋应力要先达到屈服强度 f_y，必须满足：

$$x \leqslant x_b（或 \xi \leqslant \xi_b）\tag{6-18}$$

式中　x_b——界限破坏时受压区计算高度，$x_b = \xi_b h_0$，ξ_b 取值与受弯构件的相同。

当 $x = x_b$ 或 $\xi = \xi_b$ 时，为大小偏心受压的界限（图 6-18b），将 $x_b = \xi_b h_0$ 代入式（6-15），可写出界限情况下的轴向力 N 的表达式：

$$N_b = \alpha_1 f_c b \xi_b h_0 + f'_y A'_s - f_y A_s \tag{6-19}$$

由上式可见，界限轴向力的大小只与构件的截面尺寸、材料强度和截面的配筋情况有关。当截面尺寸、配筋面积及材料强度确定时，N 为定值。当作用在截面上的轴向力设计值 $N \leqslant N_b$，则为大偏心受压构件；若 $N > N_b$，则为小偏心受压构件。

（2）为了保证构件破坏时受压区钢筋强度充分利用，达到屈服强度 f'_y，必须满足：

$$x \geqslant 2a'_s \tag{6-20}$$

当 $x < 2a'_s$ 时，表示受压钢筋的应力可能达不到 f'_y，与双筋受弯构件类似，可近似取 $x = 2a'_s$，近似认为受压区混凝土压应力合力点与受压筋合力点相重合，对重合的作用点取矩，得：

$$Ne' = f_y A_s (h_0 - a'_s) \tag{6-21}$$

$$e' = e_i - \frac{h}{2} + a'_s \tag{6-22}$$

式中　e'——轴向力作用点到近轴向力一侧钢筋形心的距离。

2）小偏心受压（$\xi > \xi_b$）

小偏心受压构件破坏时，受压区混凝土被压碎，受压钢筋 A'_s 达到屈服强度，远离轴向力一侧的钢筋 A_s 可能受拉或受压但一般都未达到屈服，如图 6-18（c）所示，其应力用 σ_s 来表示（$\sigma_s < f_y$）。

由静力平衡条件可得出小偏心受压构件承载力计算基本公式：

$$N = \alpha_1 f_c b x + f'_y A'_s - \sigma_s A_s \tag{6-23}$$

$$Ne = \alpha_1 f_c b x \left(h_0 - \frac{x}{2} \right) + f'_y A'_s (h_0 - a'_s) \tag{6-24}$$

式中，σ_s 在理论上可按应变的平截面假定 ε_s，再由 $\sigma_s = \varepsilon_s E_s$ 确定。

据平截面假定，小偏心受压截面应变分布如图 6-19 所示，有两种情况：存在受拉区和不存在受拉区。按照应变分布的几何关系，有：

$$\frac{\varepsilon_s}{\varepsilon_{cu}} = \frac{h_0 - x_c}{x_c}$$

由此可得到受拉钢筋或较小受压钢筋的应变为：

$$\varepsilon_s = \varepsilon_{cu} \left(\frac{1}{\dfrac{x_c}{h_0}} - 1 \right)$$

二维码 6-8
矩形截面的
小偏心受压
构件正截面
承载力的基
本计算
公式

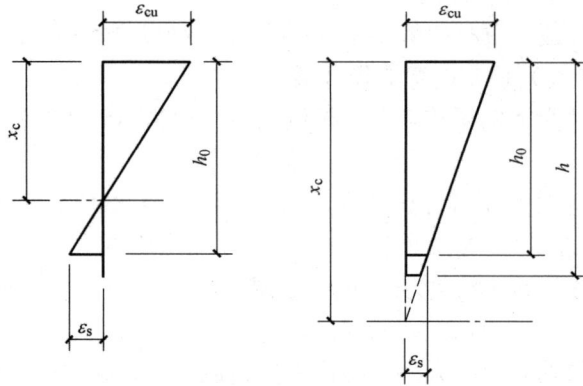

图 6-19   小偏心受压截面应变分布图

则钢筋的应力为：

$$\sigma_s = \varepsilon_s E_s = \varepsilon_{cu}\left(\dfrac{1}{\dfrac{x_c}{h_0}} - 1\right) \cdot E_s$$

式中的 x_c 为中和轴到最大受压边的距离。以 x_c 与等效矩形应力图形的高度 x 的关系 $x_c = x/\beta_1$ 代入上式，可得：

$$\sigma_s = \varepsilon_{cu}\left(\dfrac{\beta_1 h_0}{x} - 1\right) \cdot E_s = \varepsilon_{cu}\left(\dfrac{\beta_1}{\xi} - 1\right) \cdot E_s \tag{6-25}$$

计算结果应满足 $-f'_y \leqslant \sigma_s \leqslant f_y$。

若用式（6-25）与基本方程联立求解小偏心受压构件，则需要解一个关于 x（或 ξ）的三次方程，计算比较复杂。

根据我国大量试验资料及计算分析表明，小偏心受压情况下受拉边或受压较小边的钢筋应力的实测值 σ_s 与 ξ 接近直线关系。同时注意到截面破坏的特征点：当 $\xi = \xi_b$ 时，界限破坏，$\sigma_s = f_y$；当 $\xi = \beta_1$ 时，A_s 正处于中和轴上，则 $\sigma_s = 0$。据此建立的直线方程：

$$\sigma_s = f_y \dfrac{\xi - \beta_1}{\xi_b - \beta_1} \tag{6-26}$$

β_1 的含义和取值同受弯构件。按上式计算的钢筋应力同样应满足条件 $-f'_y \leqslant \sigma_s \leqslant f_y$。当 σ_s 值为正时是拉力，当 σ_s 值为负时是压力，当 $\xi \geqslant 2\beta_1 - \xi_b$ 时，取 $\sigma_s = -f'_y$。

若用式（6-26）与基本方程联立求解小偏心受压构件，一般情况下可以简化为关于 x（或 ξ）的二次方程。因此规范在列出了精确理论计算公式（6-25）的同时，也给出了近似计算公式（6-26）。

2. 截面配筋计算

当截面尺寸、材料强度及荷载产生的内力设计值 N 和 M（已考虑二阶效应影响的设计值）均为已知，要求计算需配置的纵向钢筋 A_s 及 A'_s 时，需首先判断是哪一类偏心受压，才能采用相应的公式进行计算。

1）两种偏心受压情况的判别

如前所述，判别两种偏心受压情况的基本条件是：①$\xi \leqslant \xi_b$，为大偏心受压；②$\xi >$

ξ_b，为小偏心受压。但在开始截面配筋计算时，A_s 及 A'_s 均为未知，无从计算相对受压区高度 ξ，因此也就不能利用 ξ 来判别。

在开始设计时，一般已知轴向力设计值 N 和弯矩设计值 M，因而偏心距 e_i（或相对偏心距 e_i/h_0）是已知的，可利用偏心距大小作为大小偏心受压的初步判别。

取界限破坏情况的受压区高度 $x_b = \xi_b h_0$ 代入大偏心受压时的轴向力平衡条件（即式6-19）和对截面几何中心轴取力矩的平衡条件，并取 $a'_s = a_s$，可得界限破坏时的轴向力 N_b 和弯矩 M_b：

$$N_b = \alpha_1 f_c b \xi_b h_0 + f'_y A'_s - f_y A_s$$

$$M_b = 0.5\alpha_1 f_c b \xi_b h_0 (h - \xi_b h_0) + 0.5(f'_y A'_s + f_y A_s)(h_0 - a'_s)$$

如果定义 $e_{0b}/h_0 = M_b/N_b h_0$ 为"相对界限偏心距"，则由以上两式可得：

$$\frac{e_{0b}}{h_0} = \frac{M_b}{N_b h_0} = \frac{0.5\alpha_1 f_c b \xi_b h_0 (h - \xi_b h_0) + 0.5(f'_y A'_s + f_y A_s)(h_0 - a'_s)}{(\alpha_1 f_c b \xi_b h_0 + f'_y A'_s - f_y A_s)h_0} \tag{6-27}$$

分析式（6-27）可知当截面尺寸和材料强度均确定时，亦 ξ_b 为定值，则相对界限偏心距 e_{0b}/h_0 取决于 A_s 及 A'_s。随着 A_s 及 A'_s 的减小，e_{0b}/h_0 亦减小。故当 A_s 及 A'_s 按最小配筋率配筋时，将得到 e_{0b}/h_0 的最小值 $e_{0b,min}/h_0$，根据规范对构件最小配筋率的规定，取 A_s 及 A'_s 均为 $0.002bh$；并近似取 $h = 1.05h_0$，$a'_s = 0.05h_0$。对各种常用强度等级的混凝土和 HRB400 级钢筋按式（6-27）算得 $e_{0b,min}/h_0$ 值列于表 6-2 中。截面设计时可根据所选定的材料强度按表中的 $e_{0b,min}/h_0$ 来初步判别大小偏心受压，即当 $e_i/h_0 \leqslant e_{0b,min}/h_0$ 时，按小偏心受压计算；当 $e_i/h_0 > e_{0b,min}/h_0$ 时，先按大偏心受压计算，然后根据计算结果再验算是否满足 $x \leqslant x_b$（或 $\xi \leqslant \xi_b$）。

相对最小界限偏心距（$e_{0b,min}/h_0$）　　　　　　　　　　　　　　表 6-2

混凝土/钢筋	C20	C25	C30	C35	C40	C45	C50	C60	C70	C80
HRB400 RRB400	0.411	0.383	0.363	0.349	0.339	0.332	0.326	0.329	0.334	0.340

表中对于不同强度等级的混凝土和不同强度等级的钢筋最小相对界限偏心距在 $0.3h_0$ 左右，由于是初步近似判别，故通常不论材料强度如何，均取 $0.3h_0$ 作为初始判别的条件。即：

当 $e_i \leqslant 0.3h_0$ 时，可按小偏心受压计算；

当 $e_i > 0.3h_0$ 时，可按大偏心受压计算。

2）大偏心受压构件的配筋计算（非对称配筋）

（1）受压钢筋 A'_s 及受拉钢筋 A_s 均未知

两个基本公式（6-15）及式（6-16）中有三个未知数：A_s，A'_s 及 x，故不能得出唯一的解。为了使总的配筋面积（$A_s + A'_s$）为最小，和双筋受弯构件一样，可取 $x = \xi_b h_0$，则由式（6-16）可得：

$$A'_s = \frac{Ne - \alpha_1 f_c b h_0^2 \xi_b (1 - 0.5\xi_b)}{f'_y (h_0 - a'_s)} \tag{6-28}$$

式中，$e = e_i + \dfrac{h}{2} - a_s$。

二维码 6-9
偏压构件正
截面承载力
计算方法
——大偏
心受压构
件的配筋
计算

按式（6-28）求得的 A'_s 应不小于 $0.002bh$，如小于则取 $A'_s=0.002bh$，按 A'_s 为已知的情况计算。

将式（6-28）算出的 A'_s 代入式（6-15），可得：

$$A_s=\frac{\alpha_1 f_c b\xi_b h_0+f'_y A'_s-N}{f_y}\qquad(6\text{-}29)$$

按上式算出的 A_s 不应小于 $\rho_{\min}bh$，否则应取 $A_s=\rho_{\min}bh$。$\rho_{\min}$ 为受压构件一侧钢筋最小配筋率。

（2）受压钢筋 A'_s 为已知，求 A_s

当 A'_s 为已知时，式（6-15）及式（6-16）中有两个未知数 A_s 及 x，可求得唯一的解。由式（6-16）可知 Ne 由两部分组成：$M'=f'_y A'_s(h_0-a'_s)$ 及 $M_1=Ne-M'=\alpha_1 f_c bx(h_0-x/2)$，$M_1$ 为压区混凝土与对应的一部分受拉钢筋 A_{s1} 所组成的力矩，与单筋矩形截面的受弯构件相似。将 A'_s 和 A_{s1} 代入式（6-15）可得受拉钢筋总面积 A_s 的计算公式：

$$A_s=\frac{\alpha_1 f_c bx+f'_y A'_s-N}{f_y}=A_{s1}+\frac{f'_y A'_s-N}{f_y}\qquad(6\text{-}30)$$

应该指出的是，如果求出的 $x>\xi_b h_0$，则说明已知的 A'_s 量不足，需按 A'_s 为未知的情况重新计算。如果 $x<2a'_s$，与双筋受弯构件相似，可近似取 $x=2a'_s$，受压区混凝土压应力合力点与受压钢筋合力点相重合，对重合的作用点取矩建立方程，得出 A_s 的计算公式：

$$A_s=\frac{Ne'}{f_y(h_0-a'_s)}\qquad(6\text{-}31)$$

式中，$e'=e_i-\dfrac{h}{2}+a'_s$。

3）小偏心受压构件的配筋计算（非对称配筋）

将 σ_s 的公式（6-26）代入式（6-23）及式（6-24），并将 x 代换为 ξh_0，则小偏心受压的基本公式为：

$$N=\alpha_1 f_c b\xi h_0+f'_y A'_s-f_y\frac{\xi-\beta_1}{\xi_b-\beta_1}A_s\qquad(6\text{-}32)$$

$$Ne=\alpha_1 f_c bh_0^2\xi(1-0.5\xi)+f'_y A'_s(h_0-a'_s)\qquad(6\text{-}33)$$

$$e=e_i+\frac{h}{2}-a_s\qquad(6\text{-}34)$$

二维码 6-10
小偏心受压构件的配筋计算

式（6-32）及式（6-33）中有三个未知数，A'_s、A_s 及 x，故不能得出唯一的解。由于在小偏心受压时，远离纵向力一侧的钢筋 A_s 无论受拉还是压，其应力都达不到强度设计值，故配置数量很多的钢筋是无意义的。故可取构造要求的最小用量，但考虑到在 N 较大，而 e_0 较小的全截面受压情况下，如附加偏心距 e_a 与荷载偏心距 e_0 方向相反，即 e_a 会使 e_0 减小，对距轴力较远一侧受压钢筋 A_s 将更不利（图6-20）。对 A'_s 合力的中心取矩：

$$A_s=\frac{Ne'-\alpha_1 f_c bh\left(h'_0-\dfrac{h}{2}\right)}{f'_y(h'_0-a_s)}\qquad(6\text{-}35)$$

$$e' = \frac{h}{2} - a_s' - (e_0 - e_a) \tag{6-36}$$

式中 e'——轴向力 N 至 A_s' 合力中心的距离。

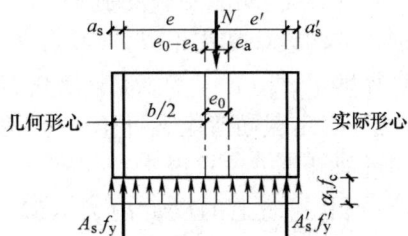

图 6-20 e_a 与 e_0 反向全截面受压

按式（6-35）求得的 A_s 应不小于 $0.002bh$，如小于则取 $A_s = 0.002bh$。为了说明式（6-35）的控制范围，令式（6-35）等于 $0.002bh$，对常用的材料强度及 a_s'/h_0 比值进行数值分析的结果表明：

当 $N > \alpha_1 f_c bh$ 时，按式（6-35）求得的 A_s 才有可能大于 $0.002bh$；

当 $N \leqslant \alpha_1 f_c bh$ 时，按式（6-35）求得 A_s 将小于 $0.002bh$，应取 $A_s = 0.002bh$。

如上所述，在小偏心受压情况下，A_s 可直接由式（6-35）或 $0.002bh$ 中的较大值确定，与 A_s' 的大小无关，是独立的条件。因此当 A_s 确定后，小偏心受压基本公式（6-32）及式（6-33）中只有两个未知数 ξ 及 A_s'，故可求得唯一的解。

将式（6-32）或 $0.002bh$ 中的 A_s 较大值代入基本公式消去 A_s'，求解 ξ 为：

$$\xi = \left[\frac{a_s'}{h_0} + \frac{A_s f_y [1 - a_s'/h_0]}{(\xi_b - \beta_1)\alpha_1 f_c bh_0} \right] +$$
$$\sqrt{\left[\frac{a_s'}{h_0} + \frac{A_s f_y [1 - a_s'/h_0]}{(\xi_b - \beta_1)\alpha_1 f_c bh_0} \right]^2 + 2 \left[\frac{Ne'}{\alpha_1 f_c bh_0^2} - \frac{\beta_1 A_s f_y [1 - a_s'/h_0]}{(\xi_b - \beta_1)\alpha_1 f_c bh_0} \right]} \tag{6-37}$$

可能出现几种情形：

（1）如 $\xi < 2\beta_1 - \xi_b$，将 ξ 代入式（6-33）可求得 A_s'，A_s' 不应小于 $0.002bh$，否则取 $A_s' = 0.002bh$。

（2）如 $h/h_0 \geqslant \xi \geqslant 2\beta_1 - \xi_b$，这时 $\sigma_s = -f_y'$，基本公式就变为：

$$N = \alpha_1 f_c b\xi h_0 + f_y' A_s' + f_y A_s$$

$$Ne = \alpha_1 f_c bh_0^2 \xi(1 - 0.5\xi) + f_y' A_s'(h_0 - a_s')$$

将 A_s 代入上式，需按下式重新求解 ξ 及 A_s'：

$$\xi = \frac{a_s'}{h_0} + \sqrt{\left(\frac{a_s'}{h_0} \right)^2 + 2 \left[\frac{Ne'}{\alpha_1 f_c bh_0^2} - \frac{A_s}{bh_0} \frac{f_y}{\alpha_1 f_c} \left(1 - \frac{a_s'}{h_0} \right) \right]} \tag{6-38}$$

同样 A_s' 不应小于 $0.002bh$，否则取 $A_s' = 0.002bh$。

（3）如 $\xi \geqslant h/h_0$，取 $\xi = h/h_0$ 并令 $\sigma_s = -f_y'$ 再由式（6-33）可求出 A_s'，同样 A_s' 不应小于 $0.002bh$，否则取 $A_s' = 0.002bh$。

对矩形截面小偏心受压构件，除进行弯矩作用平面内的偏心受力计算外，还应对垂直于弯矩作用平面按轴心受压构件进行验算。

矩形截面偏心受压构件截面配筋（非对称）计算流程图如图 6-21 所示。

综上，非对称配筋偏心受压构件截面设计计算步骤归纳如下：

1) 由结构功能要求及刚度条件初步确定材料强度及截面尺寸 b、h；由结构所处环境类别，结构设计使用年限，确定最外层钢筋的最小保护层厚度。根据预估箍筋及纵筋的钢筋直径确定 a_s、a'_s，计算 h_0 及 $0.3h_0$。

2) 确定截面弯矩设计值 M。用于截面设计的 M 值可以是由有限元分析直接求得，或用近似计算方法求得。

3) 由截面上的设计内力（M，N），计算偏心距 $e_0=M/N$，确定附加偏心距 e_a（20mm 或 $h/30$ 的较大值），进而计算初始偏心距 $e_i=e_0+e_a$。

4) 用 e_i 与 $0.3h_0$ 比较，进行大小偏心的初步判别。

5) 当 $e_i>0.3h_0$ 时，考虑为大偏心受压。根据 A_s 和 A'_s 的情况可分为：

(1) A'_s 及 A_s 均未知，令 $x=\xi_b h_0$，式（6-15）及式（6-16）确定 A'_s 及 A_s。

(2) 已知 A'_s 求 A_s，由式（6-16）直接求 x。x 可能有三种情况：当 $2a'_s\leqslant x\leqslant\xi_b h_0$ 时，直接由式（6-30）求 A_s；当 $x>\xi_b h_0$，说明给定的 A'_s 太少，按 A'_s 及 A_s 均未知的情况考虑；当 $x<2a'_s$ 时，取 $x=2a'_s$，按式（6-31）求 A_s。

6) 当 $e_i\leqslant0.3h_0$ 时，按小偏心受压考虑。由式（6-35）或 $0.002bh$ 中较大值确定 A_s，再由基本公式（6-26）与式（6-23）和式（6-24）求 x 和 A'_s。求 ξ 时采用式（6-37）和式（6-38）。A_s 由式（6-24）确定。此外还应对垂直于弯矩平面按轴心受压构件进行验算。

7) 计算所得的 A_s 和 A'_s，应满足单侧最小用钢量和全部最小用钢量的要求。然后根据截面构造要求确定钢筋的直径和根数，并绘出截面配筋图。

【例 6-3】 矩形截面偏心受压柱，截面尺寸 $b\times h=300\text{mm}\times400\text{mm}$，经重力二阶效应和挠曲二阶效应调整后弯矩设计值 $M=200\text{kN}\cdot\text{m}$，轴向压力设计值 $N=290\text{kN}$，柱计算长度 $l_0=2000\text{mm}$，混凝土强度等级为 C30，纵向钢筋采用 HRB400 级，$a_s=a'_s=40\text{mm}$，求纵向钢筋截面面积 A_s 和 A'_s 值。

【解】 $f_c=14.3\text{N/mm}^2$，$f_y=f'_y=360\text{N/mm}^2$，$\xi_b=0.518$，$\alpha_1=1.0$。

1) 计算有关数据
$$h_0=400-40=360\text{mm}，e_0=M/N=200\times10^3/290=690\text{mm}$$
$$e_a=\max(h/30；20)=\max(400/30；20)=20\text{mm}$$
$$e_i=e_0+e_a=690+20=710\text{mm}$$

2) 判断大、小偏心受压
$$e_i=710\text{mm}>0.3h_0=0.3\times360=108\text{mm}$$
可先按大偏心受压情况计算。

3) 求 A_s 和 A'_s
$$e=e_i+\frac{h}{2}-a_s=710+200-40=870\text{mm}$$

为充分发挥受压区混凝土的作用，并使 A_s 和 A'_s 的总用钢量最少，故引入条件 $x=\xi_b h_0$，由式 $A'_s=\dfrac{Ne-\alpha_1 f_c bh_0^2\xi_b(1-0.5\xi_b)}{f'_y(h_0-a'_s)}$ 求 A'_s。

$$A'_s=\frac{290\times10^3\times870-1.0\times14.3\times300\times360^2\times0.518\times(1-0.5\times0.518)}{360\times(360-40)}$$
$$=338\text{mm}^2>\rho_{min}bh=0.002\times300\times400=240\text{mm}^2$$

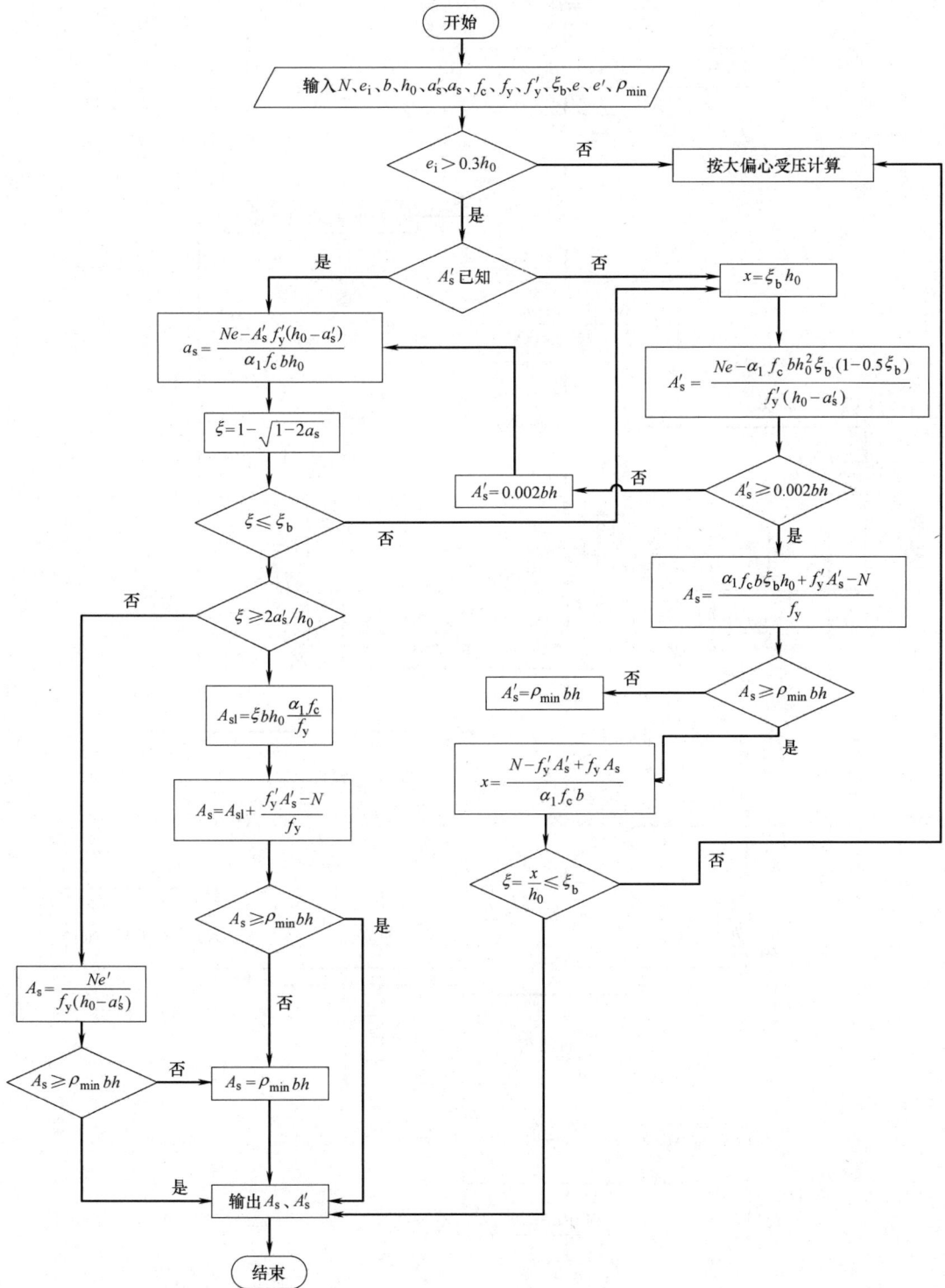

开始

输入 N、e_i、b、h_0、a_s'、a_s、f_c、f_y、f_y'、ξ_b、e、e'、ρ_{min}

$e_i > 0.3h_0$ —否→ 按大偏心受压计算

是

A_s' 已知 —否→ $x = \xi_b h_0$

是

$$a_s = \frac{Ne - A_s' f_y'(h_0 - a_s')}{\alpha_1 f_c b h_0}$$

$$A_s' = \frac{Ne - \alpha_1 f_c b h_0^2 \xi_b (1 - 0.5\xi_b)}{f_y'(h_0 - a_s')}$$

$\xi = 1 - \sqrt{1 - 2a_s}$

$A_s' = 0.002bh$ ←否— $A_s' \geqslant 0.002bh$

$\xi \leqslant \xi_b$ —否→

是

$$A_s = \frac{\alpha_1 f_c b \xi_b h_0 + f_y' A_s' - N}{f_y}$$

$\xi \geqslant 2a_s'/h_0$ —否→

$A_s' = \rho_{min} bh$ ←否— $A_s \geqslant \rho_{min} bh$

$$A_{sl} = \xi b h_0 \frac{\alpha_1 f_c}{f_y}$$

是

$$x = \frac{N - f_y' A_s' + f_y A_s}{\alpha_1 f_c b}$$

$$A_s = A_{sl} + \frac{f_y' A_s' - N}{f_y}$$

$A_s \geqslant \rho_{min} bh$ —是→

$\xi = \dfrac{x}{h_0} \leqslant \xi_b$ —否→

否

$$A_s = \frac{Ne'}{f_y(h_0 - a_s')}$$

$A_s \geqslant \rho_{min} bh$ —否→ $A_s = \rho_{min} bh$

是

输出 A_s、A_s'

结束

(a)

图 6-21　非对称配筋截面设计计算框图（一）

（a）大偏心受压

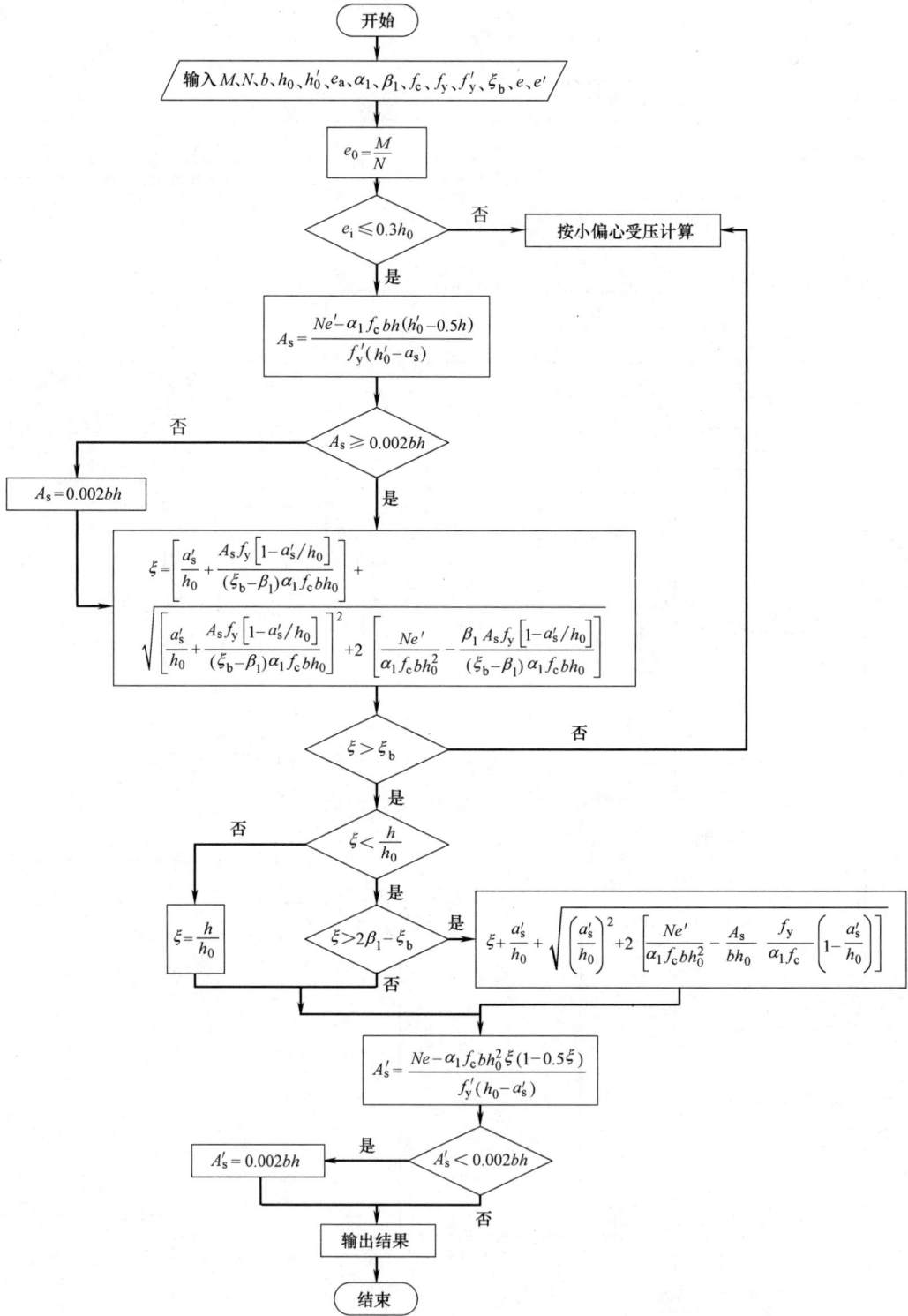

开始

输入 M、N、b、h_0、h_0'、e_a、α_1、β_1、f_c、f_y、f_y'、ξ_b、e、e'

$e_0 = \dfrac{M}{N}$

$e_i \leqslant 0.3h_0$　否 → 按小偏心受压计算

是

$A_s = \dfrac{Ne' - \alpha_1 f_c bh(h_0' - 0.5h)}{f_y'(h_0' - a_s)}$

否　$A_s \geqslant 0.002bh$　是

$A_s = 0.002bh$

$$\xi = \left[\frac{a_s'}{h_0} + \frac{A_s f_y\left[1 - a_s'/h_0\right]}{(\xi_b - \beta_1)\alpha_1 f_c bh_0}\right] + $$
$$\sqrt{\left[\frac{a_s'}{h_0} + \frac{A_s f_y\left[1 - a_s'/h_0\right]}{(\xi_b - \beta_1)\alpha_1 f_c bh_0}\right]^2 + 2\left[\frac{Ne'}{\alpha_1 f_c bh_0^2} - \frac{\beta_1\, A_s f_y\left[1 - a_s'/h_0\right]}{(\xi_b - \beta_1)\alpha_1 f_c bh_0}\right]}$$

$\xi > \xi_b$　否

是

否　$\xi < \dfrac{h}{h_0}$　是

$\xi = \dfrac{h}{h_0}$

$\xi > 2\beta_1 - \xi_b$　是 → $\xi + \dfrac{a_s'}{h_0} + \sqrt{\left(\dfrac{a_s'}{h_0}\right)^2 + 2\left[\dfrac{Ne'}{\alpha_1 f_c bh_0^2} - \dfrac{A_s}{bh_0}\dfrac{f_y}{\alpha_1 f_c}\left(1 - \dfrac{a_s'}{h_0}\right)\right]}$

否

$A_s' = \dfrac{Ne - \alpha_1 f_c bh_0^2 \xi(1 - 0.5\xi)}{f_y'(h_0 - a_s')}$

是　$A_s' < 0.002bh$　否

$A_s' = 0.002bh$

输出结果

结束

(b)

图 6-21　非对称配筋截面设计计算框图（二）

（b）小偏心受压

再由式 $A_s = \dfrac{\alpha_1 f_c b \xi_b h_0 + f_y' A_s' - N}{f_y}$ 求 A_s。

$$A_s = \frac{1.0 \times 14.3 \times 300 \times 360 \times 0.518 + 360 \times 338 - 290 \times 10^3}{360}$$

$$= 1755 \text{mm}^2$$

受拉钢筋 A_s 选用 4 Φ 25（$A_s = 1964 \text{mm}^2$），受压钢筋 A_s' 选用 2 Φ 20（$A_s' = 628 \text{mm}^2$）。

4）验算大偏心受压假定

由式（6-15）得：

$$x = \frac{N - f_y' A_s' + f_y A_s}{\alpha_1 f_c b} = \frac{290 \times 10^3 - 360 \times 628 + 360 \times 1964}{1.0 \times 14.3 \times 300}$$

解出：$x = 180 \text{mm} < \xi_b h_0 = 0.518 \times 360 = 186.48 \text{mm}$。

故前面假定为大偏心受压是正确的。

5）按轴心受压验算（略）

【例 6-4】　钢筋混凝土矩形截面偏心受压柱，截面尺寸 $b \times h = 300 \text{mm} \times 500 \text{mm}$，柱两端弯矩设计值分别为 $M_1 = 96 \text{kN} \cdot \text{m}$，$M_2 = 120 \text{kN} \cdot \text{m}$，轴向压力设计值 $N = 2000 \text{kN}$，柱计算长度 $l_0 = 6\text{m}$，混凝土强度等级为 C40，纵向钢筋采用 HRB400 级，$a_s = a_s' = 40 \text{mm}$，求按非对称配筋确定纵向钢筋 A_s 和 A_s' 值。

【解】　$f_c = 19.1 \text{N/mm}^2$，$f_y = f_y' = 360 \text{N/mm}^2$，$\xi_b = 0.518$，$\alpha_1 = 1.0$。

1）计算柱的设计弯矩值（考虑二阶效应后）

$$M_1/M_2 = 96/120 = 0.8 < 0.9, i = \sqrt{I/A} = h\sqrt{1/12} = \sqrt{1/12} \times 500 = 144.34 \text{mm}$$

$$l_0/i = 6000/144.34 = 41.6 > 34 - 12\frac{M_1}{M_2} = 24.4$$

需考虑附加弯矩的影响：

$$\zeta_c = \frac{0.5 f_c A}{N} = \frac{0.5 \times 19.1 \times 300 \times 500}{2000 \times 10^3} = 0.716$$

$$C_m = 0.7 + 0.3\frac{M_1}{M_2} = 0.7 + 0.3 \times 0.8 = 0.94 > 0.7$$

$$e_a = \max(h/30; 20) = \max(500/30; 20) = 20 \text{mm}$$

$$\eta_{ns} = 1 + \frac{1}{1300(M_2/N + e_a)/h_0}\left(\frac{l_0}{h}\right)^2 \zeta_c$$

$$= 1 + \frac{1}{1300(120 \times 10^6/2000 \times 10^3 + 20)/460} \times \left(\frac{6000}{500}\right)^2 \times 0.716$$

$$= 1.456$$

考虑纵向挠曲影响后的弯矩设计值为：

$$M = C_m \eta_{ns} M_2 = 0.94 \times 1.456 \times 120 = 164.2 \text{kN} \cdot \text{m}$$

2）判别大小偏心

$$e_0 = M/N = 164.2 \times 10^6/2000 \times 10^3 = 82.1 \text{mm}$$

$$e_i = e_0 + e_a = 82.1 + 20 = 102.1 \text{mm} < 0.3 h_0 = 138 \text{mm}$$

可先按小偏心受压计算。

3）求 A_s 和 A_s'

因小偏心受压的 A_s 无论是受拉、受压，其应力都达不到屈服强度，且：

$$f_c bh = 19.1 \times 300 \times 500 = 2856 \text{kN} > N = 2000 \text{kN}$$

故不需要按反向破坏验算，取：

$A_s = 0.002 bh = 0.002 \times 300 \times 500 = 300 \text{mm}^2$，选 2$\Phi$16。实配 $A_c = A - A_s'$。

由式（6-37）求 ξ：

$\beta_1 = 0.8, e' = h/2 - e_1 - a_s' = 250 - 102.1 - 40 = 107.9 \text{mm}$

$a_s'/h_0 = 40/460 = 0.087$

$A = A_s f_y [1 - a_s'/h_0] = 360 \times 402 \times (1 - 0.087) = 132129 \text{N}$

$B = (\xi_b - 0.8)\alpha_1 f_c bh_0 = (0.518 - 0.8) \times 1.0 \times 14.3 \times 300 \times 460 = -556499 \text{N}$

$C = \alpha_1 f_c bh_0^2 = 1.0 \times 14.3 \times 300 \times 460^2 = 907764000 \text{N} \cdot \text{mm}$

则 $A/B = -0.237$。

$$\frac{a_s'}{h_0} + \frac{A}{B} = 0.087 - 0.237 = -0.15$$

$$\xi = \left(\frac{a_s'}{h_0} + \frac{A}{B}\right) + \sqrt{\left(\frac{a_s'}{h_0} + \frac{A}{B}\right)^2 + 2\left(\frac{Ne'}{C} - \beta_1 \frac{A}{B}\right)}$$

$$= -0.15 + \sqrt{(-0.15)^2 + 2 \times \left(\frac{2000 \times 10^3 \times 107.9}{907764000} + 0.8 \times 0.15\right)}$$

$$= 0.712$$

再按式（6-33）求 A_s'：

$$e = e_i + \frac{h}{2} - a_s = 102.1 + 250 - 40 = 312.1 \text{mm}$$

$$A_s' = \frac{Ne - \alpha_1 f_c bh_0^2 \xi(1 - 0.5\xi)}{f_y'(h_0 - a_s')}$$

$$= \frac{2000 \times 10^3 \times 312.1 - 1.0 \times 14.3 \times 300 \times 460^2 \times 0.712 \times (1 - 0.5 \times 0.712)}{360 \times (460 - 40)}$$

$= 1375.4 \text{mm}^2 > 0.002 bh = 300 \text{mm}^2$，选用 4$\Phi$25，实配 $A_s' = 1964 \text{mm}^2$。

全部纵向钢筋配筋率为：

$$\rho = \frac{A_s + A_s'}{A} = \frac{402 + 1964}{300 \times 500} = 1.58\% > 0.55\%，满足要求。$$

4）按轴心受压验算

$l_0/b = 6000/300 = 20$，查表得 $\varphi = 0.75$。

$$0.9\varphi(f_c A + f_y' A_s') = 0.9 \times 0.75 \times [14.3 \times 300 \times 500 + 360 \times (402 + 1964)]$$

$$= 2022.8 \text{kN} > N = 2000 \text{kN}，满足要求。$$

3. 截面承载力复核（非对称配筋）

当构件的截面尺寸、配筋面积 A_s' 及 A_s、材料强度及计算长度均已知，要求根据给定的轴力设计值 N（或偏心距 e_0）确定构件所能承受的弯矩设计值 M（或轴向力 N）时，属于截面承载力复核问题。一般情况下，单向偏心受压构件应进行两个平面内的承载力计算：弯矩作用平面内偏心受压承载力计算及垂直于弯矩作用平面的轴心受压承载力计算。

1）弯矩作用平面内的承载力计算

（1）给定轴向力设计值 N，求弯矩设计值 M。由于截面尺寸、配筋及材料强度均为已知，故可首先按式（6-19）算得 N_b。如所给的设计轴向力 $N \leqslant N_b$，则为大偏心受压情况，可按式（6-15）求 x。当 $2a'_s \leqslant x \leqslant \xi_b h_0$ 时，则由式（6-16）求 e，由式（6-17）求 e_i，进而求 e_0，则弯矩设计值 $M = Ne_0$；当 $x < 2a'_s$ 时，则由式（6-31）求 e'。再由 $e' = e_i - h/2 + a'_s$ 求 e_i，进而求 e_0，则弯矩设计值 $M = Ne_0$。求得的 M 可以直接与有限元分析结果比较；当采用 C_m-η_{ns} 方法考虑二阶效应时，可由 $M = C_m\eta_{ns}M_2$ 反算求得柱两端弯矩设计值中绝对值较大者 M_2，与内力分析结果进行比较确定是否安全。

（2）给定荷载的偏心距 e_0，求轴向力设计值 N。此时，最关键的是求 x 和 N_u，为了使公式对于大小偏心受压都适用，我们注意到对小偏心受压公式中取 $\sigma_s = f_y$，就变成了大偏心受压的基本公式。故为了简化论述，我们应采用式（6-23）、式（6-24）和式（6-26）这组公式来推导 x 的计算公式。

将式（6-23）代入式（6-24）以消去 N_u，并经整理后可得 x 的二次方程：

$$\frac{x^2}{2} + (e - h_0)x - \frac{[\sigma_s A_s e + f'_y A'_s (h_0 - e - a'_s)]}{\alpha_1 f_c b} = 0$$

根据 $e' = h/2 - e_i - a'_s$ 以及 $e' = h_0 - e - a'_s$，则上式可表示为：

$$\frac{x^2}{2} + (e - h_0)x - \frac{(\sigma_s A_s e + f'_y A'_s e')}{\alpha_1 f_c b} = 0 \tag{6-39}$$

规定必须按 $e' = h/2 - e_i - a'_s$ 计算 e'，并需特别注意 e' 值的正负号，当 $e_i < h/2 - a'_s$ 或 $e < h_0 - a'_s$ 时，e' 为"+"号，表示 N 是作用在 A_s 和 A'_s 之间（小偏压）；当 $e_i > h/2 - a'_s$ 或 $e > h_0 - a'_s$ 时，e' 为"-"号，表示 N 是作用在 A'_s 之外（大偏压）。

把 $\sigma_s = f_y$ 代入式（6-39），可求得大偏心受压时的 x：

$$x = (h_0 - e) + \sqrt{(h_0 - e)^2 + \frac{2(f_y A_s e + f'_y A'_s e')}{\alpha_1 f_c b}} \tag{6-40}$$

对于小偏心受压的情况，将式（6-26）代入式（6-39）得到关于 x 的一元二次方程：

$$\frac{x^2}{2} + \left[\left(1 - \frac{1}{\xi_b - \beta_1} \cdot \frac{f_y A_s}{\alpha_1 f_c b h_0}\right)e - h_0\right]x - \frac{1}{\alpha_1 f_c b}\left(\frac{\beta_1}{\xi_b - \beta_1}f_y A_s e - f'_y A'_s e'\right) = 0$$

令：

$$A = \frac{1}{2}$$

$$B = \left(1 - \frac{1}{\xi_b - \beta_1} \cdot \frac{f_y A_s}{\alpha_1 f_c b h_0}\right)e - h_0$$

$$C = \frac{1}{\alpha_1 f_c b}\left(\frac{\beta_1}{\xi_b - \beta_1}f_y A_s e - f'_y A'_s e'\right)$$

可得：

$$x = \frac{-B + \sqrt{B^2 - 4AC}}{2A} = -B + \sqrt{B^2 - 2C} \tag{6-41}$$

在已知荷载的偏心距 e_0，求轴向力设计值 N_u 时，一般先用 $\dfrac{e_i}{h_0}$ 与 $\dfrac{e_{0b \cdot min}}{h_0}$ 进行比较以初步判别大、小偏心受压。当为大偏心受压时，按式（6-41）求出 x。若 $2a_s' \leqslant x \leqslant \xi_b h_0$，则将此代入式（6-15）计算 N_u；若 $x < 2a_s'$，则由式（6-31）可得：

$$N_u = \frac{f_y A_s (h_0 - a_s')}{e_i - \dfrac{h}{2} + a_s'}$$

并由 N_u 可得 $M_u = N_u e_0$。

若 $x > x_b = \xi_b h_0$，则说明先前的判别是不正确的，应按小偏心受压重新计算，如果初步判别为小偏心受压，则按式（6-41）求出 x，并按以下可能的两种情形处理：

（1）若 $x < h$，则由公式（6-26）计算 σ_s（$\sigma_s \geqslant -f_y'$），然后将 σ_s 代入式（6-23）求得 N_u。

（2）若 $x > h$，则取 $x = h$ 且 $\sigma_s = -f_y'$，由式（6-23）求得 N_u。

同时还应考虑反向破坏的可能性，再由式（6-35）得到一个 N_u，与情形（1）或情形（2）得到的进行比较，取较小值作为最后的 N_u。

2）垂直于弯矩作用平面的承载力计算

当构件在垂直于弯矩作用平面内的长细比较大时，应按轴心受压构件验算垂直于弯矩作用平面的受压承载力。这时应考虑稳定系数 φ 的影响，按式（6-2）计算承载力 N。

【例 6-5】 已知矩形截面偏心受压柱，轴向力设计值 $N = 1500$kN，两杆端弯矩设计值比值 $M_1/M_2 = 0.85$，截面尺寸 $b \times h = 400$mm$\times 600$mm，柱计算长度 $l_0 = 4000$mm，混凝土强度等级为 C40，纵向钢筋采用 HRB400 级，A_s 为 4 Φ 22（$A_s = 1520$mm^2），A_s' 为 4 Φ 20（$A_s' = 1256$mm^2），$a_s = a_s' = 45$mm。求该截面在 h 方向能承受的弯矩设计值 M。

【解】　$f_c = 19.1$N/mm^2，$f_y' = f_y = 360$N/mm^2，$\xi_b = 0.518$，$h_0 = 600 - 45 = 555$mm。

1）判断是否需要考虑二阶效应

$M_1/M_2 = 0.85 < 0.9$

$N/f_c bh = 1500 \times 10^3 / 19.1 \times 400 \times 600 = 0.33 < 0.9$

$$\frac{l_c}{i} = \frac{l_c}{h\sqrt{\dfrac{1}{12}}} = \frac{4000}{0.289 \times 600} = 23.09 < 34 - 12\frac{M_1}{M_2} = 23.8$$

故不需考虑二阶效应。

2）判断大小偏心

由式（6-15）先求出 x：

$$x = \frac{N + f_y A_s - f_y' A_s'}{\alpha_1 f_c b} = \frac{1500 \times 10^3 + 360 \times 1256 - 360 \times 1520}{1.0 \times 19.1 \times 400}$$

解出：$x = 183.89$mm$< \xi_b h_0 = 0.518 \times 555 = 287.49$mm，属于大偏心受压情况。

同时：$x = 183.89$mm$> 2a_s' = 2 \times 45 = 90$mm，说明受压钢筋能达到屈服强度。

3）求 e，e_i，e_0

由式（6-16）得：

$$e = \frac{\alpha_1 f_c bx(h_0 - 0.5x) + f'_y A'_s(h_0 - a'_s)}{N}$$

$$= \frac{1.0 \times 19.1 \times 400 \times 183.89 \times (555 - 0.5 \times 183.89) + 360 \times 1520 \times (555 - 45)}{1500 \times 10^3}$$

$$= 619.75\text{mm}$$

$$e_i = e - \frac{h}{2} + a_s = 619.75 - \frac{600}{2} + 45 = 364.75\text{mm}$$

$$e_a = \max(20, h/30) = \max(20, 600/30) = 20\text{mm}$$

$$e_0 = e_i - e_a = 364.75 - 20 = 344.75\text{mm}$$

4）该截面在 h 方向能承受的弯矩设计值

$$M = Ne_0 = 1500 \times 344.75 \times 10^{-3} = 517.13\text{kN} \cdot \text{m}$$

4. 对称配筋矩形截面偏压构件的承载力计算

在工程设计中，当构件承受变号弯矩作用，或为了构造简单便于施工时，常采用对称配筋截面，即 $A'_s = A_s$，$f_y = f'_y$，且 $a_s = a'_s$。对称配筋的情况，不能仅根据 $e_i > 0.3h_0$ 这个条件就判断为大偏心受压构件，还需要根据 ξ 与 ξ_b（或 N 与 N_b）比较来判断真正属于哪一种偏心受压情况。对称配筋时，$f_y A_s = f'_y A'_s$，故 $N_b = \alpha_1 f_c \xi_b b h_0$。

二维码 6-11
对称配筋矩
形截面正截
面承载力
——基本
公式

1）当 $e_i > 0.3h_0$，且 $N \leqslant N_b$ 时，为大偏心受压。这时，$x = N / \alpha_1 f_c b$，代入式（6-16），可得：

$$A'_s = A_s = \frac{Ne - \alpha_1 f_c bx(h_0 - 0.5x)}{f'_y(h_0 - a'_s)} \tag{6-42}$$

如果 $x < 2a'_s$，取 $x = 2a'_s$，上式则变为：

$$A'_s = A_s = \frac{N(e_i - h/2 + a'_s)}{f'_y(h_0 - a'_s)} \tag{6-43}$$

2）当 $e_i \leqslant 0.3h_0$ 或 $e_i > 0.3h_0$，但 $N > N_b$ 时，为小偏心受压，远离纵向作用力一侧钢筋不屈服，$\sigma_s = f_y \dfrac{\xi - \beta_1}{\xi_b - \beta_1}$。由式（6-32）及 $A'_s = A_s$，$f_y = f'_y$，可得：

$$N = \alpha_1 f_c \xi b h_0 + f'_y A'_s \frac{\xi_b - \xi}{\xi_b - \beta_1}$$

或：

$$f'_y A'_s = (N - \alpha_1 f_c \xi b h_0)\frac{\xi_b - \beta_1}{\xi_b - \xi}$$

将上式代入式（6-33）可得：

$$Ne\frac{\xi_b - \xi}{\xi_b - \beta_1} = \alpha_1 f_c b h_0^2 \xi(1 - 0.5\xi)\frac{\xi_b - \xi}{\xi_b - \beta_1} + (N - \alpha_1 f_c \xi b h_0)(h_0 - a'_s) \tag{6-44}$$

这是一个 ξ 的三次方程，用于设计是非常不便的。为了简化计算，设式（6-44）等号右侧第一项中：

$$Y = \xi(1 - 0.5\xi)\frac{\xi_b - \xi}{\xi_b - \beta_1} \tag{6-45}$$

当钢材强度给定时，ξ_b 为已知的定值。由上式可知，当 $\xi > \xi_b$ 时，Y 与 ξ 的关系接近于直线。对常用的钢材等级，可近似取：

$$Y = 0.43 \frac{\xi_b - \xi}{\xi_b - \beta_1} \tag{6-46}$$

把上式代入式（6-44），得到关于 ξ 的计算公式：

$$\xi = \frac{N - \xi_b \alpha_1 f_c b h_0}{\dfrac{Ne - 0.43 \alpha_1 f_c b h_0^2}{(\beta_1 - \xi_b)(h_0 - a_s')} + \alpha_1 f_c b h_0} + \xi_b \tag{6-47}$$

再把算出的 ξ 代入式（6-33），则矩形截面对称配筋小偏心受压构件的所需钢筋截面面积，可按下式计算：

$$A_s = A_s' = \frac{Ne - \alpha_1 f_c b h_0^2 \xi(1 - 0.5\xi)}{f_y'(h_0 - a_s')} \tag{6-48}$$

对称配筋矩形截面承载力的复核与非对称矩形截面相同，只是引入对称配筋的条件 $A_s' = A_s$，$f_y = f_y'$。同样应考虑弯矩作用平面的承载力及垂直于弯矩作用平面的承载力。

现将对称配筋偏心受压构件截面设计计算步骤归结如下：

（1）由结构功能要求及刚度条件初步确定材料强度及截面尺寸 b、h；由结构所处环境类别、结构设计使用年限、确定最外层钢筋的最小保护层厚度，根据预估箍筋及纵筋的钢筋直径确定 a_s、a_s'。计算 h_0 及 $0.3h_0$。

（2）确定截面弯矩设计值 M。用于截面设计的 M 值可以是由有限元分析直接求得，或用近似计算方法或 C_m-η_{ns} 法求得。

（3）由截面上的设计内力 (M, N) 计算偏心距 $e_0 = M/N$，确定附加偏心距 e_a（20mm 或 $h/30$ 的较大值），进而计算初始偏心距 $e_i = e_0 + e_a$。

（4）计算对称配筋条件下的 $N_b = \alpha_1 f_c b \xi_b h_0$，$e_i$ 与 $0.3h_0$，N 与 N_b 比较，来判别大小偏心。

（5）当 $e_i > 0.3h_0$，且 $N \leqslant N_b$ 时，为大偏心受压。用 $x = N/\alpha_1 f_c b$，按式（6-42）或式（6-43），可求出 A_s' 和 A_s。

（6）当 $e_i \leqslant 0.3h_0$，或 $e_i > 0.3h_0$ 但 $N > N_b$ 时，为小偏心受压。由式（6-47）求 ξ，再代入式（6-48）确定出 A_s' 和 A_s。此外还应对垂直于弯矩平面按轴心受压构件进行验算。

（7）计算所得的 A_s' 和 A_s，应满足单侧最小用钢量和全部最小用钢量的要求，然后根据截面构造要求确定钢筋的直径和根数，并绘出截面配筋图。

二维码 6-12
对称配筋矩
形截面正截
面承载力
——配筋
计算

【例 6-6】 已知矩形截面偏心受压柱，截面尺寸 $b = 300$mm，$h = 500$mm，$a_s = a_s' = 40$mm，构件环境类别为一类，承受的纵向压力设计值 $N = 600$kN，柱两端截面的弯矩设计值 $M_1 = 240$kN·m，$M_2 = 260$kN·m，混凝土 C30，HRB400 级钢筋，柱的计算高度为 4.2m，计算按对称配筋的 A_s 和 A_s' 值。

【解】 $f_c = 14.3$N/mm²，$f_y = f_y' = 360$N/mm²，$\xi_b = 0.518$，$\alpha_1 = 1.0$。

1）求弯矩设计值（考虑二阶效应后）

$M_1/M_2 = 240/260 = 0.92 > 0.9$，应考虑附加弯矩的影响。

$$\zeta_c = \frac{0.5f_c A}{N} = \frac{0.5 \times 14.3 \times 300 \times 500}{600 \times 10^3} = 1.788 > 1.0, \ 取 \ \zeta_c = 1.0$$

$$C_m = 0.7 + 0.3\frac{M_1}{M_2} = 0.7 + 0.3 \times 0.92 = 0.977 > 0.7$$

$$e_a = \max(h/30; 20) = \max(500/30; 20) = 20mm$$

$$\eta_{ns} = 1 + \frac{1}{1300(M_2/N + e_a)/h_0}\left(\frac{l_0}{h}\right)^2 \zeta_c$$

$$= 1 + \frac{1}{1300 \times (240 \times 10^6/600 \times 10^3 + 20)/460} \times \left(\frac{4200}{500}\right)^2 \times 1.0$$

$$= 1.055$$

考虑纵向挠曲影响后的弯矩设计值为：

$$M = C_m \eta_{ns} M_2 = 0.977 \times 1.055 \times 260 = 268kN \cdot m$$

2）判断大小偏心受压

$$e_0 = M/N = 268 \times 10^6/600 \times 10^3 = 447mm$$

$$e_i = e_0 + e_a = 447 + 20 = 467mm > 0.3h_0 = 0.3 \times 460 = 138mm$$

由于是对称配筋 $A_s = A_s'$，$f_y = f_y'$，所以：

$$N_b = \alpha_1 f_c b\xi_b h_0 = 1.0 \times 14.3 \times 300 \times 0.518 \times 460 = 1022.2kN > N = 600kN$$

因 $e_i > 0.3h_0$，$N < N_b$，满足对称配筋大偏心受压的条件。

3）求 A_s 和 A_s'

$$\xi = N/\alpha_1 f_c bh_0 = 600 \times 10^3/1.0 \times 14.3 \times 300 \times 460 = 0.304 > 2a_s'/h_0 = 80/460 = 0.174$$

$$e = e_i + \frac{h}{2} - a_s = 467 + 250 - 40 = 677mm$$

$$x = \xi_b h_0 = 0.304 \times 460 = 140mm$$

$$A_s' = A_s = \frac{Ne - \alpha_1 f_c bx(h_0 - 0.5x)}{f_y'(h_0 - a_s')}$$

$$= \frac{600 \times 10^3 \times 677 - 1.0 \times 14.3 \times 300 \times 140 \times (460 - 0.5 \times 140)}{360 \times (460 - 40)}$$

$$= 1137mm^2 > 0.002bh = 0.002 \times 300 \times 500 = 300mm^2$$

每侧选用 3Φ22 的钢筋，实际配 $A_s = A_s' = 1140mm^2$，配筋如图 6-22 所示。

全部纵向钢筋配筋率为：

$$\rho = \frac{A_s + A_s'}{A} = \frac{1140 \times 2}{300 \times 500} = 1.52\% > 0.55\%，满$$

足要求。

4）按轴心受压验算（略）

【例 6-7】矩形截面偏心受压柱，截面尺寸 $b = 400mm$，$h = 500mm$，$a_s = a_s' = 40mm$，构件处于一类环境，承受的纵向压力设计值 $N = 3000kN$，考虑侧移影响柱两端截面的弯矩设计值 M_1 和 M_2 均为 85kN · m，混凝土 C35，HRB400 级钢筋，柱的计算

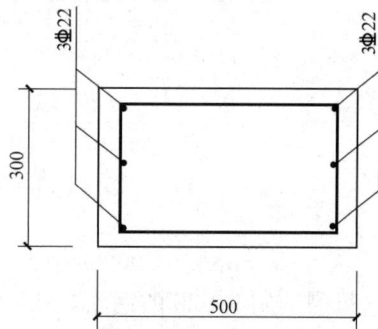

图 6-22 例 6-6 截面配筋图

高度为 $l_0=6.0\text{m}$，计算按对称配筋的 A_s 和 A_s' 值。

【解】 $f_c=16.7\text{N/mm}^2$，$f_y=f_y'=360\text{N/mm}^2$，$\xi_b=0.518$，$\alpha_1=1.0$，$\beta_1=0.8$。

1）求弯矩设计值（考虑二阶效应后）

$M_1/M_2=85/85=1>0.9$，应考虑附加弯矩的影响。

$$\zeta_c=\frac{0.5f_cA}{N}=\frac{0.5\times16.7\times400\times500}{3000\times10^3}=0.56<1.0$$

$$C_m=0.7+0.3\frac{M_1}{M_2}=0.7+0.3\times1=1.0>0.7$$

$$e_a=\max(h/30;20)=\max(500/30;20)=20\text{mm}$$

$$\eta_{ns}=1+\frac{1}{1300\times(M_2/N+e_a)/h_0}\left(\frac{l_0}{h}\right)^2\zeta_c$$

$$=1+\frac{1}{1300\times(85\times10^6/3000\times10^3+20)/460}\times\left(\frac{6000}{500}\right)^2\times0.56$$

$$=1.48$$

考虑纵向挠曲影响后的弯矩设计值为：

$$M=C_m\eta_{ns}M_2=1.0\times1.48\times85=125.4\text{kN}\cdot\text{m}$$

2）判断大小偏心受压

$$e_0=M/N=125.4\times10^6/3000\times10^3=42\text{mm}$$

$$e_i=e_0+e_a=42+20=62\text{mm}<0.3h_0=0.3\times460=138\text{mm}$$

由于是对称配筋 $A_s=A_s'$，$f_y=f_y'$，所以：

$$N_b=\alpha_1f_cb\xi_bh_0=1.0\times16.7\times400\times0.518\times460=1591.6\text{kN}<N=3000\text{kN}$$

因 $e_i<0.3h_0$，$N>N_b$，满足对称配筋小偏心受压的条件：

$$e=e_i+h/2-a_s=62+250-40=272\text{mm}$$

3）求 A_s 和 A_s'

先由式（6-47）求 ξ：

$$\xi=\frac{N-\xi_b\alpha_1f_cbh_0}{\dfrac{Ne-0.43\alpha_1f_cbh_0^2}{(\beta_1-\xi_b)(h_0-a_s')}+\alpha_1f_cbh_0}+\xi_b$$

$$=\frac{3000\times10^3-0.518\times1.0\times16.7\times400\times460}{\dfrac{3000\times10^3\times272-0.43\times1.0\times16.7\times400\times460^2}{(0.8-0.518)\times(460-40)}+1.0\times16.7\times400\times460}+0.518$$

$$=0.81$$

$$A_s'=A_s=\frac{Ne-\alpha_1f_cb\xi h_0^2(1-0.5\xi)}{f_y'(h_0-a_s')}$$

$$=\frac{3000\times10^3\times272-1.0\times16.7\times400\times0.81\times460^2\times(1-0.5\times0.81)}{360\times(460-40)}$$

$$=891\text{mm}^2>0.002bh=0.002\times400\times500=400\text{mm}^2$$

每侧选用 3Φ20 的钢筋，实际配 $A_s=A_s'=942\text{mm}^2$，则全部纵向钢筋的配筋率为：

$$\rho=\frac{A_s+A_s'}{A}=\frac{942\times2}{400\times500}=0.94\%>0.55\%，满足要求。$$

因为 $\dfrac{l_0}{h}=\dfrac{6000}{500}=12<24$，故可不进行垂直于弯矩作用平面的承载力验算。

4）垂直于弯矩作用平面的验算

$l_0/b=6000/400=15$，查表得 $\varphi=0.895$。

$$0.9\varphi(f_cA+f'_yA'_s)=0.9\times0.895\times[16.7\times400\times500+360\times(942+942)]$$
$$=3783\text{kN}>N=3000\text{kN}，满足要求。$$

说明平面外承载力足够。如果不足，在条件允许时可采用增加侧向支承以减小计算长度方法解决。否则，必须采用增加 A 或加大截面宽度 b 和提高混凝土强度等级措施加以解决。

【例 6-8】 矩形截面偏心受压柱，截面尺寸 $b\times h=400\text{mm}\times600\text{mm}$，柱计算长度 $l_0=3000\text{mm}$，混凝土强度等级为 C30，纵向钢筋采用 HRB400 级，每侧均配置 4Φ20 （$A_s=A'_s=1256\text{mm}^2$），受力钢筋 $a_s=a'_s=40\text{mm}$，求当 $e_0=450\text{mm}$ 时该柱所能承受的轴向压力设计值 N_u。

【解】 $f_c=14.3\text{N/mm}^2$ $f_y=f'_y=360\text{N/mm}^2$，$\xi_b=0.518$，$\alpha_1=1.0$。

1）计算有关数据

$$h_0=600-40=560\text{mm}$$
$$e_a=\max\left(20,\frac{h}{30}\right)=\max\left(20,\frac{600}{30}\right)=20\text{mm}$$
$$e_i=e_0+e_a=450+20=470\text{mm}$$
$$e=e_i+\frac{h}{2}-a_s=470+300-40=730\text{mm}$$

2）按大偏心受压公式计算 ξ

利用式（6-15）、式（6-16），有：

$$N=\alpha_1f_cbx=1.0\times14.3\times400\times560\times\xi$$
$$Ne=\alpha_1f_cbx(h_0-0.5x)+f'_yA'_s(h_0-a'_s)$$
$$N\times730=1.0\times14.3\times400\times560^2\times\xi+360\times1256\times(560-40)$$

联立求解，解得 $\xi=0.292<\xi_b=0.518$，与假定相符。

3）求 N_u

$$N_u=\alpha_1f_cbx=1.0\times14.3\times400\times560\times0.292=935.33\text{kN}$$

6.4.2 T形和I形截面偏心受压构件正截面承载力计算

T形截面的偏心受压构件常出现在现浇刚架结构及拱结构中，当 T 形截面翼缘位于截面的受压区时，翼缘计算宽度 b 应按受弯构件中的规定取值。在单层工业厂房中，为了节省混凝土及减轻构件自重，对截面高度 h 大于 600mm 的柱，可采用工字形截面。工字形截面柱的翼缘厚度一般不宜小于 120mm，腹板厚度不宜小于 100mm。T 形截面、工字形截面偏心受压构件的破坏特性及计算方法与矩形截面是相似的，区别只在于截面中参与受力的区域增加了受压区翼缘，而 T 形截面可作为工字形截面的特殊情况处理。计算时同样可分为 $\xi\leqslant\xi_b$ 的大偏心受压和 $\xi>\xi_b$ 的小偏心受压两种情况进行。

1. 非对称配筋截面

1) 大偏心受压情况（$\xi \leqslant \xi_b$）

与 T 形截面受弯构件相同，按受压区高度 x 的不同可分为两类（图 6-23）。

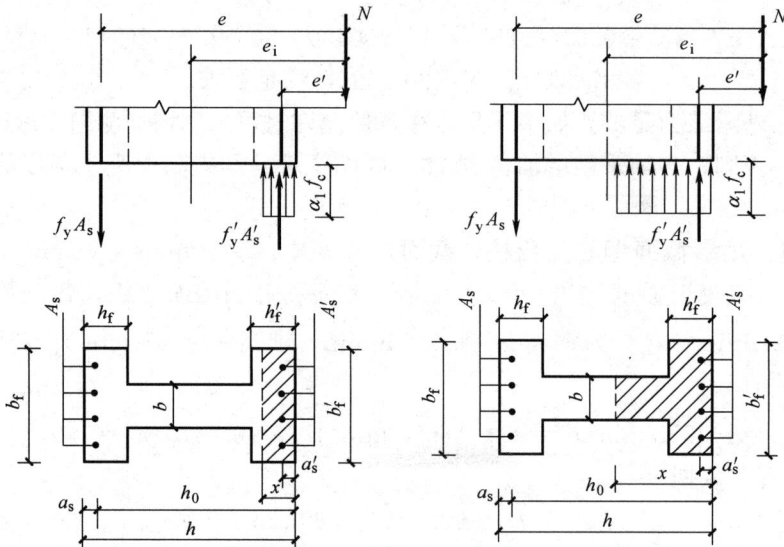

图 6-23　I 形截面大偏心受压构件受力图（非对称配筋）

（1）当受压区高度在翼缘内，$x \leqslant h'_f$ 时，按照宽度为 b'_f 的矩形截面计算。在式（6-15）及式（6-16）中，将 b 代换为 b'_f。

（2）当受压区高度超出翼缘进入腹板时，$x > h'_f$，应考虑腹板的受压作用，按下列公式计算：

$$N = \alpha_1 f_c [bx + (b'_f - b)h'_f] + f'_y A'_s - f_y A_s \tag{6-49}$$

$$Ne = \alpha_1 f_c [bx(h_0 - x/2) + (b'_f - b)h'_f(h_0 - h'_f/2)] + f'_y A'_s(h_0 - a'_s) \tag{6-50}$$

2) 小偏心受压情况（$\xi > \xi_b$）

在这种情况下，通常受压区高度超出翼缘进入腹板（$x > h'_f$），按下列公式计算：

$$N = \alpha_1 f_c A_c + f'_y A'_s - \sigma_s A_s \tag{6-51}$$

$$Ne = \alpha_1 f_c S_c + f'_y A'_s(h_0 - a'_s) \tag{6-52}$$

式中，A_c、S_c 分别为混凝土受压区面积及其对 A_s 合力中心的面积矩（图 6-24）。

当 $x < h - h_f$ 时：

$$A_c = bx + (b'_f - b)h'_f$$

$$S_c = bx(h_0 - x/2) + (b'_f - b)h'_f(h_0 - h'_f/2) + (b_f - b)(x - h + h_f)[h_f - a_s - (x - h + h_f)/2]$$

与矩形截面相同，钢筋应力 σ_s 按式（6-26）计算。在全截面受压情况下，与式（6-35）相似，应考虑附加偏心距 e_a 与 e_0 反向会产生对 A_s 的不利影响。这时取初始偏心距 $e_i = e_0 - e_a$。对 A'_s 合力中心取矩，可得：

$$A_s = \frac{N[h/2 - a'_s - (e_0 - e_a)] - \alpha_1 f_c A(h_0/2 - a'_s)}{f'_y(h_0 - a'_s)} \tag{6-53}$$

式中，$A = bh + (b'_f - b)h'_f + (b_f - b)h_f$。

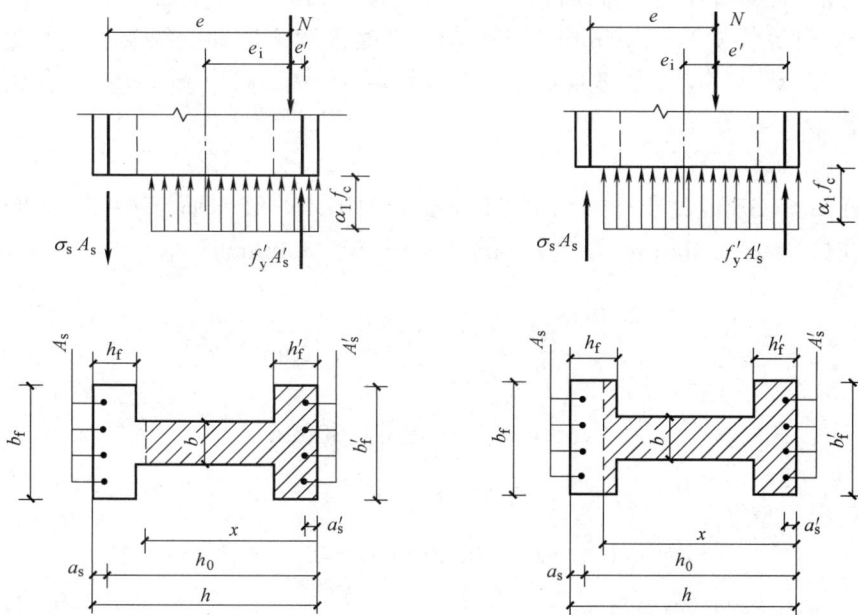

图 6-24 I 形截面小偏心受压构件受力图（非对称配筋）

2. 对称配筋截面

I 形截面预制柱一般都采用对称配筋（$A_s' = A_s$），可按下列情况进行配筋计算：

1）当 $N \leqslant \alpha_1 f_c b_f' h_f'$ 时，受压区高度 x 小于翼缘厚度 h_f'，可按宽度为 b_f' 的矩形截面计算，一般截面尺寸情况下 $\xi \leqslant \xi_b$ 属大偏心受压情况，这时：

$$x = N / \alpha_1 f_c b_f' \tag{6-54}$$

所以：

$$A_s = A_s' = \frac{Ne - \alpha_1 f_c b_f' x\ (h_0 - 0.5x)}{f_y'(h_0 - a_s')} \tag{6-55}$$

如 $x < 2a_s'$，则取 $x = 2a_s'$ 计算。

2）当 $\alpha_1 f_c [\xi_b b h_0 + (b_f' - b) h_f'] \geqslant N \geqslant \alpha_1 f_c b_f' h_f'$ 时，受压区已进入腹板 $x > h_f'$，但 $x \leqslant \xi_b h_0$，仍属大偏心受压情况。这时在式（6-49）中取 $f_y' A_s' = f_y A_s$，可求得受压区高度 x，代入式（6-50）中可求解钢筋面积 $A_s' = A_s$。

3）当 $N > \alpha_1 f_c [\xi_b b h_0 + (b_f' - b) h_f']$ 时，为 $\xi > \xi_b$ 的小偏心受压情况。与矩形截面相似，为了避免求解的三次方程，ξ 可按下列近似公式计算：

$$\xi = \frac{N - \alpha_1 f_c [\xi_b b h_0 + (b_f' - b) h_f']}{\dfrac{Ne - \alpha_1 f_c [0.43 b h_0^2 + (b_f' - b) h_f'(h_0 - h_f'/2)]}{(\beta_1 - \xi_b)(h_0 - a_s')} + \alpha_1 f_c b h_0} + \xi_b \tag{6-56}$$

由上式得出 ξ 进而可算出 $x = \xi h_0$ 及 S_c，再代入式（6-52）计算 $A_s' = A_s$。

$$A_s' = A_s = \frac{Ne - \alpha_1 f_c S_c}{f_y'(h_0 - a_s')} \tag{6-57}$$

二维码 6-13
I 形截面对称
配筋偏心受
压构件计
算（一）

二维码 6-14
I 形截面对称
配筋偏心受
压构件计
算（二）

【例 6-9】 某对称工字形截面柱，$b_f = b'_f = 400mm$，$b = 100mm$ $h_f = h'_f = 150mm$，$h = 900mm$，计算长度 $l_0 = 5.5mm$，选用 C35 混凝土和 HRB400 级钢筋，承受轴向压力设计值 $N = 877kN$，考虑二阶效应后的弯矩设计值 $M = 914kN \cdot m$。试按对称配筋原则计算纵筋用量。

【解】 1）基本参数

查表可知，C35 混凝土 $f_c = 16.7N/mm^2$；HRB400 级钢筋 $f'_y = f_y = 360N/mm^2$；$a_1 = 1.0$，取 $a'_s = a_s = 40mm$。$h_0 = h - a_s = 900 - 40 = 860mm$。

2）计算 e

$$e_0 = \frac{M}{N} = \frac{914 \times 10^6}{877 \times 10^3} = 1042mm$$

$$e_a = \max\left\{\frac{900}{30}, 20\right\} = 30mm$$

$$e_i = e_0 + e_a = 1042 + 30 = 1072mm$$

$$e = e_i + \frac{h}{2} - a_s = 1072 + 450 - 40 = 1482mm$$

3）判别偏压类型，计算 ξ

$e_i > 0.3h_0 = 0.3 \times 860 = 258mm$

$N_b = \alpha_1 f_c b \xi_b h_0 + \alpha_1 f_c (b'_f - b)h'_f$

$\quad = 1.0 \times 16.7 \times 100 \times 0.518 \times 860 + 1.0 \times 16.7 \times (400 - 100) \times 150$

$\quad = 1495.45kN > N = 877kN$

为大偏心受压，且：

$$\alpha_1 f_c b'_f h'_f = 1.0 \times 16.7 \times 400 \times 150 = 1002kN > N = 877kN$$

$$\xi = \frac{N}{\alpha_1 f_c b'_f h_0} = \frac{877 \times 10^3}{1.0 \times 16.7 \times 400 \times 860} = 0.153 > \frac{2a'_s}{h_0} = \frac{80}{860} = 0.09$$

受压区在受压翼缘且受压钢筋可以达到屈服强度。

$x = \xi h_0 = 0.153 \times 860 = 131mm$

4）计算配筋

$$A = bh + 2(b'_f - b)h'_f = 100 \times 900 + 2 \times (400 - 100) \times 150 = 180000mm^2$$

$$A_s = A'_s = \frac{Ne - \alpha_1 f_c b'_f x\left(h_0 - \frac{x}{2}\right)}{f'_y(h_0 - a'_s)} = \frac{877 \times 10^3 \times 1482 - 1.0 \times 16.7 \times 400 \times 131 \times \left(860 - \frac{131}{2}\right)}{300 \times (860 - 40)}$$

$$= 2048mm^2 > \rho_{min}A = 0.002 \times 18 \times 10^4 = 360mm^2$$

选 $2 \underline{\Phi} 28 + 2 \underline{\Phi} 25$（$A_s = A'_s = 2214mm^2$）。

截面总配筋率为：

$$\rho = \frac{A_s + A'_s}{A} = \frac{2214 \times 2}{18 \times 10^4} = 2.5\% > 0.55\%，满足要求。$$

垂直弯矩作用平面外承载力验算略。

【例 6-10】 已知柱为对称工字形截面，计算高度 $l_0 = 5.5m$，$b_f = b'_f = 400mm$，$b = 100mm$，$h_f = h'_f = 100mm$，$h = 600mm$。承受轴向压力设计值 $N = 300kN$，考虑二阶效

应的弯矩设计值 $M=210\mathrm{kN\cdot m}$，选用 C30 混凝土和 HRB400 级钢筋。试按对称配筋原则计算纵筋用量。

【解】 1）基本参数

查表可知，C30 混凝土 $f_c=14.3\mathrm{N/mm^2}$；HRB400 级钢筋：$f'_y=f_y=360\mathrm{N/mm^2}$；取 $a'_s=a_s=45\mathrm{mm}$，$h_0=h-a_s=600-45=555\mathrm{mm}$。

2）计算 e

$$e_0=\frac{M}{N}=\frac{210\times10^6}{300\times10^3}=700\mathrm{mm}$$

$$e_a=\max\left\{\frac{600}{30},20\right\}=20\mathrm{mm}$$

$$e_i=e_0+e_a=700+20=720\mathrm{mm}$$

$$e=e_i+\frac{h}{2}-a_s=720+300-45=975\mathrm{mm}$$

3）判别偏压类型，计算 ξ

$$e_i>0.3h_0=0.3\times555=166.5\mathrm{mm}$$

$$\begin{aligned}N_b&=\alpha_1 f_c b\xi_b h_0+\alpha_1 f_c(b'_f-b)h'_f\\&=1.0\times14.3\times100\times0.518\times555+1.0\times14.3\times(400-100)\times100\\&=840.1\mathrm{kN}>N=300\mathrm{kN}\end{aligned}$$

为大偏心受压，且：

$$\alpha_1 f_c b'_f h'_f=1.0\times14.3\times400\times100=572\mathrm{kN}>N=300\mathrm{kN}$$

$$\xi=\frac{N}{\alpha_1 f_c b'_f h_0}=\frac{300\times10^3}{1.0\times14.3\times400\times555}=0.095<\frac{2a'_s}{h_0}=\frac{90}{555}=0.16$$

受压区在受压翼缘内，但受压钢筋强度不能充分利用。

4）求 $A_s=A'_s$

取 $x=2a'_s=2\times45=90\mathrm{mm}$，并对压区混凝土和钢筋重合作用点取矩。

$$A_s=A'_s=\frac{N(e_i-h/2+a'_s)}{f_y(h_0-a'_s)}=\frac{300\times10^3\times(720-300+45)}{360\times(555-45)}=760\mathrm{mm^2}$$

配筋率验算及垂直弯矩作用平面外承载力验算略。

6.5　偏心受压构件斜截面受剪承载力计算

一般偏心受压构件除了作用有轴向力 N 和弯矩 M 外，还同时承受较大的剪力 V。因此，对偏心受力构件，除进行正截面承载力计算外，还要进行斜截面受剪承载力的验算。

6.5.1　偏心受压构件斜截面受剪性能

试验表明，偏心受压构件中，轴向压力对构件的受剪承载力有一定提高，主要是由于轴向压力的存在延缓了斜裂缝的出现和开展，使混凝土斜裂缝末端剪压区的高度增大，提高了剪压区混凝土所承担的剪力和裂缝处

二维码 6-15
偏心受压斜
截面受剪承
载力计算

骨料的咬合力，从而使构件的受剪承载力得到一定的提高。试验同时也表明轴向压力对箍筋的抗剪作用无明显影响。

6.5.2　偏心受压构件斜截面受剪承载力计算公式

试验表明，当 $N<0.3f_cbh$ 时，轴力引起的受剪承载力的增量 ΔV_N 与轴力 N 近乎成比例增长；当 $N>0.3f_cbh$ 时，ΔV_N 将不再随 N 的增大而提高。如 $N>0.7f_cbh$ 将发生偏心受压破坏。对矩形截面偏心受压构件的斜截面受剪承载力采用下列公式计算：

$$V=\frac{1.75}{\lambda+1.0}f_tbh_0+f_{yv}\frac{A_{sv}}{s}h_0+0.07N \tag{6-58}$$

式中　λ——偏心受压构件的计算剪跨比；对框架结构中的框架柱，当其反弯点在层高范围内时，可取 $\lambda=H_n/(2h_0)$；当 $\lambda<1$ 时，取 $\lambda=1$；当 $\lambda>3$ 时，取 $\lambda=3$；此处，H_n 为柱的净高，M 为计算截面处与剪力设计值 V 相应的弯矩设计值；对其他偏心受压构件，当承受均布荷载时，取 $\lambda=1.5$；当承受集中荷载时（包括作用有多种荷载、且集中荷载对支座截面或节点边缘所产生的剪力值占总剪力值的 75% 以上的情况），取 $\lambda=a/h$；当 $\lambda<1.5$ 时，取 $\lambda=1.5$；当 $\lambda>3$ 时，取 $\lambda=3$；此处 a 为集中荷载至支座或节点边缘的距离；

　　　　N——与剪力设计值 V 相应的轴向压力设计值，当 $N>0.3f_cA$ 时，取 $N=0.3f_cA$，A 为构件的截面面积。

为了防止斜压破坏，矩形、T 形和 I 形截面的钢筋混凝土偏心受压构件的受剪截面应符合下列规定：

当 $h_w/b\leqslant4$ 时：

$$V\leqslant0.25\beta_cf_cbh_0$$

当 $h_w/b\geqslant6$ 时：

$$V\leqslant0.2\beta_cf_cbh_0$$

当 $4<h_w/b<6$ 时，按线性内插法确定。

当符合下列条件时：

$$V\leqslant\frac{1.75}{\lambda+1.0}f_tbh_0+0.07N \tag{6-59}$$

可不进行斜截面受剪承载力计算，按构造要求配置箍筋。

【例 6-11】　某钢筋混凝土框架结构中的矩形截面偏心受压柱，$b\times h$ ＝400mm×500mm，H_n＝2.5 m，$a'_s=a_s$＝40mm，承受轴向压力设计值 N＝2500kN，剪力设计值 V＝300kN。采用 C30 混凝土和 HRB400 级箍筋。试确定箍筋用量。

【解】　f_c＝14.3N/mm^2，f_t＝1.43N/mm^2，f_{yv}＝360N/mm^2，β_c＝1.0。

1) 验算截面尺寸

$h_w=h_0=500-40=460$mm，$h_w/b=460/400=1.15<4$

$0.25\beta_cf_cbh_0=0.25\times1.0\times14.3\times400\times460=657.8$kN $>V=300$kN

截面尺寸符合要求。

2) 验算是否需按计算配箍筋

$\lambda=H_n/(2h_0)=2500/(2\times460)=2.72$，$1.0<\lambda<3.0$

$$\frac{1.75}{\lambda+1.0}f_t bh_0 = \frac{1.75}{2.72+1.0} \times 1.43 \times 400 \times 460 = 123.7\text{kN}$$

$$0.3f_c A = 0.3 \times 14.3 \times 400 \times 500 = 858\text{kN} < N = 2500\text{kN}$$

故取 $N = 858\text{kN}$。

$$\frac{1.75}{\lambda+1.0}f_t bh_0 + 0.07N = 123.7 + 0.07 \times 858 = 183.8\text{kN} < 300\text{kN}$$

需按计算配箍筋。

3）计算箍筋用量

由式（6-58）得：

$$\frac{nA_{sv1}}{s} = \frac{V - \left(\dfrac{1.75}{\lambda+1.0}f_t bh_0 + 0.07N\right)}{f_{yv}h_0} = \frac{300 \times 10^3 - 183.8 \times 10^3}{360 \times 460} = 0.70$$

采用双肢 Φ8@120 箍筋，$\dfrac{nA_{sv1}}{s} = \dfrac{2 \times 50.3}{120} = 0.84 > 0.7$，满足要求。

6.6 受压构件的基本构造要求

受压构件除满足承载力计算要求外，还应满足相应的构造要求。

1. 受压构件材料强度要求、计算长度及截面尺寸

1）材料的强度等级及选用

（1）混凝土强度等级。受压构件承载力主要取决于混凝土，为了充分利用混凝土受压承载力，节约钢材，减小构件截面尺寸，受压构件宜采用较高强度等级的混凝土，如 C30 及 C40，必要时对多层及高层建筑结构低层的柱采用更高强度等级的混凝土。

二维码 6-16
受压构件基
本构造要求

（2）纵向钢筋。纵向钢筋配筋率过小时，纵筋对柱的承载力影响很小，接近于素混凝土柱，纵筋将起不到防止脆性破坏的缓冲作用。同时为了承受由于偶然附加偏心距（垂直于弯矩作用平面）、收缩以及温度变化引起的拉应力，应对受压构件的最小配筋率进行限制。受压构件的最小配筋百分率限值见附表 7-1。另从经济和施工方面考虑，为了不使截面配筋过于拥挤，全部纵向钢筋配筋率 ρ' 不宜超过 5%。纵向受力钢筋一般选用 HRB400、HRB500、HRBF400、HRBF500 钢筋，纵向受力钢筋直径 d 不宜小于 12mm，一般直径为 12~40mm。柱中宜选用根数较少、直径较粗的钢筋，但根数不得少于 4 根。圆柱中纵向钢筋应沿周边均匀布置，根数不宜少于 8 根，且不应少于 6 根。纵向钢筋的保护层厚度要求与梁相同。当柱为竖向浇筑混凝土时，纵筋的净距不应小于 50mm，也不大于 300mm，配置于垂直于弯矩作用平面的纵向受力钢筋的间距不应大于 300mm。对水平浇筑的预制柱，其纵筋距的要求与梁相同。

（3）箍筋。受压构件中的箍筋应为封闭式，以保证钢筋骨架的整体刚度，并保证构件在破坏阶段箍筋对混凝土和纵向钢筋的侧向约束作用。箍筋一般采用 HPB300、HRB400 级钢筋，其直径不应小于 $d/4$，且不应小于 6mm，此处，d 为纵向钢筋的最大直径。

箍筋间距不应大于 400mm，且不应大于构件截面的短边尺寸；同时不应大于 $15d$，d 为纵向钢筋的最小直径。

当柱中全部纵向钢筋的配筋率超过 3% 时，箍筋直径不应小于 8mm，间距不应大于 10d，且不应大于 200mm，箍筋末端应做成 135° 的弯钩，弯钩末端平直段的长度不应小于 10 倍箍筋直径，也可焊成封闭环式，其间距不应大于 10d（d 为纵向钢筋的最小直径），且不应大于 200mm。

当柱截面短边尺寸大于 400 且纵筋根数超过 3 根时，应设置复合箍筋；当柱的短边不大于 400mm，但纵向钢筋多于 4 根时，应设置复合箍筋（图 6-25），箍筋不允许内折角。

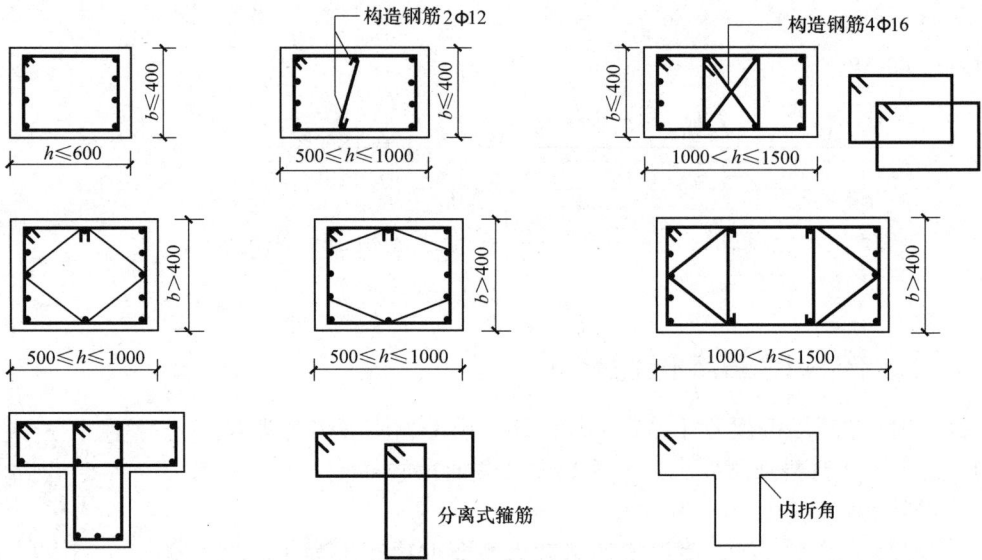

图 6-25　偏心受压构件的构造要求

柱内纵向钢筋搭接长度范围内的箍筋间距应符合梁中搭接长度范围内的相应规定。

I 字形柱的翼缘厚度不宜小于 120mm，腹板厚度不宜小于 100mm。当腹板开有孔时，宜在孔洞周边设置 2～3 根直径不小于 8mm 的补强钢筋。每个方向补强钢筋的截面面积不宜小于该方向被截断钢筋的截面面积。

腹板开孔的 I 字形柱，当孔的横向尺寸小于柱截面高度的一半，孔的竖向尺寸小于相邻两孔间的净距时，柱的刚度可按实腹 I 字形柱计算，但在计算承载力时应扣除孔洞的削弱部分；当开孔尺寸超过规定时，柱的刚度和承载力应按双肢柱计算。

2）柱的计算长度

一般多层房屋中梁柱为刚接的框架结构各层柱段，其计算长度可由表 6-3 中的规定取用。

框架结构各层柱的计算长度　　　　　　　　　　　　　表 6-3

楼盖类型	柱的类别	计算长度 l_0
现浇楼盖	底层柱	1.0H
	其余各层柱	1.25H
装配式楼盖	底层柱	1.25H
	其余各层柱	1.5H

注：表中 H 对底层柱为基础顶面到一层楼盖顶面的高度；对其余各层为上、下两层楼盖顶面之间的高度。

表 6-3 中框架柱的计算长度 l_0，主要用于计算轴心受压框架柱稳定系数，以及计算偏心受压构件裂缝宽度的偏心距增大系数时采用。

刚性屋盖单层房屋排架柱的计算长度可按表 6-4 规定取用。

刚性屋盖单层房屋排架柱、露天吊车柱和栈桥柱的计算长度   表 6-4

柱的类别		排架方向	垂直排架方向	
			有柱间支撑	无柱间支撑
无吊车房屋柱	单跨	$1.5H$	$1.0H$	$1.2H$
	两跨及多跨	$1.25H$	$1.0H$	$1.2H$
有吊车房屋柱	上柱	$2.0H_u$	$1.25H_u$	$1.5H_u$
	下柱	$1.0H_l$	$0.8H_l$	$1.0H_l$
露天吊车柱和栈桥柱		$2.0H_l$	$1.0H_l$	—

注：1. 表中 H 为从基础顶面算起的柱子全高；H_l 为从基础顶面至装配式吊车梁底面或现浇式吊车梁顶面柱子下部高度；H_u 为从装配式吊车梁底面或从现浇式吊车梁顶面算起的柱子上部高度；

    2. 表中有吊车房屋排架柱的计算长度，当计算中不考虑吊车荷载时，下柱可按无吊车房屋柱的计算长度采用，但上柱的计算长度仍可按有吊车房屋采用；

    3. 表中有吊车房屋排架柱的上柱在排架方向的计算长度，仅适用于 $H_u/H_l \geqslant 0.3$ 的情况；当 $H_u/H_l < 0.3$ 时，计算长度宜采用 $2.5H_u$。

在上述规定中，对底层柱段，H 为从基础顶面到一层楼盖顶面的高度，对其余各层柱段，H 为上、下两层楼盖顶面之间的高度。

3）截面尺寸

为了充分利用材料强度，使构件的承载力不致因长细比过大而降低过多，柱截面尺寸不宜过小，矩形截面的最小尺寸不宜小于 300mm，同时截面的长边 h 与短边 b 的比值常选用为 $h/b=1.5\sim3.0$，一般截面应控制在 $l_0/b \leqslant 30$ 及 $l_0/h \leqslant 25$（b 为矩形截面的短边，h 为长边）。当柱截面的边长在 800mm 以下时，截面尺寸以 50mm 为模数；当边长在 800mm 以上时，以 100mm 为模数。

2. 上下层柱的接头

在多层现浇钢筋混凝土结构中，一般在楼盖顶面处设置施工缝，上下柱须做成接头。通常是将下层柱的纵筋伸出楼面一段距离，其长度为纵筋的搭接长度 l_1，与上层柱纵筋相搭接。纵向受拉钢筋绑扎搭接接头的搭接长度 l_1，应根据位于同一连接区段的钢筋搭接接头的面积百分率，由 $l_1=\zeta l_a$ 计算（ζ 为纵向受拉钢筋搭接长度修正系数），且不应小于 300mm；对受压钢筋的搭接长度取受拉钢筋搭接长度的 0.7 倍，且不应小于 200mm。在搭接长度范围内箍筋应加密，当搭接钢筋为受拉时，其箍筋间距不应大于 $5d$，且不应大于 100mm；当搭接钢筋为受压时，其箍筋间距不应大于 $10d$，且不应大于 200mm。d 为受力钢筋中的最小直径。当上、下层柱截面尺寸不同时，可在梁高范围内将下层柱的纵筋弯折一倾斜角，然后伸入上层柱，也可采用附加短筋与上层柱纵筋搭接。

本 章 小 结

研究受压构件正截面承载力，是为了解决实际工程中，如单层厂房的柱、框架结构中的框架柱、剪力墙结构中的剪力墙以及桥梁结构中的桥墩等受压构件承载力的计算问题。

1. 轴心受压构件

1）配置普通箍筋的轴心受压构件有短柱破坏和长柱破坏两种破坏形式。其中长柱破坏具有纵向弯曲的特征。但工程中常见的长柱仍属于材料破坏，只有特别细长的柱才属于失稳破坏。尽管破坏形式不同，轴心受压短柱和长柱承载力仍采用一个统一的公式进行计算，公式中用稳定系数 φ 来反映纵向弯曲的影响。

2）配置螺旋箍筋的轴心受压构件的承载力由三部分组成：核心混凝土的承载力、纵向受压钢筋的承载力、螺旋箍筋的间接承载力。必须注意的是，螺旋箍筋只有在一定的条件下才能发挥其作用。这些条件主要是：构件不会产生明显的纵向弯曲（$l_0/d \leqslant 12$）；箍筋配置足够（$A_{ss0} > 0.25 A'_s$）；箍筋的间距不能太稀（$s \leqslant 80\text{mm}$ 且 $s \leqslant d_{cor}/5$ 等。）

2. 偏心受压构件

1）单向偏心受压构件根据配筋特征值（即相对受压区高度）ξ 的不同，分为受拉破坏和受压破坏。这两种破坏特征与受弯构件的适筋破坏和超筋破坏基本相同，在正常设计条件下，偏心受压构件一般在偏心距较大时发生受拉破坏，又称为大偏心受压破坏。而在偏心距较小的情况下发生受压破坏，称为小偏心受压破坏。

两种偏心受压破坏的分界条件为：$\xi \leqslant \xi_b$，为大偏心受压破坏；$\xi > \xi_b$，为小偏心受压破坏。两种偏心受压构件的正截面承载力计算方法不同，故在计算时首先必须进行判别。在截面设计时，由于无法首先确定 ξ 值，也就不可能直接利用上述分界条件进行判别。此时可用 e_i 进行判别，即 $e_i > 0.3 h_0$ 时为大偏心受压构件，否则为小偏心受压构件。

2）轴向压力对偏心受压构件的侧移和挠曲产生附加弯矩和附加曲率的荷载效应称为偏心受压构件的二阶荷载效应，简称二阶效应。其中，由侧移产生的二阶效应 $P\text{-}\Delta$ 效应是在内力计算中考虑的，由挠曲产生的二阶效应 $P\text{-}\delta$ 效应在截面设计时应对结构内力分析的结果，结合构件的长细比、柱两端弯矩大小及方向进行考虑，求得考虑侧向挠曲效应的弯矩设计值 M，再进行柱截面承载力设计。

3）建立偏心受压构件正截面承载力计算公式的基本假定与受弯构件是完全一样的。大偏心受压构件的计算方法与受弯构件双筋截面的计算方法大同小异。小偏心受压构件由于受拉侧或受压较小侧钢筋 A_s 的应力 σ_s 为非确定值（$-f'_y < \sigma_s < f_y$），使计算较为复杂。

4）单向偏心受压构件有非对称配筋与对称配筋两种配筋形式，后者在工程中比较常用。

5）单向偏心受压构件常用的截面形式有矩形截面、工字形截面、T 形截面、箱形截面和圆形截面，其正截面受力特征基本相同，只是由于截面尺寸的特点在计算公式的表达上及截面几何特征的计算上有所不同。

6）偏心受压构件的斜截面抗剪承载力计算与受弯构件类似。可以说两者的基本理论是一致的，只是对偏心受压构件增加了压力的影响，压力的存在一般可使抗剪承载力有所提高。

实际工程案例

［工程综合实例分析 6-1］

　　某地一家大型百货商场，在开业五年后的一天，先是值班人员发现楼顶原本细小的裂缝快速变大，甚至地板上也出现了裂缝，就连旁边编号为 5E 的柱子都开裂了（图 6-26）。5E 号承重柱尤为重要，因为它是这栋大楼最重要的中央承重柱，承担着整栋大楼的主体荷载。但由于商场管理人员心怀侥幸，没有意识到问题的重要性，没有采取应有的措施去紧急疏散人员，随后这个商场大楼成为一场恐怖浩劫的中心。在 30s 内，五层百货大楼层层塌陷，导致 501 人在这场事故中丧生。

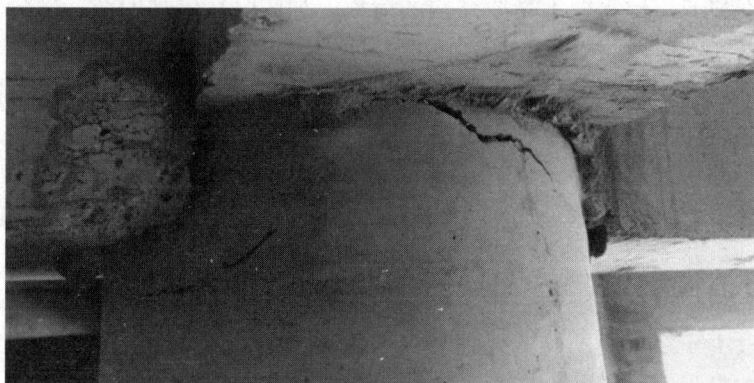

图 6-26　5E 号承重柱

　　调查结果发现，此百货大楼属于所谓"平板"结构，是当时广泛采用的设计，成本低而且工期短。楼面由厚厚的混凝土板构成，支撑的混凝土墙柱将建筑物的重量下传到地基。平板结构施工优点多，却受力很敏感，它的设计必须更精确，完全不能出错。

　　但商场在建造之初对设计方案进行了大幅变更，商场老板为了增加利益，私自改变设计方案，将原本仅有 4 层高的办公楼改建成一栋 5 层百货大楼，而最关键的变动在五楼。五楼本来要当溜冰场，但后被改成传统的餐厅，导致楼面重量增加了三倍。另外传统的餐厅里，客人座位下的地板有热水管加热，这些水管需要许多额外空间。这样五楼的楼板又多了一层混凝土，导致厚度增加了 33.3cm。每家餐厅又加装了大型厨房设备，而这些多出的荷载却没有列入结构荷载计算。紧接着，调查小组在进行大楼的骨架与设计蓝图的比对时，发现有些柱子与楼板间没有托板，而托板却是平板结构的重要构造，托板类似于柱帽，增大受力面积，可以分散混凝土楼板的荷载，调查还发现，有些柱即使有托板，但是许多托板的尺寸太小。

　　然而 501 人的生命瞬间消失仅仅只是因为这些错误吗？绝不止于此，随着调查的深入，发现大楼的承重柱截面直径设计时应该达到 80cm，而实际测量却只有 60cm，柱子的配筋也从 16 根减到了 8 根，这一偷工减料使大楼柱子的承重能力直接减少一半；在 4 楼用于增强混凝土楼板的钢筋也放错了位置，本该与地面相差 5cm，而实际却相差了 10cm 之多，这无疑导致了楼板与柱子连接强度大大减少，最终造成了惨烈的事故。

由此可见，对于承受竖向力的构件进行科学严谨的设计计算是多么关键，牵一发而动全局。

[创新能力培养 6-1]

在加固设计中，经常对承载力不够的钢筋混凝土柱采用加大截面的方式进行加固，但都是采用最终荷载（旧荷载＋新荷载）加固后的柱截面进行承载力设计计算，这样就忽略了加固结构的二次受力，以及原有截面应变、应力的大小对后加截面参与工作程度的影响。

首先，加固前原结构已经承受荷载，若将其称为第一次受力，则加固后属于二次受力。加固前原结构已经产生应力应变，存在一定的压缩变形、弯曲变形等，同时原结构混凝土的收缩变形已完成，房屋改造或增层时可能造成梁和柱承载力不足，这时需要加固。但新加的结构不与旧结构立即承受原结构的荷载，加固时新增加的结构部分只有在荷载变化时，才开始受力。所以，整体结构在改造、增层后，存在新加结构部分的应变始终滞后于原结构的应变，而原结构的应力始终高于新加部分的应力，新旧结构不能同时达到应力峰值，就会导致后加结构不能完全发挥其作用。如果原结构构件的应力和变形较大，则新加部分的应力将处于较低水平，原结构达到极限状态时，新加部分的应力应变还很低，破坏时，新加部分可能达不到自身的极限状态，其潜力不能充分发挥，起不到应有的加固效果。

其次，加固结构属二次组合结构，新旧两部分存在整体工作共同受力问题。整体工作的关键，主要取决于结合面的构造处理及施工做法。由于接合面混凝土的粘结强度一般总是低于混凝土本身强度，因此，在总体承载力上二次组合结构比一次整浇结构一般要低一些。试验表明，只要新旧柱结合面粘结可靠，在后加荷载作用下，新旧混凝土的应变增量基本一致，整个截面的变形符合平截面假定。

对于大偏心受压柱，由于新加部分位于构件的边缘，在后加荷载作用下，其应变发展较原柱快，这部分地弥补了新柱的应变滞后。此外，由于新加部分对原柱的约束作用和新旧柱之间的应力重分布，新加部分承载力的降低较轴心受压柱小。

我们大家可以通过混凝土加固结构的受力特点，新旧混凝土共同工作，轴心受压柱受力特征及规范公式分析，混凝土加固轴心受压构件承载力计算，卸荷对加固结构承载力的影响和工程实例，就这一问题进行一定的分析和创新能力的培养。

[工程素质培养 6-1]

柱子是混凝土结构中重要的受力构件。再生混凝土柱受力性能的试验分析和研究为再生混凝土在实际工程中的应用提供重要的理论依据。通常采用试验分析的方法，对再生混凝土轴心受压柱和偏心受压柱进行分析和研究。

根据再生骨料替代率及偏心距的不同，设计制作了9根钢筋混凝土柱（其中偏心受压柱6根，轴心受压柱3根）。由试验过程及结果可以发现，对于轴心受压柱，在加载初期荷载较小时，混凝土及钢筋应变曲线基本呈线性，处于弹性工作阶段，随着荷载的不断加大，混凝土和钢筋应变增长速率加快，再生骨料混凝土柱与普通混凝土柱相似。在相同荷载作用下，普通混凝土柱混凝土应变较再生混凝土柱小。对于偏心受压柱，在加载前期，纵筋处于弹性工作阶段，随着荷载的增大，构件出现裂缝后，纵筋应变增长加快，临近破坏时，受压一侧钢筋均能达到屈服应变，但对于偏心距较小的构件，受拉一侧钢筋的应变达不到抗拉屈服应变，而偏心距较大的构件，受拉一侧钢筋的应变能够达到或超出抗拉屈服应变，符合钢筋混凝土偏心受压构件的特点。

再生混凝土柱在试验加载过程中所表现出的受力性能、破坏机理与普通混凝土柱是相似的，并且随着偏心距的变化具有明显的轴心受压、小偏心受压和大偏心受压的破坏形态。同时，混凝土柱的承载能力随着再生骨料替代率的增加和偏心距的增大而降低。《结构规范》中针对普通钢筋混凝土柱承载力的计算方法对于再生骨料混凝土柱承载力的计算是适用的，但是需要精确计算时尚须对规范公式计算结果进行调整。

章节自测题

一、填空题

1. 普通箍筋柱，若提高混凝土强度等级、增加纵筋数量都不足以承受轴心压力时，可采用_____或_____方法来提高其承载力。

2. 在纵向弯曲影响下，钢筋混凝土偏心受压构件破坏特征的两种类型为：_____、_____。对于短柱、中长柱和细长柱来说，短柱、中长柱属于_____破坏，而细长柱则属于_____破坏。

3. 小偏心受压破坏其破坏特征是截面破坏，是从_____开始的：破坏时，受压区混凝土压应力较大一侧钢筋____而另一侧钢筋_____或者_____；属于_____破坏。

4. 偏心受压构件界限破坏指_____，此时受压区混凝土相对高度为_____。

5. 由于工程中实际存在着荷载作用位置的不定性及施工制造的误差等因素，在偏心受压构件的正截面承载力计算中，应考虑轴向压力在偏心方向的附加偏心距 e_a，其值取为_____和_____两者中的较大值。

6. 对于偏心受压构件，除计算弯矩作用平面内的承载力外，尚应按轴心受压构件验算_____，此时不考虑弯矩作用，但应考虑纵向弯曲的影响。

7. 偏心受压构件钢筋截面积 A_s 和 A'_s 的改变，将改变截面破坏形态，当 $e_i > 0.3h_0$ 时，仅 A_s 由小到大变化时，将可能由_____破坏变为_____破坏；仅 A'_s 由小到大变化时，将可能由_____破坏变为_____破坏。

8. 对于大偏心受压破坏，M_u 随着 N 的增加而_____；对于小偏心受压破坏，M_u 随着 N 的增加而_____。

9. 在轴压比 $N/f_c bh$ 较小时，保偏心受压构件斜截面承载力随轴力的增加而_____，但要控制_____。

二、选择题

1. 钢筋混凝土轴心受压构件，稳定系数 φ 是考虑了（　　）。

A. 初始偏心距的影响；　　　　　　　　B. 附加弯矩的影响；

C. 两端约束情况的影响；　　　　　　　D. 荷载长期作用的影响。

2. 螺旋箍筋柱的核心区混凝土抗压强度高于 f_c 是因为（　　）。

A. 螺旋箍筋参与受压；

B. 螺旋箍筋使核心区混凝土密实；

C. 螺旋箍筋使核心区混凝土中不出现内裂缝；

D. 螺旋箍筋约束了核心区混凝土的横向变形。

3. 对长细比大于 12 的柱不宜采用螺旋箍筋，其原因是（　　　）。

A. 这种柱的承载力较高；

B. 施工难度大；

C. 抗震性能不好；

D. 这种柱的强度将由于纵向弯曲而降低，螺旋箍筋作用不能发挥。

4. 一圆形截面螺旋箍筋柱，柱长细比为 13，若按普通钢筋混凝土柱计算，其承载力为 300kN，若按螺旋箍筋柱计算，其承载力为 400kN，则该柱的承载力应视为（　　　）。

A. 300kN；　　　　　B. 350kN；　　　　　C. 375kN；　　　　　D. 400kN。

5. 螺旋箍筋柱设计中，（　　　）可以不考虑间接钢筋的影响而按普通箍筋柱承载力计算。

A. 当按螺旋箍筋柱计算受压承载力小于按普通箍筋柱计算受压承载力时；

B. 当长细比小于 12 时；

C. 当间接钢筋间距小于 80mm 时；

D. 当间接钢筋换算截面面积 A_{sso} 大于纵筋全部截面面积的 25％时。

6. 一矩形截面对称配筋柱，截面上作用两组内力，两组内力均为大偏心受压情况，已知 $M_1 < M_2$，$N_1 > N_2$，且在（M_1，N_1）作用下，柱将破坏，那么在（M_2，N_2）作用下（　　　）。

A. 柱不会破坏；　　　　　　　　　　B. 不能判断是否会破坏；

C. 柱将破坏；　　　　　　　　　　　D. 柱会有一定变形，但不会破坏。

7. 小偏心受压构件截面承受轴向力 N 的能力随着 M 的增加而（　　　）。

A. 加大；

B. 减小；

C. 保持不变；

D. 当 M 不大时为减小，当 M 达到一定值时为增大。

8. 钢筋混凝土大偏心受压柱在下列四组内力作用下，若采用对称配筋，则控制配筋的内力为（　　　）。

A. $M = 100$kN・m，$N = 150$kN；　　　　　B. $M = -100$kN・m，$N = 500$kN；

C. $M = 200$kN・m，$N = 150$kN；　　　　　D. $M = -200$kN・m，$N = 500$kN。

9. 一小偏心受压柱，可能承受以下四组内力设计值，试确定按哪一组内力计算所得配筋量最大？（　　　）。

A. $M = 530$kN・m，$N = 2050$kN；　　　　　B. $M = 530$kN・m，$N = 2860$kN；

C. $M = 530$kN・m，$N = 3050$kN；　　　　　D. $M = 530$kN・m，$N = 3070$kN。

10. 以下破坏形式属于延性破坏的是（　　　）。

A. 大偏压破坏；　　　B. 少筋破坏；　　　C. 剪压破坏；　　　D. 超筋破坏。

11. 对称配筋 I 形截面偏心受压柱，计算得 $e > 0.3h_0$，则该柱为（　　　）。

A. 大偏压；　　　B. 小偏压；　　　C. 不能确定；　　　D. 可以确定。

12. 在大偏压构件的正截面承载力计算中，要求 $x > 2a'_s$ 是为了（　　）。

A. 避免保护层剥落；

B. 防止受压钢筋压曲；

C. 保证受压钢筋在构件破坏时能达到其抗压强度设计值；

D. 保证受压钢筋在构件破坏时能达到其抗压强度极限值。

13. 轴向压力对偏心受压构件的受剪承载力的影响是（　　）。

A. 轴向压力对受剪承载力没有影响；

B. 轴向压力可使受剪承载力提高；

C. 当轴压力在一定范围内时，可提高受剪承载力，但当轴压力过大时，反而降低受剪承载力；

D. 无法确定。

三、简答题

1. 在矩形截面轴心受压构件中，配有普通箍筋的柱与配有螺旋箍筋的柱相比，其承载力计算有何差别？

2. 螺旋箍筋柱不能适用哪些情况？为什么？

3. 什么是二阶效应？在偏心受压构件设计中如何考虑这一问题？

4. 矩形截面对称配筋计算曲线 N-M 是怎样绘出的？如何利用对称配筋 N-M 之间的关曲线判别其最不利荷载。

5. 大偏心受压构件非对称配筋截面设计，当 A_s 和 A'_s 均未知时如何处理？

6. 小偏心受压非对称配筋截面设计，当 A_s 和 A'_s 均未知时，为什么可以首先确定 A_s 的数量？如何确定？

7. 在偏心受压构件斜截面承载力计算中，轴向压力对抗剪承载力有何影响？在计算公式中如何体现？对轴向压力有无限制？公式中 λ 如何取值？

8. I 字形截面偏心受压构件与矩形截面偏心受压构件的正截面承载力计算方法相比有何特点？其关键何在？

9. 两个对称配筋的偏心受压柱，其截面尺寸相同，均为 $b \times h$ 的矩形截面，l_0 也相同，但所承受的轴向力 N 和弯矩 M 大小不同，（a）柱承受 N_1、M_1，（b）柱承受 N_2、M_2。试指出：

(1) 当 $N_1 = N_2$ 而 $M_1 > M_2$ 时，（a）、（b）截面中哪个截面所需配筋较多？

(2) 当 $M_1 = M_2$ 而 $N_1 > N_2$ 时，（a）、（b）截面中哪个截面所需配筋较多？

10. 截面设计时大、小偏心受压破坏的判别条件是什么？对称配筋时如何进行判别？

四、计算题

1. 钢筋混凝土框架底层中柱，截面尺寸 $b \times h = 400\text{mm} \times 400\text{mm}$，构件的计算长度 l_0 为 5.7m，承受包括自重在内的轴向压力设计值 $N = 2000\text{kN}$，该柱采用 C30 级混凝土，纵向受力钢筋 HRB400 级。试确定柱的配筋。

2. 某矩形截面柱，其尺寸 $b \times h = 400\text{mm} \times 500\text{mm}$，该柱承受的轴力设计值 $N = 2500\text{kN}$，计算长度 l_0 为 4.4m，采用 C30 混凝土，HRB400 级钢筋，已配置纵向受力钢筋 $4\Phi20$，试验算截面是否安全。

3. 一现浇钢筋混凝土圆形螺旋箍筋柱，承受轴力设计值 $N = 2000\text{kN}$（包括自重），

计算长度 l_0 为 4.5m，直径为 400mm，采用 C30 混凝土，HRB400 级螺旋箍筋，已配置 8Φ16 纵向受力钢筋，试求所需螺旋箍筋用量。

4. 已知矩形截面柱 $b=300$mm，$h=400$mm。计算长度 l_0 为 3.3m，作用轴向力设计值 $N=300$kN，考虑侧移影响柱两端截面的弯矩设计值 $M_1=130$kN·m，$M_2=140$kN·m，混凝土强度等级为 C30，钢筋采用 HRB400 级钢。按对称配筋计算纵向钢筋 A_s 和 A'_s 的数量并绘出配筋示意图。

5. 已知矩形截面偏心受压构件，$h=500$mm，$b=300$mm，$a_s=a'_s=40$mm，$l_0=4.0$m，采用对称配筋 $A_s=A'_s=804$mm^2（4Φ16），混凝土强度等级为 C30 级，纵筋为 HRB400 级钢。考虑二阶效应后轴向力沿长边方向的偏心距 $e_0=150$mm，求此柱的受压承载力设计值。

6. 已知矩形截面偏心受压柱，截面尺寸 $b \times h=300$mm$\times 500$mm，$a_s=a'_s=45$mm，柱的计算长度 $l_0=6$m。承受轴向压力设计值 $N=550$kN，杆端弯矩设计值 $M_1=-M_2$，$M_2=350$kN·m。混凝土强度等级为 C30，纵筋采用 HRB400 级钢筋，已选用的受压钢筋为 4Φ22。求纵向受拉钢筋截面面积 A_s。

7. 一矩形截面柱，截面尺寸 $b \times h=400$mm$\times 600$mm，已知轴向力设计值 $N=1000$kN，混凝土强度等级为 C30 级，采用 HRB400 级钢筋。已配受拉钢筋 4Φ20，受压钢筋 4Φ25；构件计算长度 $l_0=3.0$m。试求该截面在 h 方向能承受的弯矩设计值。

8. 某工字形截面柱截面尺寸 $b \times h=100$mm$\times 900$mm，$b_f=b'_f=400$mm，$h_f=h'_f=150$mm，$a_s=a'_s=45$mm，$l_0=5500$mm；承受轴向力设计值 $N=2100$kN，杆端弯矩设计值 $M_1=0.85M_2$，$M_2=800$kN·m。混凝土强度等级为 C35，钢筋采用 HRB400 级钢筋。求对称配筋时纵向钢筋的面积。

9. 某框架柱，截面尺寸 $h=400$mm，$b=400$mm，柱净高，取 $a_s=a'_s=45$mm，混凝土强度等级 C30，箍筋采用 HRB400 钢筋，在柱端作用剪力设计值 $V=250$kN，相应的轴向压力设计值 $N=680$kN。确定该柱所需的箍筋数量。

第7章　钢筋混凝土受拉构件承载力计算

> **知识目标：** 掌握轴心受拉构件正截面承载力的计算方法；了解大、小偏心受拉的判别；掌握偏心受拉构件正截面的破坏形态及正截面承载力的计算方法；了解偏心受拉构件斜截面承载力的计算方法。
>
> **能力目标：** 具备能够清晰准确表达、设计和校核偏心受拉构件承载力的能力。
>
> **学习重点：** 偏心受拉构件正截面承载力计算。
>
> **学习难点：** 偏心受拉构件承载力计算。

7.1　概述

承受纵向拉力的结构构件，称为受拉构件。受拉构件可分为轴心受拉和偏心受拉两类，当轴向拉力作用于构件截面形心轴时，称为轴心受拉构件。当轴向拉力作用线偏离构件截面形心轴时或构件上既作用有拉力，又作用有弯矩时，称为偏心受拉构件。偏心受拉构件除作用有拉力和弯矩外，还作用有剪力，因此除了计算构件正截面承载力外，还应计算其斜截面受剪承载力。

纵向拉力作用线与构件截面形心线重合的构件，称为轴心受拉构件。在实际工程中，由于荷载不可避免的偏心和构件制作过程中的不均匀性，轴心受拉构件几乎是不存在的。可以近似按轴心受拉构件计算的有拱和桁架中的拉杆、圆形贮液池的池壁等，如图 7-1 所示。

当拉力偏离构件截面形心作用，或构件上同时作用有轴向拉力和弯矩时，则为偏心受拉构件。偏心受拉构件在偏心拉力的作用下，是一种介于轴心受拉构件与受弯构件之间的受力构件。承受节间荷载的悬臂式桁架上弦（图 7-2a）、一般建筑工程及桥梁工程中双肢柱的受拉肢（图 7-2b）、矩形水池的池壁（图 7-2c）、受地震作用的框架边柱等，均属于偏心受拉构件。

图 7-1　轴心受拉构件示例

由于混凝土抗拉强度很低，所以钢筋混凝土受拉构件即使在外力不大时，混凝土就会出现裂缝。因此，对轴心受拉构件不仅要进行承载力的计算，还要根据构件的使用要求对

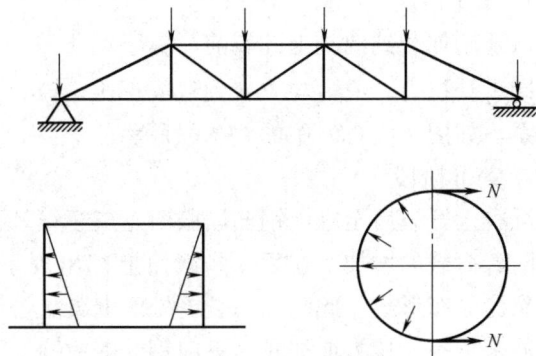

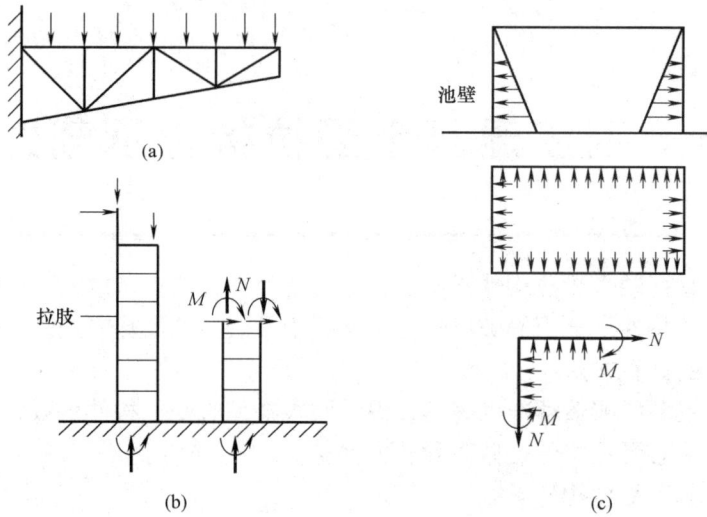

(a)

(b)   (c)

图 7-2　偏心受拉构件示例

其抗裂度或裂缝宽度进行验算，必要时可对受拉构件施加一定的预应力而形成预应力混凝土受拉构件，以改善受拉构件的抗裂性能。

7.2　轴心受拉构件的正截面承载力计算

7.2.1　受力过程及破坏特征

二维码 7-1
轴心受拉
构件

轴心受拉构件从开始加载到破坏，其受力过程可分为三个不同的阶段。

1. 第 Ⅰ 阶段

从开始加载到混凝土开裂前，属于第 Ⅰ 阶段。此时，纵向钢筋和混凝土共同承受拉力，应力与应变大致成正比，拉力 N 与截面平均拉应变 ε_1 之间基本上成线性关系，如图 7-3（a）中的 OA 段所示。

2. 第 Ⅱ 阶段

混凝土开裂后至纵向钢筋屈服前，属于第 Ⅱ 阶段。首先第一条裂缝出现在截面最薄弱处，随着荷载的增加，先后一些截面上都出现了裂缝，逐渐形成图 7-3（b）中（Ⅱ）所示的裂缝分布形式。此时，在裂缝处的混凝土退出工作，不再承受拉力，所有拉力均由纵向钢筋来承担。拉力增加时，纵向钢筋的应变显著增大，反映在图 7-3（a）中的 AB 段斜率比第 Ⅰ 阶段的 OA 段的斜率要小。

3. 第 Ⅲ 阶段

纵向钢筋屈服后，拉力 N 保持不变的情况下，构件的变形继续增大，裂缝不断加宽，直至钢筋应力达到抗拉屈服强度 f_y 时，构件破坏。此为构件受力的第 Ⅲ 阶段，如图 7-3（a）中的 BC 段所示。

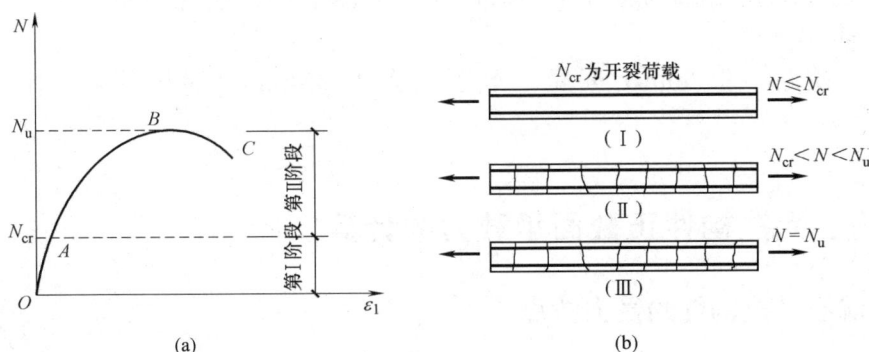

图 7-3 轴心受拉构件破坏的三个阶段

7.2.2 轴心受拉构件正截面承载力计算

对于轴心受拉构件正截面承载力的计算而言，是以构件受力过程中第Ⅱ阶段的情况为基础，但同时要考虑可靠度的要求。此时，裂缝截面上混凝土因开裂不再承受拉力，全部拉力由纵向钢筋承受。由内力与截面抗力的平衡条件和可靠度要求可得（图 7-4）：

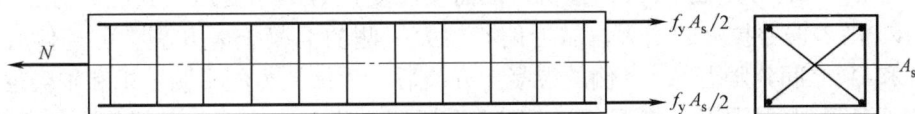

图 7-4 轴心受拉构件计算简图

$$N \leqslant f_y A_s \tag{7-1}$$

式中 N——轴向拉力组合设计值；

A_s——纵向钢筋全部截面面积；

f_y——钢筋抗拉强度设计值。

【例 7-1】 某钢筋混凝土屋架下弦，其节间最大轴心拉力设计值 $N=280\mathrm{kN}$，截面尺寸 $b \times h=200\mathrm{mm} \times 150\mathrm{mm}$，混凝土强度等级 C30，钢筋采用 HRB400 级钢筋。试求由正截面抗拉承载力确定的纵筋数量 A_s。

【解】 HRB400 级钢筋 $f_y=360\mathrm{N/mm^2}$，代入式（7-1）得：

$$A_s=\frac{N}{f_y}=\frac{280 \times 1000}{360}=777.78\mathrm{mm^2}$$

选用 4 Φ 16（$A_s=804\mathrm{mm^2}$）。

7.2.3 构造要求

1. 纵向受力钢筋

（1）轴心受拉构件的受力钢筋不应采用绑扎的搭接接头；

（2）为避免配筋过少引起的脆性破坏，轴心受拉构件一侧的受拉钢筋的配筋率 $\rho=A_s/A$ 应不小于 0.2% 和 $45f_t/f_y$ 中的较大值，A 为构件的截面面积；

（3）受力钢筋沿截面周边均匀对称布置，并宜优先选择直径较小的钢筋。

2. 箍筋

箍筋直径不小于 6mm，间距一般不宜大于 200mm（屋架的腹杆中不宜超过 150mm）。

7.3 偏心受拉构件正截面承载力的计算

7.3.1 偏心受拉构件的受力特点

偏心受拉构件同时承受轴心拉力 N 和弯矩 M，其偏心距 $e_0 = M/N$。它是介于轴心受拉（$e_0 = 0$）和受弯（$N = 0$，相当于 $e_0 = \infty$）之间的一种受力构件。因此，其受力及破坏特点与 e_0 的大小有关。当偏心距很小时（$e_0 < h/6$），构件处于全截面受拉的状态，开裂前的应力分布如图 7-5（a）所示，随着偏心拉力的增大，截面受拉较大一侧的混凝土将先开裂，裂缝并迅速向对边贯通。此时，裂缝截面处混凝土退出工作，偏心拉力完全由两侧的钢筋（A_s 和 A_s'）共同承受，只是 A_s 承受的拉力较为大。当偏心距稍大时（$h/6 < e_0 < h/2 - a_s$），起初，截面一侧受拉另一侧受压，其应力分布如图 7-5（b）所示，随着偏心拉力的增大，靠近偏心拉力一侧的混凝土先开裂。由于偏心拉力作用于 A_s 和 A_s' 之间，随着 A_s 一侧的混凝土开裂后，为保持力的平衡，中和轴会逐渐移至截面之外，A_s' 一侧的混凝土将不可能再存在受压区，此时，这部分混凝土也转化为受拉，并随偏心拉力的增大而开裂。由于截面受力的变化 A_s' 也转为受拉钢筋。因此，图 7-5（a）、（b）所示的两种受力情况，截面混凝土的裂缝都将贯通，偏心拉力全由左、右两侧的纵向受拉钢筋承受。只要两侧钢筋均不超过正常需要量，则当截面达到承载能力极限状态时，钢筋 A_s 和 A_s' 的拉应力均可能达到屈服强度。因此可以认为，对 $h/2 - a_s > e_0 > 0$ 的偏心受拉构件，即轴向拉力作用于 A_s 和 A_s' 之间的受拉构件，混凝土完全不参加工作，两侧钢筋 A_s 和 A_s' 均会受拉屈服。这种构件称为小偏心受拉构件。

二维码 7-2
偏心受拉构件正截面承载力计算

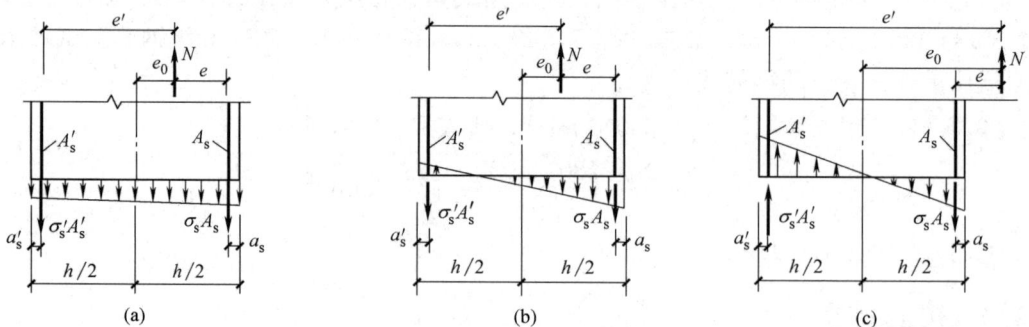

图 7-5 偏心受拉构件截面应力状态
(a) $e_0 < h/6$；(b) $h/6 < e_0 < h/2 - a_s$；(c) $e_0 > h/2 - a_s$

当偏心距 $e_0 > h/2 - a_s$ 时，即轴向拉力位于 A_s 和 A_s' 之外时，开始时，截面应力分布如图 7-5（c）所示，混凝土受压区比图 7-5（b）明显增大，随着偏心拉力的增加，靠近偏心拉力一侧的混凝土开裂，裂缝虽开展但不会全截面贯通，始终存在一定的受压区。其破坏特点取决于靠近偏心拉力一侧的纵向受拉钢筋 A_s 的数量。当 A_s 适量时，它将先达到屈服强度，随着偏心拉力的继续增大，裂缝开展、混凝土受压区缩小。最后，因受压区混凝土达到极限压应变及纵向受压钢筋 A'_s 达到屈服，构件进入承载能力极限状态，如图 7-6（b）所示。这种构件称为大偏心受拉构件。

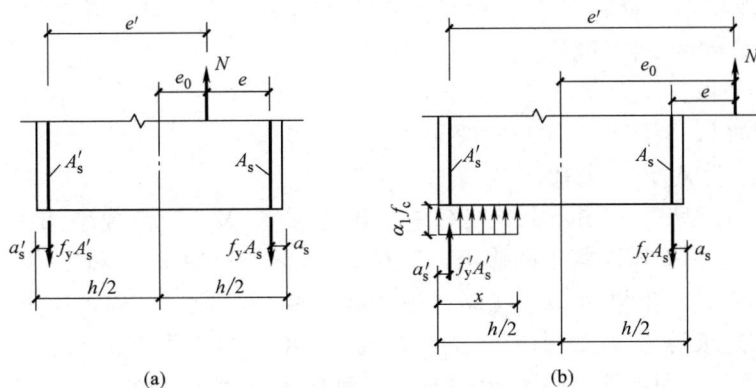

图 7-6　偏心受拉构件承载力计算图式
（a）小偏心受拉；（b）大偏心受拉

7.3.2　偏心受拉构件正截面承载力计算

1. 基本计算公式

1）小偏心受拉

由图 7-6（a）建立力和力矩的平衡方程：

$$N \leqslant f_y A_s + f_y A'_s \qquad (7\text{-}2)$$

$$Ne' \leqslant f_y A_s (h_0 - a'_s) \qquad (7\text{-}3)$$

$$Ne \leqslant f_y A'_s (h_0 - a'_s) \qquad (7\text{-}4)$$

式中，$e' = \dfrac{h}{2} - a'_s + e_0$，$e = \dfrac{h}{2} - a_s - e_0$。

2）大偏心受拉

由图 7-6（b）建立力和力矩的平衡方程：

$$N \leqslant f_y A_s - f'_y A'_s - \alpha_1 f_c bx \qquad (7\text{-}5)$$

$$Ne \leqslant \alpha_1 f_c bx \left(h_0 - \frac{x}{2} \right) + f'_y A'_s (h_0 - a'_s) \qquad (7\text{-}6)$$

式中，$e = e_0 - \dfrac{h}{2} + a_s$。

为保证构件不发生超筋和少筋破坏，纵向受压钢筋 A'_s 在构件破坏时达到屈服强度，上述公式的适用条件是：

$$x \leqslant \xi_b h_0$$

$$x \geqslant 2a'_s$$

$$A_s \geqslant \rho_{\min} bh$$

同时还应指出，偏心受拉构件在弯矩和轴心拉力的作用下，也发生纵向弯曲。但这种纵向弯曲会减小轴向拉力的偏心距，与偏心受压构件相反。为计算简化，在设计基本公式中一般不考虑这种有利影响。

2. 截面配筋计算

1）小偏心受拉

当已知截面尺寸、材料强度及截面的作用效应 M 及 N 时，可直接由式（7-3）及式（7-4）求出两侧的受拉钢筋。

2）大偏心受拉

大偏心受拉时，可能有下述几种情况发生：

情况 1：A_s 及 A'_s 均为未知。

此时式（7-5）及式（7-6）中有三个未知数 A_s、A'_s 及 x，需要增加一个补充方程才能求解。为充分发挥受压混凝土的作用，节约钢筋，令 $x=\xi_b h_0$，将 x 代入式（7-6）即可求得受压钢筋 A'_s。如果 $A'_s \geqslant \rho_{\min} bh$，说明取 $x=\xi_b h_0$ 成立。即进一步将 $x=\xi_b h_0$ 及 A'_s 代入式（7-5）求得 A_s。如果 $A'_s < \rho_{\min} bh$ 或为负值，则说明取 $x=\xi_b h_0$ 不能成立，此时应根据构造要求选用钢筋 A'_s 的直径及根数。然后按 A'_s 为已知的情况 2 考虑。

情况 2：已知 A'_s，求 A_s。

此时公式为两个方程解两个未知数，故可直接由式（7-5）及式（7-6）联立求解。其步骤是：由式（7-6）求得混凝土相对受压区高度 ξ：

$$\xi=1-\sqrt{1-2\frac{Ne-f'_y A'_s (h_0-a'_s)}{\alpha_1 f_c bh_0^2}} \tag{7-7}$$

若 $2a'_s \leqslant x \leqslant \xi_b h_0$，则可将求出的 $x=\xi h_0$，代入式（7-5）求得靠近偏心拉力一侧的受拉钢筋截面面积：

$$A_s=(N+\alpha_1 f_c bx+f'_y A'_s)/f_y \tag{7-8}$$

若 $x < 2a'_s$ 或为负值，则表明受压钢筋位于混凝土受压区合力作用点的内侧，破坏时强度不能充分利用，其应力将达不到其屈服强度，即 A'_s 的应力为未知量，此时，应按情况 3 处理。

情况 3：A'_s 为已知，但 $x < 2a'_s$ 或为负值。

此时可取 $x=2a'_s$ 重新计算 A_s 值，然后取该值作为截面配筋的依据。

矩形截面偏心受拉构件承载力设计计算如图 7-7 所示计算程序框图。

3. 截面承载力复核

当截面复核时，截面尺寸、配筋、材料强度以及截面的作用效应（M 及 N）均为已知。大偏心受拉时，在式（7-5）及式（7-6）中，仅有截面偏心受拉承载力 N_u 和 x 为未知，故可联立求解。

若式（7-5）及式（7-6）联立求得的 x 满足公式的适用条件，则将 x 代入式（7-5），即可得截面偏心受拉承载力 N_u：

$$N_u=f_y A_s - f'_y A'_s - \alpha_1 f_c bx \tag{7-9}$$

若 $x > \xi_b h_0$，说明 A_s 过量，截面破坏时，A_s 达不到屈服强度，需按式 $\sigma_s=f_y\dfrac{\xi-\beta_1}{\xi_b-\beta_1}$ 计算纵筋 A_s 的应力 σ_s，并对偏心拉力作用点取矩，重新求 x，然后按下式计算截面偏心受

开始

b、h、N、M、α_1、f_c、f_y、f_y'、a_s、a_s'、ξ_b

$e_0 = \dfrac{M}{N}$

$e_0 < \dfrac{h}{2} - a_s$

否 ← | → 是

是分支:

$e = \dfrac{h}{2} - a_s - e_0$

$e' = e_0 + \dfrac{h}{2} - a_s'$

$A_s' = \dfrac{Ne}{f_y(h_0 - a_s')}$

$A_s' \geqslant \rho_{\min} bh$

否 → $A_s' = \rho_{\min} bh$

是

$A_s = \dfrac{Ne'}{f_y(h_0 - a_s')}$

$A_s \geqslant \rho_{\min} bh$

否 → $A_s = \rho_{\min} bh$

是

否分支:

$e = e_0 - 0.5h + a_s$

$A_s' > 0$

否 ← | → 是

否分支：$x = \xi_b h_0$

$A_s' = \dfrac{Ne - \alpha_1 f_c bx\left(h_0 - \dfrac{x}{2}\right)}{f_y(h_0 - a_s')}$

$A_s' \geqslant 0.002bh$

是 ← | → 否

$A_s' = 0.002bh$

是分支：$a_s = \dfrac{Ne - A_s' f_y'(h_0 - a_s')}{\alpha_1 f_c bh_0^2}$

$\xi = 1 - \sqrt{1 - 2a_s}$

$\xi < \dfrac{2a_s'}{h_0}$

否 | 是

$A_s = \dfrac{\alpha_1 f_c \xi bh_0 + f_y' A_s' + N}{f_y}$

$e' = e_0 + \dfrac{h}{2} - a_s$

$A_s = \dfrac{Ne'}{f_y(h_0 - a_s')}$

输出 A_s、A_s'

结束

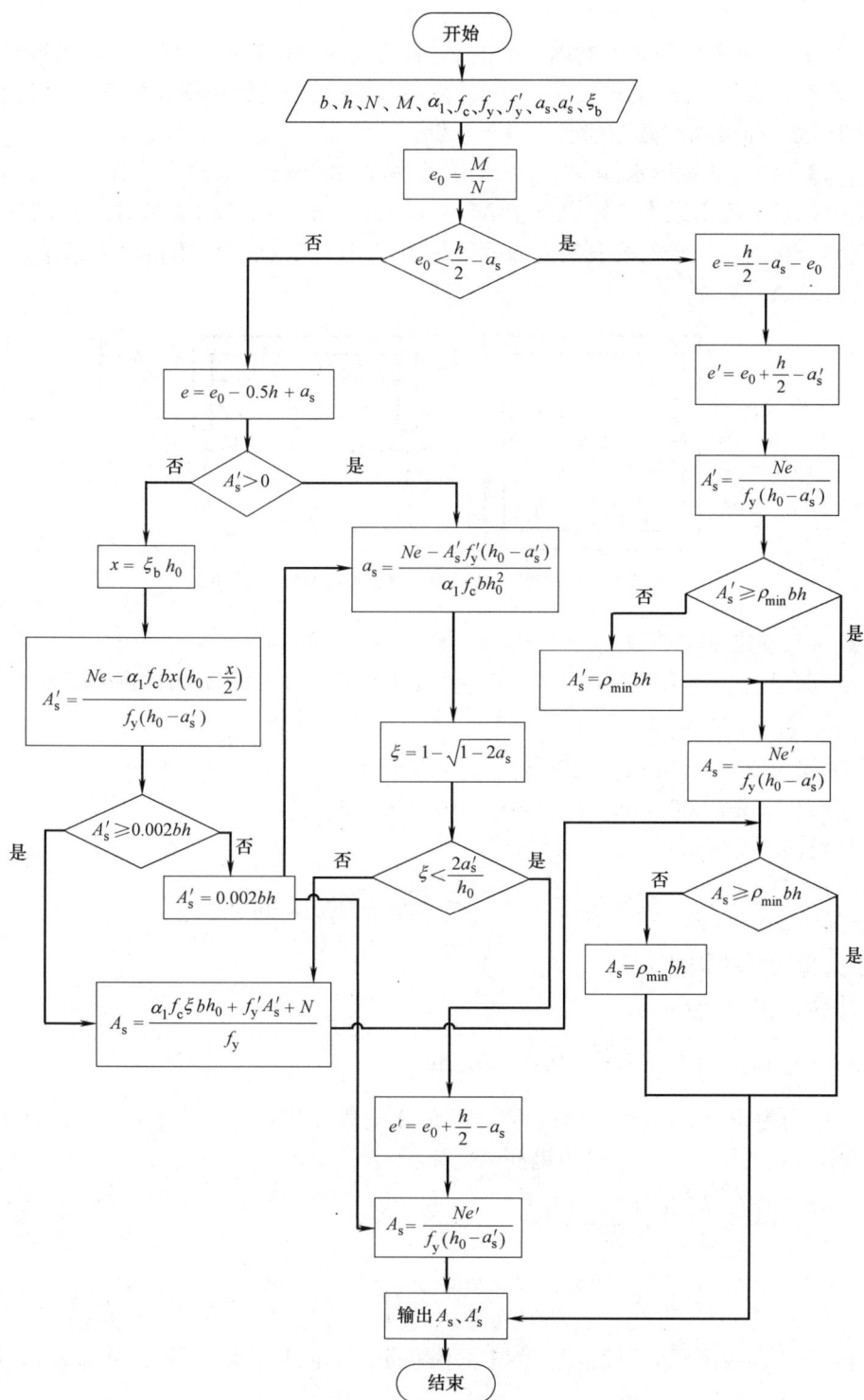

图 7-7 矩形截面偏心受拉构件承载力计算框图

拉承载力 N_u：

$$N_u = \sigma_s A_s - f'_y A'_s - \alpha_1 f_c bx \tag{7-10}$$

若 $x < 2a'_s$，可利用截面上的内外力对 A'_s 合力作用点取矩的平衡条件，求得 N_u 小偏心受拉时，可由式（7-3）及式（7-4）分别求 N_u，取其中的较小值作为 N_u，以上求得的 N_u 与 N 比较，即可判别截面承载力是否足够。

【例 7-2】 已知某矩形水池（图 7-8），池壁厚为 300mm。通过内力分析，求出池壁水平方向跨中每米宽度上最大弯矩设计值 $M = 130$kN·m，相应的每米宽度上的轴向拉力设计值 $N = 260$kN。该水池的混凝土强度等级为 C25，钢筋采用 HRB400 级钢筋。求水池在该处需要的 A_s 及 A'_s 值。

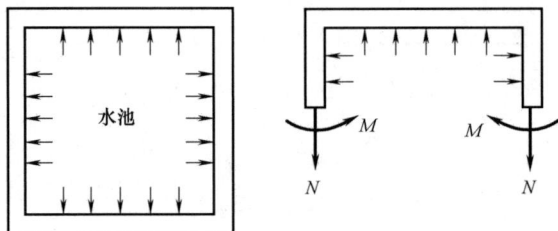

图 7-8 矩形水池池壁弯矩 M 和拉力 N 的示意

【解】 1）确定基本参数

C25 混凝土 $f_t = 1.27$N/mm²，$f_c = 11.9$N/mm²，HRB400 级钢筋 $f_y = f'_y = 360$N/mm²，$\xi_b = 0.518$。

对于水池，取 $c = 30$mm，且取 $a_s = a'_s = 40$mm。

$b \times h = 1000$mm $\times 300$mm，$h_0 = 300 - 40 = 260$mm。

2）判别偏心受拉类型

$$e_0 = \frac{M}{N} = \frac{130 \times 10^6}{260 \times 10^3} = 500\text{mm} > \frac{h}{2} - a_s = \frac{300}{2} - 40 = 110\text{mm}$$

属于大偏心受拉构件。

3）计算 A'_s

$$e = e_0 - \frac{h}{2} + a_s = 500 - \frac{300}{2} + 40 = 390\text{mm}$$

A_s、A'_s 均为未知，为使受压区混凝土充分发挥作用，令 $x = \xi_b h_0 = 0.518 \times 260 = 134.68$mm，再由式（7-6）求受压钢筋 A'_s。

$$A'_s = \frac{Ne - \alpha_1 f_c b h_0^2 \xi_b (1 - 0.5\xi_b)}{f'_y (h_0 - a'_s)}$$

$$= \frac{260 \times 10^3 \times 410 - 11.9 \times 1000 \times 260^2 \times 0.518 \times (1 - 0.5 \times 0.518)}{360 \times (260 - 40)} < 0$$

说明计算不需要配置受压钢筋，故按最小配筋率确定 A'_s。查表得 $\rho'_{min} = 0.2\%$，取 $A'_s = A'_{s,min} = 0.002bh = 0.002 \times 1000 \times 300 = 600$mm²，选用 $\Phi 12@180$（$A'_s = 628$ mm²/m）。接下来，该题就变为已知 A'_s 求 A_s 的问题了。此时，x 不再是界限值 x_b，必须重新求值，计算方法和偏心受压构件计算类似。由式（7-6）计算 x 值。

$$260\times10^3\times390=1.0\times11.9\times1000x(260-0.5x)+360\times628\times(260-40)$$
$$595x^2-309400x+5166240=0$$

得 $x=17.3\text{mm}<2a'_s$，取 $x=2a'_s=80\text{mm}$ 并对 A'_s 合力点取矩，可求得：

$$e'=e_0+\frac{h}{2}-a_s=500+\frac{300}{2}-40=610\text{mm}$$

$$A_s=\frac{Ne'}{f_y(h_0-a'_s)}=\frac{260\times10^3\times610}{360\times(260-40)}=2002.52\text{mm}^2$$

受拉钢筋 A_s 可选用 $\Phi16@100$（$A_s=2011\text{mm}^2$）。

【例 7-3】 某偏心受拉构件，截面尺寸 $b\times h=400\text{mm}\times600\text{mm}$。截面上作用的弯矩设计值为 $M=80\text{kN·m}$，轴向拉力设计值为 $N=640\text{kN}$，混凝土强度等级为 C30，纵筋为 HRB400 级钢筋，试确定 A_s 及 A'_s 值。

【解】 1）确定基本参数

C30 混凝土 $f_t=1.43\text{N/mm}^2$，$f_c=14.3\text{N/mm}^2$，HRB400 级钢筋 $f_y=f'_y=360$ N/mm^2，$\xi_b=0.518$，取 $a_s=a'_s=35\text{mm}$，$h_0=600-35=565\text{mm}$。

2）判别偏心受拉类型

$$e_0=\frac{M}{N}=\frac{80\times10^6}{640\times10^3}=125\text{mm}<\frac{h}{2}-a_s=\frac{600}{2}-35=265\text{mm}$$

属于小偏心受拉构件

$$e'=\frac{h}{2}-a'_s+e_0=\frac{600}{2}-35+125=390\text{mm}$$

$$e=\frac{h}{2}-a_s-e_0=\frac{600}{2}-35-125=140\text{mm}$$

3）计算受拉钢筋 A_s 及受压钢筋 A'_s

$$A_s=\frac{Ne'}{f_y(h_0-a'_s)}=\frac{640\times10^3\times390}{360\times(565-35)}=1308.17\text{mm}^2$$

$$A'_s=\frac{Ne}{f'_y(h_0-a'_s)}=\frac{640\times10^3\times140}{360\times(565-35)}=469.60\text{mm}^2$$

受拉钢筋 A_s 选用 $2\Phi20$ 和 $2\Phi22$（$A_s=1388\text{mm}^2$），受压钢筋 A'_s 选用 $2\Phi18$（$A'_s=509\text{mm}^2$）。

7.4 偏心受拉构件斜截面受剪承载力计算

对于偏心受拉构件，往往截面不仅受到弯矩 M 及轴拉力 N 的共同作用，而且受到剪力 V 作用。当剪力 V 较大时，斜截面承载力的计算不能忽视。

试验表明，拉力 N 的存在使混凝土的剪压区的高度比受弯构件小，有时拉力 N 的存在会使斜裂缝贯穿全截面，使斜截面末端没有剪压区。偏心受拉构件的斜截面抗剪能力比无轴向拉力时构件的抗剪能力低，降低的程度与轴向拉力的大小有关。

二维码 7-3 偏心受拉构件斜截面承载力

《结构规范》中对偏心受拉构件的斜截面承载力的计算有明确的规定。偏心受拉构件的斜截面受剪承载力可按下式计算：

$$V=\frac{1.75}{\lambda+1.0}f_{t}bh_{0}+f_{yv}\frac{A_{sv}}{s}h_{0}-0.2N \qquad (7-11)$$

式中　λ——计算截面剪跨比，与偏心受压构件斜截面受剪承载力计算中的规定相同；

　　　　N——与剪力设计值 V 相对应的轴向拉力设计值。

当式（7-11）右边的计算值小于 $f_{yv}\dfrac{A_{sv}}{s}h_{0}$ 时，考虑到箍筋承受的剪力，应取 $f_{yv}\dfrac{A_{sv}}{s}h_{0}$，且 $f_{yv}\dfrac{A_{sv}}{s}h_{0}$ 的值不得小于 $0.36f_{t}bh_{0}$。这相当于不考虑混凝土的受剪作用，仅考虑箍筋的受剪作用，即轴向拉力最多完全抵消混凝土的受剪承载力。

【例 7-4】　某钢筋混凝土屋架下弦杆，截面尺寸 250mm×250mm。构件上作用轴向拉力设计值 $N=65$kN，此拉杆在距节点边缘 350mm 处作用有集中荷载，其对节点边缘截面产生的剪力设计值 $V=85$kN，混凝土强度等级为 C25，箍筋采用 HRB400 级钢筋，配有 4Φ25 纵向受力钢筋。求箍筋的数量。

【解】　1) 确定基本参数

C25 混凝土 $f_{t}=1.27$N/mm^{2}，$f_{c}=11.9$N/mm^{2}，$\beta_{c}=1.0$，HRB400 级钢筋 $f_{yv}=360$ N/mm^{2}，取 $a_{s}=a_{s}'=35$mm，则 $h_{0}=250-35=215$mm，剪跨比 $\lambda=a/h_{0}=350/215=1.63$。

2) 验算截面尺寸

$h_{w}/b=215/250=0.86\leqslant4$

$0.25\beta_{c}f_{c}bh_{0}=0.25\times1.0\times11.9\times250\times215\times10^{-3}=159.91kN>V=85$kN

截面尺寸符合要求。

3) 确定箍筋量并选配箍筋

由式（7-11）导出：

$$f_{yv}\frac{A_{sv}}{s}h_{0}=V-\frac{1.75}{\lambda+1.0}f_{t}bh_{0}+0.2N$$

$$=85000-\frac{1.75}{1.63+1.0}\times1.27\times250\times215+0.2\times65000$$

$$=52.58\text{kN}$$

$$\frac{A_{sv}}{s}=\frac{52.58\times10^{3}}{f_{yv}h_{0}}=\frac{52.58\times10^{3}}{360\times215}=0.68$$

采用双肢Φ8 箍筋，$A_{sv}=50.3\times2=100.6$mm^{2}。

$$s=\frac{A_{sv}}{0.68}=\frac{100.6}{0.68}=147.94\text{mm，取 }s=130\text{mm。}$$

验算配箍率：

$$f_{yv}\frac{A_{sv}}{s}h_{0}=360\times\frac{100.6}{130}\times215=59.9\text{kN}$$

$>0.36f_{t}bh_{0}=0.36\times1.27\times250\times215\times10^{3}=24.57$kN

采用Φ8@130 的双肢箍筋能满足要求。

本 章 小 结

本章主要内容为轴心受拉构件和偏心受拉构件正截面承载力计算，及偏心受拉构件斜截面承载力计算。

1. 钢筋混凝土轴心受拉构件的受力特点是裂缝贯穿整个截面，所受拉力全部由截面两侧纵向钢筋承受，故轴心受拉构件的承载力只与截面的所配纵筋数量及强度等级有关，而与混凝土截面的大小及形状无关。

2. 偏心受拉构件根据偏心拉力的作用位置不同分为大偏心受拉和小偏心受拉两种情况。小偏心受拉构件的受力特点类似于轴心受拉构件，破坏时拉力全部由纵向钢筋承受，在满足构造要求的前提下，以采用较小的截面尺寸为宜。大偏心受拉构件的受力特点和受弯构件类似，随着受拉纵向钢筋配筋率的变化，将出现少筋、适筋和超筋破坏，截面尺寸的加大对抗弯和抗剪都有利。

3. 偏心受拉构件的斜截面抗剪承载力计算与受弯构件类似，可以说两者的基本理论是一致的，只是对偏心受拉构件增加了拉力的影响，轴向拉力的存在一般可使构件抗剪承载力明显降低。

实际工程案例

［工程综合实例分析 7-1］

某地一个实际水池工程发生破坏后，利用有限元软件对其破坏过程进行模拟，分析了该水池发生破坏的主要原因。

修建时为考虑水池的侧向水压力对四周侧壁的变形影响，在水池中间部位设置了水平钢筋混凝土系梁进行拉结。中间水平系梁的安全对整个水池的破坏具有十分重要的作用。模拟发现静水压力并没有达到实际预定的施加水平时，中间横向系梁轴向应变已经达到了失效应变值，开始出现了断裂，这也充分说明了此系梁受拉钢筋配筋面积严重不足，横向系梁已经基本破坏，并与池底和池壁发生接触碰撞，最终横向系梁掉落到池底，由受力分析可知，该系梁承受轴拉力为 1340kN，钢筋强度设计值为 $300\text{N}/\text{mm}^2$，由于混凝土的抗拉强度很小，则系梁抗拉强度 1340kN 主要由钢筋承担，则计算所需钢筋面积 $A_s = 4467\text{mm}^2$。而所配的钢筋面积为 6 根直径为 20mm 的 HRB335 钢筋，其截面面积为 1884mm^2，说明中间系梁的配筋所用钢筋强度，面积都没有达到设计规范要求，造成安全隐患。（HRB335 级钢筋在《混凝土结构通用规范》GB 55008—2021 中已不再使用）

我国的水池大部分都是采用钢筋混凝土结构，其主要承受的荷载作用为水土压力和温度影响。水池在施工和使用过程中，应注意防止池壁产生裂缝而导致水渗漏问题。然而，水池作为构筑物，并没有得到足够的重视，常因设计考虑不周、构造措施不足、施工粗糙等问题出现渗漏或破坏。

［创新能力培养 7-1］

由于混凝土的抗拉性能很差，通常在设计轴心受拉构件时，混凝土的抗拉能力是不计入的。但随着一些新型聚合物混凝土的研发出现，使其作为轴心受拉构件的一种结构材料成为可能。环氧树脂混凝土是其中的一种，其特点是强度高、抗冲击性好，同时还具有很强的耐磨性、耐水性、耐化学腐蚀性及防火抗冻性等良好性能。

以新型环氧树脂混凝土轴心受拉构件为研究对象展开抗拉性能的研究。首先，通过轴拉试验对其进行材料性能与构件受拉性能的研究；其次，使用 ABAQUS 有限元软件对抗拉构件进行模拟并与试验结果对比分析。研究表明：环氧树脂混凝土抗拉强度为 2.6MPa，弹性模量为 10000MPa，泊松比为 0.26。而相同抗压强度的普通混凝土抗拉强度为 2.01MPa，弹性模量为 30000MPa，泊松比为 0.2，体现了环氧树脂混凝土较好的抗拉性能。配筋环氧树脂混凝土轴拉试件为单缝破坏形式，区别于普通钢筋混凝土的多缝破坏；且在一定长度范围内，随着轴拉段长度的增加，配筋环氧树脂混凝土试件的极限拉力和开裂应变有所增大，体现了环氧树脂混凝土的材料均匀性与良好的整体性，说明环氧树脂混凝土轴心受拉构件的设计依据是可靠的。该混凝土创新之处在于，通过对新型环氧树脂混凝土轴心受拉构件的力学性能研究，完善了新型环氧树脂混凝土受拉破坏机理和作为结构构件的设计理论基础，为进一步研究环氧树脂混凝土其他构件和不同结构的受力性能及破坏状态提供了理论基础。

作为土木工程领域从业人员，我们需要与时俱进，积极研发新型工程材料，并将之用到实际工程受力构件中，进行相关力学性能研究，为工程结构的设计及加固补强的发展贡献一份力量。

［工程素质培养 7-1］

由于混凝土抗拉能力很弱，钢筋混凝土轴心受拉构件在受力初始，截面上往往就出现裂缝，钢筋的存在会在一定程度上限制裂缝的开展。但是，此时承受拉力的真正有效截面面积怎么计算，工程实际上一直有争议。

通过 10 根中心配置 HRB400 级钢筋的混凝土棱柱体构件轴心受拉试验，并结合已有的 11 根配置 HRB335 级钢筋的相同构件试验结果，探讨了钢筋级别对轴心受拉构件混凝土有效受拉面积的影响。结果表明：在轴心受拉情况下，配置 HRB335 钢筋和配置 HRB400 钢筋的混凝土有效受拉面积略有差异；配置 HRB400 的构件，混凝土有效受拉面积可分别按半径为 $7.3d$（d 为钢筋直径）圆形面积或按边长为 $6.5d$ 正方形面积计算；配置 HRB335 钢筋的构件，混凝土有效受拉面积可分别按半径为 $7.4d$ 的圆形面积和边长为 $6.6d$ 的正方形面积计算。（HRB335 级钢筋在《混凝土结构通用规范》GB 55008—2021 中已不再使用）

工程实际应用中，各种构件的不同材料构成也会导致设计计算产生不可忽视的差别。

章节自测题

一、填空题

1. 轴心受拉构件指＿＿＿＿＿＿＿＿＿构件，工程中常常可以简化为轴心受拉构件的有＿＿＿＿＿＿＿和＿＿＿＿＿＿＿。

2. 钢筋混凝土小偏心受拉构件破坏时，全截面＿＿＿＿＿，拉力全部由＿＿＿＿承担。

3. 钢筋混凝土大偏心受拉构件正截面承载力计算公式的适用条件是_____和_____，如果出现了 $x < 2a'_s$ 的情况，说明_____，此时可假定_____。

4. 钢筋混凝土偏心受拉构件，轴向拉力的存在_____混凝土的受剪承载力。因此，钢筋混凝土偏心受拉构件的斜截面受剪承载力要_____同样情况下的受弯构件斜截面受剪承载力。

二、选择题

1. 大偏心受拉是指（   ）。

A. 偏心距 $e_0 > h_0/2$ 的构件；

B. 偏心距 $e_0 > h$ 的构件；

C. 外力 N 处于钢筋 A_s 合力点与 A'_s 合力点以外；

D. 外力 N 处于钢筋 A_s 合力点与 A'_s 合力点以内。

2. 对于钢筋混凝土偏心受拉构件，下面说法错误的是（   ）。

A. 如果 $\xi > \xi_b$，说明是小偏心受拉破坏；

B. 小偏心受拉构件破坏时，混凝土完全退出工作，全部拉力由钢筋承担；

C. 钢筋混凝土轴心受拉构件破坏时，混凝土已被拉裂，全部外力由钢筋来承担；

D. 大、小偏心受拉构件的判断依据是纵向拉力 N 作用点的位置。

3. 偏心受拉构件破坏时，（   ）。

A. 远力侧钢筋屈服；　　　　　　　　　B. 近力侧钢筋屈服；

C. 远力侧、近力侧钢筋都屈服；　　　　D. 无法判定。

4. 受拉钢筋配置适当的大偏心受拉构件破坏时，截面（   ）。

A. 无受拉区；　　　　　　　　　　　　B. 无受压区；

C. 有受压区；　　　　　　　　　　　　D. 不开裂。

5. 偏拉构件的抗剪承载力（   ）。

A. 随着轴向力的减少而增加；

B. 随着轴向力的增加而增加；

C. 小偏心受拉时随着轴向力的增加而增加；

D. 大偏心受拉时随着轴向力的增加而增加。

三、简答题

1. 怎样判别偏心受拉构件属于小偏心受拉还是大偏心受拉？它们破坏特征有何不同？

2. 小偏心受拉构件承载力计算中，为什么不考虑混凝土的作用？

3. 比较双筋梁、非对称配筋大偏心受压构件及大偏心受拉构件三者正截面承载力计算的异同。

4. 说明大偏心受拉计算公式的适用条件及原因。

5. 大偏心受拉构件为非对称配筋，如果计算中出现 $x < 2a'_s$ 或出现负值，怎么处理？

6. 偏心受拉构件中的轴向拉力对构件的斜截面受剪承载力有何影响？在计算公式中如何体现？

四、计算题

1. 偏心受拉构件的截面尺寸为截面尺寸 $b \times h = 500\text{mm} \times 500\text{mm}$，混凝土强度等级为 C30 级，纵向受力钢筋为 HRB400 级钢筋，承受的轴心拉力设计值 $N = 210\text{kN}$，弯矩设计

值 $M=100\text{kN}\cdot\text{m}$，$a_s=a_s'=40\text{mm}$，试确定截面所需钢筋的截面面积。

2. 某钢筋混凝土矩形水池，池壁 $h=250\text{mm}$，采用 C25 混凝土和 HRB400 级钢筋，沿池壁 1m 高度的垂直截面上（取 $b=1000\text{mm}$）作用的轴心拉力设计值 $N=210\text{kN}$，弯矩设计值 $M=84\text{kN}\cdot\text{m}$（池外侧受拉），$a_s=a_s'=40\text{mm}$，试确定截面所需水平受力钢筋数量。

3. 某偏心受拉构件，截面尺寸 $b\times h=300\text{mm}\times400\text{mm}$，截面承受轴向力设计值为 $N=852\text{kN}$，在距节点边缘 480mm 处作用有一集中力，集中力产生的节点边缘截面剪力设计值 $V=30\text{kN}$。构件环境类别为一类，设计使用年限为 50 年。混凝土强度等级采用 C30 级，箍筋采用 HRB400 级，纵筋用 HRB400 级。试求该拉杆所需配置的箍筋。

第 8 章 钢筋混凝土受扭构件承载力计算

> **知识目标：**了解纯扭构件的基本特征，理解剪扭相关性概念和计算方法，掌握弯剪扭构件的抗扭承载力计算原理和方法。
>
> **能力目标：**具备能够清晰准确表达、设计和校核受扭构件承载力的能力。
>
> **学习重点：**受扭构件的设计计算方法。
>
> **学习难点：**空间桁架理论和剪扭相关性。

8.1 概述

工程结构中，处于纯扭矩作用的情况还是很少见的，绝大多数构件都是处于弯矩、剪力、扭矩共同作用下的复合受扭情况。如图 8-1 所示的吊车梁、雨篷梁及框架边梁就是常见的受扭构件。

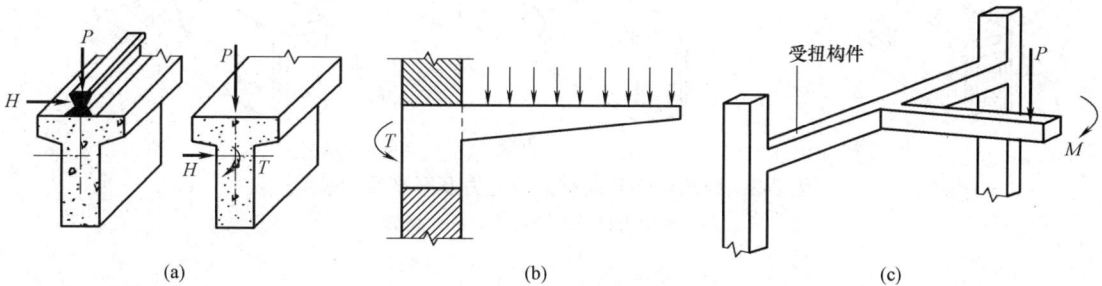

图 8-1 受扭构件

（a）吊车梁；（b）雨篷梁；（c）现浇框架边梁

钢筋混凝土构件的扭转可以分为两类，即平衡扭转和协调扭转（也称约束扭转）。若构件中的扭矩由荷载直接引起，其值可由平衡条件直接求出，则此类扭转称为平衡扭转，如图 8-1（a）、（b）中的吊车梁和雨篷梁；若扭矩是由相邻构件的位移受到该构件的约束而引起的，扭矩值需结合变形协调条件才能求得，则此类扭转称为协调扭转，如图 8-1（c）所示的现浇框架边梁，由于次梁梁端的弯曲转动变形而使得边梁产生扭转，截面承受扭矩。对于平衡扭转，构件必须提供足够的受扭承载力，否则便不能与外荷载产生的扭矩平衡而引起破坏。对于协调扭转，由于在受力过程中因混凝土的开裂构件的抗扭刚度迅速降低，截面承受的扭矩也会随之减少，引起内力重分布。因此，扭矩的大小与各受力阶段构件的刚度比有关。本章主要介绍平衡扭转中纯扭构件和弯剪扭构件的受力性能，以及受扭构件配筋的构造要求。

8.2　纯扭构件的试验研究

8.2.1　纯扭构件开裂前的性能

　　试验表明，构件开裂前，钢筋混凝土纯扭构件的受力状况与圣维南弹性扭转理论基本吻合。扭矩较小时，其扭矩-扭转角关系为一直线，抗扭刚度与按弹性理论的计算值十分接近，纵筋和箍筋的应力都很小。由于开裂前钢筋的应力很低，钢筋对开裂扭矩的影响很小，可忽略钢筋按匀质弹性材料考虑。由材料力学可知，矩形截面受扭构件在扭矩 T 作用下，截面上将产生剪应力，并在与剪应力呈 45°的方向产生主拉应力 σ_{tp} 和主压应力 σ_{cp}，其数值与截面最大剪应力相等，如图 8-2（a）、（b）所示。由于截面上的剪应力呈环状分布，构件主拉应力和主压应力轨迹线沿构件表面呈螺旋形，当主拉应力超过混凝土的抗拉强度时，混凝土将首先在截面一长边中点处且垂直于主拉应力的方向上出现裂缝，裂缝与构件的纵轴线呈 45°夹角，并沿主压应力轨迹线迅速向相邻两边延伸，最后形成三面开裂一面受压的空间扭曲面，如图 8-2（c）所示。构件受扭破坏通常突然发生，属于脆性破坏。

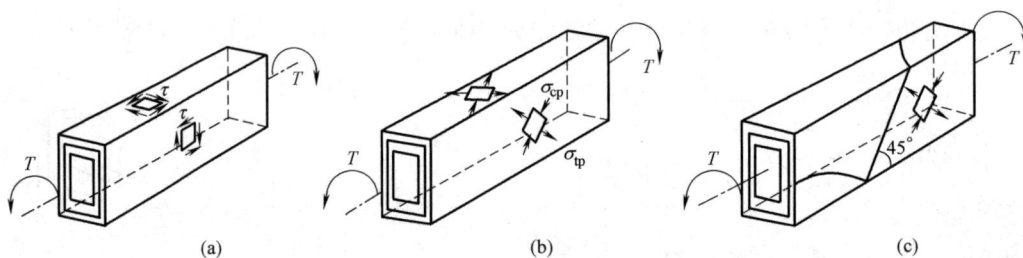

图 8-2　纯扭构件开裂前的剪应力及开裂后的裂缝
（a）剪应力；（b）主应力；（c）裂缝

8.2.2　纯扭构件开裂后的性能

　　裂缝出现时，由于部分混凝土退出工作，钢筋应力明显增大，特别是扭转角开始显著增大。此时裂缝出现前构件截面受力的平衡状态被打破，带有裂缝的混凝土与钢筋共同组成一个新的受力体系抵抗扭矩并获得新的平衡。裂缝出现后，构件截面的抗扭刚度降低较大，且受扭钢筋的用量愈少，构件截面的抗扭刚度降低就愈多。试验研究表明，裂缝出现后，带有裂缝的混凝土和钢筋组成的新平衡体系中，混凝土受压，受扭纵筋和箍筋都受拉。钢筋混凝土构件截面的开裂扭矩比相应的素混凝土构件约高 10%～30%。试验也表明，矩形截面钢筋混凝土受扭构件的初始裂缝发生在剪应力最大处，即截面长边的中点附件且与构件轴线呈大约 45°。此后，这条初始裂缝逐渐向两边延伸并相继出现许多新的螺旋形裂缝。

　　试验表明，钢筋混凝土受扭构件的破坏形态与受扭纵筋及受扭箍筋的配筋率有关。根据破坏形态可以分为以下四类：

1. 少筋破坏

当配筋（垂直于纵轴的箍筋和沿四周布置的纵向钢筋）过少或配筋间距过大时，在扭矩作用下，先在构件截面的长边最薄弱处产生一条与纵轴大约呈 45°的斜裂缝。构件一旦开裂，钢筋不足以承担由混凝土开裂后转移给钢筋承担的拉力，裂缝就迅速向相邻两侧呈螺旋形延伸，形成三面开裂一面受压的空间扭曲裂面，构件随即破坏。破坏过程急速而突然，属于脆性破坏。其破坏扭矩 T_u 基本等于开裂扭矩 T_{cr}。这种破坏形态称为少筋破坏。为防止发生这类脆性破坏，《结构规范》对受扭构件提出了抗扭纵向钢筋和抗扭箍筋的下限及箍筋最大间距等规定。

2. 适筋破坏

在扭矩作用下，当配筋适量时，首条斜裂缝出现后构件并不立即破坏。随着扭矩的增大，将陆续出现多条大体平行的连续的螺旋形裂缝。与斜裂缝相交的纵筋和箍筋先后达到屈服，斜裂缝进一步发展，最后受压面上的混凝土也被压碎，构件随之破坏。这种破坏具有一定延性，称为适筋破坏。

3. 超筋破坏

当箍筋和纵筋配置都过多时，受扭构件在破坏前出现较多密而细的螺旋形裂缝，在钢筋屈服之前混凝土先被压坏，构件随即破坏。这种破坏称为超筋破坏，为受压脆性破坏，其破坏特征类似于受弯构件的超筋破坏。在设计中，应避免发生超筋破坏，《结构规范》中规定了配筋的上限，也即规定了构件的最小截面尺寸。

4. 部分超筋破坏

由于受扭钢筋由受扭箍筋和纵筋两部分钢筋组成，当箍筋和纵筋的配筋比例相差过大时，破坏时还会出现两者中配筋率较小的一种钢筋达到屈服，而另一种钢筋未达到屈服的情况，这种破坏称为部分超筋破坏。这种破坏具有一定的延性，但小于适筋构件。为防止出现此类破坏，《结构规范》对抗扭纵筋和箍筋的配筋强度比值 ζ 作出了相关规定。

8.3 纯扭构件的扭曲截面承载力计算

纯扭构件的扭曲截面承载力计算中，首先需要计算构件的开裂扭矩。如果扭矩大于构件的开裂扭矩，则还要按计算配置受扭纵筋和受扭箍筋，以满足构件的承载力要求，否则应按构造要求配置受扭钢筋。

二维码 8-1
纯扭构件扭
曲截面承载
力计算（一）

8.3.1 开裂扭矩的计算

如前所述，钢筋混凝土纯扭构件在裂缝出现前，钢筋应力很小，对开裂扭矩的影响也不大，可以忽略钢筋的作用。

若混凝土为理想弹塑性材料，在弹性阶段，构件截面上的剪应力分布如图 8-3（a）所示。最大扭剪应力及最大主应力均发生在长边中点。当最大主应力值或者说最大扭剪应力值到达混凝土抗拉强度值时，荷载还可少量增加，直至截面边缘的拉应变达到混凝土的极限拉应变值后，构件开裂。此时，截面承受的扭矩称为开裂扭矩设计值 T_u，如图 8-3（b）所示。

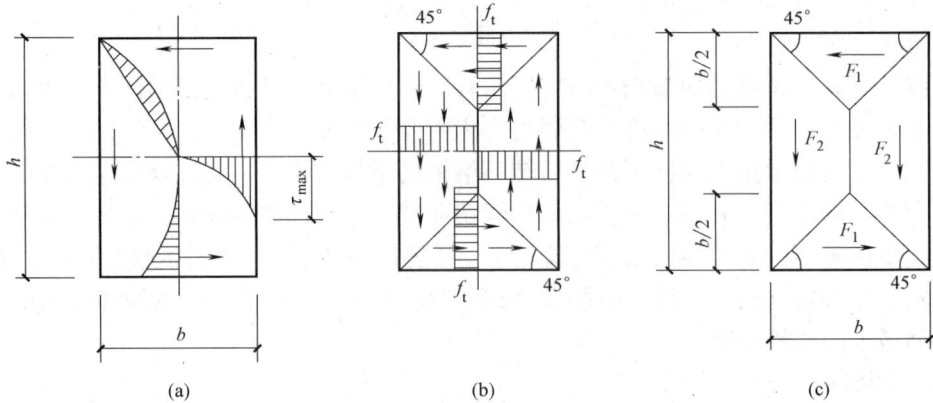

图 8-3　受扭截面的剪应力分布

(a) 弹性剪应力分布；(b) 塑性剪应力分布；(c) 开裂扭矩计算图

根据塑性力学理论，可以把截面上的扭剪应力分成四个部分，如图 8-3（c）所示。计算各部分扭剪应力的合力及相应组成的力偶，其总和则为开裂扭矩 $T_{cr,p}$：

$$T_{cr,p} = \tau_{max} \frac{b^2}{6}(3h - b) = f_t \cdot \frac{b^2}{6}(3h - b) \tag{8-1}$$

式中　h——矩形截面的长边；

b——矩形截面的短边。

若混凝土为弹性材料，则当最大扭剪应力或最大主拉应力达到混凝土抗拉强度 f_t 时，构件开裂，从而开裂扭矩 $T_{cr,e}$ 为：

$$T_{cr,e} = \alpha b^2 h f_t \tag{8-2}$$

式中　α——与比值 h/b 有关的系数，当 $h/b = 1 \sim 10$ 时，$\alpha = 0.208 \sim 0.313$。

事实上，混凝土是既非理想弹性也非理想塑性的弹塑性材料，达到开裂极限状态时截面的应力分布应介于理想弹性和理想塑性应力状态之间。试验表明，当按式（8-1）计算开裂扭矩时，计算值比实验值高；当按式（8-2）计算开裂扭矩时，计算值比实验值低。因此，开裂扭矩 T_{cr} 应介于 $T_{cr,e}$ 和 $T_{cr,p}$ 之间。

为使用方便，开裂弯矩可近似采用理想弹塑性材料的应力分布图形进行计算，但混凝土抗拉强度要适当降低。试验表明，对高强混凝土，其降低系数约为 0.7；对低强度混凝土，降低系数接近 0.8。《结构规范》偏安全地取混凝土抗拉强度降低系数为 0.7，故开裂弯矩设计值的计算公式为：

$$T_{cr} = 0.7 f_t \cdot W_t \tag{8-3}$$

式中　W_t——受扭构件的截面受扭塑性抵抗矩，对于矩形截面，$W_t = \dfrac{b^2}{6}(3h - b)$。

8.3.2　矩形截面纯扭构件受扭承载力计算

当抗扭箍筋和纵筋配置恰当，发生受扭破坏时，穿过裂缝的钢筋均能达到屈服强度。则受扭构件的极限承载力 T_u 由两部分构成，即开裂后混凝土部分承担的抗扭作用 T_c，以及纵筋和箍筋承担的抗扭作用 T_s，即 $T_u = T_c + T_s$。

《结构规范》基于变角度空间桁架模型分析，规定矩形截面纯扭构件受扭承载力 T_u 计算公式为：

$$T_u = 0.35 f_t W_t + 1.2 \sqrt{\zeta} \frac{f_{yv} A_{st1}}{s} A_{cor} \tag{8-4}$$

$$\zeta = \frac{f_y A_{stl} s}{f_{yv} A_{st1} u_{cor}} \tag{8-5}$$

式中　f_t——混凝土抗拉强度设计值；

　　　W_t——截面受扭塑性抵抗矩；

　　　ζ——受扭纵向钢筋与箍筋的配筋强度比值，应符合 $0.6 \leqslant \zeta \leqslant 1.7$，当 $\zeta > 1.7$ 时，取 1.7；

　　　A_{st1}——受扭计算中沿截面周边所配置箍筋的单肢截面面积；

　　　A_{stl}——受扭计算中对称布置的全部纵向钢筋截面面积；

　　　f_{yv}——受扭箍筋的抗拉强度设计值；

　　　f_y——受扭纵筋的抗拉强度设计值；

　　　A_{cor}——截面核心部分面积，$A_{cor} = b_{cor} \times h_{cor}$，此处 b_{cor} 和 h_{cor} 分别为从箍筋内表面计算所得截面核心部分的短边和长边；

　　　u_{cor}——截面核心部分的周长，$u_{cor} = 2(b_{cor} + h_{cor})$；

　　　s——受扭箍筋沿构件轴向的间距。

对于在轴向压力和扭矩共同作用下的矩形截面钢筋混凝土纯扭构件，其受扭承载力应按下列公式计算：

$$T_u = 0.35 f_t W_t + 1.2 \sqrt{\zeta} \frac{f_{yv} A_{st1}}{s} A_{cor} + 0.07 \frac{N}{A} W_t \tag{8-6}$$

式中，N 为轴向压力设计值，当 $N > 0.3 f_c A$ 时，取 $N = 0.3 f_c A$；A 为构件截面面积。

8.3.3　T形和I形截面纯扭构件受扭承载力计算

对于 T 形、I 形截面纯扭构件，可以将其截面划分为几个矩形截面进行配筋计算。划分的原则首先要保证腹板截面的完整性，如图 8-4 所示。

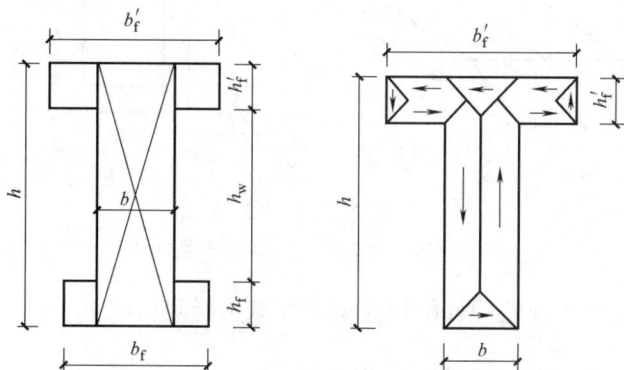

二维码 8-2
纯扭构件扭
曲截面承载
力计算（二）

图 8-4　T形和I形截面的矩形划分示意图

腹板部分承担的扭矩：

$$T_w = \frac{W_{tw}}{W_t}T \tag{8-7}$$

受压翼缘承担的扭矩：

$$T'_f = \frac{W'_{tf}}{W_t}T \tag{8-8}$$

受拉翼缘承担的扭矩：

$$T_f = \frac{W_{tf}}{W_t}T \tag{8-9}$$

《结构规范》规定，截面的腹板、受压和受拉翼缘部分的矩形截面受扭塑性抵抗矩可分别按下列公式计算：

$$W_{tw} = \frac{b^2}{6}(3h-b) \tag{8-10}$$

$$W'_{tf} = \frac{h'^2_f}{2}(b'_f - b) \tag{8-11}$$

$$W_{tf} = \frac{h^2_f}{2}(b_f - b) \tag{8-12}$$

截面总的受扭塑性抵抗矩为：

$$W_t = W_{tw} + W'_{tf} + W_{tf} \tag{8-13}$$

计算受扭塑性抵抗矩时取用的翼缘宽度尚应符合 $b'_f \leqslant b + 6h'_f$ 和 $b_f \leqslant b + 6h_f$。

8.3.4　箱形截面纯扭构件受扭承载力计算

在扭矩作用下，剪应力沿截面周边较大，而在截面中心部分较小。因此，对于封闭的箱形截面，其抵抗扭矩的能力与同样尺寸的实心截面基本相同。在实际工程中，当截面尺寸较大时，往往采用箱形截面以减轻结构自重，如桥梁结构中常采用的箱形截面梁，如图 8-5（a）所示。

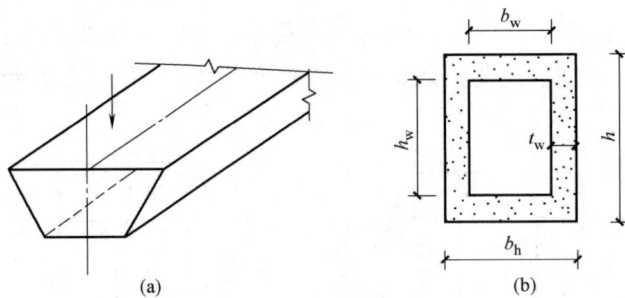

图 8-5　箱形截面梁
（a）桥梁用箱形截面梁；（b）箱形截面示意

箱形截面钢筋混凝土纯扭构件的扭曲截面承载力计算公式如下：

$$T_u = 0.35\alpha_h f_t W_t + 1.2\sqrt{\zeta}\frac{f_{yv}A_{st1}}{s}A_{cor} \tag{8-14}$$

$$W_t = \frac{h^2_h}{6}(3h_h - b_h) - \frac{(b_h - 2t_w)^2}{6}[3h_w - (b_h - 2t_w)] \tag{8-15}$$

式中 W_t——箱形截面受扭塑性抵抗矩；

b_h、h_h——箱形截面的宽度和高度；

h_w——箱形截面的腹板净高；

t_w——箱形截面壁厚；

α_h——箱形截面壁厚影响系数，$\alpha_h=2.5t_w/b_w$，当 α_h 大于 1.0 时，取 1.0。

8.4 弯剪扭构件的截面承载力计算

8.4.1 试验研究及破坏形态

处于弯矩、剪力和扭矩共同作用下的钢筋混凝土构件，其受力状态是十分复杂的，在工程应用中，例如处在河流中的桥墩、吊车厂房柱、螺旋楼梯等，就同时受到压、弯、剪、扭作用，构件的破坏特征及其承载力与荷载条件及构件的内在因素有关。对于荷载条件，通常以扭弯比 φ（$\varphi=T/M$）和扭剪比 χ（$\chi=T/V$）来表示。构件的内在因素是指构件的截面尺寸、配筋及材料强度。弯剪扭构件主要有弯型破坏、扭型破坏和剪扭破坏三种破坏形式。

二维码 8-3
弯剪扭构件
截面承载力
计算

1. 弯型破坏

试验表明，在配筋适当条件下，当弯矩 M 较大，即 T/M 较小，且剪力不起控制作用时，发生弯型破坏。此时，弯矩起主导作用，构件底部受拉，顶部受压。底部纵筋同时受弯矩和扭矩作用产生拉应力叠加，裂缝首先在构件弯曲受拉底面出现，然后向两侧面发展，最后三个面上螺旋裂缝形成一个扭曲破坏面。若底部纵筋配置不够，则破坏始于底部纵筋受拉屈服，止于顶部弯曲受压混凝土压碎，如图 8-6（a）所示，承载力受底部纵筋控制，且受弯承载力因扭矩的存在而降低，如图 8-7 所示。

2. 扭型破坏

当扭矩 T 较大，而 T/M 和 T/V 均较大，且构件顶部纵筋少于底部纵筋，即会发生扭型破坏。扭矩引起顶部纵筋的拉应力很大，而弯矩较小，其在构件顶部引起的压应力也较小，所以导致顶部纵筋的拉应力大于底部纵筋，破坏始于构件顶面纵筋先受拉屈服，然后底部混凝土被压碎，如图 8-6（b）所示，承载力由顶部纵筋控制。

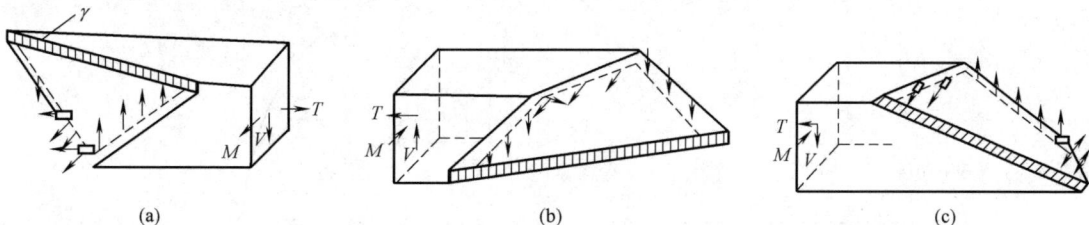

图 8-6 弯剪扭构件的破坏

（a）弯型破坏；（b）扭型破坏；（c）剪扭型破坏

由于弯矩对顶部产生压应力，抵消了一部分扭矩产生的拉应力，因此，弯矩对受扭承载力有一定的提高，如图 8-7 所示。但对于顶部和底部纵筋对称布置的情况，则在弯矩、

扭矩共同作用下总是底部纵筋先达到受拉屈服，因此，只会出现弯型破坏，而不可能出现扭型破坏。

3. 剪扭破坏

当剪力 V 和扭矩 T 均较大，弯矩 M 较小对构件的承载力不起控制作用时，构件在扭矩和剪力的共同作用下，截面均产生剪应力，结果是截面一侧剪应力增大，另一侧剪应力减小。裂缝首先在剪应力较大一侧长边中点出现，然后向顶面和底面扩展，最后另一侧长边的混凝土压碎而达到破坏，如图 8-6（c）所示。如果配筋合适，破坏时与螺旋裂缝相交的纵筋与箍筋均受拉并达到屈服。当扭矩较大时，以受扭破坏为主；当剪力较大时，以受剪破坏为主。

弯剪扭共同作用下的钢筋混凝土构件扭曲截面承载力计算，与纯扭构件相同，主要有以变角

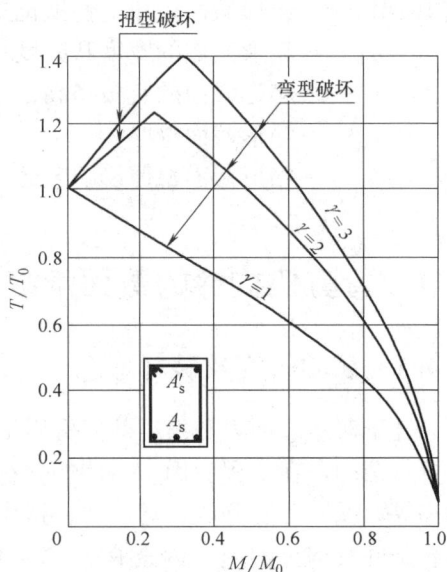

图 8-7　弯扭相关关系

度空间桁架模型和以斜弯理论（扭曲破坏面极限平衡理论）为基础的两种计算方法。

8.4.2　剪扭相关性

如上所述，由于扭矩和剪力产生的剪应力在截面的一个侧面上叠加，因此，构件在剪扭作用下的承载力总是小于剪力和扭矩单独作用时的承载力。构件受扭承载力与受弯、受剪承载力的这种相互影响的性质，称为构件承载力的相关性。在受剪和受扭承载力的计算中，都有一项反映混凝土所贡献的抗力，即受剪计算中的 $0.7f_t b h_0$（或 $1.75f_t b h_0/(\lambda+1)$）和受扭计算中的 $0.35f_t W_t$。在剪扭共同作用下，为避免重复利用混凝土的抗力，应考虑剪扭的相关性。试验表明，在剪力和扭矩共同作用下的钢筋混凝土构件的受剪和受扭承载力的相关关系接近 1/4 圆曲线，如图 8-8 所示。

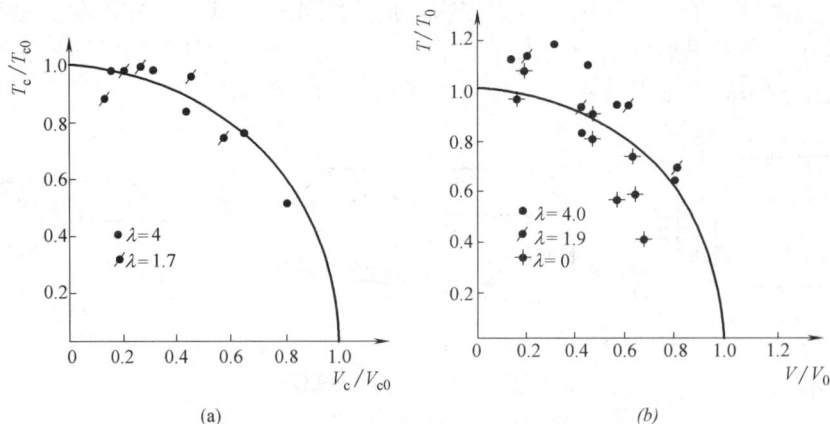

(a)　　　　　　　　　　(b)

图 8-8　剪扭相关性

(a) 无腹筋构件；(b) 有腹筋构件

《结构规范》规定，采用折减系数来反映剪力和扭矩共同作用下混凝土抗力的贡献。为简化计算，采用如图 8-9 所示的三折线关系来近似表示剪扭相关性中 1/4 圆关系。

于是，则有：

$$\frac{T_c}{T_{c0}} \leqslant 0.5 \text{ 时}, \frac{V_c}{V_{c0}} = 1.0$$

$$\frac{V_c}{V_{c0}} \leqslant 0.5 \text{ 时}, \frac{T_c}{T_{c0}} = 1.0$$

$$0.5 < \frac{V_c}{V_{c0}} \leqslant 1.0 \text{ 或 } 0.5 < \frac{T_c}{T_{c0}} \leqslant 1.0 \text{ 时}, \frac{V_c}{V_{c0}} + \frac{T_c}{T_{c0}} = 1.5$$

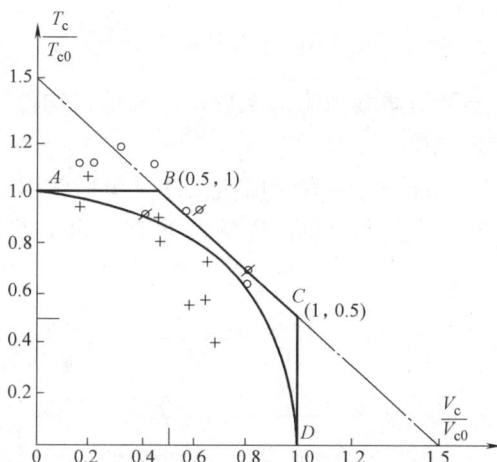

图 8-9 有腹筋构件混凝土承载力计算曲线

令 $\beta_t = \frac{T_c}{T_{c0}}$，$\alpha = \frac{V_c}{V_{c0}}$；则有 $\frac{\alpha}{\beta_t} = \frac{V_c/V_{c0}}{T_c/T_{c0}} = \frac{V_c}{T_c} \frac{T_{c0}}{V_{c0}}$。

可以得出：

$$\beta_t = \frac{1.5}{1 + \dfrac{V_c/V_{c0}}{T_c/T_{c0}}} \tag{8-16}$$

将 $V_{c0} = 0.7 f_t b h_0$ 和 $T_{c0} = 0.35 f_t W_t$ 代入式（8-16），可得到：

$$\beta_t = \frac{1.5}{1 + 0.5 \dfrac{V}{T} \cdot \dfrac{W_t}{b h_0}} \tag{8-17}$$

式中 T_c、V_c——有腹筋构件同时作用剪力和扭矩时，混凝土的受扭承载力和受剪承载力；

T_{c0}、V_{c0}——无腹筋构件同时作用剪力和扭矩时，混凝土的受扭承载力和受剪承载力。

8.4.3 实用配筋计算方法

对于弯扭、剪扭和弯剪扭共同作用下的构件，当采用上述斜弯理论和变角度空间桁架模型得出的计算公式来进行配筋计算时显得十分繁琐。为简化计算，基于大量试验研究结果，《结构规范》规定了剪扭、弯扭和弯剪扭构件扭曲截面的实用配筋计算方法。在弯剪扭构件承载力的计算中，对混凝土部分考虑剪扭相关性，避免混凝土贡献的抗力被重复利用，而对钢筋贡献的抗力采用简单叠加方法，即纵筋按受弯与受扭分别计算后叠加，箍筋按受扭和受剪分别计算后叠加。

二维码 8-4
复合受扭构
件承载力
计算

1. 一般剪扭构件

1）矩形截面钢筋混凝土一般剪扭构件

剪扭构件的受剪承载力：

$$V_u = 0.7(1.5 - \beta_t)f_t b h_0 + f_{yv}\frac{nA_{sv1}}{s_v}h_0 \qquad (8\text{-}18)$$

剪扭构件的受扭承载力：

$$T_u = 0.35\beta_t f_t W_t + 1.2\sqrt{\zeta}f_{yv}\frac{A_{st1}}{s_t}A_{cor} \qquad (8\text{-}19)$$

式中，β_t 为剪扭构件混凝土受扭承载力降低系数，一般剪扭构件可按式（8-17）计算；当 $\beta_t < 0.5$ 时，取 $\beta_t = 0.5$；当 $\beta_t > 1.0$ 时，取 $\beta_t = 1.0$。

对于集中荷载作用下独立的钢筋混凝土剪扭构件（包括作用有多种荷载，其集中荷载对支座截面或节点边缘所产生的剪力值所占比例大于 75% 以上的情况），受剪承载力计算公式可改写为：

$$V_u = (1.5 - \beta_t)\frac{1.75}{\lambda + 1}f_t b h_0 + f_{yv}\frac{nA_{sv1}}{s_v}h_0 \qquad (8\text{-}20)$$

$$\beta_t = \frac{1.5}{1 + 0.2(\lambda + 1)\dfrac{VW_t}{Tbh_0}} \qquad (8\text{-}21)$$

式中 λ——计算截面的剪跨比。

2）箱形截面钢筋混凝土一般剪扭构件

剪扭构件的受剪承载力：

$$V_u = (1.5 - \beta_t)0.7f_t b h_0 + f_{yv}\frac{A_{sv}}{s}h_0 \qquad (8\text{-}22)$$

剪扭构件的受扭承载力：

$$T_u = 0.35\alpha_h\beta_t f_t W_t + 1.2\sqrt{\zeta}f_{yv}\frac{A_{st1}}{s}A_{cor} \qquad (8\text{-}23)$$

箱形截面一般剪扭构件混凝土受扭承载力降低系数 β_t 近似按式（8-17）计算，但式中的 W_t 应以 $\alpha_h W_t$ 代替。α_h 和 ζ 应按箱形截面钢筋混凝土纯扭构件的受扭承载力计算规定要求取值。

对于集中荷载作用下独立的箱形截面剪扭构件（包括作用有多种荷载，其集中荷载对支座截面或节点边缘所产生的剪力值所占比例大于 75% 以上的情况），受剪承载力公式可改为：

$$V_u = (1.5 - \beta_t)\frac{1.75}{\lambda + 1}f_t b h_0 + f_{yv}\frac{A_{sv}}{s}h_0 \qquad (8\text{-}24)$$

式中 λ——计算截面的剪跨比。

受扭承载力降低系数近似按式（8-17）计算，但式中的 W_t 应以代替 $\alpha_h W_t$。

3）T 形、I 形截面一般剪扭构件

T 形和 I 形截面剪扭构件的受剪承载力，按式（8-17）和式（8-18）或按式（8-20）和式（8-21）进行计算，但计算时应将 T、W_t 分别以 T_w、W_{tw} 代替，即假设剪力全部由腹板承担。

T 形和 I 形截面剪扭构件的受扭承载力，可按纯扭构件的计算方法，将截面分成几个矩形截面分别进行计算；腹板为剪扭构件，按式（8-17）和式（8-19）或式（8-21）进行计算，但计算时应将 T、W_t 分别以 T_w、W_{tw} 代替；受压翼缘和受拉翼缘为纯扭构件的规定进行计算，但计算时应将 T、W_t 分别以 T'_f、W'_{tf} 和 T_f、W_{tf} 代替。

2. 弯扭构件

对于弯扭构件的截面配筋计算，《结构规范》采用按纯弯矩和纯扭矩分别计算所需的纵筋和箍筋，然后将钢筋配置在相应位置的简化计算方法。因此，弯扭构件的纵筋为受弯（弯矩为 M）所需的纵筋（A_s、A'_s）和受扭（扭矩为 T）所需的纵筋（A_{stl}）截面面积之和，而箍筋仅为受扭所需的箍筋（A_{st1}）。

3. 弯剪扭构件

矩形、T 形、I 形和箱形截面钢筋混凝土弯剪扭构件配筋计算的一般原则是：纵向钢筋按受弯构件的正截面受弯承载力和剪扭构件受扭承载力分别计算所需的钢筋截面面积，箍筋按剪扭构件的受扭承载力和受剪承载力分别计算所需箍筋的截面面积，并配置在相应的位置。

当符合下列条件时，可进一步简化计算：

（1）当剪力 $V \leqslant 0.35 f_t b h_0$ 或对于集中荷载作用下的独立构件 $V \leqslant 0.875 f_t b h_0 / (\lambda + 1)$ 时，可忽略剪力的影响，仅按受弯构件正截面承载力和纯扭构件受扭承载力分别进行计算，然后将钢筋叠加，配置在相应的位置。

（2）当扭矩 $T \leqslant 0.175 f_t W_t$ 或对于箱形截面构件 $T \leqslant 0.175 \alpha_h f_t W_t$ 时，可忽略扭矩的影响，仅按受弯构件的正截面承载力和斜截面承载力分别进行计算，配置纵筋和箍筋。

4. 压弯剪扭共同作用下矩形截面框架柱承载力计算

《结构规范》规定，在轴向压力、弯矩、剪力和扭矩共同作用下的钢筋混凝土矩形截面框架柱，其剪扭承载力应按下列公式计算：

受剪承载力：

$$V_u = (1.5 - \beta_t) \left(\frac{1.75}{\lambda + 1} f_t b h_0 + 0.07 N \right) + f_{yv} \frac{A_{sv}}{s} h_0 \tag{8-25}$$

受扭承载力：

$$T_u = \beta_t \left(0.35 f_t + 0.07 \frac{N}{A} \right) W_t + 1.2 \sqrt{\zeta} f_{yv} \frac{A_{st1} A_{cor}}{s} \tag{8-26}$$

5. 轴向拉力和扭矩共同作用下矩形截面构件受扭承载力计算

$$T_u \leqslant \left(0.35 f_t - 0.2 \frac{N}{A} \right) W_t + 1.2 \sqrt{\zeta} f_{yv} \frac{A_{st1} A_{cor}}{s} \tag{8-27}$$

式中　ζ——受扭纵向钢筋与箍筋的配筋强度比值，应符合 $0.6 \leqslant \zeta \leqslant 1.7$，当 $\zeta > 1.7$ 时，取 1.7；

A_{st1}——受扭计算中沿截面周边配置的箍筋单肢截面面积；

N——与扭矩设计值相应的轴向拉力设计值，当 N 大于 $1.75f_tA$ 时，取 $1.75f_tA$；

A_{cor}——截面核心部分面积，$A_{cor}=b_{cor}\times h_{cor}$，此处 b_{cor} 和 h_{cor} 分别为从箍筋内表面计算所得截面核心部分的短边和长边尺寸。

8.5　受扭构件的构造要求

对于弯矩、剪力、扭矩共同作用下的复合受扭构件，为保证构件具有一定的延性，防止发生少筋破坏和钢筋屈服前混凝土先被压碎的超筋破坏，《结构规范》规定，受扭构件应满足纵向受扭钢筋的最小配筋率、受剪扭的箍筋最小配筋率和构件的截面尺寸等构造要求。

二维码 8-5
构造要求

8.5.1　配筋的下限

1. 受扭纵向受力钢筋的最小配筋率

弯剪扭构件受扭纵向受力钢筋的最小配筋率应取为：

$$\rho_{stl}=\frac{A_{stl}}{bh}\geqslant0.6\sqrt{\frac{T}{Vb}}\frac{f_t}{f_y} \tag{8-28}$$

式中，当 $T/Vb>2$ 时，取 $T/Vb=2$，$\rho_{stl,min}=0.85\dfrac{f_t}{f_y}$。受扭纵向受力钢筋的间距不应大于 200mm 和梁的截面宽度；在截面四角必须设置受扭纵向受力钢筋，其余纵向钢筋沿截面周边均匀对称布置。当支座边作用较大扭矩时，受扭纵向钢筋应按受拉钢筋锚固在支座内。

在弯剪扭构件中，弯曲受拉边纵向受拉钢筋的最小配筋量，不应小于按弯曲受拉钢筋最小配筋率计算出的钢筋截面面积与按受扭纵向受力钢筋最小配筋率计算并分配到弯曲受拉边钢筋截面面积之和。

2. 受扭箍筋的最小配筋率

弯剪扭构件中，受剪扭箍筋的最小配筋率应取为：

$$\rho_{sv}=\frac{nA_{sv1}}{bs}\geqslant0.28\frac{f_t}{f_{yv}} \tag{8-29}$$

箍筋必须做成封闭状，且应沿截面周边布置；当采用复合箍筋时，位于截面内部的箍筋不应计入受扭所需的箍筋面积；受扭箍筋的末端应做成 135° 的弯钩，弯钩端头平直段不应小于 10d（d 为箍筋直径）。

对于箱形截面构件，式（8-28）和式（8-29）中的 b 均应取截面的总宽度。

8.5.2　配筋的上限

为防止配筋过多而发生超筋脆性破坏，对 $h_w/b\leqslant6$ 的矩形截面、T 形、I 形和 $h_w/t_w\leqslant6$ 的箱形截面混凝土构件，其截面尺寸应符合下列要求：

当 h_w/b（或 h_w/t_w）$\leqslant4$ 时，满足：

$$\frac{V}{bh_0}+\frac{T}{0.8W_t}\leqslant0.25\beta_cf_c \tag{8-30}$$

当 h_w/b（或 h_w/t_w）$=6$ 时，满足：

$$\frac{V}{bh_0}+\frac{T}{0.8W_t}\leqslant 0.20\beta_c f_c \tag{8-31}$$

当 $4<h_w/b$（或 h_w/t_w）<6 时，按线性内插法取用。

式中　b——矩形截面的宽度；T 形或 I 形截面的腹板宽度 b_w；箱形截面的侧壁总厚度 $2t_w$；

　　　h_w——矩形截面的有效高度；T 形截面取有效高度减去翼缘高度；I 形和箱形截面取腹板净高，取值见图 5-11；

　　　β_c——混凝土强度影响系数；当混凝土强度等级不大于 C50 时，取 $\beta_c=1.0$；当混凝土强度等级为 C80 时，取 $\beta_c=0.8$；当混凝土强度等级在 C50 和 C80 之间，按线性内插法确定。

此外，当截面尺寸满足下列条件时，可不进行构件截面受剪扭承载力计算，但应按上述构造要求配置纵向钢筋和箍筋。

$$\frac{V}{bh_0}+\frac{T}{W_t}\leqslant 0.7f_t \tag{8-32}$$

或

$$\frac{V}{bh_0}+\frac{T}{W_t}\leqslant 0.7f_t+0.07\frac{N}{bh_0} \tag{8-33}$$

【例 8-1】 已知某矩形截面纯受扭构件的截面尺寸为 $b\times h=300\text{mm}\times 400\text{mm}$，环境等级为二 a 类，承受扭矩设计值 $T=18\text{kN}\cdot\text{m}$，使用 C30 混凝土，纵筋采用 HRB400 级钢筋，箍筋采用 HPB300 级钢筋，试计算该构件所需抗扭钢筋。

【解】 1）相关参数

由题意知，混凝土保护层厚度 $c=25\text{mm}$；采用 C30 混凝土（小于 C50），故 $\beta_c=1.0$。

查附表，可得相关参数如下：$f_c=14.3\text{N/mm}^2$，$f_t=1.43\text{N/mm}^2$，$f_y=360\text{N/mm}^2$，$f_{yv}=270\text{N/mm}^2$。

2）截面几何属性

设箍筋直径为 10mm，纵筋直径为 20mm，$a_s=25+10+20/2=45\text{mm}$，取 $h_0=400-45=355\text{mm}$。截面核心部分的短边和长边尺寸分别为：

$$b_{cor}=300-25\times 2-10\times 2=230\text{mm}$$
$$h_{cor}=400-25\times 2-10\times 2=330\text{mm}$$

截面核心部分的面积：$A_{cor}=b_{cor}\times h_{cor}=230\times 330=75900\text{mm}^2$。

截面核心部分的周长：$u_{cor}=2(b_{cor}+h_{cor})=2\times(230+330)=1120\text{mm}$。

塑性抵抗矩：$W_t=\dfrac{b^2}{6}(3h-b)=\dfrac{300^2}{6}\times(3\times 400-300)=1.35\times 10^7\text{mm}^3$。

3）验算截面尺寸

因为 $\dfrac{h_w}{b}=\dfrac{355}{300}=1.18<4$，故有：

$$\frac{V}{bh_0}+\frac{T}{0.8W_t}=\frac{0}{300\times 355}+\frac{18\times 10^6}{0.8\times 1.35\times 10^7}=1.67\text{N/mm}^2<0.25\beta_c f_c=0.25\times 1.0\times$$

$14.3=3.757\text{N/mm}^2$，满足要求。

4) 验算是否需按计算配筋

$T = 18\text{kN} \cdot \text{m} > 0.175 f_t W_t = 0.7 \times 1.43 \times 1.35 \times 10^7 = 4.06\text{kN} \cdot \text{m}$，故应按计算配筋。

5) 计算受扭箍筋

设配筋强度比 $\zeta = 1.2$，由式（8-19）可得：

受扭箍筋 $\dfrac{A_{st1}}{s_t} = \dfrac{T - 0.35\beta_t f_t W_t}{1.2\sqrt{\zeta} f_{yv} A_{cor}} = \dfrac{18 \times 10^6 - 0.35 \times 1.0 \times 1.43 \times 1.35 \times 10^7}{1.2 \times \sqrt{1.2} \times 270 \times 75900} = 0.42$

前面已假定箍筋直径为 $\phi 10$，则有 $A_{sv1} = 78.5\text{mm}^2$，故箍筋间距：

$$s = \frac{A_{st1}}{0.42} = \frac{78.5}{0.42} = 186.9\text{mm} < s_{max} = 200\text{mm}$$

选双肢箍筋 $\phi 10@180$。

6) 计算受扭纵筋

故受扭纵筋 $A_{stl} = \dfrac{\zeta f_{yv} A_{st1} u_{cor}}{f_y s_t} = \dfrac{1.2 \times 270 \times 1120 \times 0.42}{360} = 423.36\text{mm}^2$

选 $4\phi 12$，则有 $A_s = 452\text{mm}^2$，满足要求。

验算受扭纵筋最小配筋率：

$$\rho_{stl} = \frac{A_{stl}}{bh} = \frac{452}{300 \times 400} = 0.377\% \geqslant 0.85\frac{f_t}{f_y} = 0.85 \times \frac{1.43}{360} = 0.338\%$$

满足要求。

【例 8-2】 已知某矩形截面梁的截面尺寸为 $b \times h = 300\text{mm} \times 500\text{mm}$，梁净跨度为 6m，承受扭矩设计值 $T = 25\text{kN} \cdot \text{m}$，弯矩设计值 $M = 150\text{kN} \cdot \text{m}$，均布荷载的剪力设计值 $V = 120\text{kN}$，C30 混凝土，纵筋采用 HRB400 级钢筋，箍筋采用 HPB300 级钢筋，混凝土保护层厚度为 25mm，试计算该构件所需配置的钢筋。

【解】 1) 相关参数

由题意知，混凝土保护层厚度 $c = 25\text{mm}$；采用 C30 混凝土（小于 C50），故 $\beta_c = 1.0$。

查附表，可得相关参数如下：$f_c = 1.43\text{N/mm}^2$，$f_t = 1.43\text{N/mm}^2$，$f_y = 360\text{N/mm}^2$，$f_{yv} = 270\text{N/mm}^2$。

2) 截面几何属性

设箍筋直径为 10mm，纵筋直径为 20mm，$a_s = 25 + 10 + 20/2 = 45\text{mm}$，取 $h_0 = 500 - 45 = 455\text{mm}$。

截面核心部分的短边和长边尺寸分别为：

$$b_{cor} = 300 - 25 \times 2 - 10 \times 2 = 230\text{mm}$$

$$h_{cor} = 500 - 25 \times 2 - 10 \times 2 = 430\text{mm}$$

截面核心部分的面积：$A_{cor} = b_{cor} \times h_{cor} = 230 \times 430 = 98900\text{mm}^2$

截面核心部分的周长：$u_{cor} = 2(b_{cor} + h_{cor}) = 2 \times (230 + 430) = 1320\text{mm}$

塑性抵抗矩：$W_t = \dfrac{b^2}{6}(3h - b) = \dfrac{300^2}{6} \times (3 \times 500 - 300) = 1.8 \times 10^7\text{mm}^3$

3）验算截面尺寸

因为 $\dfrac{h_w}{b}=\dfrac{500}{300}=1.67<4$，故有：

$$\dfrac{V}{bh_0}+\dfrac{T}{0.8W_t}=\dfrac{120\times10^3}{300\times455}+\dfrac{25\times10^6}{0.8\times1.8\times10^7}$$

$$=2.615\text{N/mm}<0.25\beta_c f_c=0.25\times1.0\times14.3=3.757\text{N/mm}^2$$

4）实用配筋验算

因为 $V=120\text{kN}>0.35f_t bh_0=0.35\times1.43\times300\times455=68.3\text{kN}$，$T=25\text{kN}\cdot\text{m}>$ $0.175f_t W_t=0.175\times1.43\times1.8\times10^7=4.5\text{kN}\cdot\text{m}$，故应按弯剪扭共同作用进行配筋。

5）确定受弯正截面承载力所需纵筋

$$\alpha_s=\dfrac{M}{\alpha_1 f_c bh_0^2}=\dfrac{150\times10^6}{1.0\times14.3\times300\times455^2}=0.169<\alpha_{s,\max}=0.384$$

$$\xi=1-\sqrt{1-2\alpha_s}=0.186<\xi_b=0.518$$

$$A_s=\xi bh_0\dfrac{\alpha_1 f_c}{f_y}=0.186\times300\times455\times\dfrac{1.0\times14.3}{360}=1009\text{mm}^2>\rho_{\min}bh=0.2\%\times300\times$$

$500=300\text{mm}^2$

6）确定受剪所需钢筋

$$\beta_t=\dfrac{1.5}{1+0.5\dfrac{V}{T}\cdot\dfrac{W_t}{bh_0}}=\dfrac{1.5}{1+0.5\dfrac{120\times10^3}{25\times10^6}\times\dfrac{1.8\times10^7}{300\times455}}=1.14>1.0$$

故取 $\beta_t=1.0$。

设箍筋肢数为 2，则由式（8-18）得到：

$$\dfrac{A_{sv1}}{s_v}=\dfrac{V-0.7(1.5-\beta_t)f_t bh_0}{nf_{yv}h_0}=\dfrac{120\times10^3-0.7\times(1.5-1.0)\times1.43\times300\times455}{2\times270\times455}=0.21$$

7）计算受扭所需钢筋

设配筋强度比 $\zeta=1.2$，由式（8-19）可得：

受扭箍筋$\dfrac{A_{st1}}{s_t}=\dfrac{T-0.35\beta_t f_t W_t}{1.2\sqrt{\zeta}f_{yv}A_{cor}}=\dfrac{25\times10^6-0.35\times1.0\times1.43\times1.8\times10^7}{1.2\times\sqrt{1.2}\times270\times98900}=0.46$

故受扭纵筋 $A_{stl}=\dfrac{\zeta f_{yv}A_{st1}u_{cor}}{f_y s}=\dfrac{1.2\times270\times1320\times0.46}{360}=546.5\text{mm}^2$

验算受扭纵筋最小配筋率：

$$\rho_{stl}=\dfrac{A_{stl}}{bh}=\dfrac{546.5}{300\times500}=0.364\%\geq0.6\sqrt{\dfrac{T}{Vb}}\dfrac{f_t}{f_y}=0.6\times\sqrt{\dfrac{25\times10^6}{120\times10^3\times300}}\times\dfrac{1.43}{360}=0.198\%$$

8）选配钢筋

抵抗剪扭作用所需箍筋：$\dfrac{A_{sv1}}{s_v}+\dfrac{A_{st1}}{s_t}=0.21+0.46=0.67$。

前面已假定箍筋直径为 $\phi 10$，则有 $A_{sv1}=78.5\text{mm}^2$，故箍筋间距 $s=\dfrac{78.5}{0.67}=117\text{mm}$，选双肢箍筋 $\phi 10@110$。

假定受扭纵筋分 3 层，每层 2 根。

则梁顶部和中部各层配筋为 $\dfrac{A_{stl}}{s}=\dfrac{546.5}{3}=182.2\text{mm}^2$。选 $2\ \Phi\ 12$，则有 $A_s=226\text{mm}^2$，满足要求。

梁底部纵筋为受弯所需纵筋和 1/3 受扭配筋之和。即：

$A_s+\dfrac{A_{stl}}{3}=1009+\dfrac{546.5}{3}=1191.2\text{mm}^2$，选 $4\ \Phi\ 20$，则有 $A_s=1256\text{mm}^2$，满足要求。

$$\rho_{sv}=\frac{nA_{sv1}}{bs}=\frac{2\times(0.21+0.46)}{300}=0.45\%\geqslant 0.28\frac{f_t}{f_{yv}}=$$

$0.28\times\dfrac{1.43}{270}=0.148\%$

故满足最小配箍率要求。截面配筋如图 8-10 所示。

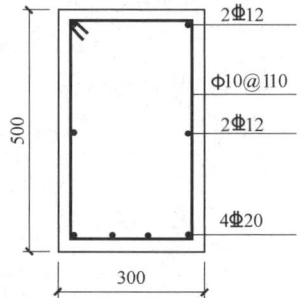

图 8-10   构件截面配筋

本 章 小 结

1. 钢筋混凝土构件的扭转可以分为两类：一类是平衡扭转，一类是协调扭转。本章主要介绍的是平衡扭转下构件的承载力计算。

2. 在实际结构中常采用横向封闭箍筋与纵向受力钢筋组成的空间骨架来抵抗扭矩，钢筋混凝土纯扭构件的破坏形态有适筋破坏、少筋破坏、超筋破坏和部分超筋破坏四类，其中少筋破坏和超筋破坏带有明显的脆性，设计中应予以避免。纯扭构件的受力模型可以用空间桁架来比拟，构件的受扭承载力 T_u 由混凝土承担的扭矩 T_c 和抗扭钢筋承担的扭矩 T_s 两部分组成。

3. 为了防止超筋破坏，《结构规范》给出了受扭构件截面尺寸限制条件；为了防止少筋破坏，《结构规范》规定了抗扭纵筋和箍筋的最小配筋率；为了防止出现部分超筋破坏，《结构规范》限制抗扭纵筋和抗扭箍筋的配筋强度比 ζ 的取值范围为 $0.6\sim1.7$ 之间。

4. 弯剪扭构件的受扭、受弯与受剪承载力之间的相互影响问题过于复杂，采用统一的相关方程来计算比较困难。为了简化计算，《结构规范》对弯剪扭构件的计算采用了对混凝土提供的抗力部分考虑剪扭相关性，而对钢筋提供的抗力部分采用叠加的方法 β_t，称为剪扭构件混凝土受扭承载力降低系数。在弯矩、剪力和扭矩共同作用下的 T 形和 I 形截面构件的承载力计算方法，是先将截面划分为几个矩形，然后将扭矩 T 按各矩形截面受扭塑性抵抗矩比分配给各个矩形分块，分别进行计算。抗弯纵筋应按整个 T 形或 I 形截面计算，腹板应承担全部的剪力和相应分配的扭矩；受压和受拉翼缘不考虑承受剪力，按纯扭构件计算。

5. 轴向压力可以抵消部分拉应力，延缓裂缝的出现，对提高构件的受扭和受剪承载力是有利的，在计算中应考虑这一有利影响。

实际工程案例

【工程综合实例分析8-1】 某小区混凝土雨篷坍塌案例分析

概况：某小区单元门口处，一混凝土板式雨篷发生坍塌，如图8-11所示，事故未造成人员伤亡。目前，该雨篷已拆除，坍塌原因正在进一步核查中。

图8-11 事故现场图

事故原因有多方面，从设计、施工原因角度分析，主要有两点原因：

1. 雨篷上部排水装置欠缺，导致雨水堆积，实际荷载增加，并且雨篷本身设计厚度过大，混凝土、钢筋用量过多，导致雨篷自重大，雨篷梁所受的扭矩大。

2. 施工过程中，雨篷混凝土板与雨篷梁的连接存在问题，没有达到很好的固结效果，雨篷梁没有真正承担扭矩。

工程处置方案：将坍塌的雨篷进行破拆，并加建简易雨篷。

【创新能力培养8-1】 弯剪扭构件配筋计算程序编写训练

已知某矩形截面梁发生了破坏，事故发生后进行调查，确认事故梁截面尺寸为 $b \times h = 250\text{mm} \times 400\text{mm}$，承受扭矩设计值 $T = 15\text{kN} \cdot \text{m}$，弯矩设计值 $M = 80\text{kN} \cdot \text{m}$，均布荷载的剪力设计值 $V = 70\text{kN}$，纵筋采用 HRB400 级钢筋，箍筋采用 HPB300 级钢筋，混凝土保护层厚度为 25mm。按照设计应使用 C30 混凝土，实际混凝土强度等级为 C25。配筋情况为：箍筋按 $\Phi 8@120$ 配置，三层纵向钢筋，截面顶部与中部为 $4 \Phi 10$，截面底部为 $4 \Phi 18$。

要求：1. 对此次事故进行全面复盘，分析结构破坏原因；

2. 如果参与该梁设计，你会怎么进行设计，以避免此次事故的发生？

【工程素质培养8-1】 钢筋混凝土受扭构件调研

查阅相关文献、规范、手册，深入厂房、民房、公共空间、桥梁等工业、民用建筑现场，调研钢筋混凝土受扭构件的设计、施工及服役情况，根据所调查的工程案例，分析钢筋混凝土受扭构件在设计、施工及服役各环节所面临的挑战，总结避免钢筋混凝土受扭构件出现工程事故的措施，思考规范对钢筋混凝土受扭构件合理设计、施工及服役所提供的设计方法保障。

章节自测题

一、填空题

1. 在钢筋混凝土受扭构件时，《结构规范》要求，受扭纵筋和箍筋的配筋强度比 ζ 的取值为＿＿＿＿＿＿＿。

2. 《结构规范》中受扭承载力计算公式中 β_t 的物理意义是＿＿＿＿＿＿＿＿。

二、选择题

1. 下列关于受扭构件中的抗扭纵筋说法错误的是（　　　）。

A. 应尽可能均匀地沿截面周边对称布置；

B. 在截面的四角可以设抗扭纵筋也可以不设抗扭纵筋；

C. 在截面的四角必须设抗扭纵筋；

D. 抗扭纵筋间距不应大于 300mm，也不应大于截面短边尺寸。

2. 《结构规范》对于剪扭构件承载力计算采用的计算模式是（　　　）。

A. 混凝土和钢筋均考虑相关关系；

B. 混凝土和钢筋均不考虑相关关系；

C. 混凝土不考虑相关关系，钢筋考虑相关关系；

D. 混凝土考虑相关关系，钢筋不考虑相关关系。

3. T 形和 I 字形截面剪扭构件可分为矩形块计算，此时（　　　）。

A. 由各矩形块分担剪力；　　　　　　　B. 剪力全由腹板承担；

C. 剪力、扭矩全由腹板承担；　　　　　D. 扭矩全由腹板承担。

三、简答题

1. 简述钢筋混凝土纯扭构件和剪扭构件的扭曲截面承载力的计算步骤。

2. 在钢筋混凝土纯扭构件实验中，有少筋破坏、适筋破坏、超筋破坏和部分超筋破坏，它们各有什么特点？在受扭计算中如何避免这四种破坏？

3. 为满足受扭构件受扭承载力计算和构造规定要求，配置受扭纵筋及箍筋应注意哪些问题？

四、计算题

1. 有一钢筋矩形截面纯扭构件，已知截面尺寸为 $b \times h = 300mm \times 500mm$，配有 4 根直径为 14mm 的 HRB400 级纵向钢筋，箍筋为 HPB300 级钢筋，间距为 150mm。混凝土强度等级为 C25，试求该截面所能承受的扭矩值。

2. 已知 T 形截面钢筋混凝土构件，截面尺寸为 $b \times h = 250mm \times 700mm$，$b'_f = 500mm$，$h'_f = 120mm$，承受均布荷载作用下剪力设计值 $V = 300kN$，扭矩设计值 $T = 30kN \cdot m$，混凝土强度等级为 C30，纵向钢筋采用 HRB400 级钢筋，箍筋采用 HPB300 级钢筋。纵向受力钢筋取两排，环境类别为二 a 类。求截面配筋并作截面配筋图。

3. 已知一均布荷载作用下的矩形截面构件，截面尺寸为 $b \times h = 250mm \times 500mm$，承受弯矩设计值 $M = 100kN \cdot m$，均布荷载设计剪力值 $V = 80kN$，扭矩设计值 $T = 10kN \cdot m$，混凝土强度等级为 C30，箍筋采用 HPB300 级钢筋，纵筋采用 HRB400 级钢筋，$a_s = 45mm$。试设计配筋并绘制截面配筋图。

第 9 章　钢筋混凝土构件的变形、裂缝

> **知识目标：** 了解构件变形、裂缝和耐久性的重要性；掌握钢筋混凝土构件变形和裂缝宽度的验算方法；熟悉减小构件变形和裂缝宽度以及提高结构构件耐久性的方法。
>
> **能力目标：** 具备能够清晰准确计算构件裂缝、挠度的能力。
>
> **学习重点：** 受弯构件的变形验算方法，平均裂缝宽度和最大裂缝宽度的计算方法，各类构件裂缝截面的钢筋应力计算。
>
> **学习难点：** 截面刚度计算的过程和特点，裂缝宽度计算理论。

9.1　概述

　　工程结构在规定的设计使用年限内，应满足安全性、适用性和耐久性的功能要求。前述有关章节讨论了各类混凝土结构构件承载力的计算原理和设计方法，主要解决结构构件的安全性问题。本章将介绍混凝土结构构件的变形与裂缝计算原理，以满足结构构件适用性的要求。

　　结构的使用功能不同，对裂缝与变形的控制要求不同。有的结构构件不允许出现裂缝，而一般的结构构件则允许出现裂缝，只需要控制其裂缝宽度即可；有的结构构件对变形的控制较严格，一般的结构构件则允许有一定的变形。裂缝与变形的控制要求主要考虑使用功能与环境条件，还要充分考虑人的安全感，同时还应注意楼板振动的控制要求，以保证建筑使用的舒适度。

　　与承载能力极限状态相比，正常使用极限状态的可靠指标可以低一些。因为，超过正常使用极限状态的后果比超过承载能力极限状态的后果要轻得多。因此，进行正常使用极限状态验算时，荷载效应采用标准组合或准永久组合，并考虑长期作用的影响。

　　正常使用极限状态又可分为可逆和不可逆两种。可逆的正常使用极限状态是指当产生超过这一状态的荷载卸除后，结构构件仍能恢复到正常的状态；不可逆的正常使用极限状态是指当产生超过这一状态的荷载卸除后，结构构件不能恢复到正常的状态。对于完全可逆的正常使用极限状态，可靠指标可为 0，对于不可逆的极限状态，可靠指标为 1.5。一般情况下，结构构件发生变形或裂缝后，并不能完全恢复或闭合，也就是说可逆的程度介于可逆与不可逆之间，其可靠指标为 0~1.5。可逆的程度越高，结构构件所受的荷载越小，可靠指标就越小，反之越大。

　　对于正常使用极限状态，结构构件应分别按荷载的准永久组合、标准组合、准永久组合并考虑长期作用的影响或标准组合并考虑长期作用的影响，采用 $S \leqslant C$ 来进行极限状态

设计验算，其中 S 为正常使用极限状态的荷载组合效应值；C 为结构构件达到正常使用要求所规定的变形等的限值。

标准组合，一般用于不可逆正常使用极限状态设计；频遇组合一般用于可逆正常使用极限状态设计；准永久组合一般用于长期效应，是决定性因素的正常使用极限状态设计。

9.2　正截面裂缝宽度验算

混凝土的抗拉强度很低，所以很容易出现裂缝。引起混凝土结构上出现裂缝的原因很多，归纳起来有荷载作用引起的裂缝或非荷载因素引起的裂缝两大类。

在使用荷载作用下，钢筋混凝土结构构件截面上的混凝土拉应变常常大于混凝土极限拉伸值，因此构件在使用时实际上是带缝工作。目前我们所指的裂缝宽度验算主要是针对由弯矩、轴向拉力、偏心拉（压）力等荷载效应引起的垂直裂缝，或称正截面裂缝。对于剪力或扭矩引起的斜裂缝，目前研究得还不够充分。所以，现在大多数国家的规范还没有反映斜裂缝宽度的计算内容。

裂缝宽度验算采用荷载准永久组合和材料强度的标准值。

9.2.1　裂缝机理

1. 裂缝的出现

未出现裂缝时，在受弯构件纯弯区段内，各截面受拉混凝土的拉应力、拉应变大致相同；由于这时钢筋和混凝土间的粘结没有被破坏，因而钢筋拉应力、拉应变沿纯弯区段长度亦大致相同。

二维码 9-1
裂缝宽度

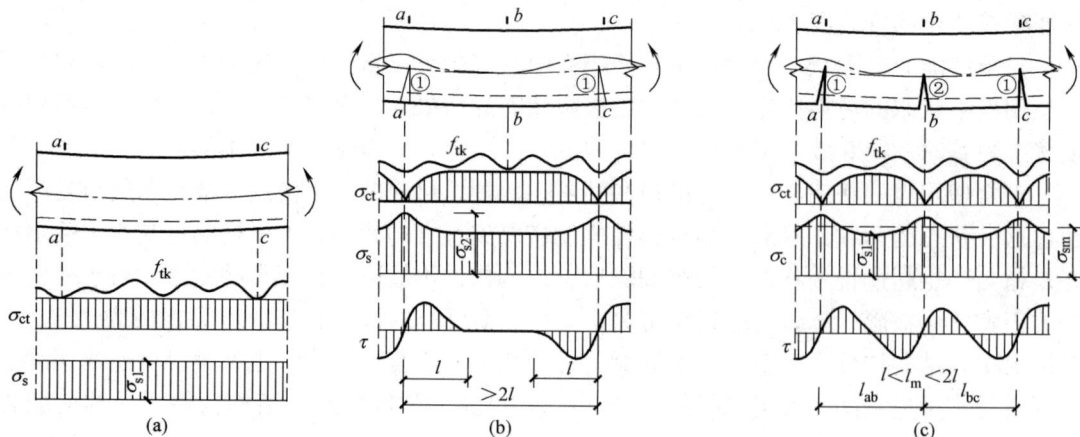

当受拉区外边缘的混凝土达到其抗拉强度 f_{tk} 时，由于混凝土的塑性变形，因此还不会马上开裂；当其拉应变接近混凝土的极限拉应变值时，就处于即将出现裂缝的状态，这就是第Ⅰa阶段，如图 9-1（a）所示。当受拉区外边缘混凝土在最薄弱的截面处达到其极限拉应变 ε_{ct} 后，就会出现第一批裂缝，如图 9-1（b）中的 a-a、c-c 截面处。

图 9-1　裂缝的出现、分布和开展

（a）裂缝即将出现；（b）第一批裂缝出现；（c）裂缝的分布及开展

混凝土一旦开裂，张紧的混凝土立即向裂缝两侧回缩，但这种回缩受到钢筋的约束。在回缩的那一段长度 l 中，混凝土与钢筋之间有相对滑移，产生粘结应力 τ，通过粘结应力的作用，随着离裂缝截面距离的增大，混凝土拉应力由裂缝处的零逐渐增大，达到 l 后，粘结应力消失，混凝土的应力又趋于均匀分布，如图 9-1（b）所示，在此，l 即为粘结应力作用长度，也可称为传递长度。裂缝处，钢筋的情况与混凝土相反。在裂缝出现瞬间，裂缝处的混凝土应力突然降至零，使钢筋的拉应力突然增大。通过粘结应力的作用，随着离开裂缝截面距离的增大，钢筋拉应力逐渐降低，混凝土逐渐张紧达到 l 后，混凝土又处于要开裂的状态。

2. 裂缝的稳定分布

第一批裂缝出现后，在粘结应力作用长度 l 以外的那部分混凝土处于受拉张紧状态之中，因此当弯矩继续增大时，就有可能在离裂缝截面大于等于 l 的另一薄弱截面处出现新裂缝，如图 9-1（b）、（c）中的 b-b 截面处。按此规律，随着弯矩的增大，裂缝将逐条出现，当截面弯矩达到构件截面弯矩承载力的 0.5～0.7 时，裂缝发展基本"出齐"，即裂缝的分布处于稳定状态。

3. 裂缝间距

假设材料是匀质的，则两条相邻裂缝的最大间距为 $2l$。比 $2l$ 稍大一点时，就会在其中央再出现一条新裂缝，使裂缝间距变为 l。因此，从理论上讲，裂缝间距在 $(1\sim2)l$ 之间，其平均裂缝间距为 $1.5l$。

4. 裂缝宽度

同一条裂缝，不同位置处的裂缝宽度是不同的，例如梁底面的裂缝宽度比梁侧表面的大。试验表明，沿裂缝深度，裂缝宽度也是不相等的，钢筋表面处的裂缝宽度大约只有构件混凝土表面裂缝宽度的 1/5～1/3。

《结构规范》定义的裂缝开展宽度是指受拉钢筋重心水平处构件侧表面混凝土的裂缝宽度。

由于裂缝的开展是混凝土的回缩及钢筋的伸长，导致混凝土与钢筋之间不断产生相对滑移而造成的，因此裂缝的宽度等于裂缝间钢筋的伸长减去混凝土的伸长。可见，裂缝间距小，裂缝宽度就小，即裂缝密而细，这是工程中所希望的。

实际上，由于材料的不均匀性以及截面尺寸的偏差等因素的影响，裂缝的出现具有偶然性，因而裂缝的分布和宽度同样是不均匀的。但是，对大量试验资料的统计分析表明，从平均的观点来看，平均裂缝间距和平均裂缝宽度是有规律的，平均裂缝宽度与最大裂缝宽度之间也具有一定的规律性。

9.2.2　最大裂缝宽度的计算方法

规范采用平均裂缝宽度乘以扩大系数的方法确定最大裂缝宽度 $w_{\max}$。下面对 $w_{\max}$ 公式如何建立进行介绍。

1. 平均裂缝宽度 w_m

由 9.2.1 节可知，平均裂缝宽度等于平均裂缝间距 l_{cr} 内钢筋和混凝土的平均受拉伸长之差（图 9-2），即：

二维码 9-2
平均裂缝宽
度及最大裂
缝宽度

$$w_{\mathrm{m}}=\varepsilon_{\mathrm{sm}}l_{\mathrm{cr}}-\varepsilon_{\mathrm{cm}}l_{\mathrm{cr}}=\left(1-\frac{\varepsilon_{\mathrm{cm}}}{\varepsilon_{\mathrm{sm}}}\right)\varepsilon_{\mathrm{sm}}l_{\mathrm{cr}} \tag{9-1}$$

式中 w_{m}——平均裂缝宽度；

$\varepsilon_{\mathrm{sm}}$——纵向受拉钢筋的平均拉应变；

$\varepsilon_{\mathrm{cm}}$——与纵向受拉钢筋相同水平处受拉混凝土的平均应变；

l_{cr}——平均裂缝间距为 l_{cr}。

令 $\alpha_{\mathrm{c}}=1-\varepsilon_{\mathrm{cm}}/\varepsilon_{\mathrm{sm}}$，且由轴心受拉构件试验可得 $\varepsilon_{\mathrm{cm}}/\varepsilon_{\mathrm{sm}}=0.15$，则 $\alpha_{\mathrm{c}}=0.85$，并引入裂缝间钢筋应变不均匀系数 $\psi=\varepsilon_{\mathrm{sm}}/\varepsilon_{\mathrm{s}}$，则上式可改写为：

$$w_{\mathrm{m}}=\alpha_{\mathrm{c}}\psi\frac{\sigma_{\mathrm{s}}}{E_{\mathrm{s}}}l_{\mathrm{cr}} \tag{9-2}$$

式中 α_{c}——裂缝间混凝土伸长对裂缝宽度的影响系数；根据近年来国内多家单位完成的配置 400MPa、500MPa 带肋钢筋的钢筋混凝土及预应力混凝土梁的裂缝宽度试验结果，经分析统计，《结构规范》对受弯、偏心受压构件统一取 $\alpha_{\mathrm{c}}=0.77$，其他情况取 0.85。

图 9-2 平均裂缝宽度计算图

1) 平均裂缝间距 l_{cr}

理论分析表明，裂缝间距主要取决于有效配筋率 ρ_{te}、钢筋直径 d 及其表面形状。此外，还与混凝土保护层厚度 c 有关。

有效配筋率指的是按有效受拉混凝土截面面积（受拉区高度近似取为 $h/2$）计算的纵向受拉钢筋配筋率。当 $\rho_{\mathrm{te}}\leqslant0.01$ 时，取 $\rho_{\mathrm{te}}\equiv0.01$。$\rho_{\mathrm{te}}$ 可按下式计算：

$$\rho_{\mathrm{te}}=\frac{A_{\mathrm{s}}}{A_{\mathrm{te}}} \tag{9-3}$$

式中 A_{te}——有效受拉混凝土截面面积，可按下列规定取用：对轴心受拉构件取构件截面面积；对受弯、偏心受压和偏心受拉构件，取腹板截面面积的一半与受拉翼缘截面面积之和（图 9-3），即 $A_{\mathrm{te}}=0.5bh+(b_{\mathrm{f}}-b)h_{\mathrm{f}}$，此处 b_{f}、h_{f} 为受拉翼缘的宽度、高度；对于矩形、T 形、倒 T 形及 I 形截面，A_{te} 的取用见图 9-3 所示的阴影面积。

因此，ρ_{te} 也可以改写为：

$$\rho_{\mathrm{te}}=\frac{A_{\mathrm{s}}}{0.5bh+(b_{\mathrm{f}}-b)h_{\mathrm{f}}} \tag{9-4}$$

显然，受拉混凝土有效面积越大，所需传递粘结力的长度就越大，裂缝间距就越大。试验表明，混凝土和钢筋之间的粘结强度大约与混凝土的抗拉强度成正比。另外由于混凝土和钢筋的粘结，钢筋对受拉张紧的混凝土的回缩有约束作用，随着混凝土保护层厚度的增大，外表混凝土较靠近钢筋内心混凝土受到的约束作用小，所以当出现第一条裂缝后，只有离该裂缝较远处的外表混凝土才有可能达到混凝土抗拉强度，在此处才会出现第二条裂缝。试验表明，混凝土的保护层厚度从 30mm 降到 15mm 时，平均裂缝间距减小 30%；当 d/ρ_{te} 很大时，裂缝间距趋近于某个常数，该数值与保护层 c 和钢筋净间距有关。因

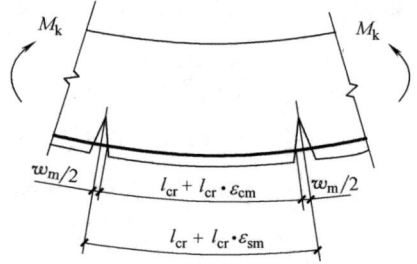

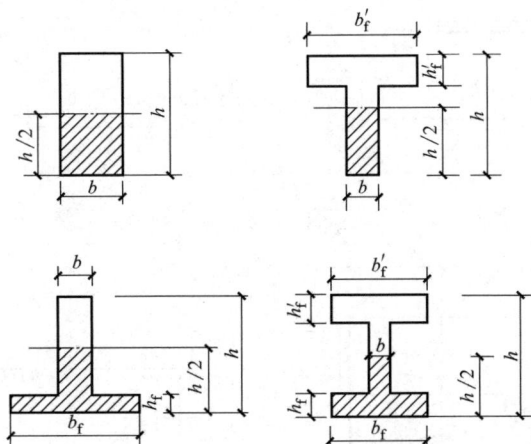

图 9-3 有效受拉混凝土截面面积（阴影部分）

此，在确定平均裂缝间距时，需适当考虑混凝土保护层厚度的影响。

据试验资料的分析参考以往的工程经验，平均裂缝间距可按半理论半经验公式计算：

$$l_{cr} = \beta \left(1.9 c_s + 0.08 \frac{d_{eq}}{\rho_{te}} \right) \tag{9-5}$$

式中　β——系数，对轴心受拉构件取 $\beta = 1.1$；对受弯、偏心受压和偏心受拉构件取 $\beta = 1.0$；

　　　c_s——最外层纵向受力钢筋外边缘至受拉区底边的距离（mm），当 $c_s < 20$mm 时，取 $c_s = 20$mm；当 $c_s > 65$mm 时，取 $c_s = 65$mm；

　　　d_{eq}——受拉区纵向钢筋的等效直径（mm），$d_{eq} = \dfrac{\sum n_i d_i^2}{\sum n_i v_i d_i}$；

　　　d_i——第 i 种纵向受拉钢筋的公称直径（mm）；

　　　n_i——第 i 种纵向受拉钢筋的根数；

　　　v_i——第 i 种纵向受拉钢筋的相对粘结特性系数，对变形钢筋取 1.0，光面钢筋取 0.7。

2）裂缝截面钢筋应力 σ_{sq} 的计算

σ_{sq} 是指按荷载准永久组合计算的钢筋混凝土构件裂缝截面处纵向受拉普通钢筋的应力。在正常使用阶段，裂缝处的钢筋不会屈服，混凝土受压区也不会达到抗压强度。因此，正常使用极限状态的截面应力分布图与承载能力极限状态的不同，如图 9-4 所示。假设截面的受压区高度为 ξh_0，钢筋拉力合力点到受压区合力点的距离为 ηh_0，构件裂缝截面处纵向受拉钢筋的应力 σ_{sq} 可按下列公式计算：

（1）轴心受拉（图 9-4a）：

$$\sigma_{sq} = \frac{N_q}{A_s} \tag{9-6a}$$

（2）偏心受拉（图 9-4b）：

$$\sigma_{sq} = \frac{N_q e'}{A_s (h_0 - a_s')} \tag{9-6b}$$

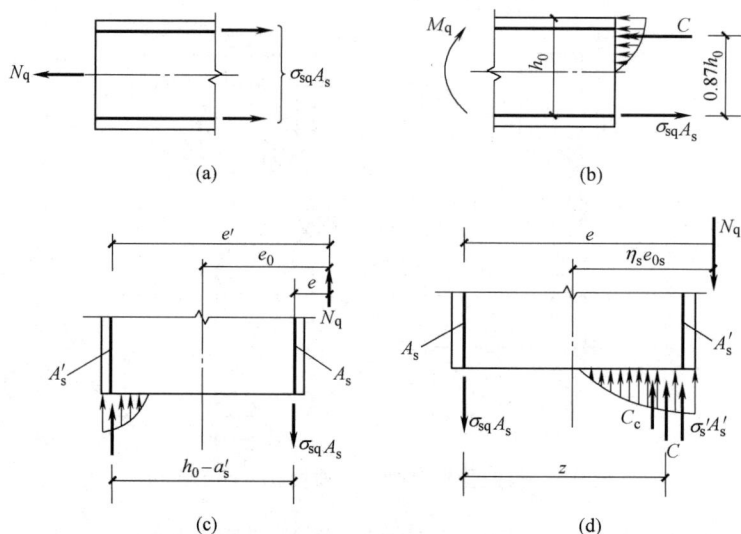

图 9-4   正常使用状态的截面应力图

（3）受弯（图 9-4c）：

$$\sigma_{sq}=\frac{M_q}{0.87h_0A_s} \tag{9-6c}$$

（4）偏心受压（图 9-4d）：

$$\sigma_{sq}=\frac{N_q(e-z)}{A_sz} \tag{9-6d}$$

$$z=\left[0.87-0.12(1-\gamma_f')\left(\frac{h_0}{e}\right)^2\right]h_0 \tag{9-6e}$$

$$e=\eta_s e_0+y_s \tag{9-6f}$$

$$\eta_s=1+\frac{1}{4000\frac{e_0}{h_0}}\left(\frac{l_0}{h}\right)^2 \tag{9-6g}$$

式中 A_s——受拉区纵向钢筋总截面面积，对轴心受拉构件取全部纵向钢筋截面面积；对偏心受拉构件取受拉较大边的纵向钢筋截面面积；对受弯构件和偏心受压构件取受拉区纵向钢筋截面面积；

e'——轴向拉力作用点至受压或受拉较小边纵向钢筋合力作用点的距离；

e——轴向压力作用点至纵向钢筋合力作用点的距离；

z——纵向受拉钢筋合力点至受压区合力点的距离，且 $z\leqslant0.87h_0$；

η_s——使用阶段的偏心距增大系数；当 $\frac{l_0}{h}\leqslant14$ 时，可取 $\eta_s=1.0$；

N_q——按荷载准永久组合计算的轴向力值；

y_s——截面重心至纵向受拉钢筋合力点的距离，对矩形截面 $y_s=h/2-a_s$；

γ_f'——受压翼缘面积与腹板有效面积的比值，$\gamma_f'=\frac{(b_f'-b)h_f'}{bh_0}$；其中 b_f'、h_f' 分别为截面受压翼缘的宽度和高度，当 $h_f'>0.2h_0$ 时，取 $h_f'=0.2h_0$。

3）钢筋应变不均匀系数 ψ 的计算

系数 ψ 为裂缝间钢筋平均应变（或平均应力）与开裂截面应变（或应力）的比值，即：

$$\psi = \varepsilon_{sm}/\varepsilon_{sq} = \sigma_{sm}/\sigma_{sq}$$

系数 ψ 越小，裂缝之间的混凝土协助钢筋抗拉作用越强；当系数 ψ 为 1 时，即 $\sigma_{sm} = \sigma_{sq}$，裂缝截面之间的钢筋应力等于裂缝截面的钢筋应力，钢筋与混凝土之间的粘结应力完全退化，混凝土不再协助钢筋抗拉。因此，系数 ψ 的物理意义是，反应裂缝之间混凝土协助钢筋抗拉工作的程度。《结构规范》规定，该系数可按下列经验公式计算：

$$\psi = 1.1 - \frac{0.65 f_{tk}}{\rho_{te}\sigma_{sq}} \tag{9-7}$$

式中　f_{tk}——混凝土抗拉强度标准值。

根据试验结果，在计算时：当 $\psi < 0.2$ 时，取 $\psi = 0.2$；当 $\psi > 1.0$ 时，取 $\psi = 1.0$；对直接承受重复荷载的构件，取 $\psi = 1.0$。

2. 最大裂缝宽度

由于混凝土质量的不均质性，裂缝宽度有很大的离散性，裂缝宽度验算应该采用最大裂缝宽度。短期荷载作用下的最大裂缝宽度可以采用平均裂缝宽度 w_m 乘以扩大系数 τ_s 得到。根据可靠概率为 95% 的要求，该系数可由实测的统计分析求得：对于轴心受拉和偏心受拉构件，$\tau_s = 1.90$；对于受弯和偏心受压构件，$\tau_s = 1.66$。

同时，在荷载长期作用下，由于钢筋与混凝土的粘结滑移徐变、拉应力松弛和受拉混凝土的收缩影响，导致裂缝间混凝土不断退出工作，钢筋平均应变增大，裂缝宽度随时间推移逐渐增大。此外，荷载的变动、环境温度的变化，都会使钢筋与混凝土之间的粘结受到削弱，也将导致裂缝宽度的不断增大。因此，短期荷载最大裂缝宽度还需乘以荷载长期效应的裂缝扩大系数 τ_l。《结构规范》考虑荷载短期效应与长期效应的组合作用，对各种受力构件，均取 $\tau_l = 1.50$。

因此，考虑荷载长期影响在内的最大裂缝宽度公式为：

$$w_{max} = \tau_s \tau_l \alpha_c \psi \frac{\sigma_{sq}}{E_s} l_{cr} \tag{9-8}$$

在上述理论分析和试验研究基础上，对于矩形、T 形、倒 T 形及工形截面的钢筋混凝土受拉、受弯和偏心受压构件，按荷载效应的标准组合并考虑长期作用影响的最大裂缝宽度 w_{max} 按下列公式计算：

$$w_{max} = \alpha_{cr} \psi \frac{\sigma_{sq}}{E_s}\left(1.9 c_s + 0.08 \frac{d_{eq}}{\rho_{te}}\right) \tag{9-9}$$

式中　α_{cr}——构件受力特征系数，为前述各系数 β、α_c、τ_s、τ_l 的乘积；对轴心受拉构件取 2.7；对偏心受拉构件取 2.4；对受弯和偏心受压构件取 1.9。

应当指出，由式（9-9）计算出的最大裂缝宽度，并不是绝对的最大值，而是具有 95% 保证率的相对裂缝宽度。

3. 最大裂缝宽度验算

《结构规范》把钢筋混凝土构件和预应力混凝土构件的裂缝控制等级分为 3 个等级。

一级和二级指的是要求不出现裂缝的预应力混凝土构件；三级裂缝控制等级时，钢筋混凝土构件的最大裂缝宽度可按荷载准永久组合并考虑长期作用影响的效应计算时，最大裂缝宽度应符合下列规定：

$$w_{max} \leqslant w_{lim} \qquad\qquad (9-10)$$

式中　w_{lim}——《结构规范》规定的最大裂缝宽度限值，按本书附表 3-2 采取。

如果 w_{max} 超过允许值，则应采取相应措施，如适当减小钢筋直径，使钢筋在混凝土中均匀分布；采用与混凝土粘结较好的变形钢筋；适当增加配筋量（不够经济合理），以降低使用阶段的钢筋应力。这些方法都能一定程度减小正常使用条件下的裂缝宽度。但对限制裂缝宽度而言，最根本的方法也是采用预应力混凝土结构。

根据试验，偏心受压构件 $e_0/h_0 \leqslant 0.55$ 时，正常使用阶段裂缝宽度较小，均能满足要求，故可不进行验算。对于直接承受重复荷载作用的吊车梁，卸载后裂缝可部分闭合，同时由于吊车满载的概率很小，吊车最大荷载作用时间很短暂，可将计算所得的最大裂缝宽度乘以系数 0.85。

在混凝土结构中，除了荷载作用会引起裂缝外，还有许多非荷载因素如温度变化、混凝土收缩、基础不均匀沉降、混凝土塑性坍落等，也可能引起裂缝。对此类裂缝应采取相应的构造措施，尽量减小或避免其产生和发展。

【例 9-1】　一矩形截面梁，处于二 a 类环境，$b \times h = 250mm \times 600mm$，采用 C50 混凝土，配置 HRB400 级纵向受拉钢筋 4Φ22（$A_s = 1520mm^2$）。按荷载标准组合计算的弯矩 $M_k = 130kN \cdot m$。试验算其裂缝宽度是否满足控制要求。

【解】　查附表得 C50 混凝土 $f_{tk} = 2.65N/mm^2$；HRB400 级钢筋 $E_s = 2.0 \times 10^5 N/mm^2$；二 a 类环境 $c = 25mm$，$w_{lim} = 0.2mm$。

$$d_{eq} = 22mm, a_s = c + d/2 = 35 + 22/2 = 46mm, h_0 = h - a_s = 600 - 46 = 554mm$$

$$\rho_{te} = \frac{A_s}{A_{te}} = \frac{A_s}{0.5bh} = \frac{1520}{0.5 \times 250 \times 600} = 0.0203 > 0.01$$

$$\sigma_{sq} = \frac{M_q}{0.87h_0 A_s} = \frac{130 \times 10^6}{0.87 \times 554 \times 1520} = 177.4N/mm^2$$

$$\psi = 1.1 - 0.65 \frac{f_{tk}}{\rho_{te}\sigma_{sq}} = 1.1 - 0.65 \times \frac{2.65}{0.0203 \times 177.4} = 0.622 > 0.2 \text{ 且 } \psi < 1.0$$

轴心受拉构件 $\alpha_{cr} = 2.1$，则：

$$w_{max} = \alpha_{cr}\psi\frac{\sigma_{sq}}{E_s}\left(1.9c_s + 0.08\frac{d_{eq}}{\rho_{te}}\right)$$

$$= 2.1 \times 0.622 \times \frac{177.3}{2.0 \times 10^5} \times \left(1.9 \times 25 + 0.08 \times \frac{22}{0.0203}\right) = 0.155mm < w_{lim}$$

$$= 0.20mm$$

因此，满足裂缝宽度控制要求。

【例 9-2】　梁的截面尺寸为 $b \times h = 250mm \times 500mm$，其他条件同【例 9-1】，试验算其裂缝宽度是否满足控制要求。

【解】　由【例 9-1】知，$d_{eq} = 22mm$，$a_s = c + d/2 = 35 + 22/2 = 46mm$，$h_0 = h - a_s = 500 - 46 = 454mm$。

$$\rho_{te} = \frac{A_s}{A_{te}} = \frac{A_s}{0.5bh} = \frac{1520}{0.5 \times 250 \times 500} = 0.0243 > 0.01$$

$$\sigma_{sq} = \frac{M_q}{0.87h_0A_s} = \frac{130 \times 10^6}{0.87 \times 454 \times 1520} = 216.5 \text{N/mm}^2$$

$$\psi = 1.1 - 0.65\frac{f_{tk}}{\rho_{te}\sigma_{sq}} = 1.1 - 0.65 \times \frac{2.65}{0.0243 \times 216.5} = 0.773 > 0.2 \text{ 且 } \psi < 1.0$$

轴心受拉构件 $\alpha_{cr} = 2.1$，则：

$$w_{max} = \alpha_{cr}\psi\frac{\sigma_{sq}}{E_s}\left(1.9c_s + 0.08\frac{d_{eq}}{\rho_{te}}\right)$$

$$= 2.1 \times 0.773 \times \frac{216.5}{2.0 \times 10^5} \times \left(1.9 \times 25 + 0.08 \times \frac{22}{0.0243}\right)$$

$$= 0.211\text{mm} > w_{lim} = 0.20\text{mm}$$

因此，不满足裂缝宽度控制要求。

【例 9-3】 梁采用 C40 混凝土，其他条件同【例 9-1】，试验算其裂缝宽度是否满足控制要求。

【解】 查附表 1-1 得 C40 混凝土 $f_{tk} = 2.39\text{N/mm}^2$。

由【例 9-1】知，$d_{eq} = 22\text{mm}$，$a_s = c + d/2 = 35 + 22/2 = 46\text{mm}$，$h_0 = h - a_s = 600 - 46 = 554\text{mm}$

$\rho_{te} = 0.0203$，$\sigma_{sq} = 177.4\text{N/mm}^2$。

$$\psi = 1.1 - 0.65\frac{f_{tk}}{\rho_{te}\sigma_{sq}} = 1.1 - 0.65 \times \frac{2.39}{0.0203 \times 177.4} = 0.669 > 0.2 \text{ 且 } \psi < 1.0$$

轴心受拉构件 $\alpha_{cr} = 2.1$，则：

$$w_{max} = \alpha_{cr}\psi\frac{\sigma_{sq}}{E_s}\left(1.9c_s + 0.08\frac{d_{eq}}{\rho_{te}}\right)$$

$$= 2.1 \times 0.669 \times \frac{177.3}{2.0 \times 10^5} \times \left(1.9 \times 25 + 0.08 \times \frac{22}{0.0203}\right)$$

$$= 0.167\text{mm} < w_{lim} = 0.20\text{mm}$$

因此，满足裂缝宽度控制要求。

9.3 钢筋混凝土受弯构件的变形验算

9.3.1 一般要求

对建筑结构中的屋盖、楼盖及楼梯等受弯构件，由于使用上的要求并保证人们的感觉在可接受程度之内，需要对其挠度进行控制。对于吊车梁或门机轨道梁等构件，变形过大时会妨碍吊车或门机的正常运行，也需要进行变形控制验算。钢筋混凝土受弯构件的变形计算是指对其挠度进行验算，按荷载标准组合并考虑长期作用影响计算的挠度最大值 f_{max} 应满足：

$$f_{max} \leqslant [f] \tag{9-11}$$

式中 $[f]$——受弯构件的挠度限值，由附表3-1查得。

9.3.2 钢筋混凝土受弯构件截面刚度

由式（9-11）可见，钢筋混凝土受弯构件的挠度验算主要是计算 f_{max}。

截面的抗弯刚度就是使截面产生单位曲率需要施加的弯矩值。对于匀质弹性材料，抗弯刚度 EI 是常数，其中 E 为材料的弹性模量，I 为截面的惯性矩；材料力学采用虚功原理等方法求得受弯构件的挠度，计算公式如下：

二维码9-3
刚度的定义

$$f = s\frac{M}{EI}l_0^2 = s\varphi l_0^2 \tag{9-12}$$

式中 l_0——梁的计算跨度；

φ——为截面曲率，$\varphi = M/EI$；

s——与荷载形式、支承条件有关的挠度系数；如对于均布荷载作用下的简支梁，$s = 5/48$。

由式（9-12）可知，截面抗弯刚度 EI 越大，挠度 f 越小；弯矩 M 与挠度 f 以及弯矩 M 与截面曲率 φ 均成线性关系。值得注意的是，受弯构件仍处于正常使用阶段时，荷载效应不会使材料超出弹性范围，因而弯矩 M 与挠度 f 以及弯矩 M 与截面曲率 φ 可采用正比例关系，具体如图9-5所示。

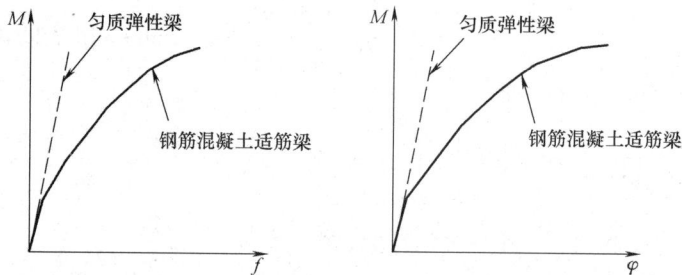

图9-5 $M\text{-}f$ 与 $M\text{-}\varphi$ 关系曲线

但是，钢筋混凝土是不均质的非弹性材料，钢筋混凝土受弯构件的正截面在其受力全过程中，M 与 f、M 与 φ 的关系是在不断变化，随着弯矩的变化而变化。因此截面抗弯刚度不是常数，而是变化的。

构件的刚度与裂缝开展情况有关。由于收缩和徐变等因素的影响，在长期荷载作用下，裂缝和变形还会继续发展，刚度就会随之降低。在混凝土受弯构件刚度计算中，首先建立短期刚度，即一次加载刚度，然后再考虑长期荷载作用的影响，求长期刚度。

在荷载标准组合作用下，钢筋混凝土受弯构件的截面抗弯刚度，简称短期刚度，用 B_s 表示；在荷载标准组合并考虑长期作用影响的截面抗弯刚度，简称长期刚度，用 B 表示。

1. 短期刚度 B_s 的计算

对于要求不出现裂缝的构件（如铁路桥梁预应力混凝土构件）基本处于弹性阶段，可将混凝土开裂前的 $M\text{-}\varphi$ 曲线（图9-5）视为直线，其斜率接近截面的抗弯刚度，由于到达开裂弯矩时，受拉区塑性变形的发展，抗弯刚度有所降低，因此《结构规范》规定，对于

不出现裂缝构件的抗弯刚度可近似取 $0.85E_cI_0$，即：

$$B_s=0.85E_cI_0 \tag{9-13}$$

式中　E_c——混凝土的弹性模量；

　　　　I_0——换算截面惯性矩。

　　对于允许出现裂缝的构件（如钢筋混凝土构件、公路桥梁预应力混凝土构件），研究其带裂缝工作阶段的刚度，取构件的纯弯段进行分析，如图9-5所示。裂缝出现后，受压混凝土和受拉钢筋的应变沿构件长度方向的分布是不均匀的；中和轴沿构件长度方向的分布呈波浪状，曲率分布也是不均匀的；裂缝截面曲率最大，裂缝中间截面曲率最小。为简化计算，截面上的应变、中和轴位置、曲率均采用平均值。根据平均应变的平截面假定，由图9-6的几何关系可得平均曲率：

$$\varphi=\frac{1}{r}=\frac{\varepsilon_{sm}+\varepsilon_{cm}}{h_0} \tag{9-14}$$

式中　r——与平均中和轴相应的平均曲率半径；

　　　ε_{sm}——裂缝截面之间钢筋的平均拉应变；

　　　ε_{cm}——裂缝截面之间受压区边缘混凝土的平均压应变；

　　　h_0——截面的有效高度。

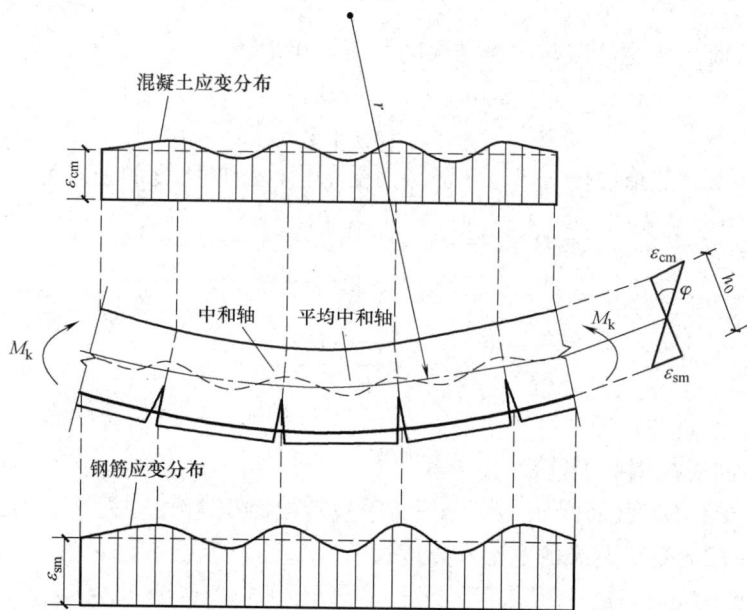

图9-6　梁纯弯段内混凝土和钢筋应

　　由式（9-14）及曲率、弯矩和刚度间的关系 $\varphi=M/B_s$ 可得：

$$B_s=\frac{Mh_0}{\varepsilon_{sm}+\varepsilon_{cm}} \tag{9-15}$$

式中　M——按荷载效应标准组合计算的弯矩值。

　　假设短期荷载作用下裂缝处的钢筋应力为 σ_{sq}，对应受压区边缘的混凝土压应力为 σ_{cq}，钢筋为弹性材料，混凝土则有塑性变形，根据9.2.2的介绍，ε_{sm} 的计算公式为：

$$\varepsilon_{sm} = \psi \varepsilon_{sq} = \psi \frac{\sigma_{sq}}{E_s} = \psi \frac{M}{\eta h_0 A_s E_s} \tag{9-16}$$

而 ε_{cm} 则可按下式计算：

$$\varepsilon_{cm} = \frac{M}{\zeta b h_0^2 E_c} \tag{9-17}$$

式中　ζ——确定受压边缘混凝土平均应变的抵抗矩系数；它综合反映受压区混凝土塑性、应力图形完整性、内力臂系数及裂缝间混凝土应变不均匀性等因素的影响，故又称综合影响系数。

将式（9-16）和式（9-17）代入式（9-15）得：

$$B_s = \frac{h_0}{\left(\dfrac{1}{\zeta b h_0^2 E_c} + \dfrac{\psi}{\eta h_0 A_s E_s} \right)} \tag{9-18}$$

以 $h_0 A_s E_s$ 同乘分子和分母，并取 $\alpha_E = E_s / E_c$，$\rho = A_s / b h_0$，同时近似取 $\eta = 0.87$，则得：

$$B_s = \frac{E_s A_s h_0^2}{1.15\psi + \dfrac{\alpha_E \rho}{\zeta}} \tag{9-19}$$

通过常见截面受弯构件试验实测结果的分析，可取：

$$\frac{\alpha_E \rho}{\zeta} = 0.2 + \frac{6\alpha_E \rho}{1 + 3.5\gamma_f'} \tag{9-20}$$

从而可得矩形、T 形、倒 T 形、I 形截面受弯构件短期刚度的公式为：

$$B_s = \frac{E_s A_s h_0^2}{1.15\psi + 0.2 + \dfrac{6\alpha_E \rho}{1 + 3.5\gamma_f'}} \tag{9-21}$$

$$\gamma_f' = \frac{(b_f' - b) h_f'}{b h_0} \tag{9-22}$$

式中　ψ——按式（9-7）计算；

　　　ρ——纵向受拉钢筋配筋率；

　　　γ_f'——T 形、I 形截面受压翼缘面积与腹板有效面积之比，按式（9-22）计算；

　　　b_f'、h_f'——截面受压翼缘的宽度和高度。

2. 长期刚度 B 的计算

在荷载持续作用下，受压混凝土将发生徐变，即荷载不增加而变形却随时间增长。在配筋率不高的梁中，由于受拉混凝土的应力松弛以及受拉钢筋和混凝土之间的滑移徐变，使受拉混凝土不断退出工作，因而受拉钢筋平均应变和平均应力亦将随时间而增大。同时，由于裂缝不断向上发展，使其上部原来受拉的混凝土脱离工作，以及由于受压混凝土的塑性发展，使内力臂减小，也将引起钢筋应变和应力的增大。以上这些情况都会导致曲率增大、刚度降低。此外，由于受压区和受拉区混凝土的收缩不一致，使梁发生翘曲，亦将导致曲率的增大和刚度的降低。凡是影响混凝土徐变和收缩的因素都将导致刚度的降低，使构件挠度增大，这一过程往往持续数年之久。

《结构规范》根据长期试验的结果，把荷载长期作用下的挠度增大系数用钢筋混凝土构件长期挠度 f_l 与短期挠度 f_s 的比值 θ 表示，即：

$$\theta = f_l/f_s = 2.0 - 0.4\rho'/\rho \tag{9-23}$$

式中 ρ、ρ' ——分别为纵向受拉和受压钢筋的配筋率；当 $\rho'/\rho > 1$ 时，取 $\rho'/\rho = 1$；对于翼缘在受拉区的 T 形截面 θ 值应比式（9-23）的计算值增大 20%。

结构构件上的短期荷载有一部分要长期作用于结构上，如自重。只有长期作用的那部分荷载才需要考虑长期作用的变形增加。为分析方便，将标准组合 M_k 分成 M_q 和 $M_k - M_q$ 两部分。在 M_q 和 $M_k - M_q$ 先后作用于构件时的弯矩-曲率关系可用图 9-7 表示。图 9-7 中，M_k 按荷载标准组合算得，M_q 按荷载准永久组合算得。

图 9-7 弯矩-曲率关系

由图 9-7 及弯矩、曲率和刚度关系，对长期刚度的计算可按如下公式进行：

1）采用荷载标准组合时

$$B = \frac{M_k}{M_q(\theta - 1) + M_k} B_s \tag{9-24}$$

2）采用荷载准永久组合时

$$B = \frac{B_s}{\theta} \tag{9-25}$$

从刚度计算公式分析可知，提高截面刚度最有效的措施是增加截面高度；增加受拉或受压翼缘可使刚度有所增加；当设计上构件截面尺寸不能加大时，可考虑增加纵向受拉钢筋截面面积或提高混凝土强度等级来提高截面刚度，但其作用不明显；对某些构件还可以充分利用纵向受压钢筋对长期刚度的有利影响，在构件受压区配置一定数量的受压钢筋来提高截面刚度。

9.3.3 钢筋混凝土受弯构件挠度计算

上面讲的刚度计算都是指纯弯区段内平均的截面弯曲刚度。由式（9-24）可知，钢筋混凝土受弯构件截面的抗弯刚度随弯矩的增大而减小。即使对于图 9-8（a）所示的承受均布荷载作用的等截面梁，由于梁各截面的弯矩不同，故各截面的抗弯刚度都不相等，靠近支座的截面抗弯刚度要比纯弯区段内的大。如果都有纯弯区段的截面抗弯刚度，似乎会使挠度计

二维码 9-4
荷载长期作用下刚度

算值偏大。图 9-8（b）的实线为该梁抗弯刚度的实际分布，如果按照这样的变刚度来计算梁的挠度显然是十分繁琐的，也是不可能的。考虑到支座附近剪跨段内段还存在剪切变形，甚至可能出现少量斜裂缝，它们都会使梁的挠度增大，而这是在计算中没有考虑的，故《结构规范》规定了钢筋混凝土受弯构件的挠度计算的"最小刚度原则"。

"最小刚度原则"就是在简支梁全跨长范围内，可都按弯矩最大处的截面抗弯刚度，亦即取最小的截面抗弯刚度，不考虑剪切变形的影响来计算挠度；当构件上存在正、负弯矩时，可分别取同号弯矩区段内 $|M_{max}|$ 处截面的最小抗弯刚度计算挠度。

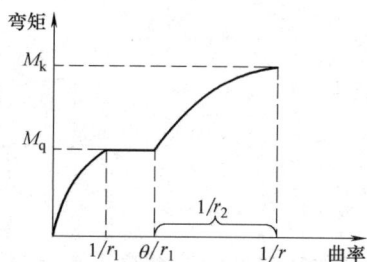

由"最小刚度原则"可得图 9-8（a）所示梁的抗弯刚度分布如图 9-8（b）的虚线所示。可见，"最小刚度原则"使得钢筋混凝土受弯构件的挠度计算变得简便可行。

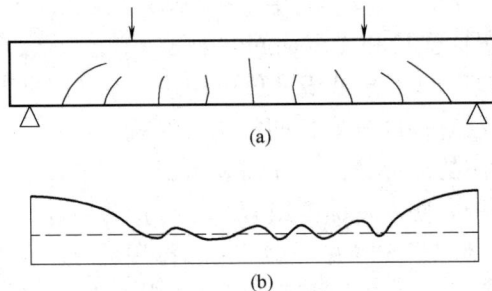

图 9-8　沿梁长的刚度分布

有了刚度的计算公式及"最小刚度原则"后，即可用力学的方法来计算钢筋混凝土受弯构件的最大挠度 $f_{\max}$。

【例 9-4】　钢筋混凝土矩形截面梁，$b \times h = 200\text{mm} \times 450\text{mm}$，计算跨度 $l_0 = 6\text{m}$，采用 C20 混凝土，配有 $3 \underline{\Phi} 18$（$A_s = 763\text{mm}^2$）HRB400 级纵向受力钢筋。承受均布永久荷载标准值为 $g_k = 6.0\text{kN/m}$，均布活荷载标准值 $q_k = 10\text{kN/m}$，活荷载准永久系数 $\psi_q = 0.5$。如果该构件的挠度限值为 $l_0/250$，试验算该梁的跨中最大变形是否满足要求。

【解】　1）求弯矩标准值

标准组合下的弯矩值：

$$M_k = \frac{1}{8}(g_k + q_k)l_0^2 = \frac{1}{8} \times (6+10) \times 6^2 = 72\text{kN} \cdot \text{m}$$

准永久组合下的弯矩值：

$$M_q = \frac{1}{8}(g_k + q_k\psi_q)l_0^2 = \frac{1}{8} \times (6+10 \times 0.5) \times 6^2 = 49.5\text{kN} \cdot \text{m}$$

2）有关参数计算

查附表得 C20 混凝土 $f_{tk} = 1.54\text{N/mm}^2$，$E_c = 2.55 \times 10^4 \text{N/mm}^2$；HRB400 级钢筋 $E_s = 2.0 \times 10^5 \text{N/mm}^2$，$h_0 = 450 - 35 = 415\text{mm}$。

$$\rho_{te} = \frac{A_s}{0.5bh} = \frac{763}{0.5 \times 200 \times 450} = 0.0169 > 0.010$$

$$\sigma_{sq} = \frac{M_q}{0.87h_0 A_s} = \frac{49.5 \times 10^6}{0.87 \times 415 \times 763} = 179.69\text{N/mm}^2$$

$$\psi = 1.1 - 0.65\frac{f_{tk}}{\rho_{te}\sigma_{sq}} = 1.1 - 0.65 \times \frac{1.54}{0.0169 \times 179.69} = 0.770 > 0.2 \text{ 且 } \psi < 1.0$$

$$\alpha_E = \frac{E_s}{E_c} = \frac{2.0 \times 10^5}{2.55 \times 10^4} = 7.84$$

$$\rho = \frac{A_s}{bh_0} = \frac{763}{200 \times 415} = 0.0092$$

3）计算短期刚度

$$e' = h/2 - a' + e_0$$

$$B_s = \frac{E_s A_s h_0^2}{1.15\psi + 0.2 + 6\alpha_E\rho} = \frac{2.0 \times 10^5 \times 763 \times 415^2}{1.15 \times 0.770 + 0.2 + 6 \times 7.84 \times 0.0092} = 1.73 \times 10^{13} \text{N} \cdot \text{mm}^2$$

4）计算长期刚度 B

$\rho' = 0$，$\theta = 2.0$，则：

$$B = \frac{M_k}{M_k + (\theta - 1)M_q} B_s = \frac{72}{72 + (2.0 - 1) \times 49.5} \times 1.73 \times 10^{13} = 1.025 \times 10^{13} \text{N} \cdot \text{mm}^2$$

5）挠度计算

$$f_{max} = \frac{5}{48} \cdot \frac{M_q l_0^2}{B} = \frac{5}{48} \times \frac{49.5 \times 10^6 \times 6^2 \times 10^6}{1.025 \times 10^{13}} = 18.11\text{mm} < \frac{l_0}{250} = 24\text{mm}$$

显然该梁跨中挠度满足要求。

【例 9-5】 计算跨度 $l_0 = 10\text{m}$，其他条件同【例 9-4】，试验算其裂缝宽度是否满足控制要求。

【解】 1）求弯矩标准值

标准组合下的弯矩值：

$$M_k = \frac{1}{8}(g_k + q_k)l_0^2 = \frac{1}{8} \times (6 + 10) \times 10^2 = 200\text{kN} \cdot \text{m}$$

准永久组合下的弯矩值：

$$M_q = \frac{1}{8}(g_k + q_k\psi_q)l_0^2 = \frac{1}{8} \times (6 + 10 \times 0.5) \times 10^2 = 137.5\text{kN} \cdot \text{m}$$

2）有关参数计算

查附表得 C20 混凝土 $f_{tk} = 1.54\text{N/mm}^2$，$E_c = 2.55 \times 10^4\text{N/mm}^2$；HRB400 级钢筋 $E_s = 2.0 \times 10^5\text{N/mm}^2$，$h_0 = 450 - 35 = 415\text{mm}$。

$$\rho_{te} = \frac{A_s}{0.5bh} = \frac{763}{0.5 \times 200 \times 450} = 0.0169 > 0.010$$

$$\sigma_{sq} = \frac{M_q}{0.87h_0A_s} = \frac{137.5 \times 10^6}{0.87 \times 415 \times 763} = 499.13\text{N/mm}^2$$

$$\psi = 1.1 - 0.65\frac{f_{tk}}{\rho_{te}\sigma_{sq}} = 1.1 - 0.65 \times \frac{1.54}{0.0169 \times 499.13} = 0.981 > 0.2 \text{ 且 } \psi < 1.0$$

$$\alpha_E = \frac{E_s}{E_c} = \frac{2.0 \times 10^5}{2.55 \times 10^4} = 7.84$$

$$\rho = \frac{A_s}{bh_0} = \frac{763}{200 \times 415} = 0.0092$$

3）计算短期刚度

$$e' = h/2 - a' + e_0$$

$$B_s = \frac{E_s A_s h_0^2}{1.15\psi + 0.2 + 6\alpha_E\rho} = \frac{2.0 \times 10^5 \times 763 \times 415^2}{1.15 \times 0.981 + 0.2 + 6 \times 7.84 \times 0.0092} = 1.49 \times 10^{13} \text{N} \cdot \text{mm}^2$$

4）计算长期刚度 B

$\rho' = 0$，$\theta = 2.0$，则：

$$B = \frac{M_k}{M_k + (\theta - 1)M_q} B_s = \frac{200}{200 + (2.0 - 1) \times 137.5} \times 1.49 \times 10^{13} = 8.84 \times 10^{12} \text{N} \cdot \text{mm}^2$$

5）挠度计算

$$f_{\max}=\frac{5}{48}\cdot\frac{M_q l_0^2}{B}=\frac{5}{48}\times\frac{137.5\times10^6\times10^2\times10^6}{8.84\times10^{12}}=162\text{mm}>\frac{l_0}{250}=40\text{mm}$$

显然该梁跨中挠度不满足要求。

本 章 小 结

1. 混凝土结构和构件除应按承载能力极限状态进行设计外，尚应进行正常使用极限状态的验算，以满足结构的正常使用功能要求。正常使用极限状态验算主要包括裂缝控制验算、变形验算等方面。

2. 结构或构件在进行正常使用极限状态验算时，荷载效应可采用标准组合或准永久组合，材料强度可取标准值，并应考虑荷载长期作用的影响。正常使用极限状态又可分为可逆正常使用极限状态和不可逆正常使用极限状态两种情况。对于可逆正常使用极限状态，验算时的荷载效应取值可以低一些，通常采用准永久组合；而对于不可逆正常使用极限状态，验算时的荷载效应取值应高一些，通常采用标准组合。

3. 由于混凝土的非均质性及其抗拉强度的离散性，荷载裂缝的出现和开展均带有随机性，裂缝的间距和宽度则具有不均匀性。但在裂缝出现的过程中存在裂缝基本稳定的阶段，裂缝表现出一定的统计规律，因而有平均裂缝间距、宽度以及最大裂缝宽度，在裂缝宽度计算中引入荷载短期效应裂缝扩大系数。

4. 构件截面抗弯刚度不仅随弯矩增大而减小，而且随荷载持续作用而成小。前者是混凝土裂缝的出现、开展以及存在塑性变形的结果；后者则是受压区混凝土收缩、徐变以及受拉区混凝土的松弛和钢筋与混凝土之间粘结滑移使钢筋应变增加的缘故。因此，在裂缝宽度计算中引入荷载长期效应裂缝扩大系数；在挠度计算引入短期刚度和长期刚度的概念。

5. 正常使用阶段，考虑变形的非弹性性质及刚度沿构件长度非均匀分布的特点，《结构规范》采用最小刚度原则，再利用弹性材料的材料力学理论求构件的变形。构件的允许变形与构件的适用性要求有关。

实际工程案例

【工程综合实例分析 9-1】　新加坡新世界酒店倒塌案例分析

概况：新世界酒店所处大厦的正式名称是联益大厦，以低成本建造，于 1971 年落成，楼高六层，另设一层地下停车场。新世界酒店是该大厦 3 楼至 6 楼的租户，2 楼为一家夜总会，1 楼则为一家银行。1986 年 3 月 15 日，该大楼在上午 11 点 25 分迅速解体，不到一分钟，其中任何人都没有时间逃脱。这场空前的灾难共造成了 33 人死亡，17 人受伤，被称为"二战以来新加坡最大的灾难"。

事故原因有多方面，从设计、维护原因角度分析，主要有两点原因：

1. 在使用中，未对建筑结构产生的变形、裂缝引起足够的重视。在联益大厦倒塌之前，该大厦的梁柱和墙壁已经出现裂痕，附近居民对大厦的安全情况感到忧虑，但大厦业主不予理会，又将警告标志隐藏及遮盖，并在外墙加建了一层瓷砖，在天台加建一个水箱，增加了大厦的负荷量。大厦倒塌前夕，大厦2楼夜总会梳妆台的镜子破裂，舞台的梁柱也裂开，夜总会负责人通知业主，但业主只下令工人用木板支撑裂开的梁柱。

2. 原结构工程师错估了大厦所能承受的重量。结构工程师仅仅计算了大厦的活荷载，但没有计算大厦的静荷载。事故发生时，三条梁柱在倒塌之时裂开，而其他梁柱又未能支撑裂开的梁柱，因而导致了大厦的倒塌。

【创新能力培养 9-1】 混凝土结构构件大变形原因分析与处置

某建筑内，矩形钢筋混凝土简支梁，截面尺寸 $b \times h = 300\text{mm} \times 500\text{mm}$，计算跨度 $l_0 = 8\text{m}$，按照设计要求采用 C30 混凝土，配有 $4 \Phi 16$（$A_s = 804\text{mm}^2$）的 HRB400 级纵向受力钢筋。承受均布永久荷载标准值为 $g_k = 6\text{kN/m}$，均布活荷载标准值 $q_k = 8\text{kN/m}$，活荷载准永久系数 $\varphi_q = 0.5$，该构件的挠度限值为 $l_0/250$。该建筑投入使用后，改变了使用功能，二次装修使得梁上增加了永久荷载 $g_k = 4.0\text{kN/m}$。

要求：1. 计算该梁的挠度变形，分析该梁挠度变形是否满足建筑结构正常使用的适用性要求，若不满足，分析原因。

2. 如果对该梁重新进行设计，应如何设计，以保证梁的挠度变形满足要求？

3. 根据该工程情况，探讨梁在挠度变形设计方面的注意事项。

【工程素质培养 9-1】 高层建筑适用性漫谈

深圳赛格大厦在 2021 年 5 月发生晃动。最新的专家判断认为，赛格大厦楼顶桅杆的涡激共振导致了大楼的振动，楼顶两处桅杆直径 1.3m，其涡激共振的临界风速是 12m/s。当天的最大风速是 10m/s，但考虑到现场的复杂，认为桅杆处的风速自然超过 10m/s。另外现场监测桅杆的 3 个独立振动频率，分别为 1.6Hz、1.9Hz、2.1Hz，其中 2.1Hz 与大楼发生高频低幅振动时的 2.0Hz 左右的频率高度接近。

另外从近年来的高楼振动事件原因调查来看，大楼自身装配的风机振动、大楼内部活动、风振、其他人类活动振动等等都被考虑为原因之一进行现场的验证和调查。根据钢筋混凝土建筑的特点，大楼的低频震动实际上并不会造成结构失稳，但后续的设计或工程防灾减灾中，考虑风振，加装阻尼等均可作为研讨的方向。

土木工程建筑的适用性除了本章重点讲述的构件变形和裂缝问题外，还涉及多方面，比如振动、钢筋锈蚀和混凝土腐蚀等。高层建筑物的变形、裂缝、振动等问题逐渐走入大众视野，作为土木工程专业的学生，面对日益增多的摩天大楼，请结合你所掌握的专业知识，谈一谈你对高层建筑适用性（振动、变形和裂缝等）设计的思考。

章节自测题

一、填空题

1. 建筑结构的可靠性包括_____、_____和耐久性。

2. 在受弯构件的计算中，"最小刚度原则"指的是_____。

3. 在抗裂验算公式中，塑性影响系数的含义是＿＿＿＿＿＿＿＿＿＿＿＿＿＿。

二、选择题

1. 计算等截面受弯构件挠度时，应采用（　　　）。

A. 取同号弯矩区段内最大刚度；　　　　B. 取同号弯矩区段内最大弯矩截面的刚度；

C. 平均刚度；　　　　　　　　　　　　D. 构件各截面的实际刚度。

2. 减小构件挠度的最有效的措施是（　　　）。

A. 增加梁截面宽度；　　　　　　　　　B. 选用直径较粗的钢筋；

C. 提高混凝土的强度等级；　　　　　　D. 增加梁的截面高度。

三、简答题

1. 验算钢筋混凝土受弯构件变形和裂缝宽度的目的是什么？验算时，为什么要用荷载短期效应组合计算的内力值（按荷载标准值计算），同时还要考虑荷载长期效应组合的影响？

2. 正常使用极限状态验算时荷载组合和材料强度如何选择？

3. 试比较钢筋混凝土受弯构件抗裂验算公式和材料力学中梁的应力计算公式的异同。

4. 在抗裂验算公式中，塑性影响系数的含义是什么？它的取值和哪些因素有关？

5. 提高构件的抗裂能力有哪些措施？

6. 减小裂缝宽度的措施有哪些？

7. 影响钢筋混凝土梁刚度的因素有哪些？提高构件刚度的有效措施是什么？

8. 正常使用阶段钢筋混凝土的受力特点反应在哪些方面？

9. 在外荷载作用下，纯弯构件截面上的应力、应变怎样变化？简述裂缝的出现、分布和开展过程。影响裂缝间距的因素有哪些？

四、计算题

1. 某钢筋混凝土屋架下弦，$b \times h = 200\text{mm} \times 200\text{mm}$，按荷载效应准永久组合的轴向拉力 $N_q = 130\text{kN}$，已配置 $4 \Phi 14$ 的纵向受拉钢筋，混凝土强度等级为C30，保护层厚度 $c = 20\text{mm}$，箍筋直径6mm，$w_{\text{lim}} = 0.2\text{mm}$。验算裂缝宽度是否满足要求？当不满足时如何处理？

2. 某矩形截面简支梁，处于一类环境，$b \times h = 250\text{mm} \times 600\text{mm}$，计算跨度 $l_0 = 4.5\text{m}$，使用期间承受均布恒载标准值 $g_k = 18\text{kN/m}$（含自重），均布可变荷载标准值 $q_k = 10.5\text{kN/m}$，可变荷载的准永久系数 $\varphi_q = 0.5$。采用C25级混凝土，HRB400级钢筋。已配纵向受拉钢筋 $2 \Phi 14 + 2 \Phi 16$。

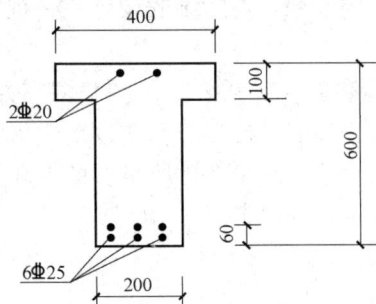

图9-9　计算题3图

（1）试验算裂缝宽度是否满足要求；

（2）试验算跨中挠度变形是否满足要求。

3. 如图 9-9 所示，一承受均布荷载的 T 形截面简支梁，计算跨度 $l_0 = 6\text{m}$，截面尺寸为 $b \times h = 200\text{mm} \times 600\text{mm}$、$b'_f \times h'_f = 400\text{mm} \times 600\text{mm}$。混凝土强度等级C30，配置带肋钢筋，受拉区双排配置 $6 \Phi 25$（$A_s = 2945\text{mm}^2$），受压区为 $2 \Phi 20$（$A'_s = 628\text{mm}^2$），承受按荷载标准组合计算的弯矩值 $M_k = 3155\text{kN} \cdot \text{m}$，按荷载准永久组合计算的弯矩值 $M_q = 301.5\text{kN} \cdot \text{m}$。梁的允许出现的最大裂缝宽度为限值是 $w_{\text{lim}} = 0.3\text{mm}$，梁的允许挠度为 $l_0/200$。试验算此梁的裂缝宽度和最大挠度是否满足要求？

第 10 章　预应力混凝土构件设计

> **知识目标：** 掌握预应力混凝土的基本概念和特点；理解预应力损失的概念，掌握产生各种损失的原因和减小各种损失的措施；掌握轴心受拉构件和受弯构件各阶段受力分析及设计方法；熟悉预应力混凝土构件的施工工艺及构造要求。
> **能力目标：** 具备预应力混凝土轴心受拉和受拉构件承载力计算和工程全过程验算的能力。
> **学习重点：** 预应力轴心受拉构件和受弯构件的截面应力分析和设计计算。
> **学习难点：** 各阶段预应力损失的计算。

10.1　概述

10.1.1　预应力混凝土的由来

构件开裂是导致钢筋混凝土结构承载失效的主要危险源之一，由于混凝土的极限拉应变很小，构件在使用荷载作用下受拉区混凝土均已开裂，进而使混凝土构件刚度降低且变形增大。对于大跨、重载或承受动力荷载的钢筋混凝土构件，构件竖向荷载过大，尽管可以通过增加配筋满足承载能力要求，但往往不能满足正常使用状态裂缝和变形控制限值，依靠采用更高强度等级的钢筋和混凝土材料来提高构件的抗裂性能效果不明显。为了满足混凝土构件对裂缝和变形控制的要求，可以加大构件截面尺寸和用钢量，但构件自重随之明显增加，结构设计陷入抗裂控制和自重过大的恶性循环，因此普通钢筋混凝土结构难以用于大跨、重载或承受动力荷载的结构中。

预应力技术是提高混凝土构件抗裂性能和变形控制的有效途径。为了克服混凝土抗拉能力低对大跨结构和高强钢筋应用带来的限制，工程技术人员在长期的生产实践中尝试采用各种方法给混凝土施加预应力，即预先对混凝土构件的受拉区施加压应力，使之处于受压状态，从而避免钢筋混凝土结构的裂缝过早出现，充分利用钢筋和混凝土的强度，从而有效改善混凝土构件抗裂性能并加强其截面刚度。预应力混凝土结构应运而生，预应力技术在大跨度桥梁工程和恶劣工程环境中广泛应用。

10.1.2　预应力混凝土的基本概念

预应力混凝土是在构件的受拉区预先施加压应力，使之建立一种人为的应力状态，这种预压状态能够有利于抵消使用荷载作用下产生的拉应力，借助于混凝土较高的抗压强度来弥补其抗拉强度的不足，从而使混凝土构件在使用荷载作用下不致开裂，或推迟开裂，或者使裂缝宽度减小，提高构件的抗裂度和刚度。现以预应力混凝土简支梁为例，说明预应力混凝土的基本原理，如图 10-1 所示。

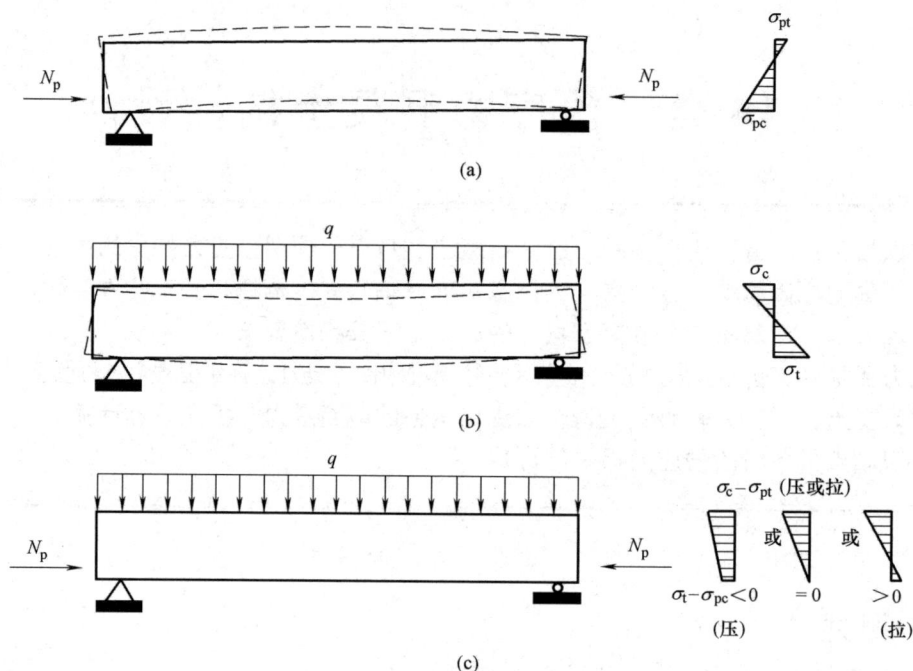

图 10-1　预应力混凝土简支梁

（a）预压力作用；（b）外荷载作用；（c）预压力与外荷载共同作用

在荷载作用前，预先在梁的受拉区施加一对大小相等、方向相反的偏心压力 N，使梁截面下边缘混凝土产生预压应力 σ_{pc}，梁上边缘产生预拉应力 σ_{pt}，如图 10-1（a）所示。当荷载（包括梁自重）q 作用时，设梁跨中截面下边缘产生拉应力 σ_t，梁上边缘产生压应力 σ_c，如图 10-1（b）所示。这样，在预压力 N 和荷载 q 的共同作用下，梁的下边缘拉应力将减至 $\sigma_t - \sigma_{pc}$；梁上边缘应力为 $\sigma_c - \sigma_{pt}$，一般为压应力，但也有可能为拉应力，取决于 σ_c、σ_t 绝对值的相对大小，如图 10-1（c）所示。

如果增大预压力 N，则在荷载作用下梁下边缘的拉应力还可减小，甚至变成压应力。要有效地抵消使用荷载作用所产生的拉应力，不仅要控制预加压力 N 的大小，而且要控制预加压力 N 所施加的位置（即偏心距 e 的大小），预压力 N 所产生的反弯矩与偏心距 e 成正比。

为了节省预应力钢筋用量，设计中宜尽量减小 N 值，因此，在弯矩最大的跨中截面须尽量加大偏心距 e 值。如果沿构件全长度 N 值保持不变，对于外弯矩较小的截面，则需将 e 值相应地减小，以免由于预压力产生的弯矩过大，使梁的上缘出现拉应力，甚至出现裂缝。在设计时，预压力 N 在各截面的偏心距 e 值的调整通常通过曲线配筋的形式来实现。

10.1.3　预应力混凝土的分类

根据制作、设计和施工的特点，预应力混凝土可以有不同的分类。

1. 先张法与后张法

先张法是制作预应力混凝土构件时，先张拉预应力钢筋后浇灌混凝土；而后张法是先浇灌混凝土，待混凝土达到规定强度后再张拉预应力钢筋。

2. 全预应力和部分预应力

全预应力是在使用荷载作用下，构件截面混凝土不出现拉应力，即为全截面受压。部分预应力是在使用荷载作用下，构件截面混凝土允许出现拉应力或开裂，即只有部分截面受压。部分预应力又分为两种情况：第一种是指在使用荷载作用下，构件预压区混凝土正截面的拉应力不超过规定的容许值；第二种是指在使用荷载作用下，构件预压区混凝土正截面的拉应力允许超过规定的限值，但当裂缝出现时，其宽度不超过容许值。

3. 有粘结预应力与无粘结预应力

有粘结预应力是指沿预应力筋全长其周围均与混凝土粘结在一起的预应力混凝土结构，先张预应力结构及预留孔道穿筋压浆的后张预应力结构均属此类。无粘结预应力是指预应力筋伸缩、滑动自由，不与周围混凝土粘结的预应力混凝土结构，无粘结预应力筋表面涂有防锈材料，外套防老化的塑料管，防止与混凝土粘结。

10.1.4　预应力混凝土的施工工艺

1. 先张法

通过机械张拉钢筋给混凝土施加预应力，可采用台座长线张拉或钢模短线张拉，其基本工序为：

（1）台座（或钢模）上用张拉机具张拉预应力钢筋至控制应力，并用夹具临时固定，如图 10-2（a）、（b）所示；

（2）支模并浇灌混凝土，如图 10-2（c）所示；

（3）养护混凝土（一般为蒸汽养护）至其达设计强度的 75％以上时，切断预应力钢筋，如图 10-2（d）所示。

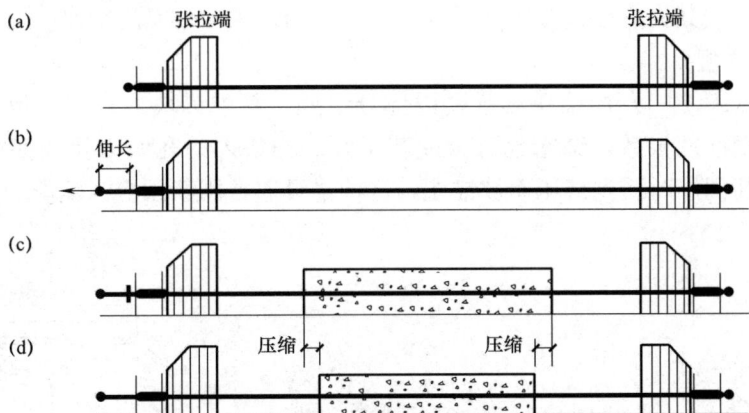

图 10-2　先张法预应力构件制作示意

（a）先张楔形锚具；（b）先张锥形锚具；（c）后张环塞锥形锚具；（d）后张夹片锥形锚具

2. 后张法

后张法的基本工序为：

（1）浇灌混凝土制作构件，并预留孔道，如图 10-3（a）所示；

（2）养护混凝土到规定强度值；

（3）在孔道中穿筋，并在构件上用张拉机具张拉预应力钢筋至控制应力，如图10-3（b）所示；

（4）张拉端用锚具锚住预应力钢筋，并在孔道内压力灌浆，如图10-3（c）所示。

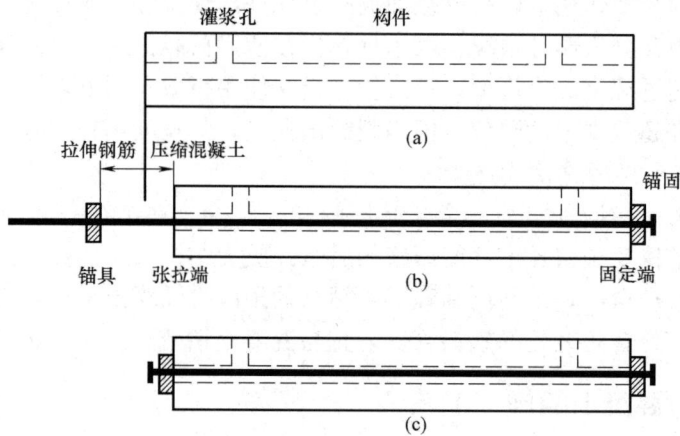

图10-3　后张法预应力构件制作示意

（a）预留孔道；（b）张拉预应力钢筋；（c）端部锚固

10.1.5　预应力混凝土的锚具

锚具是预应力混凝土构件锚固预应力筋的装置，它对在构件中建立有效预应力具有至关重要的作用。先张法构件中的锚具可重复使用，也称夹具或工作锚；后张法构件依靠锚具传递预应力，锚具也是构件的组成部分，是永久性的，不能重复使用。

预应力混凝土结构对锚具的要求是：安全可靠、使用有效、节约钢材及制作简单。锚具的种类繁多，按其构造形式及锚固原理，可以分为以下三种基本类型。

1. 锚块锚塞型

这种锚具（图10-4）由锚块和锚塞两部分组成，其中锚块形式有锚板、锚圈、锚筒等，根据所锚钢筋的根数，锚塞也可分成若干片。锚块内的孔洞以及锚塞做成楔形或锥形，预应力钢筋回缩时受到挤压而被锚住，这种锚具通常用于预应力钢筋的张拉端，也可

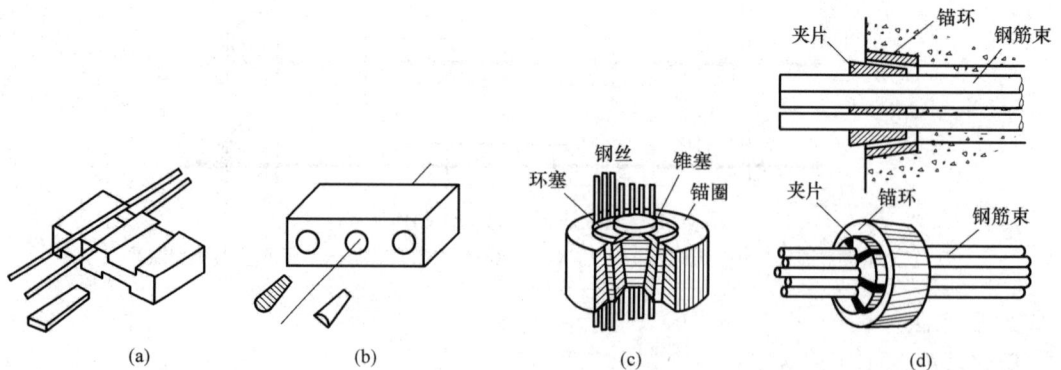

图10-4　锚块锚塞型锚具示意

（a）先张楔形锚具；（b）先张锥形锚具；（c）后张环塞锥形锚具；（d）后张夹片锥形锚具

用于固定端。锚块用于固定端时，在张拉过程中锚塞即就位挤紧；用于张拉端时，钢筋张拉完毕才将锚塞挤紧。

图 10-4（a）、（b）所示的锚具通常用于先张法，用于锚固单根钢丝或钢绞线，分别称为楔形锚具及锥形锚具。图 10-4（c）所示也是一种锥形锚具，用来锚固后张法构件中的钢丝束（双层）。图 10-4（d）所示称为 JM12 型锚具，适用于 3～6 根直径为 12mm 的热处理钢筋以及 5～6 根 7 股 4mm 钢丝的钢绞线（直径 $d=12$mm）所组成的钢绞线束，通常用于后张法。

2. 螺杆螺母型

图 10-5 所示为两种常用的螺杆螺母型锚具，图 10-5（a）所示用于粗钢筋，图 10-5（b）所示用于钢丝束。前者由螺杆、螺母、垫板组成，螺杆焊于预应力钢筋的端部，后者由锥形螺杆、套筒、螺母、垫板组成，通过套筒紧紧地将钢丝束与锥形螺杆挤压成一体。预应力钢筋或钢丝束张拉完毕时，旋紧螺母使其锚固。有时因螺母中螺纹长度不够或预应力钢筋伸长过大，则需在螺母下加垫板，以便能旋紧螺母。螺杆螺母型锚具较多用于后张法构件的张拉端。

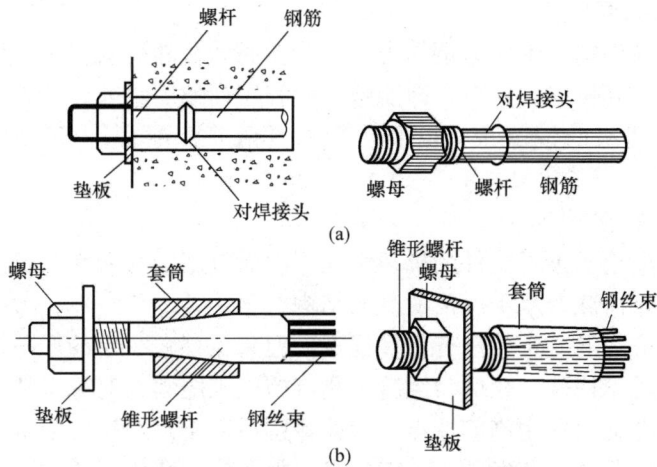

图 10-5　螺杆螺母型锚具示意图

（a）用于预应力钢筋；（b）用于预应力钢丝束

3. 镦头型锚具

图 10-6 所示为两种镦头型锚具，图 10-6（a）所示的用于预应力钢筋的张拉端，

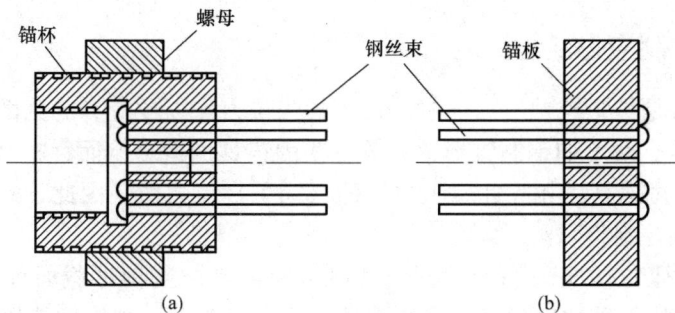

图 10-6　墩头型锚具

（a）张拉端墩头锚；（b）固定端墩头锚

图 10-6（b）所示的用于预应力钢筋的固定端，通常为后张法构件的钢丝束所采用。对于先张法构件的单根预应力钢丝，在固定端有时也采用，即将钢丝的一端镦粗，将钢丝穿过台座或钢模上的锚孔，在另一端进行张拉。

10.1.6　预应力混凝土的特点

预应力混凝土与普通钢筋混凝土相比，具有以下特点：

1. 提高了构件的抗裂能力

因为承受外荷载之前预应力混凝土构件的受拉区已有预压应力存在，所以在外荷载作用下，只有当混凝土的预压应力被全部抵消转而受拉且拉应变超过混凝土的极限拉应变时，构件才会开裂。

2. 增大了构件的刚度

因为预应力混凝土构件正常使用时，在荷载效应标准组合下可能不开裂或只有很小的裂缝，混凝土基本上处于弹性阶段工作，因而构件的刚度比普通钢筋混凝土构件有所增大。

3. 充分利用高强度材料

预应力混凝土构件中，预应力钢筋先被预拉，而后在外荷载作用下钢筋拉应力进一步增大，因而始终处于高拉应力状态，即能够有效利用高强度钢筋。此外，预应力混凝土构件一般采用高强度等级的混凝土，以便与高强度钢筋相配合，获得较经济的构件截面尺寸。

4. 扩大了构件的应用范围

由于预应力混凝土改善了构件的抗裂性能，因而可用于有防水、抗渗透及抗腐蚀要求的环境和大跨度、重荷载及承受反复荷载的结构。

如上所述，预应力混凝土构件有很多优点，但它也存在一定的局限性，因而并不能完全代替普通钢筋混凝土构件。预应力混凝土具有施工工序多、对施工技术要求高且需要张拉设备、锚夹具及劳动力费用高等特点，因此特别适用于普通钢筋混凝土构件力不能及的情形。随着我国建筑业的飞速发展，施工技术水平及施工队伍素质的不断提高，预应力混凝土必将迎来更加美好的应用前景。

10.2　预应力混凝土构件有效应力计算

10.2.1　张拉控制应力

张拉控制应力是指张拉预应力筋时，最大的张拉力除以预应力筋截面面积得出的拉应力值，以 σ_{con} 表示。对于如钢制锥形锚具等一些因锚具构造影响而存在（锚圈口）摩阻力的锚具，σ_{con} 指经过锚具、扣除此摩阻力后的（锚下）应力值。因此，σ_{con} 是指张拉预应力筋时的锚下张拉控制应力。

σ_{con} 是施工时张拉预应力筋的依据，其取值应适当。当构件截面尺寸及配筋量一定时，σ_{con} 越大，在构件受拉区建立的混凝土预压应力也越大，则构件使用时的抗裂度也越高。但是，若 σ_{con} 过大，则会产生如下问题：①个别钢筋可能被拉断；②施工阶段可能会引起构件某些部位受到拉力（称为预拉区）甚至开裂，还可能使后张法构件端部混凝土产生局部受压破坏；③使开裂荷载与破坏荷载相近，一旦开裂，构件可能产生无预兆的脆性破坏。另外，σ_{con} 过大，还会增大预应力筋的松弛损失。综上所述，对 σ_{con} 应规定上限值，同时为了保证构件中建立必要的有效预应力，σ_{con} 也不能过小，即 σ_{con} 也应规定下限值。

根据国内外设计与施工经验以及近年来的科研成果，《结构规范》规定预应力筋的张拉控制应力值 σ_{con} 应符合下列规定：

消除应力钢丝、钢绞线：

$$\sigma_{con} \leqslant 0.75 f_{ptk} \tag{10-1}$$

中强度预应力钢丝：

$$\sigma_{con} \leqslant 0.70 f_{ptk} \tag{10-2}$$

预应力螺纹钢筋：

$$\sigma_{con} \leqslant 0.85 f_{pyk} \tag{10-3}$$

式中　f_{ptk}——预应力筋极限强度标准值；

　　　f_{pyk}——预应力螺纹钢筋屈服强度标准值。

消除应力钢丝、钢绞线、中强度预应力钢丝的张拉控制应力值不应小于 $0.4 f_{ptk}$；预应力螺纹钢筋的张拉控制应力值不宜小于 $0.5 f_{pyk}$。

当符合下列情况之一时，上述张拉控制应力限值可提高 $0.05 f_{ptk}$ 或 $0.05 f_{pyk}$：

（1）要求提高构件在施工阶段的抗裂性能而在使用阶段受压区内设置的预应力筋；

（2）要求部分抵消由于应力松弛、摩擦、钢筋分批张拉以及预应力筋与张拉台座之间的温差等因素产生的预应力损失。

10.2.2　预应力损失

将预应力筋张拉到控制应力 σ_{con} 后，拉应力值将逐渐下降到一定程度，即存在预应力损失。经损失后预应力筋的应力才会在混凝土中建立相应的有效预应力，因此，只有正确认识和计算预应力筋的预应力损失值，才能比较准确地计算混凝土构件中的预应力水平。下面分项讨论引起预应力损失的原因、损失值的计算以及减少预应力损失的措施。

1. 张拉端锚具变形和预应力筋内缩引起的预应力损失 σ_{l1}

无论是先张法临时固定预应力筋，还是后张法张拉完毕锚固预应力筋，在张拉端由于锚具的压缩变形，锚具与垫板、垫板与垫板、垫板与构件之间的所有缝隙被挤紧，或由于预应力钢筋在锚具内的滑移，使得被拉紧的预应力筋缩短从而引起预应力损失。

预应力直线钢筋由于锚具变形和预应力筋内缩引起的预应力损失值 σ_{l1} 应按下式计算：

$$\sigma_{l1} = \frac{a}{l} E_p \tag{10-4}$$

式中　a——张拉端锚具变形和预应力筋内缩值（mm），可按表 10-1 采用；

　　　l——张拉端至锚固端之间的距离（mm）；

　　　E_p——预应力筋弹性模量。

块体拼成的结构，其预应力损失尚应计及块体间填缝的预压变形。当采用混凝土或砂浆为填缝材料时，每条填缝的预压变形值可取为 1mm。

式（10-4）中，a 越小或 l 越大，则 σ_{l1} 越小。为了减小锚具变形和预应力筋内缩引起的预应力损失 σ_{l1}，应尽量少用垫板，因为每增加一块垫板，a 值就增加 1mm。先张法采用长线台座张拉时 σ_{l1} 较小，而后张法中构件长度越大则 σ_{l1} 越小。为了减小预应力筋与孔道壁之间的摩擦引起的预应力损失 σ_{l2}（见后），后张法构件常采用两端张拉预应力筋的方法，此时预应力筋的锚固端应为构件长度的中点，即式（10-4）中的 l 应取构件长度的一半。

锚具变形及预应力筋内缩值 a 表 10-1

锚具类别		a
支承式锚具（钢丝束墩头锚具等）	螺母缝隙	1
	每块后加垫板的缝隙	1
夹片式锚具	有顶压时	5
	无顶压时	6～8

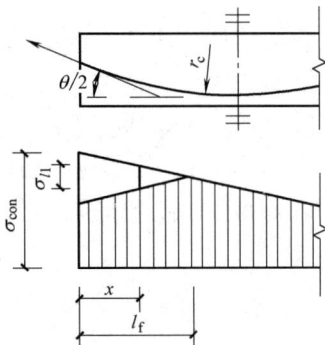

图 10-7　圆弧形曲线
预应力损失 σ_{l1}

后张法构件预应力曲线钢筋或折线钢筋由于锚具变形和预应力筋内缩引起的预应力损失值 σ_{l1}，应根据钢筋与孔道壁之间反向摩擦影响长度 l_f 范围内的预应力筋变形值等于锚具变形和预应力筋内缩值的条件确定。

对于通常采用的抛物线形预应力钢筋可近似按圆弧形曲线预应力钢筋考虑。当其对应的圆心角 $\theta \leqslant 45°$ 时（图 10-7），由于锚具变形和预应力筋内缩，在反向摩擦影响长度 l_f 范围内的预应力损失值 σ_{l1}，可按下列公式计算：

$$\sigma_{l1} = 2\sigma_{con} l_f \left(\frac{\mu}{r_c} + k \right) \left(1 - \frac{x}{l_f} \right) \tag{10-5}$$

反向摩擦影响长度 l_f（单位为"m"）可按下列公式计算：

$$l_f = \sqrt{\frac{aE_s}{1000\sigma_{con}(\mu/r_e + k)}} \tag{10-6}$$

式中　r_c——圆弧形曲线预应力钢筋的曲率半径（m）；

　　　μ——预应力筋与孔道壁之间的摩擦系数，按表 10-2 采用；

　　　k——考虑孔道每米局部偏差的摩擦系数，按表 10-2 采用；

　　　x——张拉端至计算截面的距离（m），这里 $0 \leqslant x \leqslant 4$；

　　　a——张拉端锚具变形和预应力筋内缩值（mm），按表 10-1 采用；

　　　E_s——预应力筋弹性模量。

摩擦系数   表 10-2

孔道成型方式	k	μ	
		钢绞线、钢丝束	预应力螺纹钢筋
预埋金属波纹管	0.0015	0.25	0.50

孔道成型方式	k	μ	
		钢绞线、钢丝束	预应力螺纹钢筋
预埋塑料波纹管	0.0015	0.15	—
预埋钢管	0.0010	0.30	—
橡胶管或钢管抽芯成型	0.0014	0.55	0.60
无粘结预应力筋	0.0040	0.09	—
缓粘结预应力钢绞线	0.0060	0.12	—

2. 预应力筋与孔道壁之间的摩擦引起的预应力损失 σ_{l2}

后张法预应力筋的预留孔道有直线形和曲线形，由于孔道的制作偏差、孔道壁粗糙等原因，张拉预应力筋时，钢筋将与孔壁发生接触摩擦。距离张拉端越远，摩擦阻力的累积值越大，从而使构件每一截面上预应力筋的拉应力值逐渐减小，这种预应力值差额称为摩擦损失，记为 σ_{l2}。这种摩擦力可分为曲率效应和长度效应两部分：前者是由于孔道弯曲使预应力筋与孔壁混凝土之间相互挤压而产生的摩擦力，其大小与挤压力成正比；后者是由于孔道制作偏差或孔道偏摆使预应力筋与孔壁混凝土之间产生的接触摩擦力（即使直线孔道也存在），其大小与钢筋的拉力及长度成正比。预应力筋与孔道壁之间的摩擦引起的预应力损失 σ_{l2} 的计算公式：

$$\sigma_{l2}=\sigma_{\mathrm{con}}\left(1-\frac{1}{e^{kx+\mu\theta}}\right) \tag{10-7}$$

当 $(kx+\mu\theta)\leqslant 0.3$ 时，σ_{l2} 可按以下近似公式计算：

$$\sigma_{l2}=(kx+\mu\theta)\sigma_{\mathrm{con}} \tag{10-8}$$

式中　x——张拉端至计算截面的孔道长度（m），可近似取该段孔道在纵轴上的投影长度；

　　　θ——张拉端至计算截面曲线孔道部分切线（或法线）的夹角（rad）；

　　　k——考虑孔道每米长度局部偏差的摩擦系数（m^{-1}），按表 10-2 采用；

　　　μ——预应力筋与孔道壁之间的摩擦系数（rad^{-1}），按表 10-2 采用。

发生摩擦损失 σ_{l2} 之后，预应力钢筋内的应力分布如图 10-8 所示。张拉端处 $\sigma_{l2}=0$，距离张拉端越远 σ_{l2} 越大，锚固端 σ_{l2} 最大，因而在锚固端建立的有效预应力最小，此处

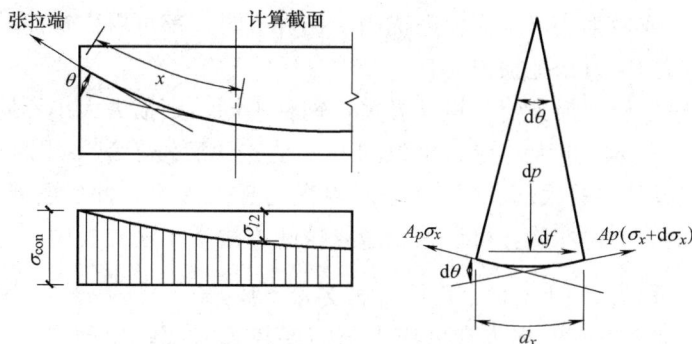

图 10-8　摩擦损失计算简图

的抗裂能力最低。为了减小摩擦损失 σ_{l2}，对于较长的构件可采用一端张拉另一端补拉，或两端张拉，也可采用超张拉。

当采用夹片式群锚体系时，在 σ_{con} 中宜扣除张拉端锚口摩擦损失（按实测值或厂家提供的数据确定）。先张法构件当采用折线形预应力钢筋时，在转向装置处也有摩擦力，由此产生的预应力筋摩擦损失按实际情况确定。当采用电热后张法时，不考虑这项损失。

3. 混凝土加热养护时，预应力筋与承受拉力的设备之间的温差引起的预应力损失 σ_{l3}

制作先张法构件时，为了缩短生产周期，常采用蒸汽养护促使混凝土快速硬化。当新浇筑的混凝土尚未结硬时，加热升温，预应力筋伸长，但两端的台座因与大地相接，温度基本上不升高，台座间距离保持不变。即由于预应力筋与台座间形成温差，使预应力筋内部紧张程度降低，预应力下降。降温时，混凝土已结硬并与预应力筋结成整体，钢筋应力不能恢复原值，于是就产生了预应力损失 σ_{l3}。

预应力损失 σ_{l3} 的发生，也可以这样理解：当加热升温时预应力筋先产生了自由伸长 Δl，原应力值保持不变；随后又施加了一个压应力，将钢筋压回原长，则该压应力就是预应力损失 σ_{l3}，相应的压应变为：

$$\varepsilon = \frac{\Delta l}{l} = \frac{l\alpha\Delta t}{l} = \alpha\Delta t$$

式中　α——钢筋的温度线膨胀系数，约为 $1.0\times10^{-5}℃$；

Δt——预应力筋与台座间的温差（℃）；

l——台座间的距离。

取钢筋的弹性模量 $E_s = 2.0\times10^5 N/mm^2$，则有：

$$\sigma_{l3} = E_s\varepsilon = 2.0\times10^5\times1.0\times10^{-5}\Delta t = 2\Delta t \tag{10-9}$$

式中，σ_{l3} 以"N/mm^2"计。

由上式可知，若温度一次升高 75~80℃时，则 $\sigma_{l3} = 150~160 N/mm^2$，预应力损失太大。通常采用两阶段升温养护来减小温差损失：先升温 20~25℃，待混凝土强度达到 7.5~10 N/mm^2 后，混凝土与预应力筋之间已具有足够的粘结力而结成整体；当再次升温时，两者可共同变形，不再引起预应力损失。因此，计算时取 $\Delta t = 20~25℃$。

4. 预应力筋的应力松弛引起的预应力损失 σ_{l4}

应力松弛是指钢筋受力后，在长度不变的条件下，钢筋应力随时间的增长而降低的现象，其本质是钢筋沿应力方向的徐变受到约束而产生松弛，导致应力下降。先张法当预应力筋固定于台座上或后张法当预应力筋锚固于构件上时，都可看作钢筋长度基本不变，因而将发生预应力筋的应力松弛损失 σ_{l4}。

试验证明，应力松弛损失值与钢种有关，钢种不同，则损失大小不同；另外，张拉控制应力 σ_{con} 越大，则 σ_{l4} 也大；应力松弛的发生是先快后慢，第一小时可完成 50% 左右（头两分钟内可完成其中的大部分），24 小时内完成 80% 左右，此后发展较慢。

根据应力松弛的上述性质，可以采用超张拉的方法减小松弛损失。超张拉时可采取以下两种程序：第一种为 $0\rightarrow1.03\sigma_{con}$；第二种为 $0\rightarrow1.05\sigma_{con}\xrightarrow{2min}\sigma_{con}$。其原理为：高应力（超张拉）下短时间内发生的损失在低应力下需要较长时间；持荷 2min 可使相当一部分松弛损失发生在钢筋锚固之前，则锚固后损失减小。

《结构规范》规定，预应力松弛损失计算如下：

1）消除应力钢丝、钢绞线普通松弛情况下：

$$\sigma_{l4} = 0.4\left(\frac{\sigma_{con}}{f_{ptk}} - 0.5\right)\sigma_{con} \tag{10-10}$$

消除应力钢丝、钢绞线低松弛情况下，当 $\sigma_{con} \leqslant 0.7f_{ptk}$ 时：

$$\sigma_{l4} = 0.125\left(\frac{\sigma_{con}}{f_{ptk}} - 0.5\right)\sigma_{con} \tag{10-11}$$

消除应力钢丝、钢绞线低松弛情况下，当 $0.7f_{ptk} < \sigma_{con} \leqslant 0.8f_{ptk}$ 时：

$$\sigma_{l4} = 0.2\left(\frac{\sigma_{con}}{f_{ptk}} - 0.575\right)\sigma_{con} \tag{10-12}$$

2）中强度预应力钢丝，$\sigma_{l4} = 0.08\sigma_{con}$。 $\tag{10-13}$

3）预应力螺纹钢筋，$\sigma_{l4} = 0.03\sigma_{con}$。 $\tag{10-14}$

考虑时间影响的预应力筋应力松弛引起的预应力损失值，可由式（10-10）～式（10-14）算得的预应力损失值 σ_{l4} 乘以相应的系数确定。

5. 混凝土的收缩和徐变引起的预应力损失 σ_{l5}

混凝土在空气中结硬时体积收缩，而在预压力作用下，混凝土沿压力方向又发生徐变。收缩、徐变都导致预应力混凝土构件的长度缩短，预应力筋也随之回缩，产生预应力损失 σ_{l5}。由于收缩和徐变均使预应力筋回缩，两者难以分开，所以通常合在一起考虑。混凝土收缩徐变引起的预应力损失很大，在曲线配筋的构件中约占总损失的 30%，在直线配筋构件中可达 60%。纵向钢筋会阻碍混凝土的收缩和徐变的发展，随着配筋率加大，收缩徐变产生的预应力值将减小。由于非预应力钢筋也起阻碍作用，故配筋率计算中包括非预应力钢筋。混凝土承受压应力的大小是影响徐变的主要因素，当预压应力 σ_{pc} 和混凝土抗压强度 f_{cu} 的比值 $\sigma_{pc}/f_{cu} < 0.5$ 时，徐变和压应力大致成线性关系，称线性徐变，由此引起的预应力损失值也成线性变化。当 $\sigma_{pc}/f_{cu} > 0.5$ 时，徐变的增长速度大于应力增长速度，称非线性徐变，这时预应力损失也大。

混凝土收缩、徐变引起受拉区和受压区纵向预应力筋的预应力损失值 σ_{l5} 可按下列方法确定：

1）一般情况下，对先张法、后张法构件的预应力损失值 σ_{l5} 分别按下列公式计算：

先张法构件：

$$\sigma_{l5} = \frac{60 + 340\dfrac{\sigma_{pc}}{f'_{cu}}}{1 + 15\rho} \tag{10-15}$$

$$\sigma'_{l5} = \frac{60 + 340\dfrac{\sigma'_{pc}}{f'_{cu}}}{1 + 15\rho'} \tag{10-16}$$

后张法构件：

$$\sigma_{l5} = \frac{55 + 300\dfrac{\sigma_{pc}}{f'_{cu}}}{1 + 15\rho} \tag{10-17}$$

$$\sigma'_{l5} = \frac{55 + 300\dfrac{\sigma'_{pc}}{f'_{cu}}}{1 + 15\rho'} \tag{10-18}$$

$$\rho = (A_p + A_s)/A_n \tag{10-19}$$

$$\rho' = (A'_p + A'_s)/A_n \tag{10-20}$$

式中　σ_{pc}、σ'_{pc}——受拉区、受压区预应力筋在各自合力点处的混凝土法向压应力；

$\quad\quad f'_{cu}$——施加预应力时的混凝土立方体抗压强度；

$\quad\quad \rho$，ρ'——受拉区、受压区预应力筋和非预应力钢筋的配筋率，对于对称配置预应力筋和非预应力钢筋的构件（如轴心受拉构件），配筋率 ρ、ρ' 应分别按钢筋总截面面积的一半进行计算。

计算受拉区、受压区预应力筋在各自合力点处的混凝土法向压应力 σ_{pc}、σ'_{pc} 时，预应力损失值仅考虑混凝土预压前（第一批）的损失（即这里取 $\sigma_{pc} = \sigma_{pcI}$；$\sigma'_{pc} = \sigma'_{pcI}$），其非预应力钢筋中的应力 σ_{l5}，σ_{l5} 值应取为零；σ_{pc}、σ'_{pc} 值不得大于 $0.5f_{cu}$；当 σ_{pc} 为拉应力时，则式（10-16）、式（10-18）中的 σ_{pc} 应取为零。计算混凝土法向应力 σ_{pc}、σ'_{pc} 时，可根据构件制作情况考虑自重的影响。结构处于年平均相对湿度低于 40% 的环境下，σ_{l5} 及 σ_{l5} 值应增加 30%。

2）对重要结构构件，当需要考虑与时间相关的混凝土收缩、徐变预应力损失值时，可按现行的《结构规范》进行计算。

由于后张法构件在开始施加预应力时，混凝土已完成部分收缩，故后张法的 σ_{l5} 比先张法的低，所有能减少混凝土收缩徐变的措施，相应地都将减少 σ_{l5}。

6. 用螺旋式预应力筋作配筋的环形构件，由于混凝土的局部挤压引起的预应力损失 σ_{l6}

采用螺旋式预应力筋作配筋的环形构件，由于预应力筋对混凝土的局部挤压，使环形构件的直径有所减小，由原来的 d 减小到 d_1，预拉应力下降，计算如下：

$$\sigma_{l6} = \frac{\pi d - \pi d_1}{\pi d} E_s = \frac{d - d_1}{d} E_s \tag{10-21}$$

构件的直径 d 越大，则 σ_{l6} 越小；当 d 较大时，这项损失可以忽略不计。《结构规范》规定：当构件直径 $d \leqslant 3m$ 时，$\sigma_{l6} = 30 \text{N/mm}^2$；当构件直径 $d > 3m$ 时，$\sigma_{l6} = 0$。

7. 混凝土弹性压缩引起的预应力损失 σ_{l7}

混凝土弹性压缩引起的预应力损失 σ_{l7} 可按下列方法确定：

1）先张法构件和一次张拉完成的后张法构件

$$\sigma_{l7} = 0 \tag{10-22}$$

2）分批张拉和锚固预应力钢筋的后张法构件

$$\sigma_{l7} = \frac{m-1}{2m} n_p \sigma_c \tag{10-23}$$

$$\sigma_c = \frac{N_p}{A_n} + \frac{N_p e_p^2}{I_n} \tag{10-24}$$

式中　m——受预应力筋张拉的总批数；

$\quad\quad n_p$——预应力筋弹性模量与混凝土弹性模量之比 E_p/E_c；

$\quad\quad \sigma_c$——在代表截面的全部预应力筋形心处混凝土的预压应力，预应力筋的预拉应力按控制应力扣除相应的预应力损失后算得（MPa）；

N_p——后张法构件的预加力（N）；

A_n——净截面面积，即扣除孔道、凹槽等削弱部分以外的混凝土全部截面面积及纵向普通钢筋截面面积换算成混凝土的截面面积之和；对由不同混凝土强度等级组成的截面，应根据混凝土弹性模量比值换算成同一混凝土强度等级的截面面积（mm^2）；

I_n——净截面惯性矩（mm^4）；

e_p——预应力筋截面形心至换算截面形心的距离（mm）。

8. 预应力损失的分阶段组合

不同的施加预应力方法，产生的预应力损失也不相同。一般地，先张法构件的预应力损失有 σ_{l1}、σ_{l2}、σ_{l3}、σ_{l4}、σ_{l5}、σ_{l7}；而后张法构件有 σ_{l1}、σ_{l2}、σ_{l4}、σ_{l5}、σ_{l7}（当为环形构件时还有 σ_{l6}）。

预应力筋的有效预应力 σ_{pe} 定义为：锚下张拉控制应力 σ_{con} 扣除相应应力损失 σ_l 并考虑混凝土弹性压缩引起的预应力筋应力降低后，在预应力筋内存在的预拉应力。因为各项预应力损失是先后发生的，则有效预应力值亦随不同受力阶段而变。将预应力损失按各受力阶段进行组合，可计算出不同阶段预应力筋的有效预拉应力值，进而计算出在混凝土中建立的有效预应力 σ_{pc}。

在实际计算中，以"预压"为界，把预应力损失分成两批。所谓"预压"，对先张法，是指放松预应力筋（简称放张），开始给混凝土施加预应力的时刻；对后张法，因为是在混凝土构件上张拉预应力筋，混凝土从张拉钢筋开始就受到预压，故"预压"特指张拉预应力筋至 σ_{con} 并加以锚固的时刻。预应力混凝土构件在各阶段的预应力损失值宜按表 10-3 的规定进行组合。

各阶段预应力损失值的组合　　　　　　　　　　　　表 10-3

预应力损失值的组合	先张法构件	后张法构件
混凝土预压前（第一批）损失 σ_{lI}	$\sigma_{l1}+\sigma_{l2}+\sigma_{l3}+\sigma_{l4}$	$\sigma_{l1}+\sigma_{l2}$
混凝土预压后（第二批）损失 σ_{lII}	$\sigma_{l5}+\sigma_{l7}$	$\sigma_{l4}+\sigma_{l5}+\sigma_{l6}+\sigma_{l7}$

注：先张法构件由于钢筋应力松弛引起的损失值在第一批和第二批损失中所占的比例，可以根据实际情况确定。

第一批损失记为 σ_{lI}，第二批损失记为 σ_{lII}。在本章混凝土预应力计算公式中，预应力损失的通用符号为 σ_l，它既可以表示全部损失 $\sigma_{lI}+\sigma_{lII}$，也可以表示第一批损失 σ_{lI}，视具体情况而定。

考虑到预应力损失计算值与实际值的差异，并为了保证预应力混凝土构件具有足够的抗裂度，应对预应力总损失值做最低限值的规定。《结构规范》规定，当计算求得的预应力总损失值小于下列数值时，应按下列数值取用：先张法构件，$100N/mm^2$；后张法构件，$80N/mm^2$。

10.2.3　有效预应力分布

1. 先张法——预应力传递长度 l_{tr} 和锚固长度 l_a

对于先张法构件，理论上各项预应力损失值沿构件长度方向均相同，但由于它是依靠

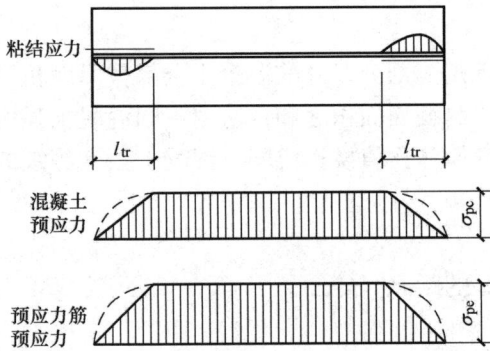

预应力筋与混凝土之间的粘结力传递预应力的，因此，在构件端部需经过一段传递长度 l_{tr}（传递长度内粘结应力的合力应等于预应力筋的有效预拉力 $A_p\sigma_{pe}$）才能在构件的中间区段建立起不变的有效预应力，如图 10-9 所示。由于粘结应力非均匀分布，则 l_{tr} 范围内钢筋与混凝土的预应力本应为曲线变化，但为了简单起见，《结构规范》近似按线性变化规律考虑，并规定先张法构件预应力筋的预应力传递长度 l_{tr} 应按下列公式计算：

$$l_{tr} = \alpha \frac{\sigma_{pe}}{f'_{tk}} d \tag{10-25}$$

式中　σ_{pe}——放张时预应力筋的有效预拉应力；

　　　　d——预应力筋的公称直径；

　　　　α——预应力筋的外形系数，按表 10-4 采用；

　　　　f'_{tk}——与放张时混凝土立方体抗压强度相应的轴心抗拉强度标准值，可按线性内插法确定。

当采用骤然放松预应力筋的施工工艺时，因构件端部一定长度范围内预应力筋与混凝土之间的粘结力被破坏，因此对光面预应力钢丝，l_{tr} 的起点应从距构件末端 $0.25l_{tr}$ 处开始计算。先张法构件端部的预应力传递长度 l_{tr} 和预应力筋的锚固长度 l_a 是两个不同的概念。前者是指从预应力筋应力为零的端部到应力为 σ_{pe} 的这一段长度 l_{tr}，在正常使用阶段，对先张法构件端部进行抗裂验算时，应考虑 l_{tr} 内实际应力值的变化；而后者是当构件在外荷载作用下达到承载能力极限状态时，预应力筋的应力达到抗拉强度设计值 f_{py}，为了使预应力筋不致被拔出，预应力筋应力从端部的零到 f_{py} 的这一段长度 l_a。

计算先张法预应力混凝土受弯构件端部锚固区的正截面和斜截面受弯承载力时，锚固长度范围内的预应力筋抗拉强度设计值在锚固起点处应取为零，在锚固终点处应取为 f_{py}，两点之间可按线性内插法确定。预应力筋的锚固长度 l_a 应按式（10-9）计算。

钢筋的外形系数　　　　　　　　　　　表 10-4

钢筋类型	光面钢筋	带肋钢筋	螺旋肋钢丝	三股钢绞线	七股钢绞线
α	0.16	0.14	0.13	0.16	0.17

当采用骤然放松预应力筋的施工工艺时，先张法光面预应力钢丝的锚固长度 l_a 应从距构件末端 $0.25l_{tr}$ 处开始计算。

2. 后张法构件有效预应力沿构件长度的分布

后张法构件中，摩擦损失 σ_{l2} 在张拉端为零，然后逐渐增大，至锚固端达最大值；若为直线预应力钢筋，则其他各项损失值沿构件长度方向不变。因此，预应力筋的有效应力沿构件长度方向的各截面是不同的，从而在混凝土中建立的有效预应力也是变化的。所以，计算后张法构件有效应力时，必须特别注意针对的是哪个截面。若为曲线预应力筋，

则 σ_{l5} 沿构件长度方向也变化，应力分布较复杂。

10.3   预应力混凝土轴心受拉构件的应力分析

10.3.1   先张法轴心受拉构件

先张法构件中，预应力筋和非预应力钢筋与混凝土协调变形的起点均为预压前（即完成 σ_{lI}）的时刻，此时，预应力筋的拉应力为 $\sigma_{con}-\sigma_{lI}$，而非预应力钢筋与混凝土的应力均为零。求任一时刻钢筋（包括预应力筋及非预应力钢筋）的应力，除扣除相应的预应力损失外，还应考虑混凝土的弹性压缩引起的钢筋应力的变化。

下面仅考虑对构件计算有特殊意义的几个特定时刻的应力状态。

1. 施工阶段

这里仅考虑施工制作阶段，应力图形如图 10-10 所示。此阶段构件任一截面各部分应力均为自平衡体系。

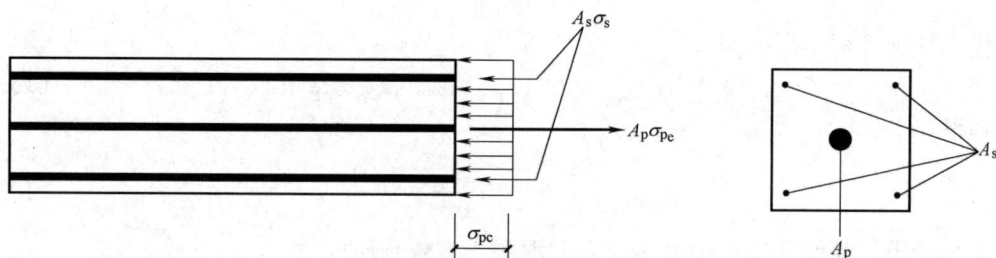

图 10-10   先张法构件截面应力

1）放松预应力筋，压缩混凝土（完成第一批预应力损失）

制作先张法构件时，首先张拉预应力筋至 σ_{con}，并锚固于台座上. 然后浇筑混凝土构件，并进行蒸汽养护。于是，预应力筋产生了第一批预应力损失 $\sigma_{lI}=\sigma_{l1}+\sigma_{l3}+\sigma_{l4}$，而此时混凝土尚未受力。待混凝土强度达 $75\% f_{cu,k}$ 以上时，放松预应力筋，混凝土才开始受压。此时，设混凝土的预压应力为 σ_{pcI}，则有：

$$\sigma_{pc}=\sigma_{pcI} \tag{10-26}$$

$$\sigma_{pe}=\sigma_{con}-\sigma_{lI}-\alpha_E\sigma_{pcI} \tag{10-27}$$

$$\sigma_s=\alpha_{Es}\sigma_{pcI} \tag{10-28}$$

由平衡条件可得：

$$\sigma_{pe}A_p=\sigma_{pc}A_c+\sigma_s A_s \tag{10-29}$$

即：

$$(\sigma_{con}-\sigma_{lI}-\alpha_E\sigma_{pcI})A_p=\sigma_{pcI}A_c+\alpha_{Es}\sigma_{pcI}A_s \tag{10-30}$$

解得：

$$\sigma_{pcI}=\frac{(\sigma_{con}-\sigma_{lI})A_p}{A_c+\alpha_{Es}A_s+\alpha_E A_p}=\frac{(\sigma_{con}-\sigma_{lI})A_p}{A_0} \tag{10-31}$$

式中 A_0——构件的换算截面面积，$A_0=A_c+\alpha_{Es}A_s+\alpha_E A_p$；

α_{Es}、α_E——分别为预应力筋和非预应力钢筋的弹性模量与混凝土弹性模量的比值。

对先张法轴心受拉构件，混凝土截面面积为 $A_c = A - A_p - A_c$，$A = bh$ 为构件的毛截面面积。

先张法构件放松预应力筋时，混凝土受到的预压应力达最大值。此时的应力状态，可作为施工阶段对构件进行承载能力计算的依据。另外，σ_{pcI} 还用于计算 σ_{l5}。

2）完成第二批预应力损失

当第二批预应力损失 $\sigma_{lII} = \sigma_{l5}$ 完成后（此时 $\sigma_l = \sigma_{lI} + \sigma_{lII}$），因预应力筋的拉应力降低，导致混凝土的预压应力下降至 σ_{pcII}；同时由于混凝土的收缩和徐变以及弹性压缩，也使构件内的非预应力钢筋随混凝土构件的缩短而缩短，在非预应力钢筋中产生应力，这种应力减少了受拉区混凝土的法向预压应力，使构件的抗裂能力降低，因而计算时应考虑其影响。为了简化计算，假定非预应力钢筋由于混凝土收缩、徐变引起的压应力增量与预应力筋的该项预应力损失值相同，即近似取 σ_{l5}。此时：

$$\sigma_{pc} = \sigma_{pcII} \tag{10-32}$$

$$\sigma_{pe} = \sigma_{con} - \sigma_l - \alpha_E \sigma_{pcII} \tag{10-33}$$

$$\sigma_s = \alpha_{Es} \sigma_{pcII} + \sigma_{l5} \tag{10-34}$$

代入平衡方程，即：

$$(\sigma_{con} - \sigma_l - \alpha_E \sigma_{pcII}) A_p = \sigma_{pcII} A_c + (\alpha_{Es} \sigma_{pcII} + \sigma_{l5}) A_s \tag{10-35}$$

解得：

$$\sigma_{pcII} = \frac{(\sigma_{con} - \sigma_l) A_p - \sigma_{l5} A_s}{A_0} \tag{10-36}$$

上式给出了先张法构件中最终建立的混凝土有效预压应力。

2. 使用阶段

使用阶段是指从施加外荷载开始的阶段。

1）加荷至混凝土预压应力被抵消时

设此时外荷载产生的轴向拉力为 N_0（图 10-11），相应的预应力筋的有效应力为 σ_{p0}，则有：

$$\sigma_{pc} = 0 \tag{10-37}$$

$$\sigma_{pe} = \sigma_{p0} = \sigma_{con} - \sigma_l \tag{10-38}$$

$$\sigma_s = \sigma_{l5} \tag{10-39}$$

平衡条件为：

$$N_0 = \sigma_{pe} A_p - \sigma_s A_s \tag{10-40}$$

将 σ_{pe}、σ_s 代入并利用式（10-23）得：

$$N_0 = (\sigma_{con} - \sigma_l) A_p - \sigma_{l5} A_s = \sigma_{pcII} A_0 \tag{10-41}$$

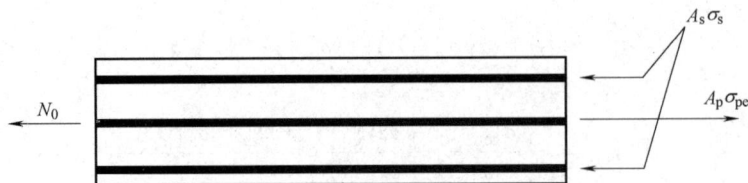

图 10-11　消压状态

此时，构件截面上混凝土的应力为零，相当于普通钢筋混凝土构件还没有受到外荷载的作用，但预应力混凝土构件已能承担外荷载产生的轴向拉力 N_0，故称 N_0 为"消压拉力"。

2）继续加荷至混凝土即将开裂

随着轴向拉力的继续增大，构件截面上混凝土将转而受拉，当拉应力达到混凝土抗拉强度标准值 f_{tk} 时，构件截面即将开裂，设相应的轴向拉力为 N_{cr}，如图 10-12 所示。此时：

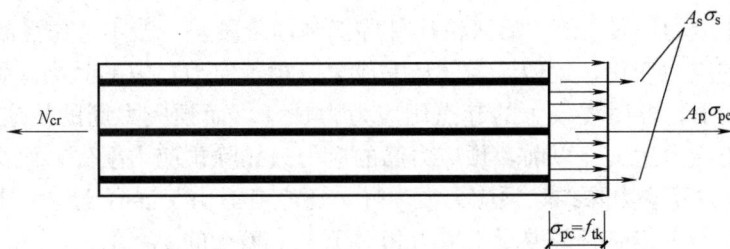

图 10-12 截面即将开裂

$$\sigma_{pc} = -f_{tk} \tag{10-42}$$
$$\sigma_{pe} = \sigma_{con} - \sigma_l + \alpha_E f_{tk} \tag{10-43}$$
$$\sigma_s = \sigma_{l5} - \alpha_{Es} f_{tk} \tag{10-44}$$

平衡条件为：

$$N_{cr} = \sigma_{pe} A_p - \sigma_{pc} A_c - \sigma_s A_s \tag{10-45}$$

即：

$$\begin{aligned}
N_{cr} &= (\sigma_{con} - \sigma_l + \alpha_E f_{tk}) A_p + f_{tk} A_c - (\sigma_{l5} - \alpha_{Es} f_{tk}) A_s \\
&= (\sigma_{con} - \sigma_l) A_p - \sigma_{l5} A_s + f_{tk}(A_c + \alpha_E A_p + \alpha_{Es} A_s) \\
&= \sigma_{pcII} A_0 + f_{tk} A_0 = N_0 + f_{tk} A_0 \\
&= (\sigma_{pcII} + f_{tk}) A_0
\end{aligned} \tag{10-46}$$

上式可作为使用阶段对构件进行抗裂度验算的依据。

3）加荷直至构件破坏

由于轴心受拉构件的裂缝沿正截面贯通，开裂后裂缝截面混凝土完全退出工作。随着荷载继续增大，当裂缝截面上预应力筋及非预应力钢筋的拉应力先后达到抗拉强度设计值时，贯通裂缝骤然加宽，构件破坏。相应的轴向拉力极限值（即极限承载力）为 N_u，如图 10-13 所示。

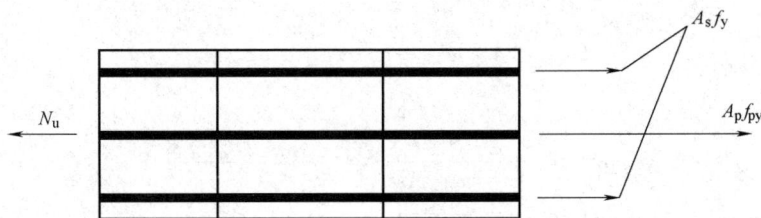

图 10-13 极限状态

由平衡条件可得:

$$N_u = f_{py} A_p + f_y A_s \tag{10-47}$$

上式可作为使用阶段对构件进行承载力极限状态计算的依据。

10.3.2　后张法轴心受拉构件

后张法构件中,非预应力钢筋与混凝土协调变形的起点是张拉预应力筋之前,此时两者的起点应力均为零。因此,由混凝土的弹性压缩引起的非预应力钢筋应力的变化量等于相应时刻混凝土应力的 α_{Es} 倍。后张法构件施工制作阶段,一般不考虑混凝土弹性压缩引起的预应力筋的应力变化,近似认为,从完成第二批预应力损失的时刻开始,预应力筋才和混凝土协调变形,此时混凝土的起点压应力为 σ_{pcII},而预应力筋的拉应力为 $\sigma_{con} - \sigma_l$。因此,在混凝土应力达 σ_{pcII} 以前,预应力筋的应力只扣除预应力损失;而在混凝土应力达 σ_{pcII} 以后,预应力筋应力除扣除预应力损失外,还应考虑由于混凝土弹性压缩引起的钢筋应力增量,其值等于相应时刻混凝土应力相对于 σ_{pcII} 增量的 α_E 倍。

1. 施工阶段

应力图形如图 10-14 所示,构件任一截面各部分应力亦为自平衡体系。

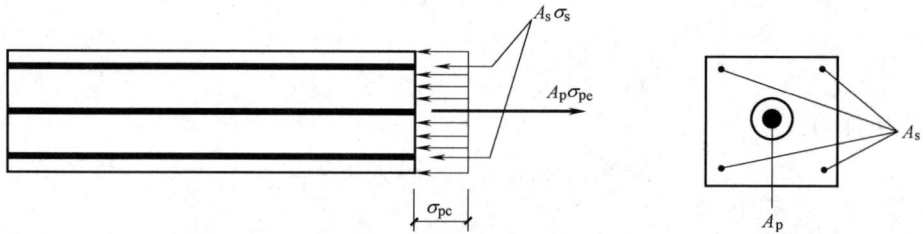

图 10-14　后张法构件截面预应力

1) 在构件上张拉预应力筋至 σ_{con},同时压缩混凝土

在张拉预应力筋过程中,沿构件长度方向各截面均产生了数值不等的摩擦损失 σ_{l2}。将预应力筋张拉到 σ_{con} 时,设混凝土应力为 σ_{cc},此时任一截面处:

$$\sigma_{pc} = \sigma_{cc} \tag{10-48}$$

$$\sigma_{pe} = \sigma_{con} - \sigma_{l2} \tag{10-49}$$

$$\sigma_s = \alpha_{Es} \sigma_{cc} \tag{10-50}$$

平衡条件有:

$$\sigma_{pe} A_p = \sigma_{pc} A_c + \sigma_s A_s \tag{10-51}$$

即:

$$(\sigma_{con} - \sigma_{l2}) A_p = \sigma_{cc} A_c + \alpha_{Es} \sigma_{cc} A_s \tag{10-52}$$

解得:

$$\sigma_{cc} = \frac{(\sigma_{con} - \sigma_{l2}) A_p}{A_c + \alpha_{Es} A_s} = \frac{(\sigma_{con} - \sigma_{l2}) A_p}{A_n} \tag{10-53}$$

式中　A_n——构件扣除孔洞以后的换算面积,$A_n = A_c + \alpha_{Es} A_s$。

在式 (10-53) 中,当 $\sigma_{l2} = 0$ (张拉端) 时,σ_{cc} 达最大值,即:

$$\sigma_{cc} = \frac{\sigma_{con} A_p}{A_n} \tag{10-54}$$

上式可作为施工阶段对构件进行承载力验算的依据。

2）完成第一批预应力损失

当张拉完毕，将预应力筋锚固于构件上时，又发生了 σ_{l1}，至此第一批预应力损失 $\sigma_{lI} = \sigma_{l1} + \sigma_{l2}$ 完成。此时：

$$\sigma_{pc} = \sigma_{pcI} \tag{10-55}$$

$$\sigma_{pe} = \sigma_{con} - \sigma_{lI} \tag{10-56}$$

$$\sigma_s = \alpha_{Es} \sigma_{pcI} \tag{10-57}$$

代入平衡方程，得：

$$(\sigma_{con} - \sigma_{lI}) A_p = \sigma_{pcI} A_c + \alpha_{Es} \sigma_{pcI} A_s \tag{10-58}$$

解得：

$$\sigma_{pcI} = \frac{(\sigma_{con} - \sigma_{lI}) A_p}{A_c + \alpha_{Es} A_s} = \frac{(\sigma_{con} - \sigma_{lI}) A_p}{A_n} \tag{10-59}$$

这里的 σ_{pcI} 用于计算 σ_{l5}。

3）完成第二批预应力损失

第二批损失 $\sigma_{lII} = \sigma_{l4} + \sigma_{l5}$。此时：

$$\sigma_{pc} = \sigma_{pcII} \tag{10-60}$$

$$\sigma_{pe} = \sigma_{con} - \sigma_l \tag{10-61}$$

$$\sigma_s = \alpha_{Es} \sigma_{pcII} + \sigma_{l5} \tag{10-62}$$

代入平衡方程，可解得：

$$\sigma_{pcII} = \frac{(\sigma_{con} - \sigma_l) A_p - \sigma_{l5} A_s}{A_n} \tag{10-63}$$

σ_{pcII} 即为后张法构件中最终建立的混凝土有效预压应力。

2. 使用阶段

相应时刻的应力图形与先张法构件的相同，外荷载产生的轴向拉力符号也相同。

1）加荷至混凝土预压应力被抵消时

此时：

$$\sigma_{pc} = 0 \tag{10-64}$$

$$\sigma_{pe} = \sigma_{p0} = \sigma_{con} - \sigma_l + \alpha_E \sigma_{pcII} \tag{10-65}$$

$$\sigma_s = \sigma_{l5} \tag{10-66}$$

则：

$$\begin{aligned} N_0 &= \sigma_{pe} A_p - \sigma_s A_s \\ &= (\sigma_{con} - \sigma_l + \alpha_E \sigma_{pcII}) A_p - \sigma_{l5} A_s \\ &= \sigma_{pcII} A_n + \alpha_E \sigma_{pcII} A_p \\ &= \sigma_{pcII} A_0 \end{aligned} \tag{10-67}$$

可见，后张法构件 N_0 的意义及计算公式的形式与先张法构件的相同，两者都用构件的换算截面面积 A_0 计算。

2）继续加荷至混凝土即将开裂

$$\sigma_{pc} = -f_{tk} \tag{10-68}$$

$$\sigma_{pe} = \sigma_{con} - \sigma_l + \alpha_E (f_{tk} + \sigma_{pcII}) \tag{10-69}$$

$$\sigma_s = \sigma_{l5} - \alpha_{Es} f_{tk} \tag{10-70}$$

同理，由平衡条件可推出：

$$N_{cr} = N_0 + f_{tk} A_0 = (\sigma_{pcII} + f_{tk}) A_0 \tag{10-71}$$

上式可作为使用阶段对构件进行抗裂度验算的依据。

3）加荷直至构件破坏

$$N_u = f_{py} A_p + f_y A_s \tag{10-72}$$

N_u 是使用阶段对构件进行承载力极限状态计算的依据。

注意，在后张法中：

$$A_n = A_c + \alpha_{Es} A_s \tag{10-73}$$

$$A_0 = A_n + \alpha_E A_p \tag{10-74}$$

$$A_c = A - A_s - A_孔 \tag{10-75}$$

构件扣除孔洞以后的换算面积 A_n 的物理意义是：混凝土截面面积 A_c 与非预应力钢筋换算成的具有同样变形性能的混凝土面积之和。而构件的换算截面面积 A_0 是将预应力筋和非预应力钢筋都换算成具有同样变形性能的混凝土面积后与混凝土截面面积之和。

10.4   预应力混凝土轴心受拉构件的设计计算

为了保证预应力混凝土轴心受拉构件的可靠性，需要进行构件使用阶段的承载力计算、裂缝控制验算、施工阶段承载力验算，以及后张法构件端部混凝土的局部受压验算。

10.4.1   使用阶段正截面承载力计算

使用阶段正截面承载力计算的荷载效应及材料强度均采用设计值。计算公式如下：

$$N \leqslant N_u = f_{py} A_p + f_y A_s \tag{10-76}$$

式中 N——轴向拉力设计值；

N_u——构件截面所能承受的轴向拉力设计值；

f_{py}——预应力筋的抗拉强度设计值；

f_y——非预应力钢筋的抗拉强度设计值。

应用公式（10-76）解题时，一般先按构造要求或经验定出非预应力钢筋的数量（此时 A_s 已知），然后再由公式求解 A_p。

10.4.2   使用阶段正截面裂缝宽度验算

预应力混凝土轴心受拉构件，应按所处环境类别和结构类别选用相应的裂缝控制等级，并按下列规定进行混凝土拉应力或正截面裂缝宽度验算。由于属正常使用极限状态的验算，因而须采用荷载的标准组合或准永久组合，且材料强度采用标准值。

1. 一级——严格要求不出现裂缝的构件

在荷载标准组合下应符合下列规定：

$$\sigma_{ck} - \sigma_{pc} \leqslant 0 \tag{10-77}$$

即要求在荷载标准组合 N_k 下，构件截面混凝土不出现拉应力。其中 σ_{pc} 按式（10-76）或式（10-77）计算，并扣除全部预应力损失。

2. 二级——一般要求不出现裂缝的构件

在荷载标准组合下应符合下列规定：

$$\sigma_{ck}-\sigma_{pc}\leqslant f_{tk} \tag{10-78}$$

式中　σ_{ck}——荷载标准组合下的混凝土法向应力，无论先张法或后张法轴心受拉构件均有 $\sigma_{ck}=N_k/A_0$；

　　N_k——按荷载标准组合计算的轴向拉力值；

　　σ_{pc}——扣除全部预应力损失后混凝土的预压应力；

　　f_{tk}——混凝土轴心抗拉强度标准值；

　　A_0——构件的换算截面面积。

式（10-78）是要求在荷载标准组合 N_k 下，构件截面混凝土可以出现拉应力但不能开裂。

3. 三级——允许出现裂缝的构件

按荷载标准组合并考虑长期作用影响计算的最大裂缝宽度，应符合下列规定：

$$w_{max}\leqslant w_{lim} \tag{10-79}$$

式中　w_{max}——按荷载标准组合并考虑长期作用影响计算的最大裂缝宽度；

　　w_{lim}——最大裂缝宽度限值，查附表 3-2 确定。

对环境类别为二 a 类的三级预应力混凝土构件，在荷载效应的准永久组合下尚应符合下列规定：

$$\sigma_{cq}-\sigma_{pc}\leqslant f_{tk} \tag{10-80}$$

式中　σ_{cq}——荷载准永久组合下抗裂验算边缘的混凝土法向应力，$\sigma=N_q/A_0$ 为按荷载准永久组合计算的轴向拉力值。

在预应力混凝土轴心受拉构件中，按荷载标准组合并考虑长期作用影响的最大裂缝宽度可按下列公式计算：

$$w_{max}=\alpha_{cr}\psi\frac{\sigma_{sk}}{E_s}\left(1.9c_s+0.08\frac{d_{eq}}{\rho_{te}}\right) \tag{10-81}$$

$$\psi=1.1-0.65\frac{f_{tk}}{\rho_{te}\sigma_{sk}} \tag{10-82}$$

$$d_{eq}=\frac{\sum n_id_i^2}{\sum n_iv_id_i} \tag{10-83}$$

$$\rho_{te}=\frac{A_s+A_p}{A_{te}} \tag{10-84}$$

$$\sigma_{sk}=\frac{N_k-N_{p0}}{A_p+A_s} \tag{10-85}$$

式中　α_{cr}——构件受力特征系数，对预应力混凝土轴心受拉构件取 2.2；

　　ψ——裂缝间纵向受拉钢筋应变不均匀系数，当 $\psi<0.2$ 时，取 $\psi=0.2$；当 >1.0 时，取 $\psi=1.0$；对直接承受重复荷载的构件，取 $\psi=1.0$；

　　σ_{sk}——按荷载标准组合计算的预应力混凝土构件纵向受拉钢筋的等效应力；

E_s——钢筋弹性模量；

c_s——最外层纵向受拉钢筋外边缘至受拉区底边的距离（mm），当 $c_s<20$ 时，取 $c_s=20$；当 $c_s>65$ 时，取 $c_s=65$；

ρ_{te}——按有效受拉混凝土截面面积计算的纵向受拉钢筋配筋率；对无粘结后张构件，仅取纵向受拉普通钢筋计算配筋率；在最大裂缝宽度计算中，当 $\rho_{te}<0.01$ 时，取 $\rho_{te}=0.01$；

A_{te}——有效受拉混凝土截面面积，对轴心受拉构件，取构件截面面积；

A_s——受拉区纵向非预应力钢筋截面面积；

A_p——受拉区纵向预应力筋截面面积；

d_{eq}——受拉区纵向钢筋的等效直径（mm）；

d_i——受拉区第 i 种纵向钢筋的公称直径（mm）；对于有粘结预应力钢绞线束的直径取为 $\sqrt{n_1}d_{p1}$，其中 d_{p1} 为单根钢绞线的公称直径，n_1 为单束钢绞线根数；

n_i——受拉区第 i 种纵向钢筋的根数；对于有粘结预应力钢绞线，取为钢绞线束数；

v_i——受拉区第 i 种纵向钢筋的相对粘结特性系数，按表 10-5 采用；

N_{p0}——混凝土法向预应力等于零时预应力钢筋及非预应力钢筋的合力；见式（10-86）。

$$N_{p0}=\sigma_{p0}A_p-\sigma_{l5}A_s \tag{10-86}$$

其中，σ_{p0} 为受拉区预应力钢筋合力点处混凝土法向应力等于零时的预应力钢筋应力，按下式计算：

先张法： $$\sigma_{p0}=\sigma_{con}-\sigma_l \tag{10-87}$$

后张法： $$\sigma_{p0}=\sigma_{con}-\sigma_l+\alpha_E\sigma_{pcII} \tag{10-88}$$

关于抗裂验算时计算截面的位置，当沿构件长度方向各截面尺寸相同时，应该取混凝土预压应力 σ_{pc} 最小处。对先张法轴心受拉构件，两端预应力传递长度范围除外的中间段，所有截面的混凝土预压应力 σ_{pc} 均相同，因而抗裂能力也相同；传递长度 l_{tr} 范围内，混凝土预压应力由零开始逐渐增大至中间段的 σ_{pc}，由于杆端与其他杆件连接形成节点区，截面尺寸较大，一般当节点区该构件的最小截面位于 l_{tr} 内时，则有必要验算该截面的抗裂能力，相应的混凝土预压应力取值应在 0 与 σ_{pc} 之间线性插入。对后张法轴心受拉构件，抗裂验算时计算截面的位置应取锚固端，因为此处混凝土预压应力最小，但需注意锚固端的位置与张拉预应力钢筋的程序有关：如一端张拉时，锚固端在构件的另一端；而两端张拉时，锚固端则在构件长度的中点截面。

钢筋相对粘结特性系数　　　　表 10-5

钢筋类别	非预应力钢筋		先张法预应力筋			后张法预应力筋		
	光面钢筋	带肋钢筋	带肋钢筋	螺旋肋钢丝	钢绞线	带肋钢筋	钢绞线	光面钢丝
v_i	0.7	1.0	1.0	0.8	0.6	0.8	0.5	0.4

10.4.3　施工阶段承载力验算

为了保证预应力混凝土轴心受拉构件在施工阶段的安全性，应限制施加预应力过程中的混凝土法向压应力值，以免混凝土被压坏。混凝土法向压应力应符合下列规定：

$$\sigma_{cc} \leqslant 0.8 f'_{ck} \tag{10-89}$$

式中　σ_{cc}——施工阶段构件计算截面混凝土的最大法向压应力；

　　　　f'_{ck}——与各施工阶段混凝土立方体抗压强度 f'_{cu} 相应的抗压强度标准值，按线性内插法查表确定。

如前所述，先张法构件放张时混凝土受到的预压应力达最大，而后张法构件张拉预应力筋至 σ_{con}（超张拉时应取相应应力值，如 $1.05\sigma_{con}$）时，张拉端的混凝土预压应力最大。

先张法构件：

$$\sigma_{cc} = \sigma_{pcI} = \frac{A_p(\sigma_{con} - \sigma_{l1})}{A_0} \tag{10-90}$$

后张法构件：

$$\sigma_{cc} = \frac{A_p\sigma_{con}}{A_n} \tag{10-91}$$

10.4.4　施工阶段后张法构件端部局部受压承载力验算

在后张法构件的端部，预应力筋的回缩力通过锚具下的垫板压在混凝土上，由于通过锚具下垫板作用在混凝土上的面积 A_l（可按照压力沿锚具边缘在垫板中以 45°角扩散后传到混凝土的受压面积计算）小于构件端部的截面面积，因此构件端部混凝土是局部受压的。这种很大的局部压力 F_l 需经过一段距离才能扩散到整个截面上从而产生均匀的预压应力，这段距离近似等于构件截面的高度，称为锚固区，如图 10-15 所示。

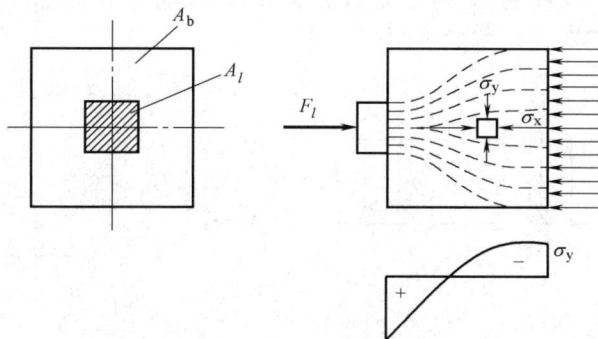

图 10-15　后张法构件端部锚固区的应力状态

锚固区内混凝土处于三向应力状态，除沿构件纵向的压应力 σ_x 外，还有横向应力 σ_y，后者在距端部较近处为侧向压应力而较远处则为侧向拉应力。当拉应力超过混凝土的抗拉强度时，构件端部将出现纵向裂缝，甚至导致局部受压破坏。通常在端部锚固区内配置方格网式或螺旋式间接钢筋，以提高局部受压承载力并控制裂缝宽度，但不能防止混凝土开裂。

对后张法预应力混凝土构件，除了进行与先张法构件相同的施工阶段和使用阶段关于两种极限状态的计算外，为了防止构件端部发生局部受压破坏，还应进行施工阶段构件端部的局部受压承载力计算。

1. 构件端部截面尺寸验算

试验表明，当局压区配置的间接钢筋过多时，虽然能提高局部受压承载力，但垫板下的混凝土会产生过大的下沉变形，导致局部破坏。为了限制下沉变形，应使构件端部截面尺寸不能过小。配置间接钢筋的混凝土结构构件，其局部受压区的截面尺寸应符合下列要求：

$$F_l \leqslant 1.35\beta_c\beta_l f_c A_{ln} \qquad (10\text{-}92)$$

$$\beta_l = \sqrt{\frac{A_b}{A_l}} \qquad (10\text{-}93)$$

式中　F_l——局部受压面上作用的局部荷载或局部压力设计值，在后张法预应力混凝土构件中的锚头局压区，应取 1.2 倍张拉控制力（超张拉时还应再乘以相应增大系数）；

　　　f_c——混凝土轴心抗压强度设计值，在后张法预应力混凝土构件的张拉阶段验算中，应根据相应阶段的混凝土立方体抗压强度 f_{cu} 值，按线性内插法确定对应的轴心抗压强度设计值；

　　　β_c——混凝土强度影响系数；

　　　β_l——混凝土局部受压时的强度提高系数；

　　　A_l——混凝土局部受压面积；

　　　A_{ln}——混凝土局部受压净面积，对后张法构件，应在混凝土局部受压面积中扣除孔道、凹槽部分的面积；

　　　A_b——局部受压的计算底面积。

局部受压的计算底面积 A_b，可由局部受压面积 A_l 与计算底面积 A_b，按同心、对称的原则确定。对常用情况，可按图 10-16 取用。

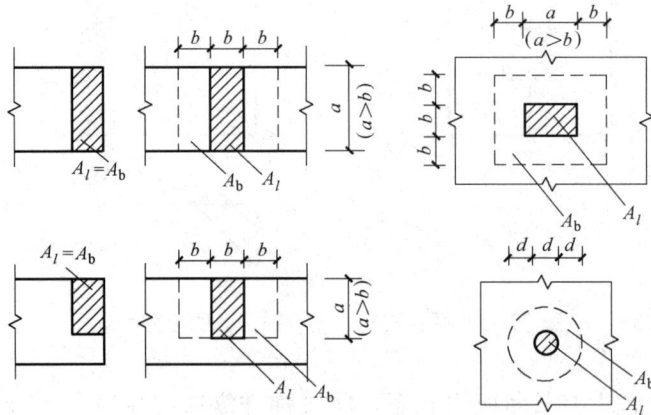

图 10-16　局部受压的计算底面积

式 (10-92) 主要是防止局部受压面的过大下沉，因而应按承载力问题来考虑，局部压力取设计值。当预应力作为荷载效应且对结构不利时，其荷载效应的分项系数取 1.2。当满足式 (10-92) 时，锚固区的抗裂要求一般均可满足。当不满足式 (10-92) 时，应加大构件端部尺寸，调整锚具位置，调整混凝土的强度或增大垫板厚度等。

2. 构件端部局部受压承载力验算

配置方格网式或螺旋式间接钢筋的局部受压承载力应按下列公式计算：

$$F_l \leqslant 0.9(\beta_c\beta_l f_c + 2\alpha\rho_v\beta_{cor}f_{yv})A_{ln} \tag{10-94}$$

当为方格网式配筋时（图 10-18a），其体积配筋率 ρ_v 应按下列公式计算：

$$\rho_v = \frac{n_1 A_{s1}l_1 + n_2 A_{s2}l_2}{A_{cor}s} \tag{10-95}$$

此时，钢筋网两个方向上单位长度内钢筋截面面积的比值不宜大于 1.5。

当为螺旋式配筋时（图 10-18b），其体积配筋率 ρ_v 应按下列公式计算：

$$\rho_v = \frac{4A_{ss1}}{d_{cor}s} \tag{10-96}$$

式中 β_{cor}——配置间接钢筋的局部受压承载力提高系数，仍按公式（10-93）计算，但 A_b 以 A_{cor} 代替，当 $A_{cor} > A_b$ 时，应取 $A_{cor} = A_b$；当 A_{cor} 不大于混凝土局部受压面积 A_l 的 1.25 倍时，β_{cor} 取 1.0；

f_{yv}——间接钢筋的抗拉强度设计值；

α——间接钢筋对混凝土约束的折减系数；

A_{cor}——方格网式或螺旋式间接钢筋内表面范围内的混凝土核心截面面积，其重心应与 A_l 的重心重合，计算中仍按同心、对称的原则取值；

ρ_v——间接钢筋的体积配筋率（核心截面面积 A_{cor} 范围内单位混凝土体积所含间接钢筋的体积）；

n_1、A_{s1}——方格网沿 l_1 方向的钢筋根数、单根钢筋的截面面积；

n_2、A_{s2}——方格网沿 l_2 方向的钢筋根数、单根钢筋的截面面积；

A_{ss1}——螺旋式单根间接钢筋的截面面积；

d_{cor}——螺旋式间接钢筋内表面范围内的混凝土截面直径；

s——方格网式或螺旋式间接钢筋的间距，宜取 30～80mm。

间接钢筋应配置在图 10-17 所规定的高度 h 范围内，对方格网式钢筋，不应少于 4

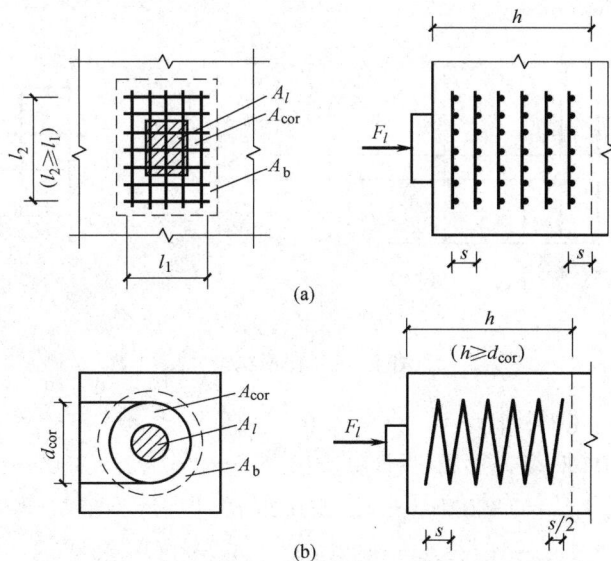

图 10-17　局部受压区的间接钢筋

（a）方格网式配筋；（b）螺旋式配筋

片；对螺旋式钢筋，不应少于 4 圈。

对锚固区配置方格网式或螺旋式间接钢筋的构件，由于横向钢筋限制了混凝土的横向膨胀，抑制微裂缝的开展，使核心混凝土处于三向受压应力状态，提高了混凝土的抗压强度和变形能力。试验表明，其局部受压承载力可由混凝土项承载力和间接钢筋项承载力之和组成。间接钢筋项承载力与其体积配筋率 ρ_v 有关，且随混凝土强度等级的提高，该项承载力有降低的趋势，为了反映这一特点，公式中引入了系数 α。为适当提高可靠度，将右边抗力项乘以系数 0.9。《结构规范》规定，计算局部受压面积 A_l、底面积 A_b 和间接钢筋范围内的混凝土核心截面面积 A_{cor} 时，不应扣除孔道面积。

【例 10-1】 24m 跨预应力混凝土屋架下弦拉杆，采用后张法施工（一端拉张），截面构造如图 10-18 所示。截面尺寸 280×180mm，预留孔道 2Φ50，非预应力钢筋采用 4 ➰ 12（HRB400 级），预应力钢筋采用 2 束 5Φ^{s}1×7（$d=12.7mm^2$，$f_{ptk}=1860N/mm^2$）钢绞线，JM-12 型锚具；混凝土强度等级为 C50。张拉控制应力 $\sigma_{con}=0.65f_{ptk}$，当混凝土达设计强度时方可张拉。该轴心拉杆承受永久荷载标准值产生的轴心拉力 $N_{Gk}=520kN$，可变荷载标准值产生的轴向拉力 $N_{Qk}=600kN$，可变荷载的准永久值系数为 0.5，结构重要性系数 $\gamma_0=1.1$，按一般要求不出现裂缝控制。

要求：（1）计算预应力损失；（2）使用阶段正截面抗裂验算；（3）复核正截面受拉承载力；（4）施工阶段锚具下混凝土局部受压验算。

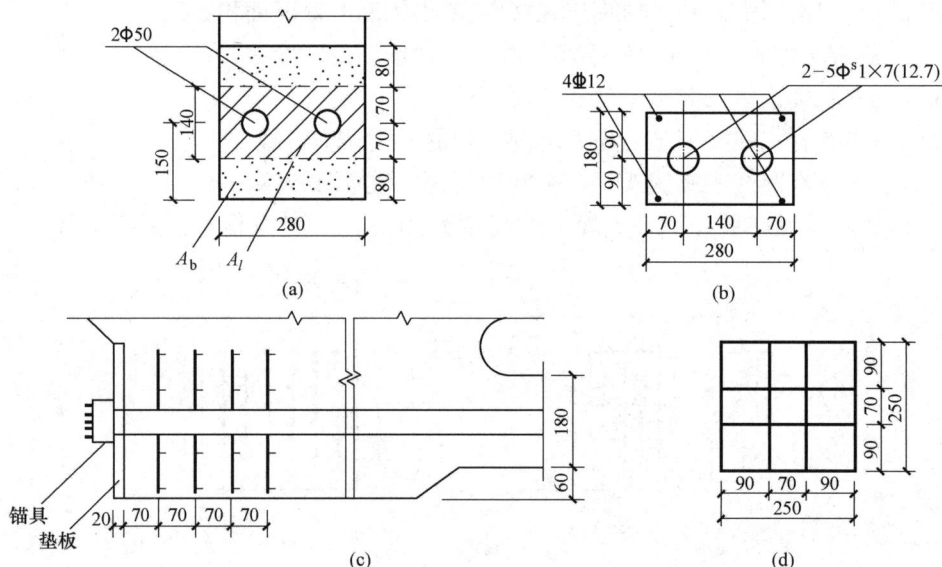

图 10-18　截面构造

【解】 1）截面的几何特性

查附表可知 HRB400 级钢筋 $E_s=2.0\times10^5N/mm^2$，$f_y=360N/mm^2$；钢绞线 $E_s=1.95\times10^5N/mm^2$，$f_{py}=1320N/mm^2$；C50 混凝土 $E_c=3.45\times10^4N/mm^2$，$f_{tk}=2.64N/mm^2$，$f_c=23.1N/mm^2$，$A_s=452mm^2$，$A_p=987mm^2$。

预应力钢筋：

$$\alpha_{E1}=\frac{E_s}{E_c}=\frac{1.95\times10^5}{3.45\times10^4}=5.65$$

非预应力钢筋：
$$\alpha_{E2} = \frac{E_s}{E_c} = \frac{2.0 \times 10^5}{3.45 \times 10^4} = 5.80$$

混凝土净截面面积：
$$A_n = A_c + \alpha_{E2} A_s = 280 \times 180 - 2 \times \frac{3.14}{4} \times 50^2 + 5.8 \times 452 = 49096.6\,mm^2$$

混凝土换算截面面积：
$$A_0 = A_n + \alpha_{E1} A_p = 49094.6 + 5.65 \times 987 = 54673.15\,mm^2$$

2）张拉控制应力
$$\sigma_{con} = 0.65 f_{ptk} = 0.65 \times 1860 = 1209\,N/mm^2$$

3）预应力损失

（1）锚具变形和钢筋内缩损失 σ_{l1}

JM-12 锚具：$a = 5mm$。
$$\sigma_{l1} = \frac{a}{l} E_s = \frac{5}{24000} \times 1.95 \times 10^5 = 40.63\,N/mm^2$$

（2）摩擦损失 σ_{l2}

按锚固端计算该项损失，$\sigma_{l1} = \frac{a}{l} E_S = 24m$，直线配筋 $\theta = 0°$，查表 10-2 得 $k = 0.0014$。
$$kx = 0.0014 \times 24 = 0.0336 < 0.2$$

按近似公式计算：$\sigma_{l2} = (kx + \mu\theta)\sigma_{con} = 0.0336 \times 1209 = 40.62\,N/mm^2$

第一批预应力损失：$\sigma_{l\mathrm{I}} = \sigma_{l1} + \sigma_{l2} = 40.63 + 40.62 = 81.25\,N/mm^2$

（3）预应力钢筋的应力松弛损失 σ_{l4}

低松弛预应力钢筋：
$$\sigma_{l4} = 0.125\left(\frac{\sigma_{con}}{f_{ptk}} - 0.5\right)\sigma_{con} = 0.125 \times (0.65 - 0.5) \times 1209 = 22.67\,N/mm^2$$

（4）混凝土的收缩和徐变损失 σ_{l5}
$$\sigma_{pc\mathrm{I}} = \frac{(\sigma_{con} - \sigma_{l\mathrm{I}})A_p}{A_n} = \frac{(1209 - 81.25) \times 987}{49096.6} = 22.7\,N/mm^2$$

$$\frac{\sigma_{pc\mathrm{I}}}{f'_{cu}} = \frac{22.7}{50} = 0.45 < 0.5$$

$$\rho = \frac{A_p + A_s}{A_n} = \frac{987 + 452}{49096.6} = 0.029$$

$$\sigma_{l5} = \frac{35 + 280 \times \dfrac{\sigma_{pc\mathrm{I}}}{f'_{cu}}}{1 + 15\rho} = \frac{35 + 280 \times 0.45}{1 + 15 \times 0.029} = 112.20\,N/mm^2$$

第二批预应力损失：$\sigma_{l\mathrm{II}} = \sigma_{l4} + \sigma_{l5} = 22.67 + 112.20 = 134.87\,N/mm^2$

总预应力损失：$\sigma_l = \sigma_{l\mathrm{I}} + \sigma_{l\mathrm{II}} = 81.25 + 134.87 = 216.12\,N/mm^2 > 80\,N/mm^2$

4）使用阶段抗裂验算

混凝土有效预压应力：

$$\sigma_{pcII} = \frac{(\sigma_{con}-\sigma_l)A_p - \sigma_{l5}A_s}{An} = \frac{(1209-216.12)\times 987 - 112.20\times 452}{49096.6} = 18.93 \text{N/mm}^2$$

荷载标准组合下拉力：

$$N_k = N_{Gk} + N_{Qk} = 520 + 600 = 1120 \text{kN}$$

$$\frac{N_k}{A_0} - \sigma_{pcII} = \frac{1120\times 10^3}{54673.15} - 18.93 = 1.56 \text{N/mm}^2 < f_{tk} = 2.64 \text{N/mm}^2$$

荷载准永久值组合下拉力：

$$N_{cq} = N_{Gk} + 0.5N_{Qk} = 520 + 0.5\times 600 = 820 \text{kN}$$

$$\frac{N_q}{A_0} - \sigma_{pcII} = \frac{820\times 10^3}{54673.15} - 18.93 = -3.93 \text{N/mm}^2 < 0$$

抗裂满足要求。

5）正截面承载力验算

$$N = \gamma_0(1.2N_{Gk} + 1.4N_{Qk}) = 1.1\times(1.2\times 520 + 1.4\times 600) = 1464 \text{kN}$$

$$N_u = f_{py}A_p + f_yA_s = 1320\times 987 + 360\times 452 = 1465560 \text{N} = 1465.56 \text{kN} > N = 1464 \text{kN}$$

正截面承载力满足要求。

6）锚具下混凝土局部受压验算

（1）端部受压区截面尺寸验算

JM-12锚具直径为100mm，垫板厚20mm，局部受压面积从锚具边缘起在垫板中按45°角扩散的面积计算，在计算局部受压面积时，可近似地按图10-19（a）两条虚线所围的矩形面积代替两个圆面积计算：

$$\sigma_{l4} = 280\times(100 + 2\times 20) = 39200 \text{mm}^2$$

局部受压计算底面积：

$$A_b = 280\times(140 + 2\times 80) = 84000 \text{mm}^2$$

$$\beta_l = \sqrt{\frac{A_b}{A_l}} = \sqrt{\frac{84000}{39200}} = 1.46$$

混凝土局部受压净面积：

$$A_{ln} = 39200 - 2\times\frac{\pi}{4}\times 50^2 = 35273 \text{mm}^2$$

构件端部作用的局部压力设计值：

$$F_l = 1.2\sigma_{con}A_p = 1.2\times 1209\times 987 = 1431.94\times 10^3 \text{N} = 1431.94 \text{kN}$$

$$1.35\beta_c\beta_l f_c A_{ln} = 1.35\times 1\times 1.46\times 23.1\times 35273 = 1606\times 10^3 \text{N} = 1606 \text{kN} > F_l$$

截面尺寸满足要求。

（2）局部受压承载力计算

间接钢筋采用4片φ8焊接网片，如图10-19（c）、（d）所示。

$$A_{cor} = 250\times 250 = 62500 \text{mm}^2 > A_l = 39200 \text{mm}^2$$

$$A_{cor} < A_b = 84000 \text{mm}^2$$

$$\beta_{cor} = \sqrt{\frac{A_{cor}}{A_l}} = \sqrt{\frac{62500}{39200}} = 1.26$$

间接钢筋的体积配筋率：

$$\rho_v = \frac{n_1 A_{s1} l_1 + n_2 A_{s2} l_2}{A_{cor} \cdot s} = \frac{4 \times 50.3 \times 250 + 4 \times 50.3 \times 250}{62500 \times 70} = 2.3\%$$

$$(0.9\beta_c \beta_l f_c + 2\alpha\rho_v \beta_{cor} f_y)A_{ln}$$

$$= (0.9 \times 1.0 \times 1.46 \times 23.1 + 2 \times 1.0 \times 0.023 \times 1.26 \times 210) \times 35273$$

$$= 1500 \times 10^3 \text{N} = 1500\text{kN} > \rho = \frac{A_P + A_S}{A_0} = 1431.93\text{kN}$$

局部承压满足要求。

10.5　预应力混凝土受弯构件的应力分析

10.5.1　预应力受弯构件截面应力特征

与预应力轴心受拉构件类似，预应力混凝土受弯构件的受力过程也分为施工阶段和使用阶段两个阶段。受弯构件的预应力钢筋 A_p 一般都设置在使用阶段的构件截面受拉区。但对梁底受拉区需配置较多预应力筋的大型构件，当梁自重在梁顶产生的压应力不足以抵消偏心预压力在梁顶预拉区所产生的预拉应力时，往往在梁顶部也需配置预应力钢筋 A_p'。对于在预压力作用下允许预拉区出现裂缝的中小型构件，可不配置 A_p'，但需控制其裂缝宽度。为了防止构件在制作、运输和吊装等施工过程中出现裂缝，在梁的受拉区和受压区相应配置一定数量的非预应力钢筋 A_s 和 A_s'。

在受弯构件中，如果截面只配置 A_p，则预应力筋的总拉力 N_p 对截面是偏心的压力，混凝土截面上所建立的预应力沿截面高度分布是不均匀的，上边缘的预应力和下边缘的预压应力分别用 σ_{pc}' 和 σ_{pc} 表示，如图 10-19（a）所示。如果受弯构件截面同时配置 A_p 和

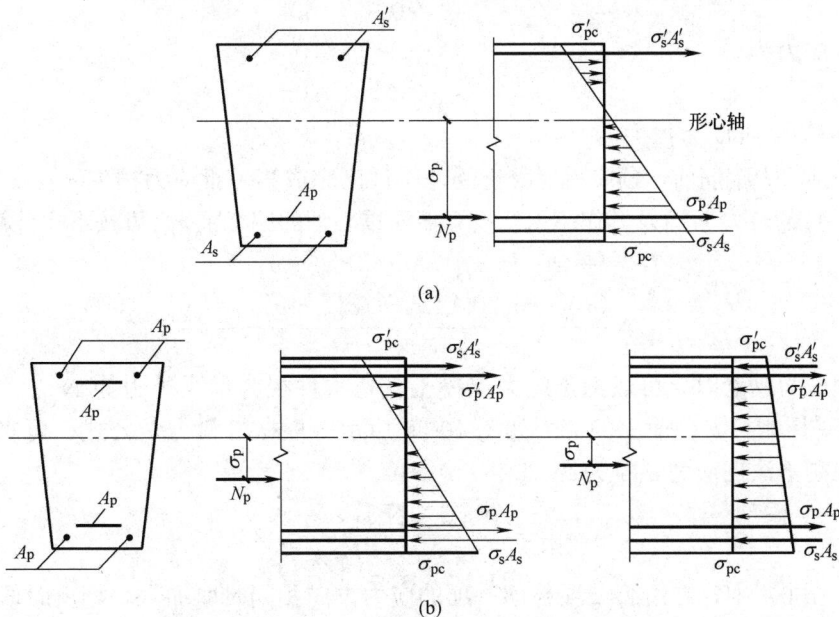

(a)

(b)

图 10-19　预应力混凝土受弯构件截面混凝土应力

（a）受拉区配置预应力筋的截面应力；（b）受拉区、受压区都配置预应力筋的截面应力

A_p'（一般 $A_p > A_p'$），则预应力筋的张拉力的合力 N_p 位于 A_p 和 A_p' 之间，也是一个偏心力，混凝土截面上所建立的预应力沿截面高度分布也是不均匀的，此时混凝土的预应力图形有两种可能：如果 A_p' 少，应力图形为两个三角形，σ_{pc}' 为拉应力；如果 A_p' 较多，应力图形为梯形，σ_{pc}' 为压应力，其值小于 σ_{pc}，见图 10-19（b）。

由于对混凝土施加了预应力，使构件在使用阶段截面不产生拉应力或不开裂，因此，可把合力 N_p 视为作用在换算截面上的偏心压力，并把混凝土看作为理想弹性体，按材料力学公式计算混凝土的预应力、有效预压应力 σ_{pc}（σ_{pcI}、σ_{pcII}）。偏心压力 N_p（N_{pI}、N_{pII}）由预应力钢筋和非预应力钢筋扣除相应阶段的预应力损失后的应力乘以各自的截面面积确定其大小并反向作用在截面上，然后再叠加而得。先张法、后张法计算时所用构件截面面积分别为换算面积 A_0、净截面面积 A_n。

10.5.2　先张法受弯构件

1. 施工阶段

1）张拉预应力钢筋

张拉预应力钢筋 A_p、A_p'，使其应力分别达到张拉控制应力 σ_{con}、σ_{con}'。

$$\sigma_{pe} = \sigma_{con} \tag{10-97}$$

$$\sigma_{pe}' = \sigma_{con}' \tag{10-98}$$

预应力筋所受到的总拉力为：

$$N_p = \sigma_{con} A_p \tag{10-99}$$

$$N_p' = \sigma_{con}' A_p' \tag{10-100}$$

普通钢筋应力为：

$$\sigma_s = 0 \tag{10-101}$$

$$\sigma_s' = 0 \tag{10-102}$$

混凝土应力为：

$$\sigma_{pc} = 0 \tag{10-103}$$

2）完成第一批应力损失后

在放松预应力钢筋前，预应力混凝土受弯构件已完成第一批应力损失 σ_{lI}、σ_{lI}'，预应力钢筋 A_p 和 A_p' 的合力 N_{p0I} 及其作用点至换算截面重心轴的偏心距 e_{p0I} 可按下式计算：

$$N_{p0I} = (\sigma_{con} - \sigma_{lI}) A_p + (\sigma_{con}' - \sigma_{lI}') A_p' \tag{10-104}$$

$$e_{p0I} = \frac{(\sigma_{con} - \sigma_{lI}) A_p y_p - (\sigma_{con}' - \sigma_{lI}') A_p' y_p'}{N_{p0I}} \tag{10-105}$$

放松预应力钢筋时，可以把预应力混凝土受弯构件视为承受外力为 N_{p0I}、偏心距为 e_{p0I} 的偏心受压构件，截面上的应力如图 10-20 所示。根据材料力学公式，可求得截面上任一点的混凝土法向应力 σ_{pcI} 为：

$$\sigma_{pcI} = \frac{N_{p0I}}{A_0} \pm \frac{N_{p0I} e_{p0I}}{I_0} y \tag{10-106}$$

式（10-106）中，右边第二项与第一项的应力方向相同时取加号，相反时取减号。

当 $y = y_0$ 时，σ_{pcI} 为完成第一批应力损失放张时截面上（下）边缘混凝土的应力。这个阶段，预应力混凝土受弯构件和预应力混凝土轴心受拉构件相似，由于混凝土受到预压

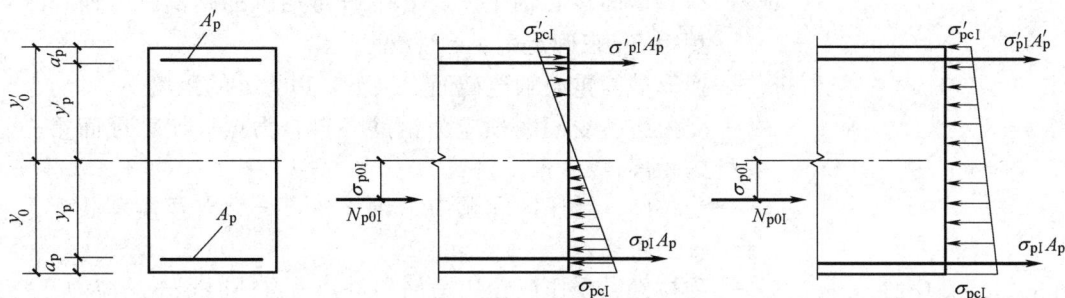

图 10-20　先张法截面应力

应力，预应力混凝土构件将会产生一定的变形。相应地，预应力钢筋 A_p 的应力 σ_{peI}、预应力钢筋 A'_p 的应力 σ'_{peI}、非预应力钢筋 A_s 的应力 σ_{sI} 和非预应力钢筋 A'_s 的应力 σ'_{sI} 分别用下式计算：

$$\sigma_{peI} = (\sigma_{con} - \sigma_{lI}) - \alpha_{Ep}\sigma_{pcI\,p} \tag{10-107}$$

$$\sigma'_{peI} = (\sigma'_{con} - \sigma'_{lI}) - \alpha_{Ep}\sigma'_{pcI\,p} \tag{10-108}$$

$$\sigma_{sI} = \alpha_{Es}\sigma_{pcI\,s} \tag{10-109}$$

$$\sigma'_{sI} = \alpha_{Es}\sigma'_{pcI\,s} \tag{10-110}$$

3）完成全部预应力损失时

第二批预应力损失完成意味着预应力损失已全部完成。在计算截面的应力状态时，实际上是把预应力作为外荷载处理，即先不考虑预应力和混凝土应变之间的相互影响，但考虑混凝土收缩和徐变对非预应力钢筋 A_s 和 A'_s 的影响。这时，预应力钢筋合力 N_{p0II} 及其作用点至换算截面重心轴的偏心距 e_{p0II} 按下式计算：

$$N_{p0II} = (\sigma_{con} - \sigma_l)A_p + (\sigma'_{con} - \sigma'_l)A'_p - \sigma_{l5}A_s - \sigma'_{l5}A'_s \tag{10-111}$$

$$e_{p0II} = \frac{(\sigma_{con} - \sigma_l)A_p y_p + (\sigma'_{con} - \sigma'_l)A'_p y'_p - \sigma_{l5}A_s y_s - \sigma'_{l5}A'_s y'_s}{N_{p0II}} \tag{10-112}$$

在 N_{p0II} 作用下，截面上任意一点的混凝土法向应力为：

$$\sigma_{pcII} = \frac{N_{p0II}}{A_0} \pm \frac{N_{p0II}\,e_{p0II}}{I_0}y \tag{10-113}$$

式（10-113）中，右边第二项与第一项的应力方向相同时取加号，相反时取减号。

当 $y = y_0$ 时，σ_{pcII} 为完成全部应力损失 σ_l、σ'_l 完成后截面上（下）边缘混凝土的应力，用 $\sigma_{pcII(y0)}$ 表示。

相应地，预应力钢筋 A_p 的应力 σ_{peII}、预应力钢筋 A'_p 的应力 σ'_{peII}、非预应力钢筋 A_s 的应力 σ_{sII} 和非预应力钢筋 A'_s 的应力 σ'_{sII} 分别用下式计算：

$$\sigma_{peII} = (\sigma_{con} - \sigma_l) - \alpha_{Ep}\sigma_{pcII\,p} \tag{10-114}$$

$$\sigma'_{peII} = (\sigma'_{con} - \sigma'_l) - \alpha_{Ep}\sigma'_{pcII\,p} \tag{10-115}$$

$$\sigma_{sII} = \alpha_{Es}\sigma_{pcII\,s} + \sigma_{l5} \tag{10-116}$$

$$\sigma'_{sII} = \alpha_{Ep}\sigma'_{pcII\,s} + \sigma'_{l5} \tag{10-117}$$

式中　　　　　　A_0——换算截面面积，$A_0 = A_c + \alpha_{Es}A_s + \alpha_{Ep}A_p + \alpha_{Es}A'_s + \alpha_{Ep}A'_p$；

　　　　　　　　I_0——换算截面 A_0 的惯性矩；

y——换算截面重心轴至所计算的纤维层处的距离，可通过求面积矩 S_0 来确定，$y = S_0 / A_0$；

y_0——换算截面重心轴至截面上（下）边缘处的距离；

y_p、y_p'——受拉区、受压区预应力钢筋各自合力点至换算截面重心轴的距离；

y_s、y_s'——受拉区、受压区非预应力钢筋各自合力点至换算截面重心轴的距离；

σ_{pcIp}、σ_{pcIp}'（σ_{pcIIp}，σ_{pcIIp}'）——受拉区、受压区预应力筋各自合力点处混凝土的应力；

σ_{pcIs}、σ_{pcIs}'（σ_{pcIIs}，σ_{pcIIs}'）——受拉区、受压区非预应力筋各自合力点处混凝土的应力。

2. 使用阶段

1）消压状态

在使用阶段，在外加荷载作用下，截面上边缘混凝土转向受压，下边缘混凝土由受压转向受拉。当截面受拉区最边缘混凝土法向应力恰好等于零（图 10-21a）时，这一状态称为消压状态，所对应的外荷载弯矩称为消压弯矩 M_0。此时，外加荷载在截面受拉边缘产生的法向应力恰好等于预应力所产生的有效预压应力 $\sigma_{pcII(y_0)}$，即：

$$\sigma_{pcII(y_0)} - \frac{M_0}{W_0} = 0 \qquad (10\text{-}118)$$

消压弯矩 M_0 为：

$$M_0 = \sigma_{pcII(y_0)} W_0 = \sigma_{pcII(y_0)} \frac{I_0}{y} \qquad (10\text{-}119)$$

式中　y_0——截面下边缘至换算截面重心的距离；

$\sigma_{pcII(y_0)}$——施工阶段扣除全部预应力损失后，在截面受拉边缘由预应力产生的混凝土法向应力，$\sigma_{p0II(y_0)} = \dfrac{N_{p0II}}{A_0} + \dfrac{N_{p0II} e_{p0II}}{I_0} y_0$；

W_0——换算截面对受拉边缘的弹性抵抗矩，$W_0 = \dfrac{I_0}{y_0}$。

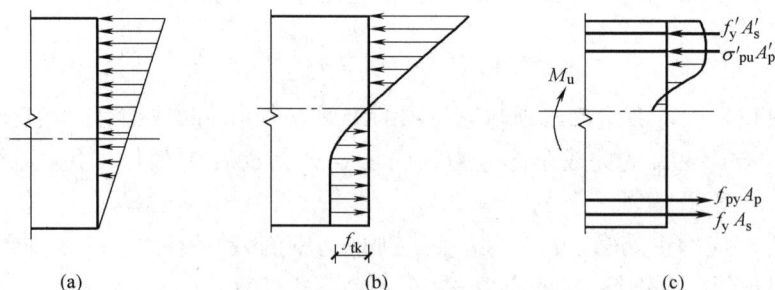

图 10-21　先张法受弯构件的受力状态
（a）消压状态；（b）下边缘即将裂开时；（c）承载能力极限状态

消压状态时，预应力筋 A_p 的应力在 σ_{peII} 基础上增加了 $\alpha_{Ep} \dfrac{M_0}{I_0} y_p$，预应力筋 A_p' 的应力在 σ_{peII}' 基础上减少了 $\alpha_{Ep} \dfrac{M_0}{I_0} y_p'$，从而有：

预应力筋 A_p 的应力 σ_{p0} 为：

$$\sigma_{p0} = \sigma_{peII} + \alpha_{Ep} \frac{M_0}{I_0} y_p \tag{10-120}$$

由 $\sigma_{peII} = (\sigma_{con} - \sigma_l) - \alpha_{Ep}\sigma_{pcII\,p}$，$\alpha_{Ep} \dfrac{M_0}{I_0} y_p = \alpha_{Ep}\sigma_{pcII\,p}$，可得：

$$\sigma_{p0} \approx \sigma_{con} - \sigma_l \tag{10-121}$$

预应力筋 A_p' 的应力 σ_{p0}' 为：

$$\sigma_{p0}' = \sigma_{peII}' - \alpha_{Ep} \frac{M_0}{I_0} y_p'$$

$$\approx \sigma_{con}' - \sigma_l' - 2\alpha_{Ep}\sigma_{pcII\,p}' \tag{10-122}$$

相应的非预应力钢筋 A_s 的压应力 σ_{s0} 由 σ_{sII} 减少了 $\alpha_{Es}\dfrac{M_0}{I_0}y_s$，非预应力钢筋 A_s' 的压

应力 σ_{s0}' 由 σ_{sII}' 增加了 $\alpha_{Ep}\dfrac{M_0}{I_0}y_s'$，即：

$$\sigma_{s0} = \sigma_{sII} - \alpha_{Es}\frac{M_0}{I_0}y_s \approx \sigma_{l5} \tag{10-123}$$

$$\sigma_{s0}' = \sigma_{sII}' + \alpha_{Es}\frac{M_0}{I_0}y_s' \approx \sigma_{l5}' + 2\alpha_{Es}\sigma_{pcII\,s}' \tag{10-124}$$

2）开裂极限状态

外荷载继续增加，使下边缘混凝土拉应力达到其抗拉强度 f_{tk} 时，构件即将开裂（图 10-21b）。预应力混凝土受弯构件开裂时的弯矩 M_{cr} 等于消压弯矩 M_0 加上相应钢筋混凝土受弯构件的开裂弯矩 $\gamma f_{tk} W_0$，即：

$$M_{cr} = M_0 + \gamma f_{tk} W_0 = (\sigma_{pcII\,(y_p)} + \gamma f_{tk})W_0 \tag{10-125}$$

$$\gamma = \left(0.7 + \frac{120}{h}\right)\gamma_m \tag{10-126}$$

式中　M_{cr}——预应力混凝土受弯构件开裂弯矩；

$\quad M_0$——预应力混凝土受弯构件消压弯矩；

$\quad \sigma_{pcII}$——施工阶段扣除全部预应力损失后，在截面受拉边缘由预应力产生的混凝土法向应力；

$\quad \gamma$——混凝土构件的截面抵抗矩塑性影响系数；

$\quad f_{tk}$——混凝土轴心抗拉强度标准值；

$\quad \gamma_m$——混凝土构件的截面抵抗矩塑性影响系数基本值，可按正截面应变保持平面的假定，并取受拉区混凝土应力图形为梯形、受拉边缘混凝土极限拉应变为 $\dfrac{2f_{tk}}{E_c}$ 确定；对常用的截面形状，γ_m 可按表 10-6 取用；

$\quad h$——截面高度（mm），当 $h < 400$ 时，取 $h = 400$；当 $h > 1600$ 时，取 $h = 1600$，对圆形、环形截面，取 $h = 2r$，此处，r 为圆形截面半径或环形截面的外环半径。

显然，预应力混凝土受弯构件的抗裂性能大大优于钢筋混凝土受弯构件。

截面抵抗矩塑性影响系数基本值 γ_m   表 10-6

项次	1	2	3		4		5
截面形状	矩形截面	翼缘位于受压区的T形截面	对称I形截面或箱形截面		翼缘位于受拉区的倒T形截面		圆形和环形截面
			$\dfrac{b_f}{b} \leqslant 2$、$\dfrac{h_f}{h}$为任意值	$\dfrac{b_f}{b} > 2$、$\dfrac{h_f}{h} < 0.2$	$\dfrac{b_f}{b} \leqslant 2$、$\dfrac{h_f}{h}$为任意值	$\dfrac{b_f}{b} > 2$、$\dfrac{h_f}{h} < 0.2$	
γ_m	1.55	1.50	1.45	1.35	1.50	1.40	$1.6 - 0.24\dfrac{r_l}{r}$

注：1. 对 $b_f' > b_f$ 的 I 形截面，可按项次 2 与项次 3 之间的数值采用；对 $b_f' < b_f$ 的 I 形截面，可按项次 3 与项次 4 之间的数值采用；

　　2. 对于箱形截面，b 指各肋宽度的总和；

　　3. r_l 为环形截面的内环半径，对圆形截面取 r_l 为零。

裂缝即将出现时，受拉边缘混凝土变形模量约为初始弹性模量的一半，因此下部预应力钢筋应力可近似取为：

$$\sigma_{pcr} = (\sigma_{con} - \sigma_l) + 2\alpha_{Ep} f_{tk} \tag{10-127}$$

而上部预应力钢筋的应力将在 σ_{p0}' 的基础上减少。

3）承载能力极限状态

预应力混凝土受弯构件达到正截面承载力极限状态时，其应力状态与普通混凝土受弯构件相类似。当 $\xi < \xi_b$ 时，构件在极限弯矩 M_u 作用下（图 10-21c），受拉区预应力钢筋 A_p 与非预应力钢筋 A_s 受拉屈服，预应力钢筋 A_p 达到抗拉强度 f_{py}，非预应力钢筋 A_s 达到抗拉强度 f_y，然后是受压混凝土边缘纤维达到极限压应变。当受压区高度 $x > 2a_s'$，即 $\xi \geqslant \dfrac{2a_s'}{h_0}$ 时，受压区的非预应力钢筋 A_s' 也可受压屈服，达到其抗压强度 f_y'。

若在受压区配置预应力钢筋 A_p'，构件破坏时 A_p' 可能受压但也可能受拉，一般都不会屈服，达不到其抗压强度 f_{py}'。原因是预应力钢筋 A_p' 在施工阶段处于高拉应力状态，而在外荷载作用下又始终处于构件受压区。当荷载增大时，A_p' 中的拉应力逐渐减小，构件破坏时 A_p' 外荷载产生的压应力难以抵消预拉应力后再使预应力钢筋 A_p' 屈服。预应力钢筋 A_p' 无论受拉或受压其应力 σ_{pu}' 可近似取为：

$$\sigma_{pu}' = \sigma_{p0}' - f_{py}' \tag{10-128}$$

式中　σ_{p0}' ——消压时受压区预应力钢筋 A_p' 的应力；

　　f_{py}' ——受压区预应力钢筋 A_p' 的抗压强度设计值。

上式中，当 $\sigma_{p0}' > 0$ 时，表示预应力钢筋 A_p' 处于受拉状态；当 $\sigma_{p0}' < 0$ 时，预应力钢筋 A_p' 处于受压状态。显然，当预应力钢筋 A_p' 受拉时，将降低构件正截面承载能力，故在受压区配置预应力钢筋将稍微降低构件的承载能力，同时还将引起受拉边缘混凝土预压应力的减少，降低构件的抗裂性能，所以受压区配置预应力钢筋 A_p' 只适用于预拉区在施工阶段可能出现裂缝的构件。

10.5.3　后张法受弯构件

1. 施工阶段

在施工阶段，后张法预应力混凝土构件应力分析涉及截面几何特征时，与先张法构件不同，后张法采用净截面面积 A_n、惯性矩 I_n 及净截面形心轴。

1）张拉预应力筋

张拉预应力钢筋 A_p、A_p'，使其应力分别达到张拉控制应力 σ_{con}、σ_{con}'。在张拉过程中预应力钢筋与孔壁之间的摩擦引起预应力损失力 σ_{l2}、σ_{l2}'。预应力筋的拉应力为：

$$\sigma_{pe}=\sigma_{con}-\sigma_{l2} \tag{10-129}$$
$$\sigma_{pe}'=\sigma_{con}'-\sigma_{l2}' \tag{10-130}$$

预应力钢筋合力 N_p 及其作用点至换算截面重心轴的偏心距 e_{pn} 按下式计算：

$$N_p=(\sigma_{con}-\sigma_{l2})A_p+(\sigma_{con}'-\sigma_{l2}')A_p' \tag{10-131}$$
$$e_{pn}=\frac{(\sigma_{con}-\sigma_{l2})A_p y_{pn}-(\sigma_{con}'-\sigma_{l2}')A_p'y_{pn}'}{N_p} \tag{10-132}$$

在张拉预应力筋的同时，千斤顶的反作用力通过传力架施加给混凝土，使混凝土受到弹性压缩。设混凝土压应力为 σ_{pc}，根据平衡条件有：

$$\sigma_{pc}=\frac{N_p}{A_n}+\frac{N_p e_{pn}}{I_n}y \tag{10-133}$$

普通钢筋中的压应力为：

$$\sigma_s=\alpha_{Es}\sigma_{pcs} \tag{10-134}$$
$$\sigma_s'=\alpha_{Es}\sigma_{pcs}' \tag{10-135}$$

2）完成第一批应力损失后

后张法预应力混凝土受弯构件完成第一批应力损失 σ_{lI}、σ_{lI}' 后，预应力钢筋 A_p 和 A_p' 的合力 N_{pI} 及其作用点至换算截面重心轴的偏心距 e_{pnI} 按下式计算：

$$N_{pI}=(\sigma_{con}-\sigma_{lI})A_p+(\sigma_{con}'-\sigma_{lI}')A_p' \tag{10-136}$$
$$e_{pnI}=\frac{(\sigma_{con}-\sigma_{lI})A_p y_{pn}-(\sigma_{con}'-\sigma_{lI}')A_p'y_{pn}'}{N_{pI}} \tag{10-137}$$

根据材料力学公式，求得截面上任一点的混凝土法向应力外 σ_{pcI} 为：

$$\sigma_{pcI}=\frac{N_{pI}}{A_n}\pm\frac{N_{pI}e_{pnI}}{I_n}y \tag{10-138}$$

式（10-138）中，右边第二项与第一项的应力方向相同时取加号，相反时取减号。

当 $y=y_0$ 时，σ_{pcI} 为完成第一批预应力损失放张时截面上（下）边缘混凝土的应力。预应力钢筋 A_p 的应力 σ_{peI}、预应力钢筋 A_p' 的应力 e_{peI}'、非预应力钢筋 A_s 的应力 σ_{sI} 和非预应力钢筋 A_s' 的应力 σ_{sI}' 分别用下式计算：

$$\sigma_{peI}=\sigma_{con}-\sigma_{lI} \tag{10-139}$$
$$\sigma_{peI}'=\sigma_{con}'-\sigma_{lI}' \tag{10-140}$$
$$\sigma_{sI}=\alpha_{Es}\sigma_{pcIs} \tag{10-141}$$
$$\sigma_{sI}'=\alpha_{Es}\sigma_{pcIs}' \tag{10-142}$$

3）完成全部预应力损失时

预应力钢筋 A_p、A_p' 的应力 σ_{peII}、e_{peII}' 分别用下式计算：

$$\sigma_{peII}=\sigma_{con}-\sigma_l \tag{10-143}$$
$$\sigma_{peII}'=\sigma_{con}'-\sigma_l' \tag{10-144}$$

预应力钢筋合力 N_{PII} 及其作用点至换算截面重心轴的偏心距 e_{PnII} 按下式计算：

$$N_{p\text{II}} = (\sigma_{con} - \sigma_{l\,\text{I}})A_p + (\sigma'_{con} - \sigma'_l)A'_p - \sigma_{l5}A_s - \sigma'_{l5}A'_s \tag{10-145}$$

$$e_{pn\text{II}} = \frac{(\sigma_{con} - \sigma_l)A_p y_{pn} - (\sigma'_{con} - \sigma'_l)A'_p y'_{pn} - \sigma_{l5}A_s y_{sn} + \sigma'_{l5}A'_s y'_{sn}}{N_{p\text{II}}} \tag{10-146}$$

在 $N_{p\text{II}}$ 作用下，截面上任意一点的混凝土法向应力为：

$$\sigma_{pc\text{II}} = \frac{N_{p\text{II}}}{A_n} \pm \frac{N_{p\text{II}} e_{pn\text{II}}}{I_n} y \tag{10-147}$$

式（10-147）中，右边第二项与第一项的应力方向相同时取加号，相反时取减号。

当 $y = y_n$ 时，$\sigma_{pc\text{II}}$ 为全部应力损失 σ_l、σ'_l 完成后截面上（下）边缘混凝土的应力，用 $\sigma_{pc\text{II}(y_n)}$ 表示。

相应地，非预应力钢筋 A_s 的应力 $\sigma_{s\text{II}}$ 和非预应力钢筋 $\sigma'_{l\text{II}}$ 的应力 $\sigma'_{s\text{II}}$ 分别用下式计算：

$$\sigma_{s\text{II}} = \alpha_{Es}\sigma_{pc\text{II}\,s} + \sigma_{l5} \tag{10-148}$$

$$\sigma'_{s\text{II}} = \alpha_{Es}\sigma'_{pc\text{II}\,s} + \sigma'_{l5} \tag{10-149}$$

式中　A_n——净截面面积，$A_0 = A_c + \alpha_{Es}A_s + \alpha_{Es}A_s$；

I_n——净截面 A_n 的惯性矩；

y——净截面重心轴至所计算的纤维层处的距离，可通过求面积矩 S_n 来确定，$y = \dfrac{S_n}{A_n}$；

y_n——净截面重心轴至截面上（下）边缘处的距离。

2. 使用阶段

在使用阶段，后张法预应力混凝土构件应力状态基本与先张法相同。此阶段涉及截面几何特征时，与先张法构件相同，都采用换算截面面积 A_0、惯性矩 I_0 及换算截面形心轴。

1）消压状态

消压弯矩 M_0 为：

$$M_0 = \sigma_{pc\text{II}(y_n)}W_0 \tag{10-150}$$

式中　$\sigma_{pc\text{II}(y_n)}$——施工阶段扣除全部预应力损失后，在截面受拉边缘由预应力产生的混凝土法向应力，$\sigma_{pc\text{II}(y_n)} = \dfrac{N_{p\text{II}}}{A_n} + \dfrac{N_{p\text{II}} e_{pn\text{II}}}{I_n} y_n$；

W_0——换算截面对受拉边缘的弹性抵抗矩，$W_0 = \dfrac{I_0}{y_n}$。

预应力钢筋的应力 σ_{p0} 为：

$$\sigma_{p0} = \sigma_{pe\text{II}} + \alpha_{Ep}\frac{M_0}{W_0} \approx \sigma_{con} - \sigma_l + \alpha_{Ep}\sigma_{pc\text{II}\,p} \tag{10-151}$$

预应力筋 A'_p 的应力 σ'_{p0} 为：

$$\sigma'_{p0} \approx \sigma'_{con} - \sigma'_l + \alpha_{Ep}\sigma'_{pc\text{II}\,p} \tag{10-152}$$

非预应力钢筋 A_s 的压应力 σ_{s0} 为：

$$\sigma_{s0} = \sigma_{s\text{II}} - \alpha_{Es}\frac{M_0}{I_0}y_s \tag{10-153}$$

非预应力钢筋 A'_s 的压应力 σ'_{s0} 为：

$$\sigma'_{s0}=\sigma'_{sⅡ}+\alpha_{Es}\frac{M_0}{I_0}y'_s \tag{10-154}$$

2）开裂极限状态

在开裂极限状态，下边缘混凝土拉应力达到其抗拉强度 f_{tk}。

后张法预应力混凝土受弯构件开裂时的弯矩 M_{cr} 为：

$$M_{cr}=M_0+\gamma f_{tk}W_0=(\sigma_{pcⅡ(y_n)}+\gamma f_{tk})W_0 \tag{10-155}$$

下部预应力钢筋应力可近似取为：

$$\sigma_{pcr}=\sigma_{con}-\sigma_l+\alpha_{Ep}\sigma_{pcⅡp}+2\alpha_{Ep}f_{tk} \tag{10-156}$$

式（10-155）、式（10-156）中符号含义同先张法。

3）承载能力极限状态

在承载能力极限状态，后张法预应力受弯构件正截面上的应力状态、计算方法与先张法相同。

10.6 预应力混凝土受弯构件的设计计算

10.6.1 使用阶段正截面受弯承载力计算

对预应力混凝土受弯构件，使用阶段两种极限状态的计算内容有：正截面受弯承载力及斜截面承载力计算；正截面抗裂度和斜截面抗裂度验算以及挠度验算。

1. 矩形截面或翼缘位于受拉边的倒 T 形截面预应力混凝土受弯构件正截面受弯承载力 计算与非预应力混凝土受弯构件类似，图 10-22 所示平面力系，竖向力为自平衡，因而只有两个独立平衡方程。

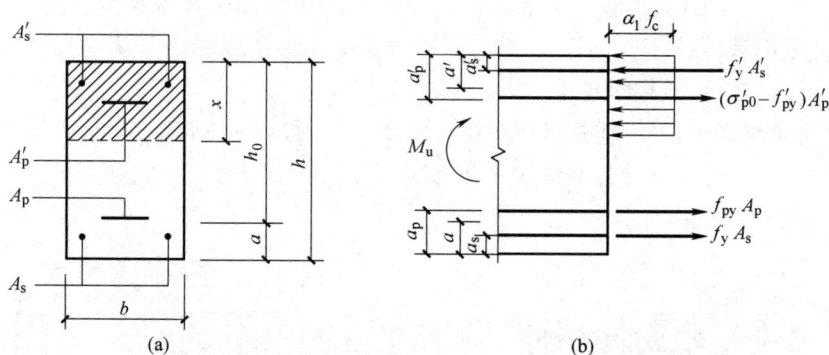

图 10-22 矩形截面受弯构件正截面受弯承载力计算

（a）截面应力分布；（b）平面力系简图

由受拉区预应力筋和非预应力钢筋合力点的力矩平衡条件（即 $\sum M=0$）可得：

$$M\leqslant M_u=\alpha_1 f_c bx\left(h_0-\frac{x}{2}\right)+f'_y A'_s(h_0-a'_s)-(\sigma'_{p0}-f'_{py})A'_p(h_0-a'_p) \tag{10-157}$$

由水平方向力的平衡条件（即 $\sum X=0$）可得：

$$\alpha_1 f_c bx=f_y A_s-f'_y A'_s+f_{py}A_p+(\sigma'_{p0}-f'_{py})A'_p \tag{10-158}$$

联立式（10-157）和式（10-158）可求解两个独立未知量，公式的适用条件为：

$$x \leqslant \xi_b h_0 \tag{10-159}$$

$$x \geqslant 2a' \tag{10-160}$$

式中　M——弯矩设计值；

M_u——受弯承载力设计值；

α_1——系数；

f_c——混凝土轴心抗压强度设计值；

A_s、A_s'——受拉区、受压区纵向普通（即非预应力）钢筋的截面面积；

A_p、A_p'——受拉区、受压区纵向预应力筋的截面面积；

σ_{p0}'——受压区纵向预应力筋 A_p 合力点处混凝土法向应力等于零时的预应力筋应力；

b——矩形截面的宽度或倒 T 形截面的腹板宽度；

a_s'、a_p'——受压区纵向普通钢筋合力点、预应力筋合力点至截面受压边缘的距离；

a'——受压区全部纵向钢筋合力点至截面受压边缘的距离；

h_0——截面有效高度，为受拉区预应力和非预应力钢筋合力点至截面受压边缘的距离 $h_0 = h - a$；

a——受拉区全部纵向钢筋合力点至截面受拉边缘的距离；按式（10-161）计算；

$$a = \frac{A_p f_{py} a_p + A_s f_y a_s}{A_p f_{py} + A_s f_y} \tag{10-161}$$

a_s、a_p——受拉区纵向普通钢筋合力点、预应力筋合力点至截面受拉边缘的距离；

ξ_b——相对界限受压区高度，$\xi_b = x_b / h_0$；

x_b——界限受压区高度。

2. 翼缘位于受压区的 T 形、工字形截面受弯构件正截面受弯承载力计算

因为这类截面翼缘位于受压区，所以应先判断中和轴在翼缘内（第一类 T 形截面）还是在腹板内（第二类 T 形截面）。

1）当符合下列条件时（即中和轴在受压翼缘内）（图 10-23a）：

$$f_y A_s + f_{py} A_p \leqslant \alpha_1 f_c b_f' h_f' + f_y' A_s' - (\sigma_{p0}' - f_{py}') A_p' \tag{10-162}$$

应按宽度为 b_f' 的矩形截面计算。

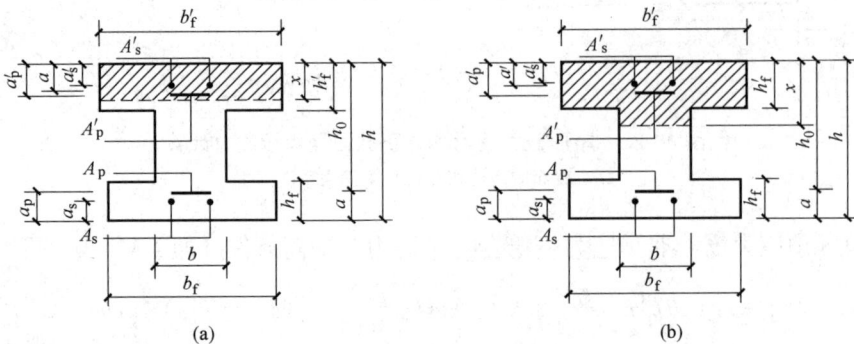

图 10-23　工字形截面受弯构件受压区高度位置

(a) $x \leqslant h_f'$；(b) $x > h_f'$

2）当不符合式（10-162）的条件时（中和轴在腹板内，图 10-23b），其正截面受弯承载力应按下列公式计算：

由受拉区预应力筋和非预应力钢筋合力点的力矩平衡条件可得：

$$M \leqslant M_u = \alpha_1 f_c bx \left(h_0 - \frac{x}{2}\right) + \alpha_1 f_c (b'_f - b) h'_f \left(h_0 - \frac{h'_f}{2}\right) +$$

$$f'_y A'_s (h_0 - a'_s) - (\sigma'_{p0} - f'_{py}) A'_p (h_0 - a'_p) \tag{10-163}$$

由水平方向力的平衡条件可得：

$$\alpha_1 f_c [bx + (b'_f - b) h'_f] = f_y A_s - f'_y A'_s + f_{py} A_p + (\sigma'_{p0} - f'_{py}) A'_p \tag{10-164}$$

式中 h'_f——T 形、工字形截面受压区的翼缘高度；

b'_f——T 形、工字形截面受压区的翼缘计算宽度。

当计算中计入纵向普通受压钢筋时，应符合式（10-156）的条件；当不符合此条件时，认为破坏时受压区非预应力筋 A'_s 达不到 f'_{py}，可近似取 $x = 2a'_s$（此时受压区混凝土合力作用点与 A_s 重心正好重合），并对 A'_s 重心处取矩得：

$$M \leqslant M_u = f_{py} A_p (h - a_p - a'_s) + f_y A_s (h - a_s - a'_s) + (\sigma'_{p0} - f'_{py}) A'_p (a'_p - a'_s) \tag{10-165}$$

式中 a_s、a_p——受拉区纵向普通钢筋、预应力筋至受拉边缘的距离。

预应力混凝土受弯构件中的纵向受拉钢筋配筋率应符合下列要求：

$$M_u \geqslant M_{cr} \tag{10-166}$$

式中 M_u——构件的正截面受弯承载力设计值；

M_{cr}——构件的正截面开裂弯矩值。

式（10-166）规定了各类预应力受力钢筋的最小配筋率，目的是保证构件具有一定的延性，避免无预兆的脆性破坏。与普通混凝土受弯构件类似，预应力混凝土受弯构件的正截面计算也是求解两个独立平衡方程的问题，无论设计或复核，只能求解两个独立未知量。

10.6.2 使用阶段斜截面受弯承载力计算

与普通混凝土受弯构件类似，预应力混凝土受弯构件也包括斜截面受剪承载力和斜截面受弯承载力的计算。只需注意施加预应力对构件斜截面承载力的影响，其余与普通混凝土受弯构件相同的内容不再赘述。

1. 斜截面受剪承载力计算

矩形、T 形和工字形截面的受弯构件，其受剪截面应符合下列条件：

当 $h_w/b \leqslant 4$ 时：

$$V \leqslant 0.25 \beta_c f_c b h_0 \tag{10-167}$$

当 $h_w/b \geqslant 6$ 时：

$$V \leqslant 0.2 \beta_c f_c b h_0 \tag{10-168}$$

当 $4 < h_w/b < 6$ 时，按线性内插法确定。

矩形、T 形和工字形截面的一般预应力混凝土受弯构件，当仅配置箍筋时，其斜截面受剪承载力应按下列公式计算：

$$V \leqslant V_{cs} + V_p \tag{10-169}$$

$$V_p = 0.05N_{p0} \tag{10-170}$$

$$V_{cs} = \alpha_{cv} f_t b h_0 + f_{yv} \frac{A_{sv}}{s} h_0 \tag{10-171}$$

式中　V——构件斜截面上的最大剪力设计值；

$\quad V_{cs}$——构件斜截面上混凝土和箍筋的受剪承载力设计值，其计算公式与普通混凝土受弯构件相同；

$\quad V_p$——由预加力所提高的构件的受剪承载力设计值；

$\quad \alpha_{cv}$——斜截面混凝土受剪承载力系数；

$\quad A_{sv}$——配置在同一截面内箍筋各肢的全部截面面积（mm^2）：$A_{sv} = nA_{sv1}$，此处，n 为在同一截面内箍筋的肢数，A_{sv1} 为单肢箍筋的截面面积；

$\quad s$——沿构件长度方向的箍筋间距（mm）；

$\quad f_{yv}$——箍筋抗拉强度设计值（MPa）；

$\quad N_{p0}$——计算截面上混凝土法向预应力等于零时的纵向预应力筋及非预应力筋的合力，当 $N_{p0} > 0.3f_c A_0$ 时，取 $N_{p0} = 0.3f_c A_0$，此处 A_0 为构件的换算截面面积。

对预应力混凝土受弯构件，N_{p0} 按下式计算：

$$N_{p0} = \sigma_{p0} A_p + \sigma'_{p0} A'_p - \sigma_{l5} A_s - \sigma'_{l5} A'_s \tag{10-172}$$

矩形、T 形和工字形截面的预应力混凝土受弯构件，当配置箍筋和弯起钢筋时，其斜截面受剪承载力应按下列公式计算：

$$V \leqslant V_{cs} + V_p + 0.8f_y A_{sb} \sin\alpha_s + 0.8f_{py} A_{pb} \sin\alpha_p \tag{10-173}$$

式中　V——配置弯起钢筋处的剪力设计值；

$\quad V_p$——按式（10-170）计算，但计算合力 N_{p0} 时不考虑预应力弯起钢筋的作用；

$\quad A_{sb}$、A_{pb}——同一弯起平面内的非预应力弯起钢筋、预应力弯起钢筋的截面面积；

$\quad \alpha_s$、α_p——斜截面上非预应力弯起钢筋、预应力弯起钢筋的切线与构件纵向轴线的夹角。

矩形、T 形和工字形截面的一般预应力混凝土受弯构件，当符合下式的要求时，可不进行斜截面的受剪承载力计算，而仅需按构造要求配置箍筋。

$$V \leqslant \alpha_{cv} f_t b h_0 + 0.05N_{p0} \tag{10-174}$$

受拉边倾斜的矩形、T 形和工字形截面的预应力混凝土受弯构件，其斜截面受剪承载力可按下列公式计算（图 10-25）：

$$V \leqslant V_{cs} + V_{sp} + 0.8f_y A_{sb} \sin\alpha_s \tag{10-175}$$

$$V_{sp} = \frac{M - 0.8(\sum f_{yv} A_{sv} z_{sv} + \sum f_y A_{sb} z_{sb})}{z + c\tan\beta} \tan\beta \tag{10-176}$$

$$\sigma_{pe} A_p \sin\beta \leqslant V_{sp} \leqslant (f_{py} A_p + f_y A_s) \sin\beta \tag{10-177}$$

式中　V——构件斜截面上的最大剪力设计值；

$\quad M$——构件斜截面受压区末端的弯矩设计值；

$\quad V_{cs}$——构件斜截面上混凝土和箍筋的受剪承载力设计值，计算公式同普通混凝土构件，其中，h_0 取斜截面受拉区始端的垂直截面有效高度；

$\quad V_{sp}$——构件截面上受拉边倾斜的纵向非预应力和预应力受拉钢筋合力的设计值在垂

直方向的投影，对钢筋混凝土受弯构件，其值不应大于 $f_y A_s \sin\beta$；对预应力混凝土受弯构件，其值不应大于 $(f_{py} A_p + f_y A_s) \sin\beta$，且不应小于 $\sigma_{pe} A_p \sin\beta$；

z_{sv}——同一截面内箍筋的合力至斜截面受压区合力点的距离；

z_{sb}——同一弯起平面内的弯起钢筋的合力至斜截面受压区合力点的距离；

z——斜截面受拉区始端处纵向受拉钢筋合力的水平分力至斜截面受压区合力点的距离，可近似取 $z = 0.9h_0$；

β——斜截面受拉区始端处倾斜的纵向受拉钢筋的倾角；

c——斜截面的水平投影长度，可近似取 $c = h_0$。

式（10-173）是由作用在梁脱离体（图 10-24）上的全部外力和内力对斜截面受压区末端合力作用点的力矩平衡条件而得出的。在梁截面高度开始变化处，斜截面的受剪承载力应按等截面高度梁和变截面高度梁的有关公式分别计算，并应按其中不利者配置箍筋和弯起钢筋。

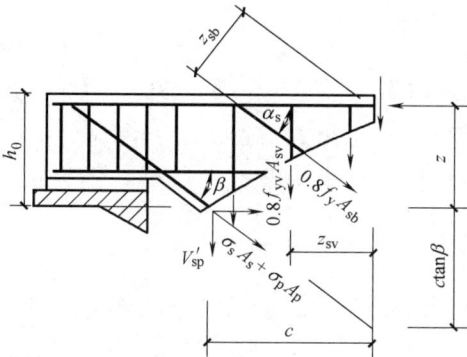

图 10-24 受弯构件斜截面受剪承载力计算　　图 10-25 受弯构件斜截面受弯承载力计算

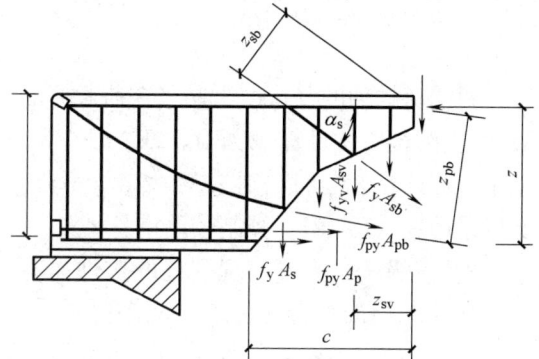

2. 斜截面受弯承载力计算

预应力混凝土受弯构件斜截面的受弯承载力应按下列公式计算（图 10-25）：

$$M \leqslant (f_y A_s + f_{py} A_p)z + \sum f_y A_{sb} z_{sb} + \sum f_{py} A_{ph} z_{pb} + \sum f_{yv} A_{sv} z_{sv} \quad (10\text{-}178)$$

此时，斜截面的水平投影长度 c 可按下列条件确定：

$$V = \sum f_y A_{sb} \sin\alpha_s + \sum f_{py} A_{pb} \sin\alpha_p + \sum f_{yv} A_{sv} \quad (10\text{-}179)$$

式中　V——斜截面受压区末端的剪力设计值；

　　　z——纵向非预应力和预应力受拉钢筋的合力至受压区合力点的距离，可近似取 $z = 0.9h_0$；

z_{sb}、z_{pb}——同一弯起平面内的非预应力弯起钢筋、预应力弯起钢筋的合力至斜截面受压区合力点的距离；

　　z_{sv}——同一斜截面上箍筋的合力至斜截面受压区合力点的距离。

在计算先张法预应力混凝土构件端部锚固区的斜截面受弯承载力时，式（10-179）中的 f_{py} 应按下列规定确定：锚固区内的纵向预应力筋抗拉强度设计值在锚固起点处应取为零，在锚固终点处应取为 f_{py}，在两点之间可按线性内插法确定。预应力混凝土受弯构件中配置的纵向钢筋和箍筋，当符合《结构规范》中关于纵筋的锚固、截断、弯起及箍筋的直径、间距等构造要求时，可不进行构件斜截面的受弯承载力计算。

10.6.3　正常使用阶段验算

1. 正截面裂缝控制验算

对预应力混凝土受弯构件受拉边缘法向应力或正截面裂缝宽度验算公式的形式与预应力混凝土轴心受拉构件的相同（这里计算的混凝土应力是截面受拉边缘处之值），具体如下：

1）一级——严格要求不出现裂缝的构件

在荷载标准组合下应符合下列规定：

$$\sigma_{ck} - \sigma_{pc} \leqslant 0 \tag{10-180}$$

在受弯构件的受拉边缘，当在荷载标准组合的弯矩值 M 下不允许出现拉应力时，应有 $M_k \leqslant M_0$，即 $M_k \leqslant \sigma_{pc} W_0$，令 $\sigma_{ck} \leqslant M_k / W_0$，即可得式（10-180）。

2）二级——一般要求不出现裂缝的构件

在荷载标准组合下应符合下列规定：

$$\sigma_{ck} - \sigma_{pc} \leqslant f_{tk} \tag{10-181}$$

对受弯构件的受拉边缘，当在荷载标准组合的弯矩值 M_k 下不允许开裂时，应有 $M_k \leqslant M_{cr}$，按弹性方法计算 M_{cr} 时，即 $M_k \leqslant (\sigma_{pc} + f_{tk}) W_0$，可导出式（10-181）；考虑受拉区混凝土塑性计算 M_{cr} 时，则为 $M_k \leqslant (\sigma_{pc} + \gamma f_{tk}) W_0$，可得验算式 $\sigma_{ck} - \sigma_{pc} \leqslant \gamma f_{tk}$，因为 $\gamma > 1$，所以采用式（10-181）控制较严格。

3）三级——允许出现裂缝的构件

按荷载标准组合并考虑长期作用影响计算的最大裂缝宽度，应符合下列规定：

$$w_{max} \leqslant w_{lim} \tag{10-182}$$

式中　σ_{ck}——荷载标准组合下受拉边缘的混凝土法向应力；

σ_{pc}——扣除全部预应力损失后在受拉边缘混凝土的预压应力；

f_{tk}——混凝土轴心抗拉强度标准值；

w_{max}——按荷载标准组合并考虑长期作用影响计算的最大裂缝宽度；

w_{lim}——最大裂缝宽度限值。

对环境类别为二 a 类的三级预应力混凝土构件，在荷载准永久组合下尚应符合下列规定：

$$\sigma_{cq} - \sigma_{pc} \leqslant f_{tk} \tag{10-183}$$

式中　σ_{cq}——荷载准永久组合下抗裂验算边缘的混凝土法向应力，$\sigma_{cq} = M_q / W_0$；

M_q——按荷载准永久组合计算的弯矩值。

在矩形、T 形、倒 T 形和工字形截面的预应力混凝土受弯构件中，按荷载标准组合并考虑长期作用影响的最大裂缝宽度 w_{max} 仍可按式（10-42）计算，但其中 α_{cr} 取 1.5，有效受拉混凝土截面面积及受拉区纵向钢筋的等效应力分别按下列各式计算：

$$A_{te} = 0.5bh + (b_f - b)h_f \tag{10-184}$$

$$\sigma_{sk} = \frac{M_k - N_{p0}(z - e_p)}{(A_p + A_s)z} \tag{10-185}$$

$$z = \left[0.87 - 0.12(1 - \gamma'_r) \left(\frac{h_0}{e} \right)^2 \right] h_0 \tag{10-186}$$

$$\gamma'_f = \frac{(b'_f - b)h'_f}{bh_0} \tag{10-187}$$

$$e = e_p + \frac{M_k}{N_{p0}} \tag{10-188}$$

$$e_p = y_{ps} - e_{p0} \tag{10-189}$$

$$N_{p0} = \sigma_{p0} A_p + \sigma'_{p0} A'_p - \sigma_{l5} A_s - \sigma'_{l5} A'_s \tag{10-190}$$

式中　z——受拉区纵向非预应力筋和预应力筋合力点至受压区合力点的距离；

　　　e_p——混凝土法向预应力等于零时全部纵向预应力和非预应力钢筋的合力 N_{p0} 的作用点至受拉区纵向预应力和非预应力钢筋合力点的距离；

　　　y_{ps}——受拉区纵向预应力筋和非预应力筋合力点的偏心距；

　　　e_{p0}——N_{p0} 的偏心距；

　b'_f、h'_f——受压区翼缘的宽度、高度；当 $h_f > 0.2h_0$ 时，取 $h_f = 0.2h_0$；

　　　γ'_f——受压翼缘截面面积与腹板有效截面面积的比值；

　　　N_{p0}——计算截面上混凝土法向预应力等于零时的纵向预应力筋及非预应力钢筋的合力。

对承受吊车荷载但不需做疲劳验算的受弯构件，可将计算求得的最大裂缝宽度乘以系数 0.85。

2. 斜截面抗裂度验算

当预应力混凝土受弯构件内的主拉应力过大时，会产生与主拉应力方向垂直的斜裂缝，因此为了避免斜裂缝的出现，应对斜截面上的混凝土主拉应力进行验算，验算公式如下：

1）混凝土主拉应力

（1）一级——严格要求不出现裂缝的构件；应符合下列规定：

$$\sigma_{tp} \leqslant 0.85 f_{tk} \tag{10-191}$$

（2）二级——一般要求不出现裂缝的构件，应符合下列规定：

$$\sigma_{tp} \leqslant 0.95 f_{tk} \tag{10-192}$$

2）混凝土主压应力

对严格要求和一般要求不出现裂缝的构件，均应符合下列规定：

$$\sigma_{cp} \leqslant 0.6 f_{ck} \tag{10-193}$$

式中　σ_{tp}、σ_{cp}——混凝土的主拉应力、主压应力。

此时，应选择跨度内不利位置的截面，对该截面的换算截面重心处和截面宽度突变处进行验算。

对允许出现裂缝的吊车梁，在静力计算中应符合式（10-192）和式（10-193）的规定。混凝土主拉应力和主压应力应按下列公式计算：

$$\left. \begin{matrix} \sigma_{tp} \\ \sigma_{cp} \end{matrix} \right\} = \frac{\sigma_x + \sigma_y}{2} \pm \sqrt{\left(\frac{\sigma_x - \sigma_y}{2} \right)^2 + \tau^2} \tag{10-194}$$

$$\sigma_x = \sigma_{pc} + \frac{M_k y_0}{I_0} \tag{10-195}$$

$$\tau = \frac{(V_k - \sum \sigma_{pe} A_{pb} \sin \alpha_p) S_0}{I_0 b} \tag{10-196}$$

式中　σ_x——由预加力和弯矩值 M_k 在计算纤维处产生的混凝土法向应力；

$\quad\quad\sigma_y$——由集中荷载标准值 F_k 产生的混凝土竖向压应力；

$\quad\quad\tau$——由剪力值 V_k 和预应力弯起钢筋的预加力在计算纤维处产生的混凝土剪应力（当计算截面上有扭矩作用时，尚应计入扭矩引起的剪应力；对超静定后张法预应力混凝土结构构件，尚应计入预加力引起的次剪应力）；

$\quad\quad\sigma_{pc}$——扣除全部预应力损失后，在计算纤维处由预加力产生的混凝土法向应力；

$\quad\quad y_0$——换算截面重心至计算纤维处的距离；

$\quad\quad I_0$——换算截面惯性矩；

$\quad\quad V_k$——按荷载标准组合计算的剪力值；

$\quad\quad S_0$——计算纤维以上部分的换算截面面积对构件换算截面重心的面积矩；

$\quad\quad\sigma_{pe}$——预应力弯起钢筋的有效预应力；

$\quad\quad A_{pb}$——计算截面上同一弯起平面内的预应力弯起钢筋的截面面积；

$\quad\quad\alpha_p$——计算截面上预应力弯起钢筋的切线与构件纵向轴线的夹角。

式（10-194）、式（10-196）中的 σ_x、σ_y、σ_{pc} 和 $M_k y_0/I_0$，当为拉应力时，以正值代入；当为压应力时，以负值代入。

对预应力混凝土吊车梁，当梁顶作用有较大集中力（如吊车轮压）时，应考虑其对斜截面抗裂的有利影响。在集中力作用点附近会产生竖向压应力 σ_y，另外，集中力作用点附近剪应力也显著减小，这两者均可使主拉应力值减小，因而对斜截面抗裂有利。上述竖向压应力及剪应力的分布比较复杂，为简化计算可采用直线分布。在集中力作用点两侧各 $0.6h$ 的长度范围内，由集中荷载标准值 F_k 产生的混凝土竖向压应力和剪应力的简化分布可按图 10-26 确定，其应力的最大值可按下列公式计算：

$$\sigma_y = \frac{0.6 F_k}{bh} \tag{10-197}$$

$$\tau_F = \frac{\tau^l - \tau^r}{2} \tag{10-198}$$

$$\tau^l = \frac{V_k^l S_0}{I_0 b} \tag{10-199}$$

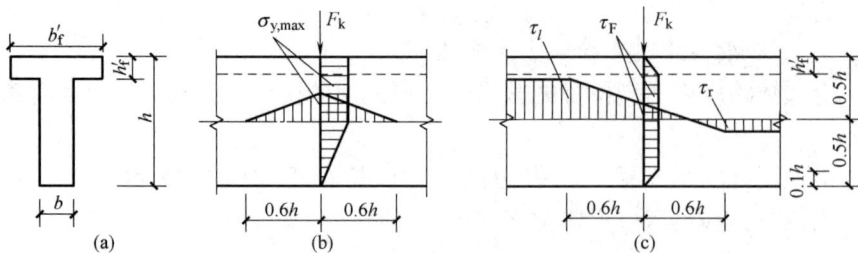

图 10-26　预应力混凝土吊车梁集中力作用点附近的应力分布

（a）截面构造；（b）竖向应力分布；（c）剪应力分布

$$\tau^{r} = \frac{V_k^r S_0}{I_0 b} \qquad (10\text{-}200)$$

式中 τ^l、τ^r——位于集中荷载标准值 F_k 作用点左侧、右侧 $0.6h$ 处的剪应力；

τ_F——集中荷载标准值 F_k 作用截面上的剪应力；

V_k^l、V_k^r——集中荷载标准值 F_k 作用点左侧、右侧的剪力标准值。

3. 挠度验算

与普通混凝土受弯构件不同，预应力混凝土受弯构件的挠度由两部分组成：一部分是外荷载产生的向下挠度 f_l；另一部分是预应力产生的向上变形 f_p，称为反拱。

预应力混凝土受弯构件在正常使用极限状态下的挠度，应按下列公式验算：

$$f_l - f_p \leqslant [f] \qquad (10\text{-}201)$$

式中 f_l——预应力混凝土受弯构件按荷载标准组合并考虑荷载长期作用影响的挠度；

f_p——预应力混凝土受弯构件在使用阶段的预加应力反拱值；

$[f]$——挠度限值，查附表 3-1 确定。

预应力混凝土受弯构件按荷载标准组合并考虑荷载长期作用影响的挠度 f_l，可根据构件的刚度 B，用结构力学的方法计算。可近似认为，在全部荷载作用下构件的总挠度是由荷载短期作用下的短期挠度与荷载长期作用下的长期挠度之和组成。对预应力混凝土受弯构件，全部荷载应按荷载的标准组合值确定，长期荷载应按荷载的准永久组合值确定，则短期荷载即为荷载的标准组合值与荷载的准永久组合值之差。为此，将按荷载效应标准组合计算的弯矩值分解为两部分，$M_k = (M_k - M_q) + M_q$，则（$M_k - M_q$）相当于短期荷载产生的弯矩，M_q 相当于长期荷载产生的弯矩；故仅需对在 M_q 作用下产生的那部分挠度乘以挠度增大系数，对于在（$M_k - M_q$）作用下产生的短期挠度部分是不必增大的。若短期荷载与长期荷载的分布形式相同，则有：

$$\alpha \frac{(M_k - M_q)l_0^2}{B_s} + \theta \cdot \alpha \frac{M_q l_0^2}{B_s} = \alpha \frac{M_k l_0^2}{B} \qquad (10\text{-}202)$$

由式（10-202）可得，矩形、T 形、倒 T 形和工字形截面受弯构件按荷载效应的标准组合并考虑荷载长期作用影响的刚度计算公式，即：

$$B = \frac{M_k}{M_q(\theta - 1) + M_k} B_s \qquad (10\text{-}203)$$

式中 M_k——按荷载标准组合计算的弯矩，取计算区段内的最大弯矩值；

M_q——按荷载准永久组合计算的弯矩，取计算区段内的最大弯矩值；

B_s——荷载标准组合作用下受弯构件的短期刚度；

θ——考虑荷载长期作用对挠度增大的影响系数，预应力混凝土受弯构件，取 $\theta = 2.0$。

在荷载标准组合作用下，预应力混凝土受弯构件的短期刚度 B_s 可按下列公式计算：

1）要求不出现裂缝的构件（裂缝控制等级为一级、二级）

$$B_s = 0.85 E_c I_0 \qquad (10\text{-}204)$$

2）允许出现裂缝的构件（裂缝控制等级为三级）

$$B_s = \frac{0.85 E_c I_0}{k_{cr} + (1 - k_{cr})\omega} \qquad (10\text{-}205)$$

$$k_{cr} = \frac{M_{cr}}{M_k} \tag{10-206}$$

$$w = \left(1.0 + \frac{0.21}{\alpha_E \rho}\right)(1 + 0.45\gamma_f) - 0.7 \tag{10-207}$$

$$M_{cr} = (\sigma_{pc} + \gamma f_{tk})W_0 \tag{10-208}$$

$$\gamma_f = \frac{(b_f - b)h_f}{bh_0} \tag{10-209}$$

式中　α_E——钢筋弹性模量与混凝土弹性模量的比值，$\alpha_E = E_s/E_c$；

　　　ρ——纵向受拉钢筋配筋率，对预应力混凝土受弯构件，取 $\rho = (A_p + A_s)/(bh_0)$；

　　　I_0——换算截面惯性矩；

　　　γ_f——受拉翼缘截面面积与腹板有效截面面积的比值；

　　b_f、h_f——受拉区翼缘的宽度、高度；

　　　k_{cr}——预应力混凝土受弯构件正截面的开裂弯矩 M_{cr} 与弯矩 M_k 的比值，当 $k_{cr} > 1.0$ 时，取 $k_{cr} = 1.0$；

　　　σ_{pc}——扣除全部预应力损失后，由预加力在受拉边缘产生的混凝土预压应力；

　　　γ——混凝土构件的截面抵抗矩塑性影响系数，计算与普通混凝土受弯构件相同。

对预压时预拉区出现裂缝的构件，B_s 应降低 10%。

预应力混凝土受弯构件在使用阶段的预加应力反拱值 f_p，可用结构力学方法按刚度 $E_c I_0$ 进行计算，并应考虑预压应力长期作用的影响。此时，应将计算求得的预加应力反拱值乘以增大系数 2.0；在计算中，预应力钢筋的应力应扣除全部预应力损失。

对重要的或特殊的预应力混凝土受弯构件的长期反拱值，可根据专门的试验分析确定或根据配筋情况采用合理的收缩、徐变计算方法经分析确定；对恒载较小的构件，应考虑反拱过大对使用的不利影响。

10.6.4　施工阶段验算

如果预压区外边缘压应力过大，可能在预压区内产生沿钢筋方向的纵向裂缝，或使受压区混凝土进入非线性徐变阶段，因此必须控制外边缘混凝土的压应力；另外，工程要求预应力构件预拉区（指施加预应力时形成的截面拉应力区）在施工阶段不允许出现拉应力或不允许过大，因此要控制预拉区外边缘混凝土的拉应力。对制作、运输及安装等施工阶段预拉区允许出现拉应力的构件或预压时全截面受压的构件，在预加力、自重及施工荷载（必要时应考虑动力系数）作用下，其截面边缘的混凝土法向应力宜符合下列规定（图 10-27）：

$$\sigma_{ct} \leqslant f'_{tk} \tag{10-210}$$

$$\sigma_{cc} \leqslant 0.8f'_{ck} \tag{10-211}$$

简支构件的端部区段截面预拉区边缘纤维的混凝土拉应力允许大于 f_{tk}，但不应大于 $1.2f_{tk}$。截面边缘的混凝土法向应力可按下列公式计算：

$$\sigma_{cc} \text{ 或 } \sigma_{ct} = \left| \sigma_{pc} + \frac{N_k}{A_0} \pm \frac{M_k}{W_0} \right| \tag{10-212}$$

式中　σ_{cc}、σ_{ct}——相应施工阶段计算截面边缘纤维的混凝土压应力、拉应力（绝对值）；

f'_{ck}、f'_{tk}——与各施工阶段混凝土立方体抗压强度 f_{cu} 相应的抗拉强度标准值、抗压强度标准值，以线性内插法确定；

N_k、M_k——构件自重及施工荷载的标准组合在计算截面产生的轴力值、弯矩值；

A_0、W_0——验算边缘的换算截面面积和弹性抵抗矩。

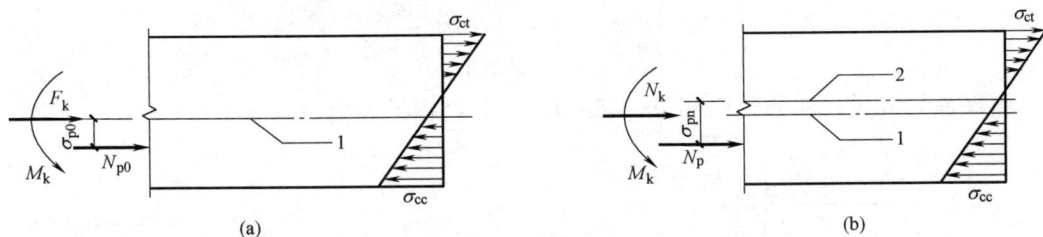

图 10-27 预应力混凝土构件施工阶段验算
（a）先张法构件；（b）后张法构件
1—换算截面重心轴；2—净截面重心轴

当 σ_{pc} 为压应力时，取正值；当 σ_{pc} 为拉应力时，取负值。N_k 以受压为正。当 M_k 产生的边缘纤维应力为压应力时取加号，拉应力时取减号。

施工阶段验算式（10-211）和式（10-212）中，所采用的混凝土强度 f_{ck}、f_{tk} 值应与应力 σ_{ct}、σ_{cc} 出现的时刻相对应，因为此时混凝土不一定达到设计的强度值；f_{tk} 前的系数 1.0、2.0 反映了对预拉区抗裂能力要求的不同；另外，由于施工时各应力值持续时间短暂，随后将很快降低，因而材料强度采用标准值，又由于 $0.8f_{ck}>f_c$（f_c 是与 f_{ck} 对应的混凝土轴心抗压强度设计值），反映了施工阶段验算时可靠度可以降低一些，即应力限值适当放宽。

对预应力混凝土受弯构件的预拉区，除限制其边缘拉应力值［即按式（10-211）验算］外，还需规定预拉区纵筋的最小配筋率，以防止发生类似于少筋梁的破坏。预应力混凝土结构构件预拉区纵向钢筋的配筋应符合下列要求：

施工阶段预拉区允许出现拉应力的构件，预拉区纵向钢筋的配筋率 $(A'_s+A'_p)/A$ 不应小于 0.15%，对后张法构件不应计入 A'_p，其中 A 为构件截面面积。

后张法预应力混凝土受弯构件的端部局部受压计算内容与轴心受拉构件相同，不再赘述。

【例 10-2】 预应力混凝土梁，长度 9m，计算跨度 $l_0=8.75m$，净跨 $l_n=8.5m$，截面尺寸及配筋如图 10-28 所示。采用先张法施工，台座长度 80m，镦头锚固，蒸汽养护 $\Delta t=20℃$。混凝土强度等级为 C50，预应力钢筋为 $\Phi^{HT}10$ 热处理钢筋，非预应钢筋为 HRB400 级钢筋，张拉控制应力 $\sigma_{con}=0.7f_{ptk}$，采用超张拉，混凝土达 75% 设计强度时放张预应力钢筋。承受可变荷载标准值 $q_k=18.8kN/m$，永久标准值 $g_k=17.5kN/m$，准永久值系数 0.6，该梁裂缝控制等级为三级，跨中挠度允许值为 $l_0/250$。试进行该梁的施工阶段应力验算，正常使用阶段的裂缝宽度和变形验算，正截面受弯承载力和斜截面受剪承载力验算。

【解】 1）截面的几何特性
查附表可知，HRB400 级钢筋 $E_s=2.0\times10^5N/mm^2$，$f_y=f'_y=360N/mm^2$；$\Phi^{HT}10$

热处理钢筋 $E_s=2.0\times10^5\text{N/mm}^2$，$f_{py}=1040\text{N/mm}^2$，$f'_{py}=400\text{N/mm}^2$；C50 混凝土 $E_c=3.45\times10^4\text{N/mm}^2$，$f_{tk}=2.64\text{N/mm}^2$，$f_c=23.1\text{N/mm}^2$；放张预应力钢筋时 $f'_{cu}=0.75\times50=37.5\text{N/mm}^2$，对应 $f'_{tk}=2.30\text{N/mm}^2$，$f'_{ck}=25.1\text{N/mm}^2$。

查附表，$A_s=452\text{mm}^2$，$A_p=471\text{mm}^2$，$A'_p=157\text{mm}^2$，$A'_s=226\text{mm}^2$。

$$\alpha_E=\frac{E_s}{E_c}=\frac{2.0\times10^5}{3.45\times10^4}=5.8$$

将截面划分成几部分计算（图 10-28c），计算过程见表 10-7。

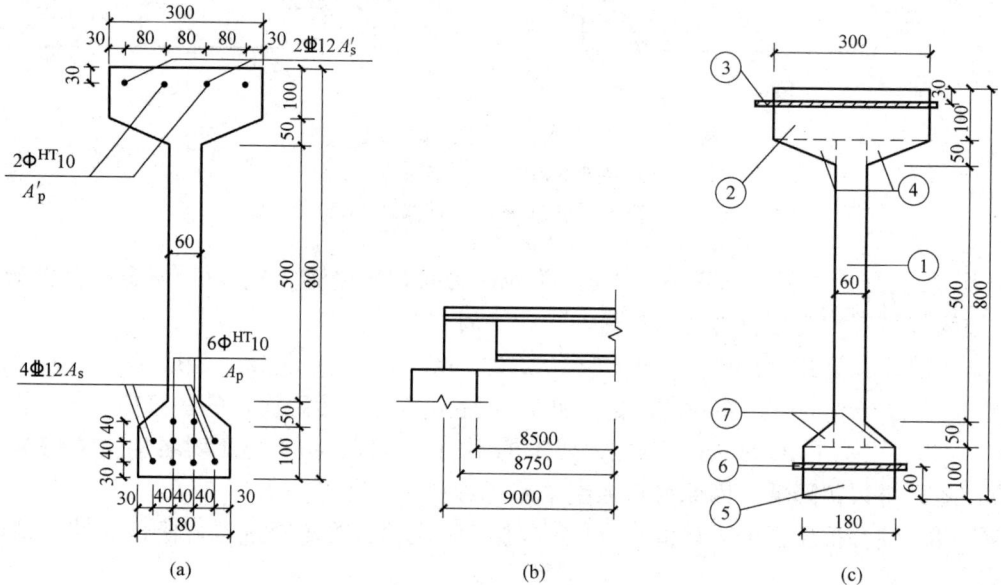

图 10-28　例 10-2 题图

截面特征计算表　　　　　　　　　　　　　　　　　表 10-7

编号	A_i (mm^2)	a_i (mm)	$S_i=A_ia_i$ (mm^3)	$y_i=y_0-a_i$ (mm)	$A_iy_i^2$ (mm^4)	I_i (mm^4)
①	$600\times60=36000$	400	144×10^5	43	665.64×10^5	10800×10^5
②	$300\times100=30000$	750	225×10^5	307	28274.7×10^5	250×10^5
③	$(5.8-1)\times(226+157)=1838.4$	770	14.16×10^5	327	1965.8×10^5	—
④	$120\times50=6000$	683	41×10^5	240	3456×10^5	8.33×10^5
⑤	$180\times100=18000$	50	9×10^5	393	27800.8×10^5	150×10^5
⑥	$(5.8-1)\times(471+452)=4430.4$	60	2.66×10^5	383	6498.9×10^5	—
⑦	$60\times50=3000$	117	3.51×10^4	326	3188.3×10^5	4.17×10^5
Σ	99268.8		4393.3×10^4		71850.14×10^5	11212.5×10^5

下部预应力钢筋和非预应力钢筋合力点距底边距离：

$$a_{p,s}=\frac{(157+226)\times30+(157+226)\times70+157\times110}{471+452}=60\text{mm}$$

$$y_0=\frac{\sum S_i}{\sum A_i}=\frac{4393.3\times10^4}{99268.8}=443\text{mm}$$

$$y_0' = 800 - 443 = 357 \text{mm}$$

$$I_0 = \sum A_i y_i^2 + \sum I_i = 71850.14 \times 10^5 + 11212.5 \times 10^5 = 83062.64 \times 10^5 \text{mm}^4$$

2）预应力损失计算

张拉控制应力：

$$\sigma_{\text{con}} = \sigma_{\text{con}}' = 0.7 f_{\text{ptk}} = 0.7 \times 1470 = 1029 \text{N/mm}^2$$

（1）锚具变形损失 σ_{l1}

由表 10-1，取 $a = 1 \text{mm}$。

$$\sigma_{l1} = \sigma_{l1}' = \frac{a}{l} E_s = \frac{1}{80 \times 10^3} \times 2.0 \times 10^5 = 2.5 \text{N/mm}^2$$

（2）温差损失 σ_{l2}

$$\sigma_{l2} = \sigma_{l2}' = 2\Delta t = 2 \times 20 = 40 \text{N/mm}^2$$

（3）应力松弛损失 σ_{l4}

采用超张拉：

$$\sigma_{l4} = \sigma_{l4}' = 0.035 \sigma_{\text{con}} = 0.035 \times 1029 = 36 \text{N/mm}^2$$

第一批预应力损失（假定放张前，应力松弛损失完成 45%）：

$$\sigma_{l\,\text{I}} = \sigma_{l\,\text{I}}' = \sigma_{l1} + \sigma_{l2} + 0.45 \sigma_{l4} = 2.5 + 40 + 0.45 \times 36 = 58.7 \text{N/mm}^2$$

（4）混凝土收缩、徐变损失 σ_{l5}

$$N_{\text{p0I}} = (\sigma_{\text{con}} - \sigma_{l\text{I}}) A_p + (\sigma_{\text{con}}' - \sigma_{l\text{I}}') A_p' = (1029 - 58.7) \times (471 + 157) = 609.35 \times 10^3 \text{N} = 609.35 \text{kN}$$

预应力钢筋到换算截面形心距离：

$$y_p = y_0 - a_p = 443 - 70 = 373 \text{mm}, \quad y_p' = y_0' - a_p' = 800 - 443 - 30 = 327 \text{mm}$$

$$e_{\text{p0I}} = \frac{(\sigma_{\text{con}} - \sigma_{l\text{I}}) A_p y_p - (\sigma_{\text{con}}' - \sigma_{l\text{I}}') A_p' y_p'}{N_{\text{p0I}}} = \frac{(1029 - 58.7) \times 471 \times 373 - (1029 - 58.7) \times 157 \times 327}{609.35 \times 10^3}$$

$$= 198 \text{mm}$$

$$\sigma_{\text{pc I}} = \frac{N_{\text{p0 I}}}{A_0} + \frac{N_{\text{p0 I}} e_{\text{p0 I}} y_p}{I_0} = \frac{609.35 \times 10^3}{99268.8} + \frac{609.35 \times 10^3 \times 198 \times 373}{83062.64 \times 10^5}$$

$$= 11.56 \text{N/mm}^2 < 0.5 f_{\text{cu}} = 0.5 \times 0.75 \times 50 = 18.75 \text{N/mm}^2$$

$$\sigma_{\text{pc I}}' = \frac{N_{\text{p0 I}}}{A_0} - \frac{N_{\text{p0 I}} e_{\text{p0 I}} y_p'}{I_0} = \frac{609.35 \times 10^3}{99268.8} - \frac{609.35 \times 10^3 \times 198 \times 327}{83062.64 \times 10^5}$$

$$= 1.39 \text{N/mm}^2 < 0.5 f_{\text{cu}} = 0.5 \times 0.75 \times 50 = 18.75 \text{N/mm}^2$$

$$\rho = \frac{A_p + A_s}{A_0} = \frac{471 + 452}{99268.8} = 0.0093, \quad \rho' = \frac{A_p' + A_s'}{A_0} = \frac{157 + 226}{99268.8} = 0.0039$$

$$\sigma_{l5} = \frac{45 + 280 \dfrac{\sigma_{\text{pc I}}}{f_{\text{cu}}}}{1 + 15\rho} = \frac{45 + 280 \times \dfrac{11.56}{0.75 \times 50}}{1 + 15 \times 0.0093} = 115.24 \text{N/mm}^2$$

$$\sigma_{l5}' = \frac{45 + 280 \dfrac{\sigma_{\text{pc I}}'}{f_{\text{cu}}}}{1 + 15\rho'} = \frac{45 + 280 \times \dfrac{1.39}{0.75 \times 50}}{1 + 15 \times 0.0039} = 52.32 \text{N/mm}^2$$

第二批预应力损失：

$$\sigma_{l\,\text{II}} = 0.55 \sigma_{l4} + \sigma_{l5} = 0.55 \times 36 + 115.24 = 135.04 \text{N/mm}^2$$

$$\sigma'_{l\text{II}}=0.55\sigma'_{l4}+\sigma'_{l5}=0.55\times36+52.32=72.12\text{N/mm}^2$$

总应力损失：

$$\sigma_l=\sigma_{l\text{I}}+\sigma_{l\text{II}}=58.7+135.04=193.74\text{N/mm}^2>100\text{N/mm}^2$$

$$\sigma'_l=\sigma'_{l\text{I}}+\sigma'_{l\text{II}}=58.7+72.12=130.82\text{N/mm}^2>100\text{N/mm}^2$$

3）内力计算

可变荷载标准值产生的弯矩和剪力：

$$M_{\text{QK}}=\frac{1}{8}q_k l_0^2=\frac{1}{8}\times18.8\times8.75^2=179.92\text{kN}\cdot\text{m}$$

$$V_{\text{QK}}=\frac{1}{2}q_k l_n=\frac{1}{2}\times18.8\times8.5=79.9\text{kN}$$

永久荷载标准值产生的弯矩和剪力：

$$M_{\text{GK}}=\frac{1}{8}g_k l_0^2=\frac{1}{8}\times17.5\times8.75^2=167.48\text{kN}\cdot\text{m}$$

$$V_{\text{GK}}=\frac{1}{2}g_k l_n=\frac{1}{2}\times17.5\times8.5=74.38\text{kN}$$

弯矩标准值：

$$M_k=M_{\text{QK}}+M_{\text{GK}}=179.92+167.48=347.4\text{kN}\cdot\text{m}$$

弯矩设计值：

$$M=1.2M_{\text{GK}}+1.4M_{\text{QK}}=1.2\times167.48+1.4\times179.92=452.86\text{kN}\cdot\text{m}$$

剪力设计值：

$$V=1.2V_{\text{GK}}+1.4V_{\text{QK}}=1.2\times74.38+1.4\times79.9=201.12\text{kN}$$

4）施工阶段验算

放张后混凝土上、下边缘应力：

$$\sigma_{\text{pcI}}=\frac{N_{\text{p0I}}}{A_0}+\frac{N_{\text{p0I}}e_{\text{p0I}}y_0}{I_0}=\frac{609.35\times10^3}{99268.8}+\frac{609.35\times10^3\times198\times443}{83062.64\times10^5}=12.57\text{N/mm}^2$$

$$\sigma'_{\text{pcI}}=\frac{N_{\text{p0I}}}{A_0}-\frac{N_{\text{p0I}}e_{\text{p0I}}y'_0}{I_0}=\frac{609.35\times10^3}{99268.8}-\frac{609.35\times10^3\times198\times357}{83062.64\times10^5}=0.95\text{N/mm}^2$$

设吊点距梁端1.0m，梁自重$g=2.33\text{kN/m}$，动力系数取1.5，自重产生弯矩为：

$$M_k=1.5\times\frac{1}{2}gl^2=\frac{1.5}{2}\times2.33\times1^2=1.75\text{kN}\cdot\text{m}$$

截面上边缘混凝土法向应力：

$$\sigma_{\text{ct}}=\sigma'_{\text{pcI}}-\frac{M_k}{I_0}y_0=0.95-\frac{1.75\times10^6\times357}{83062.64\times10^5}=0.87\text{N/mm}^2<f'_{\text{tk}}=2.30\text{N/mm}^2$$

截面下边缘混凝土法向应力：

$$\sigma_{\text{cc}}=\sigma_{\text{pcI}}+\frac{M_k}{I_0}y_0=12.57+\frac{1.75\times10^6\times443}{83062.64\times10^5}=12.66\text{N/mm}^2<0.8f'_{\text{ck}}=0.8\times25.1=20.1\text{N/mm}^2$$

满足要求。

5）使用阶段裂缝宽度计算

$$N_{\text{p0II}}=\sigma_{\text{p0II}}A_p+\sigma'_{\text{p0II}}A'_p-\sigma_{l5}A_s-\sigma'_{l5}A'_s=(1029-193.74)\times471+(1029-130.82)\times$$

$$157-115.24\times452-52.32\times226=470.51\times10^3N=470.51kN$$

非预应力钢筋 A_s 到换算截面形心的距离：

$$y_s=443-50=393mm$$

$$e_{p0\mathrm{II}}=\frac{\sigma_{p0\mathrm{II}}A_py_p-\sigma'_{p0\mathrm{II}}A'_p-\sigma_{l5}A_sy_s+\sigma'_{l5}A'_sy'_s}{N_{p0\mathrm{II}}}$$

$$=\frac{(1029-193.74)\times471\times373-(1029-130.82)\times157\times327-115.24\times452\times393+52.32\times226\times327}{470.51\times10^3}$$

$$=178.6mm$$

$N_{p0\mathrm{II}}$ 到预应力钢筋 A_p 和非预应力钢筋 A_s 合力点的距离：

$$e_p=\frac{\sigma_{p0\mathrm{II}}A_py_p-\sigma_{l5}A_sy_s}{\sigma_{p0\mathrm{II}}A_p-\sigma_{l5}A_s}-e_{p0\mathrm{II}}=\frac{(1029-193.74)\times471\times373-115.24\times452\times393}{(1029-193.74)\times471-115.24\times452}-178.6$$

$$=191.4mm$$

$$e=e_p+\frac{M_k}{N_{p0\mathrm{II}}}=191.4+\frac{347.4\times10^6}{470.51\times10^3}=929.7mm$$

$$\gamma'_f=\frac{(b'_f-b)h'_f}{bh_0}=\frac{(300-60)\times125}{60\times740}=0.676$$

$$z=\left[0.87-0.12(1-\gamma'_f)\left(\frac{h_0}{e}\right)^2\right]h_0$$

$$=\left[0.87-0.12\times(1-0.676)\times\left(\frac{740}{929.7}\right)^2\right]\times740=625.6mm$$

$$\sigma_{sk}=\frac{M_k-N_{p0\mathrm{II}}(z-e_p)}{(A_p+A_s)z}=\frac{347.4\times10^6-470.51\times10^3\times(625.6-191.4)}{(471+452)\times625.6}=248.1N/mm^2$$

$$\rho_{te}=\frac{A_p+A_s}{0.5bh+(b_f-b)h_f}=\frac{471+452}{0.5\times60\times800+(180-60)\times125}=0.024$$

$$\psi=1.1-\frac{0.65f_{tk}}{\sigma_{sk}\rho_{te}}=1.1-\frac{0.65\times2.64}{248.1\times0.024}=0.81$$

$$d_{eq}=\frac{\sum n_id_i^2}{\sum n_iv_id_i}=\frac{6\times10^2+4\times12^2}{6\times10\times1.0+4\times12\times1.0}=10.89mm$$

$$w_{max}=\alpha_{cr}\psi\frac{\sigma_{sk}}{E_s}\times\left(1.9c+0.08\frac{d_{eq}}{\rho_{te}}\right)=1.7\times0.81\times\frac{248.1}{2.0\times10^5}\times\left(1.9\times25+0.08\times\frac{10.89}{0.024}\right)$$

$$=0.143mm<w_{lim}=0.2mm$$

满足要求。

6）使用阶段挠度验算

$$\sigma_{pc\mathrm{II}}=\frac{N_{p0\mathrm{II}}}{A_0}+\frac{N_{p0\mathrm{II}}e_{p0\mathrm{II}}y_0}{I_0}=\frac{470.51\times10^3}{99268.8}+\frac{470.51\times10^3\times178.6\times443}{83062.64\times10^5}=9.22N/mm^2$$

由 $\frac{b_f}{b}=\frac{180}{60}=3$，$\frac{h_f}{h}=\frac{125}{800}=0.156$，非对称工字形截面 $b'_f>b_f$，γ_m 在 $1.35\sim1.5$ 之间，近似取 $\gamma_m=1.41$。

$$\gamma=\left(0.7+\frac{120}{h}\right)\gamma_m=\left(0.7+\frac{120}{800}\right)\times1.41=1.2$$

$$M_{cr} = (\sigma_{pcII} + \gamma f_k)w_0 = (9.22 + 1.2 \times 2.64) \times \frac{83062.64 \times 10^5}{443}$$

$$= 232.3 \times 10^6 \text{N} \cdot \text{mm} = 232.3 \text{kN} \cdot \text{m}$$

$$k_{cr} = \frac{M_{cr}}{M_k} = \frac{232.3}{347.4} = 0.668$$

纵向受拉钢筋配筋率:

$$\rho = \frac{A_p + A_s}{bh_0} = \frac{471 + 452}{60 \times 740} = 0.021$$

$$\gamma_f = \frac{(b_f - b)h_f}{bh_0} = \frac{(180 - 60) \times 125}{60 \times 740} = 0.338$$

$$w = \left(1.0 + \frac{0.21}{\alpha_E \rho}\right)(1 + 0.45\gamma_f) - 0.7 = \left(110 + \frac{0.21}{5.8 \times 0.021}\right) \times (1 + 0.45 \times 0.338) - 0.7 = 2.43$$

$$B_s = \frac{0.85E_c I_0}{k_{cr} + (1 - k_{cr})w} = \frac{0.85 \times 3.45 \times 10^4 \times 83062.64 \times 10^5}{0.668 + (1 - 0.668) \times 2.43} = 165.17 \times 10^{12} \text{N} \cdot \text{mm}^2$$

对预应力混凝土构件 $\theta = 2.0$。

$$M_q = M_{Gk} + 0.6M_{Qk} = 167.48 + 0.6 \times 179.92 = 275.43 \text{kN} \cdot \text{m}$$

$$B = \frac{M_k}{M_q(\theta - 1) + M_k}B_s = \frac{347.4}{275.43 \times (2 - 1) + 347.4} \times 165.17 \times 10^{12} = 92.13 \times 10^{12} \text{N} \cdot \text{mm}^2$$

荷载作用下的挠度:

$$a_{f1} = \frac{5}{48}\frac{M_k l_0^2}{B} = \frac{5}{48} \times \frac{347.4 \times 10^6 \times 8.75^2 \times 10^6}{92.13 \times 10^{12}} = 30.1 \text{mm}$$

预应力产生反拱:

$$B = E_c I_0 = 3.45 \times 10^4 \times 83062.64 \times 10^5 = 286.57 \times 10^{12} \text{N} \cdot \text{mm}^2$$

$$a_{f2} = \frac{2N_{p0II}e_{p0II}l_0^2}{8B} = \frac{470.51 \times 10^3 \times 178.6 \times 8.75^2 \times 10^6}{8 \times 286.57 \times 10^{12}} = 5.6 \text{mm}$$

总挠度:

$$a_f = a_{f1} - a_{f2} = 30.1 - 5.6 = 24.5 \text{mm} < a_{lim} = l_0/250 = 35.0 \text{mm}$$

满足要求。

7) 正截面承载力计算

$$h_0 = 800 - 60 = 740 \text{mm}$$

$$\sigma'_{p0II} = \sigma'_{con} - \sigma'_l = 1029 - 130.82 = 898.18 \text{N/mm}^2$$

$$x = \frac{f_{py}A_p + f_y A_s - f'_y A'_s + (\sigma'_{p0II} - f'_{py})A'_p}{\alpha_1 f_c b'_f}$$

$$= \frac{1040 \times 471 + 360 \times 452 - 360 \times 226 + (898.18 - 400) \times 157}{1.0 \times 23.1 \times 300}$$

$$= 93.7 \text{mm} < h'_f = 100 + 50/2 = 125 \text{mm (平均)}, 且 > 2a' = 60 \text{mm}$$

属于第一类 T 形。

$$\sigma_{p0II} = \sigma_{con} - \sigma_l = 1029 - 193.74 = 835.26 \text{N/mm}^2$$

$$\xi_b = \frac{\beta_1}{1+\dfrac{0.002}{\varepsilon_{cu}}+\dfrac{f_{py}-\sigma_{p0\text{II}}}{E_s\varepsilon_{cu}}} = \frac{0.8}{1+\dfrac{0.002}{0.0033}+\dfrac{1040-835.26}{2\times10^5\times0.0033}} = 0.42$$

$$\xi_b h_0 = 0.42\times740 = 310.8\text{mm} > x$$

$$M_u = \alpha_1 f_c b_f' x\left(h_0-\frac{x}{2}\right)+f_y'A_s'(h_0-a_s')-(\sigma_{p0\text{II}}'-f_{py}')A_p'(h_0-a_p')$$

$$=1.0\times23.1\times300\times93.7\times\left(740-\frac{93.7}{2}\right)+360\times226\times(740-30)-(898.18-400)\times157\times(740-30)$$

$$=563.4\times10^6\text{N}\cdot\text{mm}=563.4\text{kN}\cdot\text{m}>M=452.86\text{kN}\cdot\text{m}$$

满足要求。

8）斜截面抗剪承载力计算

由 $h_w/b=500/60=8.3>6$，得：

$$0.2\beta_c f_c b h_0 = 0.2\times1.0\times23.1\times60\times740 = 205.13\times10^3\text{N} = 205.13\text{kN} > V = 201.12\text{kN}$$

截面尺寸满足要求。

因使用阶段允许出现裂缝，故取 $V_p=0$。

$$0.7f_t b h_0 = 0.7\times1.89\times60\times740 = 58.74\times10^3\text{N} = 58.74\text{kN} < V = 201.12\text{kN}$$

需计算配置箍筋，采用双肢箍筋 $\phi8@120$，$A_{sv}=100.6\text{mm}^2$。

$$V_u = 0.7f_t b h_0 + 1.25 f_{yv}\frac{A_{sv}}{s}h_0 = 58.74+1.25+210\times\frac{100.6}{120}\times740 = 221.6\times10^3\text{N}$$

$$=221.6\text{kN} > V = 201.12\text{kN}$$

满足要求。

10.7　预应力混凝土构件的构造要求

10.7.1　构件截面形状与尺寸规定

预应力混凝土轴心受拉构件通常采用正方形或矩形截面，预应力混凝土受弯构件通常采用矩形、I形、T形、箱形截面等。矩形截面外形简单、节省模板，但其核心区域小、自重大、截面有效性差，一般适用于实心板和一些短跨先张预应力混凝土梁。I形截面和箱形截面的核心区域大，预应力钢筋布置的有效范围大，截面材料利用较为有效，另外箱形截面还可抵抗较大的扭转作用。由于一般情况下预应力混凝土受弯构件跨度大、自重大，常采用I形、T形和箱形截面以减轻自重。I形、T形和箱形截面的腹板应具有一定的厚度，使构件具有足够的受剪承载力，且便于混凝土的浇筑。

为了便于布置预应力筋以及预压区在施工阶段有足够的抗压能力，可将I形截面设计成上、下翼缘不对称的截面，其下部受拉翼缘的宽度可比上翼缘窄些，但高度比上翼缘大。截面形式沿构件纵轴可以变化，如跨中为I形、近支座处为了承受较大的剪力并能有足够位置布置锚具，将构件两端做成矩形。

对预应力混凝土受弯构件，由于施加预应力的作用，其变形较容易控制，因此其跨高比可以比钢筋混凝土构件适当放宽，截面尺寸可比钢筋混凝土构件小些。但在截面高度比较小的情况下，施工阶段容易产生比较大的反拱，而且温度变化对预应力的影响也较大。因此，截面高度也不能取得太小，一般预应力混凝土受弯构件的跨高比比钢筋混凝土增大30%比较适宜。

预应力混凝土受弯构件截面高度 $h=l/20\sim l/14$，最小可取为 $l/35$（l 为跨度），大致可以取为钢筋混凝土梁高的70%。翼缘宽度一般可取为 $h/3\sim h/2$，翼缘厚度可取为 $h/10\sim h/6$，腹板宽度尽可能小些，可取为 $h/15\sim h/8$。

10.7.2　先张法构件

1. 预应力筋的间距

先张法预应力筋的锚固及预应力传递依靠自身与混凝土的粘结性能，因此预应力筋之间应具有适宜的间距，以保证应力传递所必需的混凝土厚度。先张法预应力筋之间的净间距不宜小于其公称直径的2.5倍和混凝土粗骨料最大粒径的1.25倍，当混凝土振捣密实性具有可靠保证时，净间距可放宽为最大粗骨料粒径的1.0倍，且间距应符合下列规定：预应力钢丝，不应小于15mm；三股钢绞线，不应小于20mm；七股钢绞线，不应小于25mm。

2. 构件端部的构造措施

先张法预应力传递长度范围内局部挤压造成的环向拉应力容易导致构件端部混凝土出现劈裂裂缝。因此，为保证自锚端的局部承载力，构件端部应采取下列构造措施：

1）对单根配置的预应力筋，其端部宜设置由细钢筋（丝）缠绕而成的螺旋筋。螺旋筋对混凝土形成约束，可以保证构件端部在预应力筋放张时承受巨大的压力而不致发生裂缝或局部受压破坏。

2）对分散布置的多根预应力筋，在构件端部 $10d$（d 为预应力筋的公称直径）且不小于100mm长度范围内，宜设置3～5片与预应力筋垂直的钢筋网片；采用预应力钢丝配筋的薄板，在板端100mm长度范围内宜适当加密横向钢筋；槽形板类构件，应在构件端部100mm长度范围内沿构件板面设置附加横向钢筋，其数量不应少于2根。这些措施均用于承受预应力筋放张时产生的横向拉应力，防止端部开裂或局压破坏。

3）预应力筋在构件端部全部弯起的受弯构件或直线配筋的先张法构件，当构件端部与下部支承结构焊接时，应考虑混凝土收缩、徐变及温度变化所产生的不利影响，宜在构件端部可能产生裂缝的部位设置足够的非预应力纵向构造钢筋。

10.7.3　后张法构件

1. 预留孔道的尺寸

为了保证钢丝束或钢绞线束的顺利张拉，以及预应力筋张拉阶段构件的承载力，后张法预应力混凝土构件的预留孔道应有合适的直径及间距。

预制构件中预留孔道之间的水平净间距不宜小于50mm，且不宜小于粗骨料粒径的1.25倍；孔道至构件边缘的净间距不宜小于30mm，且不宜小于孔道直径的一半。现浇混凝土梁中，预留孔道在竖直方向的净间距不应小于孔道外径，水平方向的净间距不宜小于1.5倍孔道外径，且不应小于粗骨料粒径的1.25倍；从孔道外壁至构件边缘的净间距，梁底不宜小于50mm，梁侧不宜小于40mm；裂缝控制等级为三级的梁，梁底、梁侧分别不宜小于60mm 和50mm。

　　预留孔道的内径宜比预应力束外径及需穿过孔道的连接器外径大 6～15mm；且孔道的截面积宜为穿入预应力束截面积的 3.0～4.0 倍；当有可靠经验并能保证混凝土浇筑质量时，预留孔道可水平并列贴紧布置，但并排的数量不应超过 2 束。

　　在现浇楼板中采用扁形锚固体系时，穿过每个预留孔道的预应力筋数量宜为 3～5 根；在常用荷载情况下，孔道在水平方向的净间距不应超过 8 倍板厚及 1.5m 中的较大值。

　　2. 构件端部锚固区的构造要求

　　为了防止预应力筋在构件端部过分集中而造成开裂或局压破坏，后张法预应力混凝土构件的端部锚固区，应按下列规定配置间接钢筋：

　　1）采用普通垫板时，应进行局部受压承载力计算，并配置间接钢筋，其体积配筋率不应小于 0.5%，垫板的刚性扩散角应取 45°。

　　2）在局部受压间接钢筋配置区以外，在构件端部长度 1 不小于截面重心线上部或下部预应力筋的合力点至邻近边缘的距离 e 的 3 倍，但不大于构件端部截面高度 h 的 1.2 倍，高度为 $2e$ 的附加配筋区范围内，应均匀配置附加防劈裂箍筋或网片（图 10-29），配筋面积可按下式计算，且体积配筋率不应小于 0.5%。

$$A_{sb} \geqslant 0.18\left(1 - \frac{l_l}{l_b}\right)\frac{P}{f_{yv}} \tag{10-213}$$

式中　P——作用在构件端部截面重心线上部或下部预应力筋的合力设计值，有粘结预应
　　　　　　力混凝土构件取为 1.2 倍张拉控制力；

　　l_l、l_b——分别为沿构件高度方向 A_l、A_b 的边长或直径，A_l、A_b 按局部受压承载力
　　　　　　计算处的有关规定确定；

　　f_{yv}——附加防劈裂钢筋的抗拉强度设计值。

　　3）当构件端部预应力筋需集中布置在截面下部或集中布置在上部和下部时，应在构件端部 $0.2h$ 范围内设置附加竖向防端面裂缝构造钢筋（图 10-29），其截面面积应符合下列公式要求：

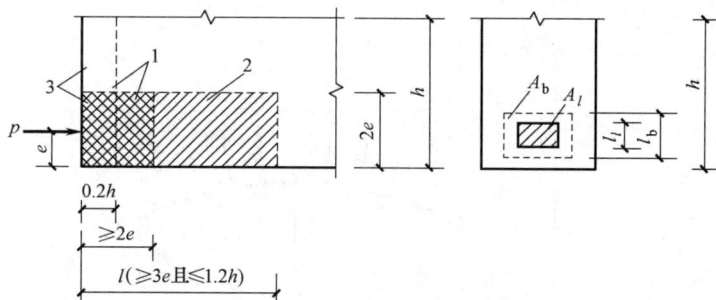

图 10-29　防止端部裂缝的配筋范围

1—局部受压剪阶钢筋配置区；2—附加防劈裂配筋区；3—附加防端面裂缝配筋区

$$A_{sv} \geqslant \frac{T_s}{f_{yv}} \tag{10-214}$$

$$T_s = \left(0.25 - \frac{e}{h}\right)P \tag{10-215}$$

式中　T_s——锚固端端面拉力；

P——作用在构件端部截面重心线上部或下部预应力筋的合力设计值，有粘结预
　　应力混凝土构件取为 1.2 倍张拉控制力；

e——截面重心线上部或下部预应力筋的合力点至截面近边缘的距离；

h——构件端部截面高度。

当 e 大于 $0.2h$ 时，可根据实际情况适当配置构造钢筋。竖向防端面裂缝钢筋宜靠近
端面配置，可采用焊接钢筋网、封闭式箍筋或其他的形式，且宜采用带肋钢筋。

当端部截面上部和下部均有预应力筋时，附加竖向钢筋的总截面面积应按上部和下部
的预应力合力分别计算的数值叠加后采用。在构件横向也应按上述方法计算防端面裂缝钢
筋，并与上述竖向钢筋形成网片筋配置。

当构件在端部有局部凹进时，应增设折线构造钢筋（图 10-30）或其他有效的构造钢筋。

4）后张法预应力混凝土构件中，当采用曲线预应力束时，为防止混凝土保护层崩裂，
其曲率半径 r，宜按下列公式确定，但不宜小于 4m：

$$r_p \geq \frac{P}{0.35 f_c d_p} \tag{10-216}$$

式中　P——预应力筋的合力设计值，有粘结预应力混凝土构件取为 1.2 倍张拉控制力；

r_p——预应力束的曲率半径（m）；

d_p——预应力束孔道的外径；

f_c——混凝土轴心抗压强度设计值；当验算张拉阶段曲率半径时，可取与施工阶段
　　混凝土立方体抗压强度 f_{cu} 对应的抗压强度设计值 f_c。

对于折线配筋的构件，在预应力束弯折处的曲率半径可适当减小。当曲率半径 r_p 不
满足上述要求时，可在曲线预应力束弯折处内侧设置钢筋网片或螺旋筋。

在预应力混凝土结构中，当沿构件凹面布置曲线预应力束时，应进行防崩裂设计。当
曲率半径 r_p，满足下列公式要求时，可仅配置构造 U 形插筋（图 10-31）。

$$r_p \geq \frac{P}{f_t(0.5d_p + c_p)} \tag{10-217}$$

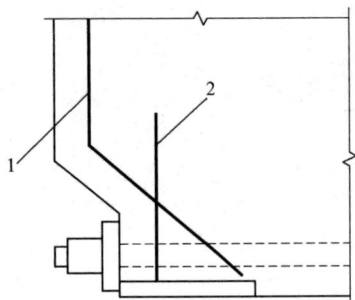

图 10-30　端部凹处构造钢筋

1—折线构造钢筋；2—竖向构造钢筋

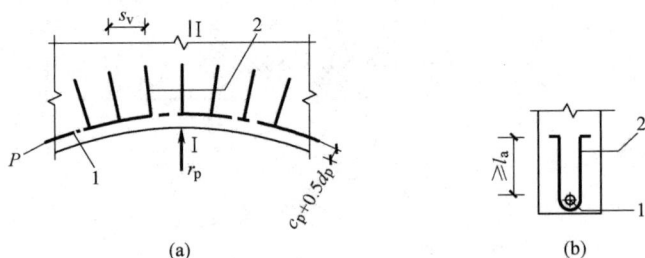

图 10-31　抗崩裂 U 形插筋构造示意

(a) 抗崩裂 U 形插筋位置；(b) Ⅰ-Ⅱ 剖面

1—预应力束；2—沿曲线预应力束均匀布置的 U 形插筋

当不满足时，每单肢 U 形插筋的截面面积应按下列公式确定：

$$A_{sv1} \geq \frac{P s_v}{2 r_p f_{yv}} \tag{10-218}$$

式中　P——预应力筋的合力设计值；

f_t——混凝土轴心抗拉强度设计值，或与施工张拉阶段混凝土立方体抗压强度 f_{cu} 相应的抗拉强度设计值 f_t；

c_p——预应力筋孔道净混凝土保护层厚度；

A_{sv1}——每单肢插筋截面面积；

s_v——U 形插筋间距；

f_{yv}——U 形插筋抗拉强度设计值，当大于 360N/mm^2 时，取 360N/mm^2；

l_a——实际锚固长度。

U 形插筋的锚固长度不应小于 l_a；当实际锚固长度 l_e 小于 l_a 时，每单肢 U 形插筋的截面面积可按 A_{sv1}/k 取值。其中，k 取 $l_e/15d$ 和 $l_e/200$ 中的较小值，且 k 不大于 1.0。

当有平行的几个孔道，且中心距不大于 $2d_p$ 时，预应力筋的合力设计值应按相邻全部孔道内的预应力筋确定。

本 章 小 结

1. 钢筋混凝土构件在正常使用阶段构件受拉区会出现裂缝，即抗裂性能差、刚度小、变形大、不能充分利用高强钢材、适用范围受到一定限制等。预应力混凝土改善了构件的抗裂性能，正常使用阶段可以做到混凝土不受拉或不开裂（裂缝控制等级为一级或二级），因而适用于有防水、抗渗要求的特殊环境以及大跨度、重荷载的结构。

2. 在土木工程结构中，通常是通过张拉预应力筋给混凝土施加预压应力。根据施工时张拉预应力筋与浇灌构件混凝土两者的先后次序不同，分为先张法和后张法两种。先张法依靠预应力筋与混凝土之间的粘结力传递预应力，在构件端部有一预应力传递长度；后张法依靠锚具传递预应力，端部处于局部受压的应力状态。

3. 预应力混凝土的张拉控制应力取值应适当，必须采用高强钢筋和高强度等级的混凝土，以及使用锚、夹具，对施工技术要求更高等。

4. 预应力混凝土构件在外荷载作用后的使用阶段，两种极限状态的计算内容与钢筋混凝土构件类似；为了保证施工阶段构件的安全性，应进行相关的计算，对后张法构件还应计算构件端部的局部受压承载力。

5. 预应力筋的预应力损失大小，关系到在构件中建立的混凝土有效预应力水平，应了解产生各项预应力损失的原因，掌握损失的分析与计算方法以及减小各项损失的措施。由于损失的发生有先后，为了求出特定时刻的混凝土预应力，应进行预应力损失的分阶段组合。掌握先张法和后张法如何进行预应力损失组合。

6. 预应力混凝土轴心受拉构件施工阶段：先张法（或后张法）构件截面混凝土预应力的计算可比拟为将一个预加力 N_p 作用在构件的换算截面 A_0（或净截面 A_n）上，然后按材料力学公式计算；正常使用阶段：由荷载标准组合或准永久组合产生的截面混凝土法向应力，也可按材料力学公式计算，且无论先、后张法，均采用构件的换算截面 A_0；使用阶段：先张法和后张法构件特定时刻（如消压状态或即将开裂状态）的承载力计算公式形式相同，即无论先、后张法，均采用构件的换算截面 A_0；计算预应力筋和非预应力筋应力时：只要知道该钢筋与混凝土粘结在一起协调变形的起点应力状态，就可以写出其后任一时刻的钢筋应力（扣除损失，再考虑混凝土弹性伸缩引起的钢筋应力变化），而不依赖于任何中间过程。

7. 对预应力混凝土轴心受拉和受弯构件，使用阶段两种极限状态的具体计算内容的理解，应对照相应的普通钢筋混凝土构件，注意预应力构件计算的特殊性，施加预应力对计算的影响。施工阶段（制作、运输、安装）的计算是预应力混凝土构件特有的，因为此阶段构件内已存在内应力，为防止混凝土被压坏或产生影响使用的裂缝，应进行有关的计算。

实际工程案例

【工程综合实例分析 10-1】　预应力混凝土楼盖与普通混凝土楼盖工程经济性对比

概况：某 6 层工业建筑柱网尺寸为 9m×9m，连续 3 跨，建筑净空高度 3.6m，共六层，建筑净空高度 5m。恒载标准值除考虑梁板自重外，取建筑面层、吊顶等荷载 1.2kN/m²，活荷载标准值取 3.5kN/m²，风荷载取 0.4kN/m²，抗震设防烈度 8 度。结构计算采用预应力结构分析程序 BICAD ETS5-P 对不同楼盖结构进行预应力混凝土设计和普通混凝土设计，对安全条件下预应力设计方案和普通设计方案的工程造价进行对比（表 10-8）。结果表明，预应力混凝土结构比普通混凝土结构在控制工程造价方面具有明显的优势，结构跨度越大，采用预应力结构的经济效果越显著。

预应力和普通混凝土楼盖工程经济性对比　　　　　　　　　　　　　表 10-8

楼盖类别		结构层厚度 （mm）	混凝土用量 （m³/m²）	钢筋用量 （kg/m²）	预应力筋 （kg/m²）
平板	预应力	230	0.23	21.4	6.8
	普通	300	0.3	48.5	—
框架梁加平板	预应力	300	0.22	15.3	6.3
	普通	750	0.31	25.7	—
扁梁加密肋板	预应力	370	0.21	18.9	3.9
	普通	470	0.28	30.1	—
密肋板	预应力	370	0.17	16.1	2.9
	普通	470	0.22	25.2	—
井字梁板	预应力	300	0.18	19.5	3.9
	普通	450	0.20	24.8	—

原因分析：与非预应力结构相比，采用预应力结构可大大提高结构抗裂度和截面刚度，使结构在使用荷载作用下不开裂或裂缝宽度减小，结构变形减小，而且当作用在结构上的活荷载部分或全部卸载时，预应力结构具有良好的裂缝闭合性能与变形恢复性能，从而改善结构的使用性能，提高结构的耐久性。采用预应力技术，可以有效减小构件截面高度，减轻结构自重，因而具有良好的经济性，对适合采用预应力技术的混凝土结构来说，预应力混凝土结构可比普通钢筋混凝土结构节省 20%～40% 的混凝土和 30%～60% 的纵

向钢筋，与钢结构相比，则可节省一半以上的造价。预应力混凝土结构技术在近年来得到迅速发展，在工程实践中的应用也越来越多，不仅大大拓展了混凝土结构的应用空间，而且工程造价方面具有明显优势，因此在现代工业与民用建筑结构设计时被广泛采用。

【创新能力培养 10-1】 已建大跨桥梁预应力损失对跨中下挠问题探究

工程概况：黄石长江大跨度预应力公路桥梁主桥为 162.5m＋3×245m＋162.5m 的五跨连续刚构，箱梁顶部宽度 19.6m，底部宽度 10m，内部为单箱单室结构。主梁截面为渐变结构，顶板上边缘按 1.5％双向横坡设置，底边缘按二次抛物线渐变，墩顶截面梁高 13m，跨中截面梁高为 4.1m。施工采用挂篮悬臂浇筑，划分为 32 对施工段，其中 10 对 2.5m，11 对 3.5m，11 对 4.5m，累计悬臂长度 113.0m，合龙段均为 3.0m，两端边跨现浇长度均为 37.6m。近年来，随着道路网络建设飞速发展，桥梁交通压力的不断增加，大跨预应力黄石长江公路桥梁出现跨中下挠问题，严重影响桥梁的安全使用性能。

原因分析：预应力连续刚构桥的跨中下挠问题当属大跨度桥梁结构中最严重的危害之一。此类问题产生的原因主要是因为桥梁成桥后预应力损失，随着车流量的逐年增加，而桥梁内预应力却是在逐年损失，此消彼长之下，引起桥梁跨中下挠的增长。当跨中下挠达到一定程度后，还将引起桥梁底板开裂，降低桥梁整体刚度，结果进一步地加剧跨中下挠，进而严重危害预应力桥梁的安全性能。

讨论：针对大跨度预应力桥梁的预应力损失这一普遍问题，思考如何提出合理有效的应对措施。

1. 思考如何将结构健康监测技术应用于大跨度预应力桥梁工程，通过在桥梁关键部位系统化布置传感器电子元件，实时监测桥梁预应力损失和跨中下挠值，借助总控系统的大数据分析和阈值预警，保证大跨度预应力桥梁的安全性能。

2. 思考如何通过模型试验和数值模拟等方法，探究大跨度桥梁预应力损失规律，明确关键因素，建立长期预应力损失计算公式，实现预应力损失的预测和评估。

3. 思考如何对发生预应力损失的大跨度桥梁进行合理加固，提出安全可靠的预应力二次施加方法，提高大跨度预应力桥梁的长期使用性能。

【工程素质培养 10-1】 武汉天兴洲大桥公路桥事故的启示

工程概况：武汉天兴洲大桥公路桥引线工程 Ⅱ 标段（青山区建设十路附近）发生意外，位于第 5、6 号桥墩间，正承载试验的“微预应力支架”坍塌。因为施工范围狭窄，而不得已采用微预应力膺架施工方法。桥面设计重量为 1600t，而为保险起见，施工方只在 10m 高度的地方，吊上去了 1100t 重的沙袋，看该梁是否承载得起，但是试验过程中“微预应力支架”因为结构受损而发生断裂。

原因分析：梁没法作支撑，就用钢绞线加固，预应力计算不准确，所以导致承载力不足。

讨论：结合在本章预应力混凝土轴心受拉、受弯构件的应力分析和设计计算方法，从“为何会出现预应力混凝土构件”问题入手，对比分析预应力混凝土构件与普通构件设计之间的区别和联系，思考预应力混凝土构件承载性能和关键影响因素，总结和归纳不同荷载工况下预应力构件力学分析方法和设计计算公式，在预应力混凝土构件设计中考虑预应力损失的影响。

章节自测题

一、填空题

1. 预应力混凝土的含义是_____。

2. 预应力混凝土的施工工艺包括_____和_____。

3. 预应力混凝土锚具类型包括_____、_____和_____。

4. 预应力混凝土与普通钢筋混凝土相比，其特点包括：_____、_____、_____和_____。

5. 预应力损失产生的原因包括：_____、_____、_____、_____和_____。

二、选择题

1. 预应力混凝土先张法构件中，混凝土预压前第一批预应力损失 $\sigma_{l\mathrm{I}}$ 应为（　　）。

A. $\sigma_{l1}+\sigma_{l2}$；
B. $\sigma_{l1}+\sigma_{l2}+\sigma_{l3}$；

C. $\sigma_{l1}+\sigma_{l2}+\sigma_{l3}+\sigma_{l4}$；
D. $\sigma_{l1}+\sigma_{l2}+\sigma_{l3}+\sigma_{l4}+\sigma_{l5}$。

2. 先张法预应力混凝土构件设计时，预应力总损失取值不应小于（　　）。

A. $80\mathrm{N/mm}^2$；　　B. $90\mathrm{N/mm}^2$；　　C. $100\mathrm{N/mm}^2$；　　D. $110\mathrm{N/mm}^2$。

3. 先张法预应力带肋钢筋相对粘结特性系数为（　　）。

A. 0.7；　　　　B. 0.8；　　　　C. 0.9；　　　　D. 1.0。

4. 后张法预应力带肋钢筋相对粘结特性系数为（　　）。

A. 0.7；　　　　B. 0.8；　　　　C. 0.9；　　　　D. 1.0。

5. 后张法预应力筋孔道外壁至构件边缘的净间距，梁底不宜小于（　　）。

A. 30mm；　　　B. 40mm；　　　C. 50mm；　　　D. 60mm。

三、简答题

1. 为什么要对构件施加预应力？预应力混凝土结构的优缺点是什么？

2. 为什么在预应力混凝土构件中可以有效地采用高强度的材料？

3. 什么是张拉控制应力 σ_{con}？为什么取值不能过高或过低？

4. 为什么先张法的张拉控制应力比后张法的高一些？

5. 预应力损失有哪些，是由什么原因产生的？怎样减少预应力损失值？

6. 预应力损失值为什么要分第一批和第二批损失？先张法和后张法各项预应力损失是怎样组合的？

7. 预应力混凝土轴心受拉构件的截面应力状态阶段及各阶段的应力如何？何谓有效预应力？它与张拉控制应力有何不同？

8. 预应力轴心受拉构件，在计算施工阶段预加应力产生的混凝土法向应力 σ_{pc} 时，为什么先张法构件用 A_0，而后张法构件用 A_n？而在使用阶段时，都采用 A_0？先张法、后张法的 A_0、A_n 如何进行计算？

9. 如采用相同的控制应力 σ_{con}，预应力损失值也相同，当加载至混凝土预压应力 $\sigma_{\mathrm{pc}}=0$ 时，先张法和后张法两种构件中预应力钢筋的应力 σ_{p} 是否相同，为什么？

10. 预应力轴心受拉构件的裂缝宽度计算公式中，为什么钢筋的应力 $\sigma_{sk}=\dfrac{N_k-N_{p0}}{A_p+A_s}$？

11. 当钢筋强度等级相同时，未施加预应力与施加预应力对轴拉构件承载能力有无影响？为什么？

12. 试总结先张法与后张法构件计算中的异同点。

13. 预应力混凝土受弯构件挠度计算与钢筋混凝土的挠度计算相比，有何特点？

14. 为什么预应力混凝土构件中一般还需放置适量的非预应力钢筋？

四、计算题

1. 屋架预应力混凝土下弦拉杆，长度 24m，截面尺寸及端部构造如图 10-32 所示，处于一类环境。采用后张法一端张拉施加预应力，并进行超张拉，孔道直径为 54 mm，充压橡胶管抽芯成型。预应力钢筋选用 2 束 3 $\Phi^s 1\times7$（$d=12.7$mm）低松弛 1860 级钢绞线，非预应力钢筋为 4 Φ 12 的 HRB400 级钢筋（$A_s=452$mm²），采用 OVM13-3 锚具，张拉控制应力 $\sigma_{con}=0.7f_{tk}$。混凝土强度等级为 C40，达到 100% 混凝土设计强度等级时施加预应力。承受永久荷载作用下的轴向力标准值 $N_{Gk}=410$kN，可变荷载作用下的轴向力标准值 $N_{Qk}=165$kN，结构重要系数=1.1，准永久值系数为 0.5，裂缝控制等级为二级。试对拉杆进行施工阶段局部承压验算、正常使用阶段裂缝控制验算和正截面承载力验算。

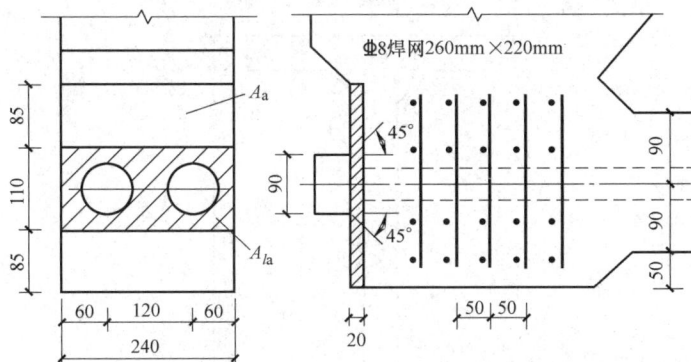

图 10-32　截面尺寸及端部构造

2. 预应力混凝土空心板梁，长度 16m，计算跨度 $l_0=15.5$m，截面尺寸如图 10-33 所示，处于一类环境。采用先张法施加预应力，并进行超张拉。预应力钢筋选用 11 根 $\phi^s 1\times7$（$d=15.2$mm）低松弛 1860 级钢绞线，非预应力钢筋为 5 Φ 12 的 HRB400 级钢筋（$A_s=565$mm²），采用夹片式锚具，张拉控制应力 $\sigma_{con}=0.75f_{tk}$。混凝土强度等级为 C70，达到 100% 混凝土设计强度等级时放张预应力钢筋。跨中截面承受永久荷载作用下的弯矩标准值 $M_{Gk}=422$kN·m，可变荷载作用下的弯矩标准值 $M_{Qk}=305$kNm；支座截面承受永久荷载作用下的剪力标准值 $V_{Gk}=110$kN，可变荷载作用下的剪力标准值 $V_{Qk}=210$kN。结构重要系数 $\gamma_0=1.0$，准永久值系数为 0.6，裂缝控制等级为二级，跨中挠度允许值为 $l_0/200$。

要求：（1）施工阶段截面正应力验算；（2）正常使用阶段裂缝控制验算；（3）正常使用阶段跨中挠度验算；（4）正截面承载力计算；（5）斜截面承载力计算。

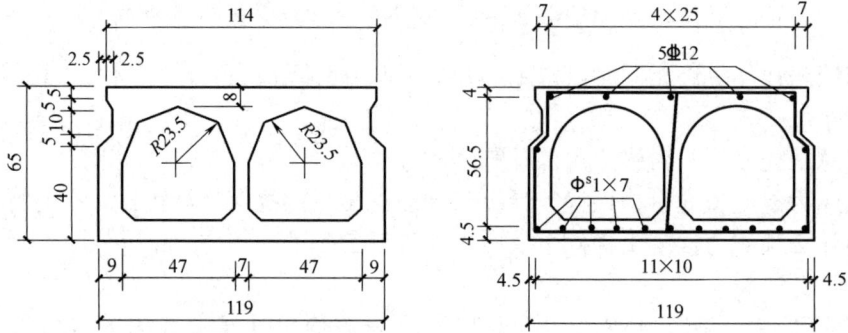

图 10-33　计算题 2 附图

3. 已知某工程屋面梁跨度为 21m，梁的截面尺寸见图 10-34。承受屋面板传递的均布恒载 $g=49.5\text{kN/m}$，活荷载 $q=5.9\text{kN/m}$。结构重要性系数 $\gamma_0=1.1$，裂缝控制等级为二级，跨中挠度允许值为 $l0/400$。混凝土强度等级为 C40，预应力筋采用 1860 级高强低松弛钢绞线。预应力孔道采用镀锌波纹管成型，夹片式锚具。当混凝土达到设计强度等级后张拉预应力筋，施工阶段预拉区允许出现裂缝。纵向非预应力钢筋采用 HRB400 级热轧钢筋，箍筋采用 HRB400 级热轧钢筋。试进行该屋面梁的配筋设计。

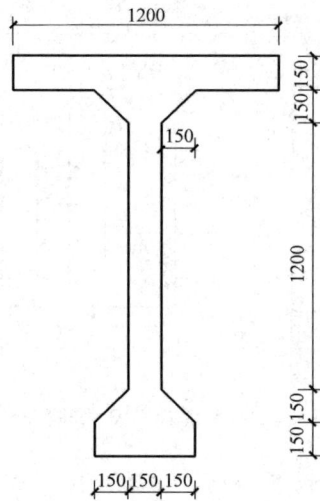

图 10-34　梁的截面尺寸

附　　录

附录 1　混凝土强度标准值、设计值和弹性模量

混凝土强度标准值（N/mm²）　　　　附表 1-1

强度种类	混凝土强度等级												
	C20	C25	C30	C35	C40	C45	C50	C55	C60	C65	C70	C75	C80
f_{ck}	13.4	16.7	20.1	23.4	26.8	29.6	32.4	35.5	38.5	41.5	44.5	47.4	50.2
f_{tk}	1.54	1.78	2.01	2.20	2.39	2.51	2.64	2.74	2.85	2.93	2.99	3.05	3.11

混凝土强度设计值（N/mm²）　　　　附表 1-2

强度种类	混凝土强度等级												
	C20	C25	C30	C35	C40	C45	C50	C55	C60	C65	C70	C75	C80
f_c	9.6	11.9	14.3	16.7	19.1	21.1	23.1	25.3	27.5	29.7	31.8	33.8	35.9
f_t	1.10	1.27	1.43	1.57	1.71	1.80	1.89	1.96	2.04	2.09	2.14	2.18	2.22

混凝土的弹性模量（×10⁴ N/mm²）　　　　附表 1-3

混凝土强度等级	C20	C25	C30	C35	C40	C45	C50	C55	C60	C65	C70	C75	C80
E_c	2.55	2.80	3.00	3.15	3.25	3.35	3.45	3.55	3.60	3.65	3.70	3.75	3.80

附录 2　普通钢筋强度标准值、设计值和弹性模量

普通钢筋强度标准值　　　　附表 2-1

牌号	符号	公称直径 d(mm)	屈服强度标准值 f_{tk}(N/mm²)	极限强度标准值 f_{stk}(N/mm²)
HPB300	Φ	6～14	300	420
HRB400	Φ	6～50	400	540
HRBF400	Φ^F			
RRB400	Φ^R			
HRB500	Φ	6～50	500	630

预应力钢筋强度标准值 附表 2-2

种类		符号	公称直径 d(mm)	屈服强度标准值 f_{pyk}(N/mm²)	极限强度标准值 f_{ptk}(N/mm²)
中强度预应力钢丝	光面 螺旋肋	Φ^{PM} Φ^{HM}	5、7、9	620	800
				780	970
				980	1270
预应力螺纹钢筋	螺纹	Φ^T	18、25	785	980
			32	930	1080
			40、50	1080	1230
消除应力钢丝	光面 螺旋肋	Φ^P Φ^H	5	—	1570
				—	1860
			7	—	1570
			9	—	1470
				—	1570
钢绞线	1×3 (3股)	Φ^S	8.6、10.8、12.9	—	1570
				—	1860
				—	1960
	1×7 (7股)		9.5、12.7、 15.2、17.8	—	1720
				—	1860
				—	1960
			21.6	—	1860

注：极限强度标准值为 1960N/mm² 的钢绞线作后张预应力配筋时，应有可靠的工程经验。

普通钢筋强度设计值 附表 2-3

牌号	抗拉强度设计值 f_y(N/mm²)	抗压强度设计值 f_y'(N/mm²)
HPB300	270	270
HRB400、HRBF400、RRB400	360	360
HRB500、HRBF500	435	435

注：对轴心受压构件，当采用 HRB500、HRBF500 级钢筋时，钢筋的抗压强度设计值取 400N/mm²。横向钢筋的强度的抗拉强度设计值应按表中数值采用；但用作受剪、受扭、受冲切承载力计算时，其数值大于 360N/mm² 时，应取 360N/mm²。

预应力筋强度值（N/mm²） 附表 2-4

种类	抗拉强度标准值 f_{ptk}	抗拉强度设计值 f_{py}	抗压强度设计值 f_{py}'
中强度预应力钢丝	800	510	410
	970	650	
	1270	810	
消除应力钢丝	1470	1040	410
	1570	1110	
	1860	1320	

续表

种类	抗拉强度标准值 f_{ptk}	抗拉强度设计值 f_{py}	抗压强度设计值 f'_{py}
钢绞线	1570	1110	390
	1720	1220	
	1860	1320	
	1960	1390	
预应力螺纹钢筋	980	650	410
	1080	770	
	1230	900	

注：当预应力筋的强度标准值不符合表中的规定时，其强度设计值应进行相应的比例换算。

普通钢筋及预应力筋在最大力下的总伸长率限值　　　　附表 2-5

钢筋品种	普通钢筋			预应力筋
	HPB300	HRB400、 HRBF400、HRB500、HRBF500	RRB400	
$\delta_{gt}(\%)$	10.0	7.5	5.0	3.5

钢筋的弹性模量（$\times 10^5 \, N/mm^2$）　　　　附表 2-6

牌号或种类	弹性模量
HPB300 钢筋	2.10
HRB400、HRB500 钢筋	2.00
HRBF400、HRBF500 钢筋	
RRB400 钢筋	
预应力螺纹钢筋、中强度预应力钢丝	
消除应力钢丝	2.05
钢绞线	1.95

附录 3　构件变形及裂缝限值

受弯构件的挠度限值　　　　附表 3-1

构件类型		挠度限值
吊车梁	手动吊车	$l_0/500$
	电动吊车	$l_0/600$
屋盖、楼盖及楼梯构件	当 $l_0 < 7$m 时	$l_0/200(l_0/250)$
	当 $7m \leqslant l_0 \leqslant 9m$ 时	$l_0/250(l_0/300)$
	当 $l_0 > 9m$ 时	$l_0/300(l_0/400)$

注：1. 表中 l_0 为构件的计算跨度；计算悬臂构件的挠度限值时，其计算跨度按实际悬臂长度的 2 倍取用；

2. 表中括号内的数值适用于使用上对挠度有较高要求的构件；

3. 如果构件制作时预先起拱，且使用上也允许，则在验算挠度时，可将计算所得的挠度值减去起拱值，对预应力混凝土构件，尚可减去预加力所产生的反拱值；

4. 构件制作时的起拱值和预加力所产生的反拱值，不宜超过构件在相应荷载组合作用下的计算挠度值。

<h3>结构构件的裂缝控制等级及最大裂缝宽度的限值（mm）　　　附表 3-2</h3>

环境类别	钢筋混凝土结构		预应力混凝土结构	
	裂缝控制等级	w_{lim}	裂缝控制等级	w_{lim}
一	三级	0.30(0.40)	三级	0.20
二 a		0.20		0.10
二 b			二级	—
三 a、三 b			一级	—

注：1. 对处于年平均相对湿度小于 60% 地区一类环境下的受弯构件，其最大裂缝宽度限值可采用括号内的数值；

2. 在一类环境下，对钢筋混凝土屋架、托架及需作疲劳验算的吊车梁，其最大裂缝宽度限值应取为 0.20mm；对钢筋混凝土屋面梁和托梁，其最大裂缝宽度限值应取为 0.30mm；

3. 在一类环境下，对预应力混凝土屋架、托架及双向板体系，应按二级裂缝控制等级进行验算；对一类环境下的预应力混凝土屋面梁、托梁、单向板，应按表中二 a 类环境的要求进行验算；在一类和二 a 类环境下需作疲劳验算的预应力混凝土吊车梁，应按裂缝控制等级不低于二级的构件进行验算；

4. 表中规定的预应力混凝土构件的裂缝控制等级和最大裂缝宽度限值仅适用于正截面的验算；预应力混凝土构件的斜截面裂缝控制验算应符合第 9 章的有关规定；

5. 对于烟囱、筒仓和处于液体压力下的结构，其裂缝控制要求应符合专门标准的有关规定；

6. 对于处于四、五类环境下的结构构件，其裂缝控制要求应符合专门标准的有关规定；

7. 表中的最大裂缝宽度限值为用于验算荷载作用引起的最大裂缝宽度。

附录 4　受弯构件正截面承载力计算用 ξ 和 γ_s 表

钢筋混凝土受弯构件配筋计算用 ξ 表　　　附表 4-1

α_s	0	1	2	3	4	5	6	7	8	9
0.00	0.0000	0.0010	0.0020	0.0030	0.0040	0.0050	0.0060	0.0070	0.0080	0.0090
0.01	0.0101	0.0111	0.0121	0.0131	0.0141	0.0151	0.0161	0.0171	0.0182	0.0192
0.02	0.0202	0.0212	0.0222	0.0233	0.0243	0.0253	0.0263	0.0274	0.0284	0.0294
0.03	0.0305	0.0315	0.0325	0.0336	0.0346	0.0356	0.0367	0.0377	0.0388	0.0398
0.04	0.0408	0.0419	0.0429	0.0440	0.0450	0.0461	0.0471	0.0482	0.0492	0.0503
0.05	0.0513	0.0524	0.0534	0.0545	0.0555	0.0566	0.0577	0.0587	0.0598	0.0609
0.06	0.0619	0.0630	0.0641	0.0651	0.0662	0.0673	0.0683	0.0694	0.0705	0.0716
0.07	0.0726	0.0737	0.0748	0.0759	0.0770	0.0780	0.0791	0.0802	0.0813	0.0824
0.08	0.0835	0.0846	0.0857	0.0868	0.0879	0.0890	0.0901	0.0912	0.0923	0.0934
0.09	0.0945	0.0956	0.0967	0.0978	0.0989	0.1000	0.1011	0.1022	0.1033	0.1045
0.10	0.1056	0.1067	0.1078	0.1089	0.1101	0.1112	0.1123	0.1134	0.1146	0.1157
0.11	0.1168	0.1180	0.1191	0.1202	0.1214	0.1225	0.1236	0.1248	0.1259	0.1271
0.12	0.1282	0.1294	0.1305	0.1317	0.1328	0.1340	0.1351	0.1363	0.1374	0.1386
0.13	0.1398	0.1409	0.1421	0.1433	0.1444	0.1456	0.1468	0.1479	0.1491	0.1503
0.14	0.1515	0.1527	0.1538	0.1550	0.1562	0.1574	0.1586	0.1598	0.1610	0.1621
0.15	0.1633	0.1645	0.1657	0.1669	0.1681	0.1693	0.1705	0.1717	0.1730	0.1742
0.16	0.1754	0.1766	0.1778	0.1790	0.1802	0.1815	0.1827	0.1839	0.1851	0.1864

续表

α_s	0	1	2	3	4	5	6	7	8	9
0.17	0.1876	0.1888	0.1901	0.1913	0.1925	0.1938	0.1950	0.1963	0.1975	0.1988
0.18	0.2000	0.2013	0.2025	0.2038	0.2050	0.2063	0.2075	0.2088	0.2101	0.2113
0.19	0.2126	0.2139	0.2151	0.2164	0.2177	0.2190	0.2203	0.2215	0.2228	0.2241
0.20	0.2254	0.2267	0.2280	0.2293	0.2306	0.2319	0.2332	0.2345	0.2358	0.2371
0.21	0.2384	0.2397	0.2411	0.2424	0.2437	0.2450	0.2463	0.2477	0.2490	0.2503
0.22	0.2517	0.2530	0.2543	0.2557	0.2570	0.2584	0.2597	0.2611	0.2624	0.2638
0.23	0.2652	0.2665	0.2679	0.2692	0.2706	0.2720	0.2734	0.2747	0.2761	0.2775
0.24	0.2789	0.2803	0.2817	0.2831	0.2845	0.2859	0.2873	0.2887	0.2901	0.2915
0.25	0.2929	0.2943	0.2957	0.2971	0.2986	0.3000	0.3014	0.3029	0.3043	0.3057
0.26	0.3072	0.3086	0.3101	0.3115	0.3130	0.3144	0.3159	0.3174	0.3188	0.3203
0.27	0.3218	0.3232	0.3247	0.3262	0.3277	0.3292	0.3307	0.3322	0.3337	0.3352
0.28	0.3367	0.3382	0.3397	0.3412	0.3427	0.3443	0.3458	0.3473	0.3488	0.3504
0.29	0.3519	0.3535	0.3550	0.3566	0.3581	0.3597	0.3613	0.3628	0.3644	0.3660
0.30	0.3675	0.3691	0.3707	0.3723	0.3739	0.3755	0.3771	0.3787	0.3803	0.3819
0.31	0.3836	0.3852	0.3868	0.3884	0.3901	0.3917	0.3934	0.3950	0.3967	0.3983
0.32	0.4000	0.4017	0.4033	0.4050	0.4067	0.4084	0.4101	0.4118	0.4135	0.4152
0.33	0.4169	0.4186	0.4203	0.4221	0.4238	0.4255	0.4273	0.4290	0.4308	0.4325
0.34	0.4343	0.4361	0.4379	0.4396	0.4414	0.4432	0.4450	0.4468	0.4486	0.4505
0.35	0.4523	0.4541	0.4559	0.4578	0.4596	0.4615	0.4633	0.4652	0.4671	0.4690
0.36	0.4708	0.4727	0.4746	0.4765	0.4785	0.4804	0.4823	0.4842	0.4862	0.4881
0.37	0.4901	0.4921	0.4940	0.4960	0.4980	0.5000	0.5020	0.5040	0.5060	0.5081
0.38	0.5101	0.5121	0.5142	0.5163	0.5183	0.5204	0.5225	0.5246	0.5267	0.5288
0.39	0.5310	0.5331	0.5352	0.5374	0.5396	0.5417	0.5439	0.5461	0.5483	0.5506
0.40	0.5528	0.5550	0.5573	0.5595	0.5618	0.5641	0.5664	0.5687	0.5710	0.5734
0.41	0.5757									

注：$\alpha_s = \dfrac{M}{\alpha_1 f_c b h_0^2}$，$A_s = \dfrac{M}{f_y \gamma_s h_0}$。

钢筋混凝土受弯构件配筋计算用 γ_s 表　　　　　附表 4-2

γ_s	0	1	2	3	4	5	6	7	8	9
0.00	1.0000	0.9995	0.9990	0.9985	0.9980	0.9975	0.9970	0.9965	0.9960	0.9955
0.01	0.9950	0.9945	0.9940	0.9935	0.9930	0.9924	0.9919	0.9914	0.9909	0.9904
0.02	0.9899	0.9894	0.9889	0.9884	0.9879	0.9873	0.9868	0.9863	0.9858	0.9853
0.03	0.9848	0.9843	0.9837	0.9832	0.9827	0.9822	0.9817	0.9811	0.9806	0.9801
0.04	0.9796	0.9791	0.9785	0.9780	0.9775	0.9770	0.9764	0.9759	0.9954	0.9749
0.05	0.9743	0.9738	0.9733	0.9728	0.9722	0.9717	0.9712	0.9706	0.9701	0.9696
0.06	0.9690	0.9685	0.9680	0.9674	0.9669	0.9664	0.9658	0.9653	0.9648	0.9642

续表

γ_s	0	1	2	3	4	5	6	7	8	9
0.07	0.9637	0.9631	0.9626	0.9621	0.9615	0.9610	0.9604	0.9599	0.9593	0.9588
0.08	0.9583	0.9577	0.9572	0.9566	0.9561	0.9555	0.9550	0.9544	0.9539	0.9533
0.09	0.9528	0.9522	0.9517	0.9511	0.9506	0.9500	0.9494	0.9489	0.9483	0.9478
0.10	0.9472	0.9467	0.9461	0.9455	0.9450	0.9444	0.9438	0.9433	0.9427	0.9422
0.11	0.9416	0.9410	0.9405	0.9399	0.9393	0.9387	0.9382	0.9376	0.9370	0.9365
0.12	0.9359	0.9353	0.9347	0.9342	0.9336	0.9330	0.9324	0.9319	0.9313	0.9307
0.13	0.9301	0.9295	0.9290	0.9284	0.9278	0.9272	0.9266	0.9260	0.9254	0.9249
0.14	0.9243	0.9237	0.9231	0.9225	0.9219	0.9213	0.9207	0.9201	0.9195	0.9189
0.15	0.9183	0.9177	0.9171	0.9165	0.9159	0.9153	0.9147	0.9141	0.9135	0.9129
0.16	0.9123	0.9117	0.9111	0.9105	0.9099	0.9093	0.9087	0.9080	0.9074	0.9068
0.17	0.9062	0.9056	0.9050	0.9044	0.9037	0.9031	0.9025	0.9019	0.9012	0.9006
0.18	0.9000	0.8994	0.8987	0.8981	0.8975	0.8969	0.8962	0.8956	0.8950	0.8943
0.19	0.8937	0.8931	0.8924	0.8918	0.8912	0.8905	0.8899	0.8892	0.8886	0.8879
0.20	0.8873	0.8867	0.8860	0.8854	0.8847	0.8841	0.8834	0.8828	0.8821	0.8814
0.21	0.8808	0.8801	0.8795	0.8788	0.8782	0.8775	0.8768	0.8762	0.8755	0.8748
0.22	0.8742	0.8735	0.8728	0.8722	0.8715	0.8708	0.8701	0.8695	0.8688	0.8681
0.23	0.8674	0.8667	0.8661	0.8654	0.8647	0.8640	0.8633	0.8626	0.8619	0.8612
0.24	0.8606	0.8599	0.8592	0.8586	0.8578	0.8571	0.8564	0.8557	0.8550	0.8543
0.25	0.8536	0.8528	0.8521	0.8514	0.8507	0.8500	0.8493	0.8486	0.8479	0.8471
0.26	0.8464	0.8457	0.8450	0.8442	0.8435	0.8428	0.8421	0.8413	0.8406	0.8399
0.27	0.8391	0.8384	0.8376	0.8369	0.8362	0.8354	0.8347	0.8339	0.8332	0.8324
0.28	0.8317	0.8309	0.8302	0.8294	0.8286	0.8279	0.8271	0.8263	0.8256	0.8248
0.29	0.8240	0.8233	0.8225	0.8217	0.8209	0.8202	0.8194	0.8186	0.8178	0.8170
0.30	0.8162	0.8154	0.8146	0.8138	0.8130	0.8122	0.8114	0.8106	0.8098	0.8090
0.31	0.8082	0.8074	0.8066	0.8058	0.8050	0.8041	0.8033	0.8025	0.8017	0.8008
0.32	0.8000	0.7992	0.7983	0.7975	0.7966	0.7958	0.7950	0.7941	0.7933	0.7924
0.33	0.7915	0.7907	0.7898	0.7890	0.7881	0.7872	0.7864	0.7855	0.7846	0.7837
0.34	0.7828	0.7820	0.7811	0.7802	0.7793	0.7784	0.7775	0.7766	0.7757	0.7748
0.35	0.7739	0.7729	0.7720	0.7711	0.7702	0.7693	0.7683	0.7674	0.7665	0.7655
0.36	0.7646	0.7636	0.7627	0.7617	0.7608	0.7598	0.7588	0.7579	0.7569	0.7559
0.37	0.7550	0.7540	0.7530	0.7520	0.7510	0.7500	0.7490	0.7480	0.7470	0.7460
0.38	0.7449	0.7439	0.7429	0.7419	0.7408	0.7398	0.7387	0.7377	0.7366	0.7356
0.39	0.7345	0.7335	0.7324	0.7313	0.7302	0.7291	0.7280	0.7269	0.7258	0.7247
0.40	0.7236	0.7225	0.7214	0.7202	0.7191	0.7179	0.7168	0.7156	0.7145	0.7133
0.41	0.7121									

附录5　截面抵抗矩塑性影响系数基本值 γ_{m}

附表 5-1

截面抵抗矩塑性影响系数基本值 γ_{m}

项次	1	2	3		4		5
截面形状	矩形截面	翼缘位于受压区的 T 形截面	对称 I 字形截面或箱形截面		翼缘位于受拉区的倒 T 形截面		圆形和环形截面
			$b_{\mathrm{f}}/b\leqslant2$, h_{f}/h 为任意值	$b_{\mathrm{f}}/b>2$, $h_{\mathrm{f}}/h<0.2$	$b_{\mathrm{f}}/b\leqslant2$, h_{f}/h 为任意值	$b_{\mathrm{f}}/b>2$, $h_{\mathrm{f}}/h<0.2$	
γ_{m}	1.55	1.50	1.45	1.35	1.50	1.40	$1.6\sim0.24r_1/r$

注：1. 对 $b_{\mathrm{f}}'>b_{\mathrm{f}}$ 的 I 字形截面，可按项次 2 与项次 3 之间的数值采用；对 $b_{\mathrm{f}}'>b_{\mathrm{f}}$ 的工字形截面，可按项次 3 与项次 4 之间的数值采用；

2. 对于箱形截面，b 系指各肋宽度的总和；

3. r_1 上为环形截面的内环半径，对圆形截面取 r_1 为零。

附录6　混凝土保护层

1. 构件中普通钢筋及预应力筋的混凝土保护层厚度应满足下列要求：

1）构件中受力钢筋的保护层厚度不应小于钢筋的公称直径 d；

2）设计使用年限为 50 年的混凝土结构，最外层钢筋的保护层厚度应符合附表 6-1 的规定；设计使用年限为 100 年的混凝土结构，最外层钢筋的保护层厚度不应小于附表 6-1 中数值的 1.4 倍。

附表 6-1

混凝土保护层的最小厚度 c（mm）

环境类别	板、墙、壳	梁、柱、杆
一	15	20
二 a	20	25
二 b	25	35
三 a	30	40
三 b	40	50

注：1. 混凝土强度等级不大于 C25 时，表中保护层厚度数值应增加 5mm；

2. 钢筋混凝土基础宜设置混凝土垫层，基础中钢筋的混凝土保护层厚度应从垫层顶面算起，且不应小于 40mm。

2. 当有充分依据并采取下列措施时，可适当减小混凝土保护层的厚度：

1）构件表面有可靠的防护层；

2）采用工厂化生产的预制构件；

3）在混凝土中掺加阻锈剂或采用阴极保护处理等防锈措施；

4）当对地下室墙体采取可靠的建筑防水做法或防护措施时，与土层接触一侧钢筋的保护层厚度可适当减少，但不应小于 25mm。

3. 当梁、柱、墙中纵向受力钢筋的保护层厚度大于 50mm 时，宜对保护层采取有效的构造措施。当在保护层内配置防裂、防剥落的钢筋网片时，网片钢筋的保护层厚度不应小于 25mm。

附录 7 纵向受力钢筋的最小配筋百分率

1. 钢筋混凝土结构构件中纵向受力钢筋的配筋百分率 ρ_{min} 不应小于附表 7-1 规定的数值。

纵向受力钢筋的最小配筋百分率 $\boldsymbol{\rho}_{min}$　　　　　　附表 7-1

受力类型			最小配筋百分率(%)
受压构件	全部纵向钢筋	强度级别 400MPa、500MPa	0.55
		强度级别 300MPa	0.60
	一侧纵向钢筋		0.20
受弯构件、偏心受拉、轴心受拉构件一侧的受拉钢筋			0.20 和 $45f_t/f_y$ 中的较大值

注：1. 受压构件全部纵向钢筋最小配筋百分率，当采用 C60 及以上强度等级的混凝土时，应按表中规定增加 0.01；

2. 偏心受拉构件中的受压钢筋，应按受压构件一侧纵向钢筋考虑；

3. 受压构件的全部纵向钢筋和一侧纵向钢筋的配筋率以及轴心受拉构件和小偏心受拉构件一侧受拉钢筋的配筋率均应按构件的全截面面积计算；

4. 受弯构件、大偏心受拉构件一侧受拉钢筋的配筋率应按全截面面积扣除受压翼缘面积后的截面面积计算；

5. 当钢筋沿构件截面周边布置时，"一侧纵向钢筋"系指沿受力方向两个对边中一边布置的纵向钢筋。

2. 卧置于地基上的混凝土板，板中受拉钢筋的最小配筋率可适当降低，但不应小于 0.15%。

3. 对结构中次要的钢筋混凝土受弯构件，当构造所需截面高度远大于承载的需求时，其纵向受拉钢筋的配筋率可按下列公式计算：

$$\rho_s \geqslant \frac{h_{cr}}{h}\rho_{min} \qquad\qquad (附 7\text{-}1)$$

$$h_{cr} = 1.05\sqrt{\frac{M}{\rho_{min}f\,b}} \qquad\qquad (附 7\text{-}2)$$

式中　ρ_s——构件按全截面计算的纵向受拉钢筋的配筋率；

ρ_{min}——构件的最小配筋率，按附表 7-1 取用；

h_{cr}——构件截面的临界高度，当小于 $h/2$ 时，取 $h/2$；

h——构件的截面高度；

b——构件的截面宽度；

M——构件的正截面受弯承载力设计值。

附录 8 钢筋的公称直径、公称截面面积及理论重量

普通钢筋的公称直径、公称截面面积及理论重量　　　　附表 8-1

公称直径 d(mm)	不同根数钢筋的公称截面面积(mm²)									单根钢筋理论重量 (kg/m)
	1	2	3	4	5	6	7	8	9	
6	28.3	57	85	113	142	170	198	226	255	0.222
8	50.3	101	151	201	252	302	352	402	453	0.395

续表

公称直径	不同根数钢筋的公称截面面积(mm²)									单根钢筋理论重量
d(mm)	1	2	3	4	5	6	7	8	9	(kg/m)
10	78.5	157	236	314	393	471	550	628	707	0.617
12	113.1	226	339	452	565	678	791	904	1017	0.888
14	153.9	308	461	615	769	923	1077	1231	1385	1.21
16	201.1	402	603	804	1005	1206	1407	1608	1809	1.58
18	254.5	509	763	1017	1272	1527	1781	2036	2290	2.00(2.11)
20	314.2	628	942	1256	1570	1884	2199	2513	2827	2.47
22	380.1	760	1140	1520	1900	2281	2661	3041	3421	2.98
25	490.9	982	1473	1964	2454	2945	3436	3927	4418	3.85(4.10)
28	615.8	1232	1847	2463	3079	3695	4310	4926	5542	4.83
32	804.2	1609	2413	3217	4021	4826	5630	6434	7238	6.31(6.65)
36	1017.9	2036	3054	4072	5089	6107	7125	8143	9161	7.99
40	1256.6	2513	3770	5027	6283	7540	8796	10053	11310	9.8(10.34)
50	1963.5	3928	5892	7856	9820	11784	13748	15712	17676	15.42(16.28)

注：括号内为预应力螺纹钢筋的数值。

钢绞线的公称直径、公称截面面积及理论重量　　　　　　附表 8-2

种类	公称直径(mm)	公称截面面积(mm²)	理论重量(kg/m)
1×3	8.6	37.7	0.296
	10.8	58.9	0.462
	12.9	84.8	0.666
1×7 标准型	9.5	54.8	0.430
	12.7	98.7	0.775
	15.2	140	1.101
	17.8	191	1.500
	21.6	285	2.237

钢丝的公称直径、公称截面面积及理论质量　　　　　　附表 8-3

公称直径(mm)	公称截面面积(mm²)	理论重量(kg/m)
5.0	19.63	0.154
7.0	38.48	0.302
9.0	63.62	0.499

各种钢筋间距时每米板宽中的钢筋截面面积　　　　　　附表 8-4

钢筋间距 (mm)	当钢筋直径(mm)为下列数值时的钢筋截面面积(mm²)													
	3	4	5	6	6/8	8	8/10	10	10/12	12	12/14	14	14/16	16
70	101	180	280	404	561	719	920	1121	1369	1616	1907	2199	2536	2872
75	94.3	168	262	377	524	671	859	1047	1277	1508	1780	2052	2367	2681

续表

钢筋间距 (mm)	当钢筋直径(mm)为下列数值时的钢筋截面面积(mm²)													
	3	4	5	6	6/8	8	8/10	10	10/12	12	12/14	14	14/16	16
80	88.4	157	245	354	491	629	805	981	1198	1414	1669	1924	2218	2513
85	83.2	148	231	333	462	592	758	924	1127	1331	1571	1811	2088	2365
90	78.5	140	218	314	437	559	716	872	1064	1257	1483	1710	1972	2234
95	74.5	132	207	298	414	529.	678	826	1008	1190	1405	1620	1868	2116
100	70.6	126	196	283	393	503	644	785	958	1131	1335	1539	1775	2011
110	64.2	114	178	257	357	457	585	714	871	1028	1214	1399	1614	1828
120	58.9	105	163	236	327	419	537	654	798	942	1113	1283	1480	1676
125	56.5	101	157	226	314	402	515	628	766	905	1068	1231	1420	1608
130	54.4	96.6	151	218	302	387	495	604	737	870	1027	1184	1366	1547
140	50.5	89.8	140	202	281	359	460	561	684	808	954	1099	1268	1436
150	47.1	83.8	131	189	262	335	429	523	639	754	890	1026	1183	1340
160	44.1	78.5	123	177	246	314	403	491	599	707	834	962	1110	1257
170	41.5	73.9	115	166	231	296	379	462	564	665	785	905	1044	1183
180	39.2	69.8	109	157	218	279	358	436	532	628	742	855	985	1117
190	37.2	66.1	103	149	207	265	339	413	504	595	703	810	934	1058
200	35.3	62.8	98.2	141	196	251	322	393	479	565	668	770	888	1005
220	32.1	57.1	89.2	129	179	229	293	357	436	514	607	700	807	914
240	29.4	52.4	81.8	118	164	210	268	327	399	471	556	641	740	838
250	28.3	50.3	78.5	113	157	201	258	314	383	452	534	616	710	804
260	27.2	48.3	75.5	109	151	193	248	302	369	435	513	592	682	773
280	25.2	44.9	70.1	101	140	180	230	280	342	404	477	550	634	718
300	23.6	41.9	65.5	94.2	131	168	215	262	319	377	445	513	592	670
320	22.1	39.3	61.4	88.4	123	157	201	245	299	353	417	481	554	628

注：表中钢筋直径中的 6/8、8/10、10/12、12/14、14/16 系指两种直径的钢筋间隔放置。

附录9　混凝土结构的环境类别和耐久性基本要求

混凝土结构的环境类别　　　　　附表 9-1

环境类别	条件
一	室内干燥环境
	无侵蚀性静水浸没环境
二 a	室内潮湿环境
	非严寒和非寒冷地区的露天环境
	非严寒和非寒冷地区与无侵蚀性的水或土壤直接接触的环境
	严寒和非寒冷地区的冰冻线以下与无侵蚀性的水或土壤直接接触的环境

续表

环境类别	条件
二 b	干湿交替环境
	水位频繁变动环境
	严寒和寒冷地区的露天环境
	严寒和寒冷地区冰冻线以上与无侵蚀性的水或土壤直接接触的环境
三 a	严寒和寒冷地区冬季水位变动区环境
	受除冰盐影响环境
	海风环境
三 b	盐渍土环境
	受除冰盐影响环境
	海岸环境
四	海水环境
五	受人为或自然侵蚀性物质影响的环境

注：1. 室内潮湿环境是指构件表面经常处于结露或湿润状态的环境；
2. 严寒和寒冷地区的划分应符合《民用建筑热工设计规范》GB 50176—2016 的有关规定；
3. 海岸环境和海风环境宜根据当地情况，考虑主导风向及结构所处迎风、背风部位等因素的影响，由调查研究和工程经验确定；
4. 受除冰盐影响环境为受到除冰盐盐雾影响的环境；受除冰盐作用环境指被除冰盐溶液溅射的环境以及使用除冰盐地区的洗车房、停车楼等建筑。

附录 10　柱的计算长度

刚性屋盖单层房屋排架柱、露天吊车柱和栈桥柱的计算长度　　　　表 10-1

柱的类型		l_0		
		排架方向	垂直排架方向	
			有柱间支撑	无柱间支撑
无吊车房屋柱	单跨	1.5H	1.0H	1.2H
	两跨及多跨	1.25H	1.0H	1.2H
有吊车房屋柱	上柱	$2.0H_u$	$1.25H_u$	$1.5H_u$
	下柱	$1.0H_l$	$0.8H_l$	$1.0H_l$
露天吊车柱和栈桥柱		$2.0H_l$	$1.0H_l$	—

注：1. 表中 H 为从基础顶面算起的柱子全高；H_l 为从基础顶面至装配式吊车梁底面或现浇式吊车梁顶面柱子下部高度；H_u 为从装配式吊车梁底面或从现浇式吊车梁顶面算起的柱子上部高度；
2. 表中有吊车房屋排架柱的计算长度，当计算中不考虑吊车荷载时，下柱可按无吊车房屋柱的计算长度采用，但上柱的计算长度仍可按有吊车房屋采用；
3. 表中有吊车房屋排架柱的上柱在排架方向的计算长度，仅适用于 $H_u/H_l \geqslant 0.3$ 的情况；当 $H_u/H_l < 0.3$ 时，计算长度宜采用 $2.5H_u$。

框架结构各层柱的计算长度　　　　表 10-2

楼盖类型	柱的类别	l_0
现浇楼盖	底层柱	1.0H
	其余各层柱	1.25H
装配式楼盖	底层柱	1.25H
	其余各层柱	1.5H

注：表中 H 对底层柱为基础顶面到一层楼盖顶面的高度；对其余各层为上、下两层楼盖顶面之间的高度。

参 考 文 献

[1] 中华人民共和国住房和城乡建设部. 工程结构通用规范：GB 55001—2021 [S]. 北京：中国建筑工业出版社，2021.

[2] 中华人民共和国住房和城乡建设部. 混凝土结构通用规范：GB 55008—2021 [S]. 北京：中国建筑工业出版社，2021.

[3] 中华人民共和国住房和城乡建设部. 建筑结构可靠性设计统一标准：GB 50068—2018 [S]. 北京：中国建筑工业出版社，2018.

[4] 中华人民共和国住房和城乡建设部. 工程结构可靠性设计统一标准：GB 50153—2008 [S]. 北京：中国建筑工业出版社，2008.

[5] 中华人民共和国住房和城乡建设部. 混凝土结构设计规范：GB 50010—2010（2015 年版）[S]. 北京：中国建筑工业出版社，2015.

[6] 中华人民共和国住房和城乡建设部. 建筑结构荷载规范：GB 50009—2012 [S]. 北京：中国建筑工业出版社，2012.

[7] 中华人民共和国住房和城乡建设部. 混凝土结构工程施工质量验收规范：GB 50204—2015 [S]. 北京：中国建筑工业出版社，2015.

[8] 中华人民共和国住房和城乡建设部. 混凝土物理力学性能试验方法标准：GB/T 50081—2019 [S]. 北京：中国建筑工业出版社，2019.

[9] 中华人民共和国住房和城乡建设部. 混凝土结构耐久性设计标准：GB/T 50476—2019 [S]. 北京：中国建筑工业出版社，2019.

[10] 朱平华，陈春红. 混凝土结构设计原理 [M]. 2 版. 北京：北京理工大学出版社，2017.

[11] 姚荣，朱平华. 建筑结构（上）[M]. 2 版. 北京：北京理工大学出版社，2018.

[12] 金伟良. 混凝土结构原理 [M]. 杭州：浙江大学出版社，2021.

[13] 沈蒲生. 混凝土结构设计原理 [M]. 北京：高等教育出版社，2020.

[14] 金伟良，武海荣，吕清芳，等. 混凝土结构耐久性环境区划标准 [M]. 杭州：浙江大学出版社，2019.